遥感图像
处理技术及应用

张　晔◎编著

Remote Sensing Image
Processing Technology and Application

人民邮电出版社

北京

图书在版编目（CIP）数据

遥感图像处理技术及应用 / 张晔编著. -- 北京：
人民邮电出版社，2024. -- ISBN 978-7-115-63628-7

I. TP751

中国国家版本馆 CIP 数据核字第 20240JH275 号

内 容 提 要

本书是作者及团队多年从事遥感图像处理及应用研究的工作总结。本书共 10 章，主要包括遥感图像处理涉及的基础理论、遥感图像处理涉及的共性技术，以及遥感图像处理技术及应用三大部分：第一部分（第 1～3 章）包括绪论、电磁特性及遥感成像、图像变换与分解；第二部分（第 4～6 章）包括遥感图像增强、遥感图像恢复、遥感图像压缩编码；第三部分（第 7～10 章）包括遥感图像特征提取及描述、遥感图像分类、遥感图像目标检测与识别、多源遥感图像解译及应用。

本书可以作为高等学校电子信息工程、测绘科学与技术、地图学与地理信息系统等专业高年级本科生及研究生的教材，也可以作为相关领域科研人员的参考书。

◆ 编　著　张　晔
　　责任编辑　刘盛平
　　责任印制　马振武

◆ 人民邮电出版社出版发行　　北京市丰台区成寿寺路 11 号
　　邮编　100164　电子邮件　315@ptpress.com.cn
　　网址　https://www.ptpress.com.cn
　　固安县铭成印刷有限公司印刷

◆ 开本：700×1000　1/16　　　　彩插：4
　　印张：23.5　　　　　　　　　2024 年 12 月第 1 版
　　字数：409 千字　　　　　　　2024 年 12 月河北第 1 次印刷

定价：128.00 元

读者服务热线：**(010)81055410**　印装质量热线：**(010)81055316**
反盗版热线：**(010)81055315**

遥感图像在人类探索、了解、认知世界中起着其他信源无法替代的重要作用，已成为人类感知物理世界的主要信源。遥感图像通常是指通过装载在遥感平台上的各类传感器，对各种被观测对象进行远距离探测获取的图像数据。从信息获取的角度，遥感不仅通过空天平台扩大了人类视觉系统获取信息的空间范围，而且通过多种传感器提高了多样化探测信息的能力，进而获取人类视觉系统无法感知到的遥感信息，显著拓展并提升了人类感知和认识世界的能力。遥感图像尽管千差万别，但本质上反映的是被观测对象的物理特性或状态。对遥感图像进行处理可以获取被观测对象的主要图像特征、挖掘并提取有价值的信息，使之最大限度地服务于人类、满足人类的应用需求。目前，遥感图像处理技术已广泛应用于农林资源调查、作物长势监视、自然灾害监测、海洋污染调查等民用领域，以及航空航天遥感图像判读、导弹制导、雷达及声呐图像处理等国防领域。

随着计算机技术、成像技术、人工智能、认知科学研究的快速发展以及人类对图像应用需求的不断扩大，人们通过遥感手段探测图像的方式也更加多样化。提高遥感图像空间分辨率、光谱分辨率始终是遥感技术发展追求的目标。目前，遥感图像在可见光全色图像的基础上，正朝着增加波段数、提高光谱分辨率和扩大电磁波探测范围、实现全波段覆盖两大方向发展。前者的典型代表是多光谱图像和高光谱图像，后者的典型代表是热红外图像和合成孔径雷达图像。全天候、全天时、多体制传感器不仅可以获取性能各异的多源遥感图像，而且获得的遥感图像数据更加海量、信息量更加丰富，这为遥感图像处理技术发展增加了新的研究方向和课题。从技术发展的趋势看，遥感图像处理正从"定性"向"定量"发展，不仅要考虑图像形状、大小、模式、色调或色彩、纹理、阴影、位置、布局和空间分辨率等空间特征，更要考虑图像反射率、发射率、温度以及结构量参数等目标内在的物理属性和生化参数。发展先进遥感图像处理技术，深度挖掘、解译遥感图像高价值信息，一直是图像处理科研工作者追求的目标。

我和张晔教授相识于哈尔滨工业大学攻读博士研究生时代，他是我的学长，

30 多年来我们一直保持学术交往。张晔教授爱党爱国爱教育，为人坦诚谦虚，长期从事图像处理与模式识别的教学和科研工作，在遥感图像处理技术及应用领域取得了多项创新性成果，在遥感图像处理技术方向培养了大批高层次人才，为遥感图像处理技术的发展、应用和人才培养作出了突出贡献。

　　本书以电磁波波粒二象性为物理基础，系统介绍了遥感图像信息探测、处理、解译及应用，阐述了遥感图像处理技术的基本理论、基本概念和基本方法，并汇入了作者在长期研究中取得的新成果及实践经验。希望本书的出版能够促进我国遥感图像处理技术的发展，推动遥感科学技术的广泛应用。经过遥感领域专家多年努力，遥感科学与技术已发展成为一级学科，也希望本书的出版能对遥感科学与技术学科的发展起到积极的促进作用。

中国科学院院士

2024 年 6 月于北京

在人类感知世界的各种信息中，约有 75%的信息是通过视觉系统获取的，进而也就形成了信号处理领域的独特分支，即图像处理。遥感作为一门新兴的综合性科学技术，不仅通过航空航天载荷平台扩大了人类视觉信息获取的范围，而且也通过多种传感器扩大了多样化探测信息的能力及图像处理技术新途径。理论上，尽管遥感图像处理及应用所涉及的可见光、高光谱、热红外、合成孔径雷达等多源图像特性可能千差万别，但无论是哪种传感器还是以什么方式探测的图像，都是用来描述电磁波的信号，而电磁波的信号又是反映地物目标物理特性的。所以遥感图像处理的核心就是通过现代信号处理技术，将感知的电磁波信号转换为人类应用需求的有价值信息。目前，图像处理技术已在自动目标识别、计算机视觉、遥感、机器人、自动驾驶、复杂智能制造系统、医学图像处理以及国防等众多领域有着广泛的应用，在遥感领域的研究内容尤其深入、应用潜能巨大。

目前，遥感图像处理技术及应用主要面临三方面的科学问题：（1）基于遥感成像系统信息感知的物理特性，如何客观地描述或表达数字图像信号；（2）经过数字图像处理后的结果，是否能满足人类的应用需求；（3）对于给定感知图像和应用要求，设计的处理算法是否最优。为此，本书在编排结构上，基本围绕这些科学问题展开，主要内容包括遥感图像处理涉及的基础理论、遥感图像处理涉及的共性技术，以及遥感图像处理技术及应用三大部分，共计 10 章。第一部分（第 1~3 章）为遥感图像处理涉及的基础理论：第 1 章系统介绍了遥感图像处理涉及的基本概念、基本理论和基本方法；第 2 章从图像物理特性出发，系统介绍数字图像处理中所涉及的数学及物理模型，以及遥感图像数字表示等；第 3 章主要介绍在图像处理中所涉及的傅里叶变换、离散余弦变换、小波变换等，其目的是将图像分解成简单形式以利于进一步处理。第二部分（第 4~6 章）为遥感图像处理涉及的共性技术：第 4 章和第 5 章分别介绍遥感图像增强和遥感图像恢复，二者的共同点都是改善给定遥感图像的质量，以便进一步地进行遥感图像解译；第 6 章介绍遥感图像处理领域相对独立的研究方向，其目的是解决遥感图像大数据量与其传输或存储之间的矛盾。第三部分（第 7～10 章）为遥感图像处理技术及应用：第 7 章介绍遥感图像特征提取及描述，可理解为是一种信息高度浓缩的过程，是进一步实现图像分类、分割、目标识别、参数反演等技术的重要基础；第 8 章介绍遥感图像分类，主要任务是辨识图像中每个像素可能包含的不同地物目标类别；第 9 章的主要任务是将一个或多个感兴趣的特定目标与一个或多个其他目标区分开来并加以辨识，不同于遥感图像分类，这里的内容更加强调相似目标之间的精细区分；第 10 章介绍多源遥感图像的本质特征或互补信息，以实现遥感图像精细解译及深层次应用。

本书的突出特点主要体现在以下 4 个方面。

1. 以航空航天领域对遥感图像处理的需求为牵引，理论和实际应用相结合

遥感图像信息探测的最终目的是服务于人类，满足人类的应用需求。在实际应用中，无论是遥感系统设计还是处理算法研究等，都离不开应用需求的约束，二者之间相互依赖、相互关联、相互制约。本书以航空航天领域对遥感图像处理的需求为牵引，采用理论和实际应用相结合的方式进行结构安排，在增加遥感图像处理技术实用性的同时，也避免了其处理算法介绍的空洞性。

2. 紧跟国际学术前沿，引入机器学习等新技术于遥感图像处理及应用中

随着人工智能、思维科学等研究的迅速发展，遥感图像处理技术也向着更高、更深层次方向发展。本书在内容选取上，除了系统介绍图像处理的基础理论和经典技术，还在遥感图像处理及应用中引入机器学习等新技术，更加符合遥感技术和图像处理技术的发展趋势。

3. 集图像信息探测—传递—处理—应用于一体，使物理模型和数学模型统一

人类认识世界往往是透过现象看本质，遥感图像处理技术也是如此。图像处理算法的设计不仅要考虑图像空间的外在几何特征和物理属性，更要考虑其构成图像目标的内在生化参数等本质信息所在。本书集图像信息探测—传递—处理—应用于一体，使探测所反映的物理模型与处理及解译技术所体现的数学模型达到统一，避免数字图像处理算法设计只从数字开始而忽略物理信息传递过程的弊端。

4. 将研究新成果和实践新经验纳入本书，提高了相关内容的科学性和可读性

本书是作者及其团队从事研究生培养近 30 年、从事遥感图像处理及应用研究近 40 年的深刻体会，以及 120 余名研究生/留学生等的学术成果的总结。本书既包含了遥感图像处理技术及应用所涉及的基础理论和解译方法，也将科学研究新成果和实践新经验等纳入其中，对相关领域从业人员具有借鉴和指导作用。

　　本书由哈尔滨工业大学电子与信息工程学院张晔教授编著，张钧萍、陈浩、张腊梅、胡悦等参与了编写工作。本书的编写得到了哈尔滨工业大学杰出校友、空间遥感应用专家、中国科学院院士周志鑫的大力支持和帮助。周院士对本书的编写提出了许多指导性意见，还专门为本书作序，在此向周院士表示衷心感谢。

　　本书的许多内容和实验结果参考了作者指导过的研究生和留学生，以及团队其他成员及其研究生/留学生的学术成果，在此对他（她）们参与的研究工作以及对团队所作的贡献表示感谢。同时，感谢北京二十一世纪空间技术应用股份有限公司为本书提供的部分卫星图像。

　　在本书的编写过程中，作者对书中内容进行了逐字推敲，以提高可读性；对书中的图、表和实验案例等都进行了认真梳理，希望有助于读者对相关内容的理解和消化；对涉及的概念、理论和技术，都进行了适当的评述和分析，希望能讲清楚它们的物理意义和应用价值。

　　由于作者水平有限，书中不足之处，敬请读者批评指正。

张晔

2024 年 4 月 1 日于哈尔滨

目　录

人类可以通过眼、耳、鼻、舌等身体的部位感知世界。这样可以获取各种感兴趣的信号，进一步通过信号处理技术就能提取感兴趣的信息。例如，图1-1所示为描述"哈尔滨工业大学"的一段语音信号图像，是人类听觉系统感知到的一维语音信号。类似于人类大脑通过对听觉系统和视觉系统获得的信号进行分析与理解，提取人类相互之间日常交流的信息并指导人类各种社会活动的认知过程，人们通过计算机系统对获得的各种信号进行分析和加工等处理，就形成了信号处理研究领域的核心内容。我国有一句谚语叫"百闻不如一见"，借用到信号处理领域，说的就是"听觉系统"感知多次语音信号，都不如"视觉系统"感知一次图像信号的信息度高。研究表明，在人类可以接收的各种信息中，约有75%的信息是通过视觉系统获取的，进而也就形成了信号处理领域的独特分支，即图像处理。目前，图像处理技术已在自动目标识别、计算机视觉、遥感、机器人、自动驾驶、复杂智能制造系统、医学图像处理以及国防等众多领域有着广泛的应用，在遥感领域的研究内容（如土地利用变化监测等）尤其深入。

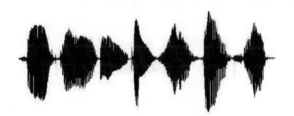

图1-1　描述哈尔滨工业大学的一段语音信号图像

遥感是指非接触、遥远地感知目标信息。关于遥感的概念，唐代诗人王之涣在《登鹳雀楼》中就写道"欲穷千里目，更上一层楼"，意思就是"如果要想遍览千里风景，那就请再登上一层高楼"，即"站得高，看得远"。因此，为了探测更多、更远，甚至人类无法到达的地方的信息，人们通过不断探索，发明了飞机、卫星等遥感探测平台，从遥远的平台上来观测地球，获得更多有价值的信息，进而诞生了遥感这门新兴的综合性科学技术[1-2]。

遥感技术最基本的产品就是遥感图像。广义来讲，人类视觉系统（human visual system，HVS）可以理解为工作在电磁波可见光波段的一种遥感传感器。遥感图像通常是指遥感平台上的各种传感器对地表各类地物和现象进行远距离探测，接收并记录电磁波信号，进而形成各种不同类型的人类视觉系统可以感知的图像。此时的传感器不仅仅局限于人类视觉系统所能感知的可见光波段，而是可以扩展到红外、微波等波段。从信号探测的角度，所有传感器感知到的图像信号都是电磁波的函数，区分这些图像信号的关键就是它们的波长。需要注意的是，遥感成像最初源于"摄影测量"和"胶片成像"的影像，因此在一些文献中也通常称其为"遥感影像"。

随着遥感技术和图像处理技术的飞速发展以及人们对图像应用需求的不断扩大，人们通过遥感平台探测图像的手段也更加多样化。可见光-近红外、多光谱和高光谱、中红外和热红外、合成孔径雷达（synthetic aperture radar，SAR）等多种传感器所获得的多源遥感图像数据量更加巨大、信息量更加丰富。如何从这些不同类型遥感图像中提取有价值的信息，使它们最大限度地服务于人类，正是遥感图像处理及解译技术要完成的任务。遥感图像处理及解译就是基于现代信号处理技术，根据电磁波与地表物体的作用机理及被探测目标的电磁特性，对这些图像数据进行分析、加工等，最后形成有价值的信息来服务于人类应用需求的综合性技术。为此，本书以电磁波波粒二象性为物理基础，以航空航天应用需求或应用案例为牵引，以经典图像处理和人工智能等新技术相结合，系统地介绍遥感图像的信息探测、压缩传输、解译处理及应用等相关内容。

1.1 图像及图像处理

从人类视觉系统感知信息的角度，图像是一个二维光强度函数 $f(x, y)$，(x, y) 表示光在空间中的坐标位置，函数值的大小是随着光强弱变化来记录图像亮度信息的像素值。早在 1839 年，法国画家达盖尔就公布了其发明的"达盖尔银版摄影术"，世界上第一台可携式木箱照相机诞生，自此人们可以用胶片来记录以往的图像信息。随着社会的进步，人们除了渴望照相机具有更高的成像质量，也产生了这些图像信息在人类社会中如何相互交换（即通信）、如何保存（即存储），以及长期保存的照片退化后又如何恢复等一系列社会应用需求，进而促进了图像处理技术的出现与发展。反过来，图像处理技术的发展又促进了人类社会的进一步繁荣。因此，人们一直不断研究图像信号的探测方式和处理方法，以获得更多、更全面的多维度图像信号，进而采用图像处理手段获得更多满足人们应用需求的有价值信息。

1.1.1 从连续图像到数字图像

传统意义上，二维光强度函数 $f(x,y)$ 通常称为连续图像，又称为模拟图像。在电子传感器开发和采用以前，胶片照相机利用感光胶片的化学反应来检测场景内能量的变化，通过胶片的显影来获得其检测信号的记录，这样胶片就成了场景探测与信息记录的成像工具。连续图像的最大特点是物理概念明确，从信息论的角度，信息量无穷大。但连续图像的最大问题是不利于传输、保存和处理。随着数字计算机技术的发展，再加上计算机只能处理离散数字信号，因此人们发展了数字图像处理技术。数字图像处理又可以理解为计算机图像处理，它是指将图像信号转换成数字信号并利用计算机对其进行处理的过程。连续图像到数字图像的转换通常包括图像空间坐标采样、能量函数值量化两个数字化过程。这种数字化过程的完成通常被称为模数转换（analog-to-digital conversion，ADC），具体的采样、量化原理将在第 2 章详细介绍，这里只对其概念进行简单的描述。

利用扫描式传感器，图像被扫描成行、行再被采样成列，这样就构成了一幅二维空间网格；接着对网格上的函数值进行量化，就形成了一个所谓的图像像素或像元，其像素值称为灰度值，被量化成离散量级，即数值（digital number，DN）。离散化的网格所有像素的集合矩阵就构成了一幅数字图像，如图 1-2 所示。

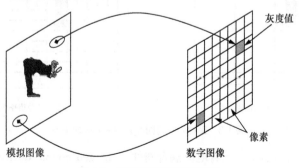

图 1-2 从模拟图像到数字图像

对于数字图像，有两点需要进一步说明。① 图像网格的大小决定了图像空间分辨率。对于扫描式成像系统，扫描的行距离由传感器性能决定，采样间隔大小根据采样定理的采样频率 f_s 决定（采样频率 f_s 大于或等于信号最高频率 f_m 的两倍，即 $f_s \geqslant 2f_m$，第 2 章将详细介绍）。采样间隔为采样频率的倒数，这样采样频率越高，采样间隔越小，图像空间分辨率越高，如图 1-3 所示。图 1-3（a）中的 M_L 和 N_L 分别为低分辨率图像的网格尺寸，Δx_L 和 Δy_L 为对应 x 轴和 y 轴方向的采样间隔；图 1-3（b）中的 M_H 和 N_H 分别为高分辨率图像的网格尺寸，Δx_H 和 Δy_H 为对应 x 轴和 y 轴方向的采样间隔。如果低分辨率图像和高分辨率图像之间的放大倍数为 k，则 $\Delta x_H = k \cdot \Delta x_L$、$\Delta y_H = k \cdot \Delta y_L$。从信息论的角度，高的采样频率意味着可以获得更多的信号高频信息，体现图像的细节信息就越丰富。② 图像像素的量化尺度大小决定了图像辐射分辨率。量化尺度的大小通常用二进制比特的位数来度量，由模数转换器的性能决定。一般来说，量化的比特位数越多，图像辐射分辨率越高，数字信号对模拟信号近似的精度越高。例如，对于光电转换的峰峰值为 1 V 的电压信号，如果采用 8 bit 进行数字化量化，则量化尺度为 256（2^8）个灰度级，其模数转换精度为 1/256。总之，图像空间分辨率和辐射分辨率越高，数字图像与模拟图像的近似程度越高，其数据量也随之增加。数据量的增加给数字图像传输、存储以及处理等环节的性能提出了更高的要求。因此，如何确定图像的采样间隔和量化等级，还需要根据实际应用的指标要求来确定。

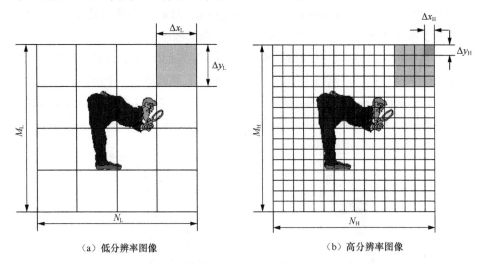

（a）低分辨率图像　　　　　　　　　　　（b）高分辨率图像

图 1-3　采样间隔与图像分辨率之间的关系

特别需要指出的是，随着电荷耦合器件（charged couple device，CCD）等电子传感器的出现，数字图像处理技术获得了蓬勃发展。这些电子传感器可以直接产生一种与原始场景能量变化相对应的电信号，并可把图像记录到磁性或光学存储介质中。相对而言，数字图像处理方法操作简单，构建满足特定处理任务需求的图像处理系统较容易。同时，随着计算机硬件和软件技术的发展，信号处理效率越来越高，提取的各种图像信息也越来越准确。

1.1.2 从黑白图像到彩色图像

理论上讲，光是一种电磁波，其能量主要来源于太阳的电磁辐射，而传统的黑白或灰度图像是电磁波在可见光波段（波长为 0.38 ~ 0.76 μm）对光强度的一种能量反射。根据电磁理论，可见光波段主要包括紫、蓝、青、绿、黄、橙、红等颜色光，而千差万别的彩色世界，绝大多数可以通过红、绿、蓝 3 种颜色光按照一定比例混合而成。因此，先对红、绿、蓝 3 个波段上同一场景光强度的反射能量分别成像，然后再对三者进行组合处理，就形成了彩色图像，如图 1-4 所示。国际上常把红、绿、蓝 3 种颜色定义为颜色的三基色，它们对应的电磁波波长分别为 0.7 μm、0.546 μm 和 0.4358 μm。

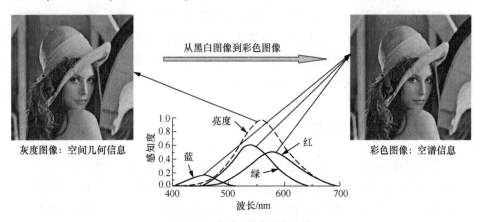

*图 1-4　灰度图像与彩色图像

与灰度图像相比，彩色图像探测的地物目标信息更加丰富。除了空间信息外，每个像素分别有红、绿、蓝 3 个灰度值，反映了像素不同的光谱信息，可以看作一个三维向量（vector）。此时，对于空间分辨率大小相同的图像，如果每个波段的辐射分辨率都为 8 bit，则灰度图像可描述的地物目标状态为 2^8，而彩色图像可描述的状态为 $2^8 \times 2^8 \times 2^8 = 2^{24}$，即彩色图像可描述的信息更加丰富，但相应的数据

注：本书中带*的图见书后彩插。

量也大大增加，从而导致图像处理难度更高。

1.1.3　从静止图像到视频图像

前面介绍的每幅图像都可以看作一幅静止图像，把多幅静止图像按照视觉系统的特性要求连接起来便形成图像序列，这就是动态图像。动态图像的典型代表就是所谓的视频图像。具体来讲，视频图像就是一系列的静止图像序列，通常每幅静止图像称为帧（frame），如图 1-5 所示。根据人眼视觉系统的驻留特性，当视频以超过一定的更新率或帧率（frame rate）［如 PAL 制电视规定帧率为 25 帧/s（frame per second，fps）］连续播放时，静止图像看起来就变成了连续的视频图像。

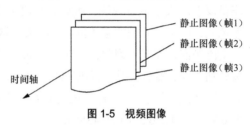

视频图像是一种对客观事物更为形象、生动的描述，其最大特点是除了具有静止图像的空间相关性外，还

图 1-5　视频图像

具有较强的时间相关性和冗余度。因此，在视频图像处理方法中更应该考虑其时间相关性，特别是帧与帧之间的信息增量，以及处理算法的实时性。例如，要想实时处理标准的 PAL 制视频图像信号，处理算法必须每秒要处理 25 帧图像，也就是要在 40 ms 内处理完一幅静止图像。

1.1.4　数字图像处理技术

数字图像处理技术可以理解为利用计算机对图像进行加工和处理过程中所涉及的理论和方法的总称。数字图像处理技术作为计算机视觉的一个重要组成部分，其最高目标是用计算机模拟人类视觉系统，包括信息感知、处理、理解和推理等。从信号角度看，数字图像处理技术又属于信号处理领域的一个重要分支，主要涉及 3 个方面的问题：① 结合成像信息感知的物理特性，如何描述或表示数字图像信号？② 数字图像处理后的结果，是否能满足人类的应用需求？③ 对于给定感知图像和应用要求，设计的处理算法是否最优？只有综合解决好这些问题，才能证明所采用处理技术的合理性、正确性和有效性。

随着计算机技术和人工智能、思维科学研究的迅速发展，数字图像处理技术也向着更深层次发展，人们更希望利用计算机系统解释图像，像人类视觉系统一样认知外部世界。目前，数字图像处理技术主要涉及下面 3 种典型的处理层次[3-4]。

（1）低层处理：低层处理是在图像像素级层面上进行的，主要完成图像到图像间的处理操作，如图像变换、图像增强、图像恢复等。

（2）中层处理：中层处理是以图像为输入，输出从图像中提取的特征，并对感兴趣的目标进行非图像形式的描述，如图像分类、区域分割、目标识别等。

（3）高层处理：高层处理是在中层处理的基础上，通过采用与人类思维推理相似的技术，对图像及客观景象进行解译和理解等。

数字图像处理涉及的技术主要包括：图像采集、获取、编码、存储和传输，图像合成和产生，图像显示和输出，图像变换、增强、恢复和重建，图像分割，目标检测、表达和描述，特征提取和测量，序列图像校正，三维景象重建复原，图像数据库建立、索引和提取，图像分类、表示和识别，图像模型建立和匹配，图像（景象）解释和理解等。

目前，数字图像处理技术已广泛应用于通信（图像传真、可视电话、数字电视等）、深空探测（探月等）、遥感（林业资源调查、自然灾害监测、海洋调查等）、生物医学（X射线、超声、断层及核磁共振等）、工业生产（无损探伤、石油勘探、工业机器人视觉等）、天气预报（卫星云图测绘等）、军事任务（目标识别、导弹制导、雷达及声呐图像等）、公安侦缉（指纹识别、伪钞识别等）等众多领域。特别地，遥感图像处理技术作为数字图像处理领域的一个重要分支，与传统的视觉图像处理技术相比，除具有众多共同之处，还具有其自身的处理特点和应用要求：①遥感图像传感器所获得的数据是多波段的，包括多光谱、高光谱、红外、合成孔径雷达等图像，比计算机视觉领域的视觉图像复杂得多；②遥感图像处理不但需要对获得的图像进行分析，而且往往还需要从中反演出能够反映地物目标的物化参数等本质特性；③遥感图像中的地物目标具有尺度复杂性，存在严重的"同物异谱"或"同谱异物"等现象，辨识更加困难；④遥感图像解译的信宿不仅仅是针对人类视觉系统，往往也针对某种特殊的应用。理论上，尽管获得的遥感图像可能千差万别，但无论是哪个波段或以什么方式探测的图像都是用来描述电磁波信号的，而电磁波信号又是反映地物目标物理特性的。因此，遥感图像处理的核心就是通过现代信号处理手段，将感知的电磁波信号转化为人类需求的有价值信息。

| 1.2 遥感图像及其成像链 |

从人类视觉系统角度，人类感知的是电磁波可见光范围内的反射、辐射等信息。因此,对"图"与"像"的定义是,"图"是物体透射或反射光的能量分布,而"像"是人类视觉系统对图的接收在大脑中形成的印象或认识。在可见光图像(视觉图像)处理领域,图像是通过光学传感器形成的二维光强度函数,是三维物理世界在二维数据空间上获得的投影数据,其数值反映了目标或背景的物化特性。从广义角度来说,人类视觉系统既可以理解成一种光学传感器,也可以理解成一个"遥感"系统。但狭义上讲,遥感是指在航天或航空平台上,利用可见光、红外、微波等各种传感器,通过摄影、扫描等方式,对地球目标进行观测,接收并记录电磁波信号,再根据电磁波与地物目标的作用机理及对探测目标的电磁特性进行分析,进而获取目标特征及其变化信息的综合技术[5]。从应用需求角度,遥感对地观测要解决两个重要问题:一个是几何结构问题,另一个是物理属性问题。前者是摄影测量的目标,后者则要回答观测的对象是什么。这两个问题正是遥感技术要进一步解决的核心问题。

在应用中,遥感技术可以从以下几个角度进行分类[5]。

(1)根据搭载传感器的遥感平台距离地面高低不同,遥感技术可分为地面遥感(车载、舰船等)、航空遥感(飞机、气球等)和航天遥感(卫星、航天飞船等)。

(2)根据传感器探测方式的不同,遥感技术可分为主动式遥感和被动式遥感。前者由传感器主动地向被探测目标发射一定波长的电磁波,然后接收并记录从目标反射回来的电磁波;后者的传感器不向被探测目标发射电磁波,而是直接接收并记录目标反射太阳辐射或目标自身发射的电磁波。

(3)根据传感器探测电磁波波段的不同,遥感技术可分为紫外遥感(波长为 0.3 ~ 0.38 μm)、可见光遥感(波长为 0.38 ~ 0.76 μm)、红外遥感(波长为 0.76 ~ 14 μm)、微波遥感(波长为 1 mm ~ 1 m)、多光谱/高光谱遥感(探测波段在可见光与近红外波段范围)等。

(4)根据遥感应用领域的不同,遥感技术可分为环境遥感、大气遥感、资源遥感、海洋遥感、地质遥感、农业遥感和林业遥感等。

1.2.1 航空遥感与航天遥感

航空遥感是指从飞机、飞艇、氢气球等空中平台对地观测的遥感技术。1906年 4 月,美国旧金山发生 7.9 级地震。乔治·劳伦斯(George Lawrence)就从 600 m左右的高空拍下了旧金山的震后废墟图像,如图 1-6 所示,航空摄影由此诞生。20世纪 60 年代初,人们在航空摄影技术的基础上发展了航空遥感这门新兴的技术。

航空遥感的突出特点是灵活性强、图像分辨率高，但也存在飞行高度低、观测范围小等弊端。1957 年，苏联发射了第一颗人造地球卫星 Sputnik 1 号，使人类探测宇宙空间成为可能。1972 年，美国发射了第一颗陆地卫星多光谱扫描仪（Landsat multispectral scanner system，Landsat MSS），之后又发射了专题制图仪（thematic mapper，TM）和增强型专题制图仪（enhanced thematic mapper plus，ETM+）等系列卫星，并引入了多光谱的概念，标志着航天遥感时代的开始。遥感图像作为人类最直观认识遥远世界的载体，在各个领域都发挥了非常重要的作用。随之而来的，自然形成了遥感图像处理这个独特的新领域。遥感图像将人类直观感觉延伸到遥远的高空，成为直观感知和测控地面各种变化信息的重要途径。经过几十年的迅速发展，遥感技术已经成为一门实用、先进的空间探测技术。

图 1-6　航空遥感图像

与地面观测相比，航空/航天遥感具有以下独特的特点。

（1）观测范围大。航空/航天遥感探测能在较短时间内，从空中乃至宇宙空间对大范围地区进行对地观测，并从中获取有价值的遥感数据。这些数据拓展了人们的视觉空间，为宏观地掌握地面事物的现状情况创造了极为有利的条件，同时，也为宏观地研究自然现象和规律提供了宝贵的第一手资料。

（2）观测周期短。航空/航天遥感探测能周期性、重复地对同一地区进行多次对地观测，这有助于人们通过所获取的遥感数据，发现并动态地跟踪地球上许多事物的变化。在监测天气状况、自然灾害、环境污染，甚至军事目标等方面，遥感技术的应用都显得格外重要。

（3）数据综合性强。航空/航天遥感探测所获取的是同一时段、覆盖大范围地区的遥感数据，这些数据综合地展现了地球上许多自然与人文现象，宏观地反映了地球上各种事物的形态与分布，真实地体现了地质、地貌、土壤、植被、水文、人工构筑物等地物特征，全面地揭示了地理事物之间的关联性。

1.2.2 电磁波与电磁波谱

遥感技术的物理基础是电磁波及其对应的电磁波谱特性。遥感图像数据反映的是成像区域内地物电磁波辐射能量，具有明确的物理意义。地物反射和发射电磁波能量的能力又直接与地物目标本身的属性和状态有关。因此，对遥感图像像素值大小和变化规律进行分析和处理，可以有效地识别和研究地物类型及状态等。

根据麦克斯韦电磁场理论，空间任何电磁辐射源都会在其周围产生交变的电场，而交变的电场周围又会激发出交变的磁场，这种变化的电场和磁场的相互激发和交替，就形成了电磁场。电磁场是物质存在的一种形式，其在空间以波的形式传递电磁能量，这种波就称为电磁波，通常也称为电磁辐射。如图 1-7 所示，电磁波可以用波长 λ、频率 f 或角频率 $\omega = 2\pi f$、振幅 A 和相位 φ 来描述，并用连续光滑的正弦波函数来表达：

$$s(t) = A\sin(2\pi ft + \varphi) \tag{1-1}$$

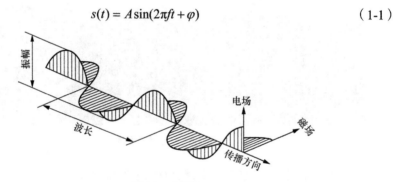

图 1-7　电磁波

电磁波在空间中以光速传播能量，其频率 f 和波长 λ 的关系为

$$c = \lambda f \tag{1-2}$$

式中，c 为光在真空中的传播速度。

电磁波波长 λ 定义为从一个周期的任意一个位置到下一个周期的同一个位置之间的距离，用微米或纳米表示。频率 f 是在单位时间内通过一个点的波峰数目，用赫兹作为单位。二者中任何一个参数都可以描述一个电磁波的特点。习惯上，光学遥感的波段一般以波长为单位描述，而微波遥感则以频率为单位描述。

严格意义上讲，所有传感器感知到的信号都是电磁波信号，而区分这些信号的方法就是它们的波长。并且，不同波长的电磁波有着不同的物理性质，相同波长范围内的电磁波性质一致。电磁波按波长由短到长可依次分为：γ 射线、X 射线、紫外线、可见光、红外线、微波和无线电波。按照电磁波波长大小递增（或递减）顺

序排列成的图谱就是所谓的电磁波谱，如图 1-8 所示。值得注意的是，这里的可见
光、红外线、微波等不同波段之间实际上没有严格的界限，其边界也是渐变的。

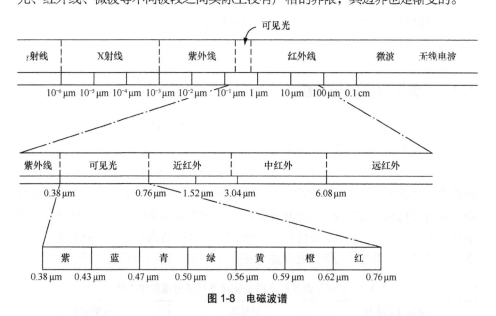

图 1-8 电磁波谱

如图 1-8 所示，人类视觉系统所感知的"可见光"部分，其实只占电磁波谱
的极小范围。来自地球表面的任何物理能量，都可以通过不同的电磁波谱区域形
成一幅图像，用以表达地球表面目标的不同特性。

虽然波动理论很容易描述电磁辐射的许多特性，但当电磁能量与物质相遇发
生相互作用时，此时体现的是电磁波的粒子性，这就是粒子理论。该理论认为，
把电磁波作为粒子对待时，光子的能量 Q 正比于波的频率 f，即

$$Q = hf = \frac{hc}{\lambda} \tag{1-3}$$

式中，$h = 6.626 \times 10^{-34}$ J·s，为普朗克常量。

式（1-3）表明，辐射能量与其波长成反比，即电磁波波长越长，其辐射能量
越小。因此，与相对较短波长辐射相比，自然界的长波辐射探测起来要更加困难，
如地表特征的微波发射要比波长相对较短的红外辐射更难感应[2]。

由以上讨论可以总结出遥感图像处理中电磁波的两个基本性质，即电磁波的
波动性和粒子性：电磁波在传播中主要表现为波动性，而当与物质相互作用时主
要表现为粒子性。电磁波的波动性在光的干涉、衍射、偏振等现象中会得到充分
的体现，是传感器设计的主要理论依据。电磁波的粒子性则是遥感成像及图像处

理能够分辨地物目标的重要理论依据。一般来说，波长越短，辐射的粒子特性越明显；波长越长，辐射波动特性越明显。遥感技术正是利用电磁波的波粒二象性，实现对地物目标电磁辐射信息的探测，遥感图像处理也正是基于这些理论来完成目标信息的解译。

1.2.3 典型遥感图像及应用

随着计算机技术、各种成像技术以及信号处理技术的不断发展，基于电磁波的不同波段特性，遥感图像在可见光全色图像的基础上，主要向着两个方向发展：一是增加波段数（提高光谱分辨率）；二是扩大电磁波探测范围（多传感器探测）。前者的典型遥感图像是多光谱图像和高光谱图像，后者的典型遥感图像是热红外图像和合成孔径雷达图像。遥感图像是利用不同电磁波波段对地面目标进行探测形成的像，形成了不同的地表特征，如表 1-1 所示[6]，进而可以从不同的角度探测多维度数据，并通过现代信号处理技术来充分挖掘、融合、解译有价值信息。

表 1-1　应用于遥感的不同电磁波波段及形成的地表特征

电磁波波段名称	辐射源	地表特征
可见光	太阳能	反射
近红外	太阳能	反射
短红外	太阳能	反射
中红外	太阳能、热量	反射、温度
长红外或热红外	热量	温度
微波和雷达	热量、人造	温度、粗糙度

下面就几种典型遥感图像及应用特性进行介绍，以便进一步理解遥感图像处理、解译及应用[5]。

1. 可见光全色图像及应用

在遥感领域，可见光全色图像就是通过遥感传感器在人类视觉系统可以感知的可见光波段范围内所形成的单波段遥感图像。可见光全色图像得到的是物体目标的亮度信息，没有光谱信息，体现的形式就是传统的黑白灰度图像。基于地表电磁波辐射特性及大气传输特点，可见光全色图像目前仍是获取高空间分辨率图像的最佳波段。

空间分辨率通常是指遥感图像分辨具有一定距离间隔的相邻两个点目标的能力，可以理解为单位像素对应的实际物理面积大小。空间分辨率越高，实际物理面积就越小，图像的纹理细节就越清晰，空间结构信息也就越丰富，这种分辨率往往又称为地面分辨率，是针对目标实际地面尺寸大小而言的。需要注意的是，还有一种定义的图像空间分辨率是数字图像分辨率，它是指数字图像上能够区分目标的最小单元。二者均反映对两个靠近目标的识别、区分能力，因此也称为分辨力。

在应用中，与空间分辨率一同考虑的是辐射分辨率。辐射分辨率是指对两个不同辐射源辐射量的分辨能力，体现的是传感器对地物目标探测的灵敏度，是目标识别等应用的一个很有意义的指标。辐射分辨率一般用量化后的分级数来表示，也就是最暗灰度值到最亮灰度值整个范围的分级数目。

可见光全色图像能够提供丰富的目标空间信息，如目标形状、面积等，可为目标辨识等应用提供依据。可见光全色图像是靠物体反射形成的，其形成受光源条件的影响较大（只能在晴朗的白昼形成）。此外，可见光全色图像无法显示地物色彩或光谱信息。

2. 多光谱图像及应用

多光谱图像是针对可见光全色图像只能提供空间信息、缺少光谱信息的缺点提出来的。多光谱图像就是在可见光-近红外波段范围内，将地物辐射电磁波分隔成若干个光谱波段，在同一时间获得同一地物目标不同波段信息的遥感图像。从多波段这个角度，如果我们日常所用的黑白图像在遥感领域可以理解为可见光全色图像，那么彩色图像在遥感领域可以理解为是具有 3 个波段的多光谱图像。

不同地物具有不同的光谱特性，同一地物则有相同的光谱特性。不同地物在不同波段上的辐射能量各有差别，传感器获得的不同波段图像也就各不相同。多光谱遥感不仅可以根据图像的形态和结构差异来判别地物，也可以根据光谱特性差异来判别地物，进而扩大了遥感探测的信息量。目前，最典型的多光谱图像是美国陆地卫星（Landsat-7）图像，其专题制图仪（thematic mapper，TM）就包括 7 个波段，每个波段都有其特定功能，如表 1-2 所示[6]。

表 1-2 Landsat-7 TM 工作波段及其特定功能

波段序号	波长范围/μm	特定功能
1	0.45～0.52（蓝波段）	用于海岸水域制图（水深、浅海地形、浑浊度等），区分土壤和植物、针叶树和落叶树
2	0.52～0.6（绿波段）	探测植被的绿色反射率，评价生长状态
3	0.63～0.69（红波段）	进行植物分类以及覆盖度、健康状态等的探测
4	0.76～0.9（近红外波段）	植物分类，长势测定，确定水中生物含量、水体边界
5	1.55～1.75（短波红外波段）	探测植物含水量和土壤含水量，区分云和雪

续表

波段序号	波长范围/μm	特定功能
6	10.4～12.5（热红外波段）	探测植物病虫害、土壤含水量，绘制地表热异常图
7	2.08～2.35（短波红外波段）	区分岩石类型，热状态制图

相对于高空间分辨率可见光全色图像，多光谱图像的主要特点是波谱范围扩大、工作波段数增加，丰富了可利用的信息。此时，利用颜色突出信息，可使用户更易判读和解译图像，进而满足更深层次的应用需求。多光谱图像在可以提供多个波段光谱信息的同时，也存在空间分辨率相对较低的不足。因此，在实际应用中，常将多光谱图像与可见光全色图像进行融合处理，得到既含有可见光全色图像高空间分辨率的空间信息又包含有多波段图像光谱信息的融合图像，是遥感图像处理及解译的一个重要发展方向。

3. 高光谱图像及应用

人们对相近目标进行辨识时，必须利用更多的谱段、更窄的谱段间隔。为此，在多光谱遥感基础上，人们提出了成像光谱学新概念。成像光谱学的典型应用是美国国家航空航天局喷气推进实验室（Jet Propulsion Laboratory，JPL）研制的机载可见光/红外成像光谱仪（airborne visible infrared imaging spectrometer，AVIRIS）和地球物理实验室研制的星载中分辨率成像光谱仪（moderate-resolution imaging spectrometer，MODIS）。成像光谱仪能够将成像技术和光谱技术相结合，在对目标空间特征成像的同时，也对每个空间像素进行连续的光谱覆盖，获得的图像包含了丰富的空间、辐射和光谱三重信息，既表现了地物空间结构分布的图像特征，也获得了像素或像素组的辐射强度及光谱信息，这样形成的遥感数据可以用"图像立方体"来形象描述，即"图谱合一"，如图 1-9 所示。该图像通常称为高光谱图像[7]。

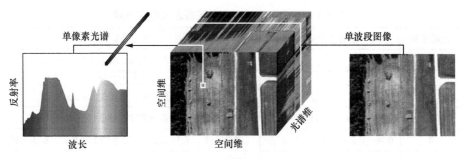

*图 1-9　高光谱图像立方体

与多光谱图像相比，高光谱图像具有更多的波段、更高的光谱分辨率。如图 1-10（a）所示，典型的 Landsat-7 多光谱图像只有 7 个离散波段，而典型的 AVIRIS 高光谱图像包含 224 个波段，其光谱通常可以认为是连续的。光谱分辨率的提高使得许多原先利用多光谱图像不能解决的问题，现在利用高光谱图像可以得到解决。图 1-10（b）所示为多光谱图像与高光谱图像的光谱分辨能力示意。对于具有微小双峰（对应差异非常小的光谱吸收峰的两种地物目标）变化的光谱曲线（黑色实线），高光谱图像能够很好地把它们分开，相对而言，多光谱图像由于光谱分辨率低而难以区分。这种光谱分辨能力通常称为光谱分辨率（点画线为实际分辨率，虚线为理想分辨率），体现了传感器接收目标辐射时能够分辨的最小波长间隔。间隔越小，光谱分辨率越高。光谱分辨率越高，专题研究的针对性越强，对目标物体就能实现更加精细的辨识，其应用分析的效果就越好。

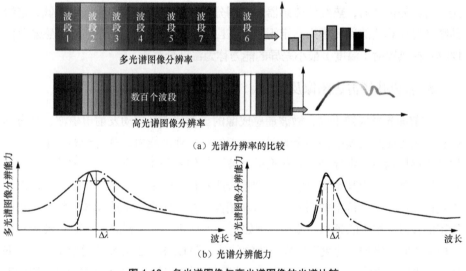

（a）光谱分辨率的比较

（b）光谱分辨能力

图 1-10　多光谱图像与高光谱图像的光谱比较

值得注意的是，在高光谱图像的具体应用中，除了要考虑波段的光谱分辨率，还要特别注意光谱波段的中心位置，也就是物体目标的波长吸收峰位置。

4. 热红外图像及应用

热红外图像是遥感领域的一个重要组成部分。自然界中的任何物体，当温度高于绝对零度（−273.15℃）时，均能向外辐射红外线。热红外遥感主要是利用传感器收集和记录地物目标的热红外信息，并利用其来辨识地物目标和反演其温度等参数的技术。热红外遥感包括两个大气窗口：中波红外（3～5 μm）和长波红外（8～14 μm）。热红外图像主要记录的是地球表面的辐射能量，可以弥补可见光全色图像必须具有光源提供能量才能形成的缺欠。与其他成像方式相比，热红外成像具有许多独特的特点：① 热红外成像是依靠感知物体辐射的能量进行成像，其成像不受光照条件影响，可以在夜间成像，在相同成像质量的前提下，热红外成像能力要强于可见光成像；② 相对于主动式雷达成像需要向外发射能量并感知，热红外成像依赖感知地物向外辐射的能量成像，属于被动成像，安全性和隐蔽性更好一些；③ 与可见光和雷达图像相比，热红外图像包含的辐射信息可以转化为温度值，在对一些目标进行检测等应用时，还可以通过温度参数对目标进行状态分析等[8]。

与可见光波长范围相比，热红外波长范围更大。随着波长的增加，电磁辐射能量会越来越小，更需要累积大量时间来保证足够大的能量。因此，相对于可见光、近红外传感器，热红外传感器的空间分辨率、对比度等一般相对较低，这给其图像处理算法的设计带来一定困难。在应用中，人们通常把热红外传感器分辨地物目标热辐射（温度）最小差异的能力称为温度分辨率。

5. 合成孔径雷达图像及应用

与前面光学成像不同，微波遥感成像的显著特点是主动发射电磁波，具有不依赖太阳光照及气候条件的全天时、全天候对地观测能力，并对云雾、小雨、植被及干燥地物有一定穿透性。典型的微波遥感传感器就是合成孔径雷达，它利用脉冲压缩技术来提高距离分辨率，利用合成孔径原理来提高方位分辨率，从而可以获取距离上和方位上的高分辨率微波图像。在合成孔径雷达成像系统中，普遍所用的波段及相应的频率、波长范围如表 1-3 所示，其主要应用：① P 波段和 L 波段用于叶簇穿透、地表下成像及生物估计；② L、S、C 和 X 波段用于农业、海洋、冰或下沉的监测；③ X 波段和 Ku 波段用于雪的监测；④ X 波段和 Ka 波段用于更高分辨成像。目前，常用的是 L、C 和 X 波段[9]。

表 1-3　合成孔径雷达成像系统中普遍采用的波段及相应的频率、波长范围

波段	Ka	Ku	X	C	S	L	P
频率/GHz	40～25	17.6～12	12～7.5	7.5～3.75	3.75～2	2～1	0.5～0.25
波长/cm	0.75～1.2	1.7～2.5	2.5～4	4～8	8～15	15～30	60～120

在合成孔径雷达成像过程中，电磁波与地表目标相互作用的机理难以直接反演地表物理现象，并且成像过程所必然带来的相干斑也使地物目标在合成孔径雷

达图像中具有独特的信息特点。因此，合成孔径雷达图像处理的难度要难于光学图像处理。

合成孔径雷达成像的特点正好弥补了光学遥感器成像的缺欠，已成为航天遥感的重要发展方向和各国竞相开发研究的热点。随着极化合成孔径雷达和干涉合成孔径雷达等多波段、多极化技术的发展，人们可以获得地物目标不同波段的雷达回波响应及线极化状态下同极化与交叉极化特性，从而更加准确地探测不同目标信息。极化合成孔径雷达是指在极短的间隔内发射水平、垂直极化脉冲，并同时接收水平、垂直回波信号的雷达。极化合成孔径雷达不仅记录了相干回波信号的振幅变化，而且也记录了不同极化回波间的相位变化。干涉合成孔径雷达是指采用干涉测量技术的雷达，也称为双天线合成孔径雷达。干涉合成孔径雷达的关键在于利用两幅天线的视角差来获取同一区域目标的两幅相干合成孔径雷达图像，再利用两幅天线距离某点的斜距不同而导致的不同相位差信号干涉图，就可实现目标的高程值反演。

以上介绍的每种传感器所获得图像都有它们自己独特的特点和优势，也有自己的劣势。在实际应用中，如果能够对这些传感器所获得的多源图像进行融合，协同处理、取长补短，就可以进一步提高遥感图像的解译性能和应用潜能。多源遥感图像融合也是遥感图像处理技术及应用的重要研究方向。此外，在卫星遥感领域，还有一个与时间参数相关的概念就是多时相图像。多时相图像是指遥感传感器对同一地区不同时间所获得的遥感图像，它体现了遥感对同一个地区重复覆盖的能力，通常称为遥感图像的时间分辨率。

1.2.4 遥感图像成像链及影响因素

从现代技术层面上看，遥感图像处理技术及应用是一种根据电磁波理论，基于空天平台（航空、卫星等平台）上各种传感器，对远距离目标所辐射和反射的电磁波信息进行探测和感知成像，并采用现代信号处理技术对获得的图像进行加工和处理，提取有价值的信息，进而服务于人类应用需求的一种综合技术。

作为主要的电磁辐射源之一，太阳发出的光也是一种电磁波，更是图像信号产生的第一环节。为此，遥感图像成像的物理过程可以描述为：能量首先从太阳辐射经历大气传输衰减到达地面，再与地面目标电磁辐射交互作用，最后经历大气到星载或机载载荷平台的传感器进行能量转换成像；这些遥感图像信息通过通信链路再经过大气传输被地面接收系统获得，然后经过加工或处理服务于人类应用需求，形成一个完整的遥感图像成像链，如图 1-11 所示[10]。

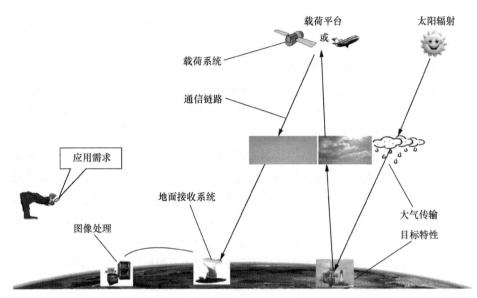

图 1-11　遥感图像成像链

遥感图像成像链的具体组成模块有以下几个。

（1）信息源：信息源包括自然信息源和人工信息源。自然信息源能量主要来自太阳辐射，其波谱范围包括紫外、可见光、红外等，相应的遥感也称为光学遥感；人工信息源主要是人工发射的能量辐射，通常用于微波遥感。

（2）大气传输一：太阳辐射能量经过大气时，部分被大气中的微粒散射和吸收，使能量衰减，其衰减程度随着工作波长、时间、地点等不同而变化，其中透射率较高的波段，通常称为大气窗口。

（3）目标特性：经过大气窗口的能量与地物目标相互作用，被选择性地反射、吸收、透射、折射等，形成十分复杂的目标特性。

（4）大气传输二：地表反射能量或发射能量，再一次通过大气、再一次衰减。此时的能量已不同于大气传输一的均匀能量，而是包含不同地物目标波谱响应的能量，其大气效应对遥感数据探测影响较大。

（5）载荷系统：一般指由载荷平台和传感器一起构成的遥感信息获取系统。载荷系统通常包括探测地表反射或发射的被动遥感载荷系统，以及人为发射电磁能量并探测其返回辐射能量的主动遥感载荷系统。根据应用需求不同，可以设计不同的载荷系统，构成不同的遥感探测系统，通常它们各自都有自己的特点和局限性。

（6）地面接收系统：地面接收系统对应载荷系统上的发射系统，主要完成探测数据的接收、存储、处理和分发等功能。

（7）通信链路：对于传输型遥感系统，通信链路主要实现载荷发射系统和地面接收系统之间数据或指令信息的传输与交换。

（8）图像处理：遥感获得的数据，通过图像处理技术进行解译，从中提取出人们感兴趣的有价值信息。遥感图像是整个成像链路的输出结果，它所包含的灰度值是地表反射或辐射电磁能量的一种反映。

（9）应用需求：遥感探测信息的最终目的是服务于人类，满足人们的应用需求。因此，无论是遥感系统设计，还是图像处理算法研究都离不开应用需求的约束。应用需求涉及整个遥感图像成像链每个环节，它们之间相互依赖、相互关联、相互影响。

由图 1-11 所示的成像过程可见，如果遥感图像分析时只把图像看成"数据"，而不考虑产生"数据"的基本物理过程，这种处理及解译方式是不完备、脱离实际应用的。只有综合考虑成像过程，才能真正解译出人们需要的有价值信息。因此，在遥感图像处理及解译时，必须充分考虑图 1-12 所示的影响图像利用的因素[11]：① 目标信息隐含在目标场景中，这些信息以图像信号的形式进行描述，主要包括目标大小等空间几何信息、目标材质等物理属性信息、目标温度等生化参数信息等；② 大气传递造成信息退化或降质的影响因素，主要包括遥感平台高度、观测角、太阳角、大气条件（如气溶胶、春夏秋冬、阴晴雨天等）等；③ 传感器通过能量转换形成数字图像，其性能指标对图像质量的影响主要包括图像分辨率（包括空间、辐射、时间、光谱分辨率等）、噪声特性、失真、视场角等；④ 软件算法是数字图像处理的核心，其目的就是提取或反演目标场景中有价值的信息，算法设计需要考虑的因素包括合理算法的选择、最佳参数设置等；⑤ 应用是图像处理的最终目标，其需求又对软件处理算法设计与实现起着约束和评价的作用。

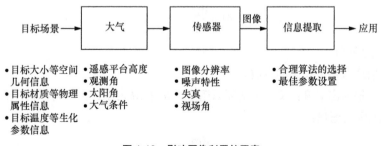

图 1-12　影响图像利用的因素

总之，遥感图像处理技术及应用是一门对地观测的综合性技术，其重点是信息探测、传输与处理，而信息探测离不开信息源特性、信息处理离不开应用需求。因此，本书主要围绕被测目标的信息特征、信息获取、信息传输与记录、信息处理和信息应用等多角度进行系统介绍。

|1.3 遥感信息源|

如图 1-11 所示，遥感技术通过电磁波传递并获取地表目标信息。在遥感成像过程中，传感器上接收的电磁波，来自以下几种：① 地球表面发射并通过大气窗口的电磁波；② 来自太阳并经过地球表面反射，或者其他辐射目标，通过大气窗口的电磁波；③ 大气层发射并通过大气窗口的电磁波；④ 大气层对太阳辐射的反射并能通过大气窗口的电磁波；⑤ 地面对大气层向下发射并反射回天空，能通过大气窗口的电磁波。为了更好地解译遥感图像，有必要对这一成像过程的物理特性进行深入了解。

1.3.1 电磁辐射的基本概念

遥感成像就是对不同电磁辐射源能量的探测过程。为此，有必要先对电磁辐射源涉及的基本概念和物理意义进行介绍[10, 12]。

（1）辐射能量：电磁辐射源以辐射形式发射、转移或接收的能量，常用 Q 表示。

（2）辐射通量：又称辐射功率，常用 Φ 表示，指单位时间内通过某一表面的辐射能量：

$$\Phi = \frac{dQ}{dt} \tag{1-4}$$

式中，t 为时间。

辐射通量是波长 λ 的函数。

（3）辐射出射度：又称辐射通量密度，常用 M 表示，指辐射源物体表面单位面积上的辐射通量：

$$M = \frac{d\Phi}{dS} \tag{1-5}$$

式中，S 为面积。

（4）辐射强度：描述的是点状辐射源在某一方向上单位立体角内发射出的辐射通量，即点辐射源在单位立体角内发出的辐射通量：

$$I=\frac{\mathrm{d}\Phi}{\mathrm{d}\Omega} \qquad (1\text{-}6)$$

式中，Ω 为立体角，如图 1-13（a）所示。

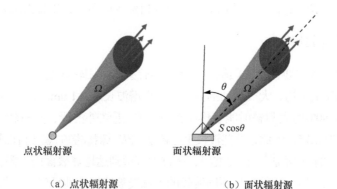

（a）点状辐射源　　　　　（b）面状辐射源

图 1-13　电磁辐射源

（5）辐射亮度：描述的是面状辐射源单位投影面积上，在某一方向上单位立体角内单位波长的辐射通量 [见图 1-13（b）]：

$$L=\frac{\mathrm{d}^2\Phi}{\mathrm{d}\Omega(\mathrm{d}S\cos\theta)} \qquad (1\text{-}7)$$

（6）辐射照度：又称辐照度，常用 E 表示，指在单位时间内从单位面积上接收的辐射能量，即照射到物体单位面积上的辐射通量：

$$E=\frac{\mathrm{d}\Phi}{\mathrm{d}S} \qquad (1\text{-}8)$$

式中，Φ 为辐射能量；S 为面积。

值得注意的是，辐射照度 E 和辐射出射度 M 都是辐射通量密度的概念，只是辐射照度 E 为物体接收的辐射，辐射出射度 M 是物体发出的辐射，二者都是波长 λ 的函数，也都与某空间位置有关，如图 1-14 所示。

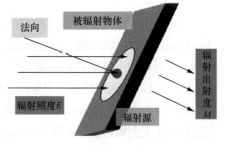

图 1-14　辐射照度和辐射出射度

1.3.2　电磁辐射源

电磁辐射源以电磁波的形式向外传送能量。理论上，来自地球表面的任何能量都可以用于形成一幅图像，而这种能量的主要来源就是电磁辐射源。自然界中，任何物质在一定温度下都具有发射、辐射电磁波的特性，唯一不同之处是，它们的辐射强度和波长 λ 不同。

对于遥感成像而言，电磁辐射源可分为自然辐射源和人工辐射源两类。

1. 自然辐射源

自然辐射源主要包括太阳辐射和地物热辐射。太阳辐射是一种最常见的能量源，也是地球上生物、大气运动的能源，其光谱波长从 0.1 nm 一直延伸到 1000 m 以上。约有 80%的太阳辐射能量集中在可见光-近红外波段，具有较强的反射能力，而且相对稳定，因此，这些波段也是被动式传感器成像的重要自然辐射源，如图 1-15 所示的粗虚线[8]。在此波段，透过大气层到达地球表面的太阳辐射与地表目标发生相互作用，其结果是不同波长的电磁波被选择性地反射、吸收和透射等。

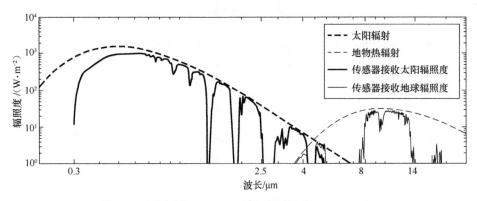

图 1-15　太阳辐射（T=5500 K）和地物热辐射（T=300 K）

地球表面上各种地物不仅具有反射太阳辐射的能力，同时也具有向外辐射电磁波的能力。这种地物热辐射是指热力学零度以上的地物本身发射出的电磁辐射，是热红外遥感的主要辐射源。地球表面的电磁辐射如图 1-15 所示的细虚线：在小于 3 μm 的波段，地物热辐射主要是反射太阳辐射能量，地球自身的热辐射能量可以忽略不计；在大于 6 μm 的红外波段，主要是地物自身发射的热辐射，此时该能量远远大于太阳辐射能量；在 3~6 μm 波段，既接收反射太阳辐射又接收地球发射辐射，这两种辐射能量交织在一起会对遥感探测产生一定的影响。因此，对于遥感图像处理而言，太阳辐射和地物热辐射都需要考虑。

2. 人工辐射源

人工辐射源是指人为地发射具有一定波长或频率的波束辐射源。传感器接收地物散射该波束返回的后向反射信号的强弱可探知地物特性或距离等信息。目前，广泛应用的人工辐射源主要包括微波辐射源和激光辐射源，它们分别对应的主动式遥感传感器就是微波雷达和激光雷达。在微波遥感中，目前广泛应用的是合成孔径雷达，其突出特点是具有全天候、全天时探测能力，成像不受光线、气候和云雾等限制，且具有一定的穿透性。与合成孔径雷达类似，激光雷达是工作在红外至紫外区间的光频波段雷达。与合成孔径雷达相比，激光雷达具有较好的单色性、方向性与相干性，同时，激光束能量集中，探测灵敏度和分辨率更高，可以精确跟踪识别目标的运动状态和位置。此外，激光雷达的激光束波段更窄，其被截获的概率很低，隐蔽性更好。

1.3.3 黑体辐射

黑体是物理学家定义的一种理想辐射体，是具有全吸收而无反射和透射的理想物体（即吸收率为 1、反射率为 0）。黑体的热辐射称为黑体辐射，通常把它作为度量其他地物目标发射电磁波能力的比较基准。

1. 普朗克辐射定律

普朗克从量子物理的角度，推导了黑体辐射定律，即在一定温度下，单位面积的黑体在单位时间、单位立体角内和单位波长间隔内的辐射出射度（或辐射通量密度）与温度、波长之间的关系，定义为

$$M_\lambda(T) = \frac{2\pi hc^2}{\lambda^5} \cdot \frac{1}{e^{\frac{ch}{\lambda kT}} - 1} \tag{1-9}$$

式中，$M_\lambda(T)$ 为辐射出射度；λ 为波长；h 为普朗克常数；k 为玻尔兹曼常数；c 为光速；T 为黑体的绝对温度。

在实际应用中，普朗克定律在其长波、短波方向的极限情况下，具有完全不同的特性。在长波方向，即 $\lambda \to \infty$ 时，式（1-9）变为

$$M_\lambda(T) \to \frac{2\pi kTc}{\lambda^4} \tag{1-10}$$

此时为瑞利-金斯分布，表明长波区域的辐射出射度与绝对温度成正比。在短波方向，即 $\lambda \to 0$ 时，式（1-9）变为

$$M_\lambda(T) \to \frac{2\pi hc^2}{\lambda^5} \cdot \mathrm{e}^{\frac{-ch}{\lambda kT}} \tag{1-11}$$

此时为维恩分布。

2. 斯特藩-玻尔兹曼定律

以普朗克定律为基础，斯特藩-玻尔兹曼进一步证明了任意物体辐射的能量是物体表面温度的函数，并把黑体总辐射出射度与温度的定量关系表示为

$$
\begin{aligned}
M(T) &= \int_0^\infty M_\lambda(T)\mathrm{d}\lambda \\
&= \int_0^\infty \left(\frac{2\pi hc^2}{\lambda^5} \cdot \frac{1}{\mathrm{e}^{\frac{ch}{\lambda kT}}-1} \right)\mathrm{d}\lambda \\
&= \frac{2\pi^5 k^4 T^4}{15c^3 h^3} \\
&= \sigma T^4
\end{aligned}
\tag{1-12}
$$

式中，$M(T)$ 为黑体辐射出射度，随温度 T^4 的变化而变化。

也就是说，温度 T 有微小的变化，都可能导致对应的辐射出射度发生巨大的变化；$\sigma = 5.6697 \times 10^{-8}\ \mathrm{W/(m^2 \cdot K^4)}$ 为斯特藩-玻尔兹曼常数。在热红外图像处理中，斯特藩-玻尔兹曼定律是红外温度反演的理论依据。

3. 维恩位移定律

维恩位移定律描述的是随着温度 T 的升高，辐射最大值对应的峰值波长向短波方向移动，即高温物体发射较短的电磁波，低温物体发射较长的电磁波。此时，可以求得 $\dfrac{\mathrm{d}M_\lambda(T)}{\mathrm{d}\lambda} = 0$ 下的最大值解为

$$\lambda_{\max} = \frac{A}{T} \tag{1-13}$$

式中，$\lambda_{\max}$ 为最大波谱辐射出射度对应的波长；T 为热力学温度；A 为常数，$A = 2898\ \mu\mathrm{m} \cdot \mathrm{K}$。

基于上述定律，图 1-16 所示为不同温度黑体辐射能量的波谱分布情况。可见，辐射物体温度越高，发射的辐射能量越大，并且与温度的四次方成正比。特别地，如果把太阳辐射看作黑体辐射，其温度约为 6000 K，而当波长约在 0.5 μm 处，其

能量有高得多的峰值。因此，人类视觉系统和可见光传感器对这段能量大小非常敏感，也是其成像的主要波段；在我们生活的地球环境约为 300 K（27℃）时，其物体产生的最大辐射波长约为 9.7 μm，这个区域正是热红外传感器成像波段。此外，对于更长波长的波段，地表目标发出的能量就必须采用非光学传感器来探测。进而可以总结出黑体辐射的 3 个特性：① 黑体在不同温度下具有不同的发射光谱；② 在每个给定温度下，黑体的光谱辐射出射度都有一个极大值；③ 随着温度的升高，其辐射出射度迅速增高，对应的峰值波长向短波方向移动[13]。

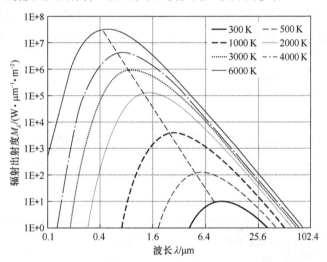

图 1-16 不同温度黑体辐射能量的波谱分布情况

4. 基尔霍夫定律

基尔霍夫定律阐述了物体在某一波段某一温度下辐射能量 $Q(\lambda,T)$ 与其能量吸收率 $\alpha(\lambda)$ 之间的关系。将它们两者联系起来的纽带就是黑体在同一波段同一温度下的辐射能量 $Q_b(\lambda,T)$。基尔霍夫定律具体表达形式为

$$\frac{Q(\lambda,T)}{\alpha(T)} = Q_b(\lambda,T) \qquad (1\text{-}14)$$

式中，$Q_b(\lambda,T)$ 与物体本身的物理特性无关，即无论何种材料的黑体，只要波长和温度一致，其 $Q_b(\lambda,T)$ 恒为定值。

这从另一个角度说明，即使对于非黑体物体，某一波长与温度下的辐射能量 $Q(\lambda,T)$ 与能量吸收率 $\alpha(\lambda)$ 的比值也是一个与自身物理属性无关的定值。但在实际应用中，人们往往关注的是那些与自身物理属性有关的参量，用以达到描述和区分物体的目的。

1.3.4　大气传输窗口

不管任何辐射源，遥感传感器探测到的能量信号都要经过大气。太阳辐射电磁波在穿越大气时，会受气体分子、水蒸气和气溶胶粒子吸收和散射的影响，从而使透过大气层的太阳光能量受到衰减，其强度、传播方向及偏振状态也都会发生变化。但是大气层对太阳光的吸收和散射影响随太阳光的波长而变化，也就是说，大气对电磁波的吸收使得只有某些波段的大气透过率比较高，这些辐射能量所能穿过的波长范围通常被称为大气窗口。图 1-17 所示为电磁波谱和相应的地球大气透过率[1]。

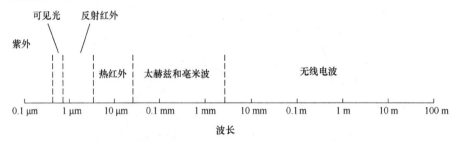

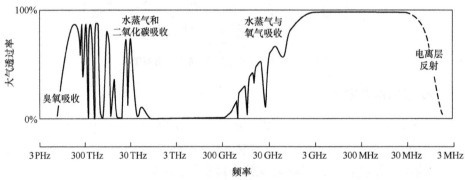

图 1-17　电磁波谱和相应的地球大气透过率

在具体应用中，一般遥感传感器的波段都选择在大气窗口内。在这里，电磁波较少被反射、吸收和散射，透过率较高。随着波长逐步增加到短波红外区域，被传感器接收到的太阳辐射就会越来越少。随着波长的继续增加，在短波红外以上到中波红外的光谱区域，太阳辐射量逐渐减少，而对于朗伯反射体而言，物体自身辐射的热辐射却在逐渐增加。在波长较长的长波红外区域，除了太阳辐射导致物体表面的温度升高，太阳辐射的直接部分与物体自身发射的热辐射相比非常小。可见，遥感传感器设计的波段无疑需要选择在大气窗口内，才能最大限度地接收地物信息，实现遥感图像信息探测和利用。遥感传感器通常利用的主要大气窗口包括以下波段。

（1）波长为 0.4~1.3 μm 的可见光、近红外波段。这一波段主要反映地物对太阳辐射的反射能量，是摄影或扫描白天成像的最佳波段，也是许多卫星传感器扫描成像的常用波段。例如，Landsat TM 的 1~4 波段，SPOT 卫星的 HRV 波段等。

（2）波长为 1.5~1.8 μm、2.0~2.5 μm 的短波红外波段。这是在白天日照条件好的时候扫描成像经常用的波段。例如，Landsat TM 的 5、7 波段等，用以探测植被含水量以及云、雪或者用于地质制图等。

（3）波长为 3.5~5.5 μm 的中波红外波段。这一波段除了地物目标反射太阳辐射外，地物目标自身也发射能量。例如，NOAA 卫星的 AVHRR 传感器，用这个波段探测海面温度，可获得昼夜云图。

（4）波长为 8~14 μm 的长波红外或热红外波段。这一波段主要是来自地物目标自身热辐射能量，适合于夜间成像，测量地物目标的温度特性。

（5）波长为 0.8~2.5 cm 的微波波段。这一波段具有穿透云雾的能力，可以全天候、全天时工作。

1.3.5 地物反射特性

当电磁辐射到地物目标时，可能会发生多种相互作用，地物目标反射和发射波谱特征直接反映该目标的物理特性。通常在地物目标表面发生的相互作用称为表面现象，电磁辐射穿入目标体内所产生的作用称为体现象。入射电磁辐射与地物目标表面和体的作用会使入射电磁辐射发生不同的变化（主要变化包括振幅、方向、波长、偏振和相位等）。遥感信息获取就是要感知和测量这些参数的变化，进而形成遥感图像并进行应用处理。可以说，地物目标与电磁辐射之间的相互作用是遥感的基础[2, 12]。

在可见光-近红外波段（波长为 0.3~2.5 μm），地物目标的热辐射几乎为零，此时以反射太阳辐射为主。当太阳辐射到达地物目标时，电磁辐射与地物目标相互作用，其能量主要包括 3 种基本的物理过程：反射、吸收和透射，如图 1-18 所示，其中反射是最普遍最常用的性质。根据能量守恒定律，三者的关系是

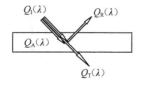

图 1-18　电磁辐射与地物目标相互作用

$$Q_I(\lambda) = Q_R(\lambda) + Q_A(\lambda) + Q_T(\lambda) \tag{1-15}$$

式中，$Q_I(\lambda)$ 为入射能量；$Q_R(\lambda)$ 为反射能量；$Q_A(\lambda)$ 为吸收能量；$Q_T(\lambda)$ 为透射能量。

进一步整理式（1-15），可得

$$1 = \frac{Q_R(\lambda)}{Q_I(\lambda)} + \frac{Q_A(\lambda)}{Q_I(\lambda)} + \frac{Q_T(\lambda)}{Q_I(\lambda)} = \rho(\lambda) + \alpha(\lambda) + \tau(\lambda) \qquad (1\text{-}16)$$

式中，$\rho(\lambda)$ 为地物反射率；$\alpha(\lambda)$ 为吸收率；$\tau(\lambda)$ 为透射率。

下面两点值得注意。

（1）能量被反射、吸收和透射的比例会随地物目标材料类型和环境变化而变化。因此，在遥感图像处理中，可以根据这种变化差异来解译不同地物目标特征。

（2）地物目标的反射、吸收和透射都随着波长的不同而变化。如果两个地物目标在某一波段内具有不可分性，那么在不同波段间就可能存在可分性，这也是多光谱和高光谱图像进行地物目标解译的基本出发点。

众多遥感成像系统都工作在反射能量波段，所以式（1-16）中的地物反射率 $\rho(\lambda)$ 尤为重要，即

$$\rho(\lambda) = \frac{Q_R(\lambda)}{Q_I(\lambda)} \qquad (1\text{-}17)$$

它反映了地物目标的反射特性可以通过入射能量被反射的比例来表示。物体的反射波谱不同，便形成了物体的不同颜色，人类视觉系统也正是利用反射能量强度不同的光谱变化来辨识丰富多彩的物理世界。

在遥感高光谱图像处理中，作为波长 λ 函数的物体光谱反射率 $\rho(\lambda)$ 形成的曲线通常称为光谱反射率曲线，简称光谱曲线。图 1-19 所示为植被、土壤和水 3 种典型地物类型的光谱曲线[1]，它们以波长 λ 为横坐标，反射率为纵轴的直角坐标系来表示。不同类型的地物目标，其表面形状和成分以及内部结构等特性不同导致其反射光谱特性也不同。或者可以反过来理解，不同地物目标的光谱特性不同，因此通过光谱曲线的形态，可以分析物体的光谱特征，进而实现遥感图像的定量化分析。

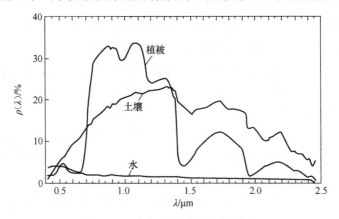

图 1-19　3 种典型地物类型的光谱曲线

1.3.6　地物发射特性

相对于可见光波段的遥感传感器利用目标的反射能量，工作在热红外波段的传感器主要依赖于目标自身的辐射能量，其辐射能力又依赖于式（1-16）中吸收部分的入射能量，一般用发射率 $\varepsilon(\lambda)$ 来描述。类似于地物反射率或反射系数 $\rho(\lambda)$ ，其发射率 $\varepsilon(\lambda)$ 也是波长 λ 的函数。更主要的是，根据不同目标的不同材质，发射率 $\varepsilon(\lambda)$ 也会随着温度 T 的变化而变化。通常，地物发射率定义为物体在温度 T 、波长 λ 处的辐射强度 $M(T)$ 与同温度、同波长下的黑体辐射强度 $M_{\mathrm{b}}(T)$ 之比（为此又称为比辐射率或辐射系数），即

$$\varepsilon(\lambda) = \frac{M(T)}{M_{\mathrm{b}}(T)} \tag{1-18}$$

很显然，地物发射率 $\varepsilon(\lambda)$ 是与物体状态以及固有物理属性有关的无量纲参量，其取值范围为 $0 \sim 1$ 。

理论上，基尔霍夫定律认为物体无时无刻不在与周围环境进行着能量的交换与传递，如能量的吸收、反射及发射。根据能量守恒定律，当物体的温度不再发生变化时，其能量的吸收和发射则处于一种动态平衡状态。此时，在一定温度下，一个物体的光谱发射率等于其光谱吸收率，即

$$\varepsilon(\lambda) = \alpha(\lambda) \tag{1-19}$$

即好的吸收体也是好的发射体。这样，在热红外波段，式（1-16）变为

$$\rho(\lambda) + \varepsilon(\lambda) + \tau(\lambda) = 1 \tag{1-20}$$

如果进一步假设处理的目标对热辐射是不传热的，即 $\tau(\lambda) = 0$ ，则

$$\rho(\lambda) + \varepsilon(\lambda) = 1 \tag{1-21}$$

这就是光谱在热红外区域，目标的光谱发射率和其反射率之间的关系。即一个目标的反射率越低，其发射率就越高；反之，目标的反射率越高，其发射率就越低。这样，根据基尔霍夫定律，若 $Q_{\mathrm{b}}(\lambda, T)$ 已知，则可以根据响应关系对发射率 $\varepsilon(\lambda)$ 进行求解。

由以上讨论可见，基尔霍夫定律就是以黑体研究为基础的热辐射基本定律。此时，可以将在黑体辐射式（1-12）中的斯特藩-玻尔兹曼定律扩展到实体辐射上，即

$$M(T) = \varepsilon \sigma T^4 \tag{1-22}$$

式（1-22）给出了热传感器探测的信号 $M(T)$ 、温度 T 和发射率 ε 之间的关系。在具体应用时，遥感热红外图像处理就是基于目标的这种关系，实现发射率 $\varepsilon(\lambda)$ 与

温度 T 的分离，进而实现目标特性参数反演。

|1.4 遥感信息获取|

　　遥感的首要任务是信息获取。所谓信息获取是指运用遥感技术装备接收、记录地物目标电磁波特性的探测过程。信息获取所采用的遥感技术装备主要包括遥感平台和有效载荷，它们一起构成了遥感信息探测系统。遥感平台和有效载荷的多种组合，为现代遥感技术提供了多样化的信息获取手段。其中，遥感平台构成了遥感系统的整体结构，承载着载荷及其支撑载荷工作的子系统（如电源系统、姿态控制系统、遥测及跟踪系统、通信系统等）。目前常用的遥感平台有气球、飞机和人造卫星等。有效载荷则是执行遥感任务的仪器和设备，其核心就是用来探测目标电磁波特性的传感器。传感器的性能高低体现遥感技术的水平。常用的传感器包括照相机、扫描仪和成像雷达等。

　　遥感信息获取的主要产品是图像，其质量既与电磁辐射能量大小、大气条件等因素有关，还与载荷平台、传感器特性，以及太阳辐射源、地物目标、载荷传感器的几何关系等众多因素有关。下面重点介绍遥感载荷平台和传感器特性。值得注意的是，遥感传感器涉及被动式传感器和主动式传感器。本书在内容安排上将以光学遥感为主，因此将对光学被动式传感器的相关知识进行重点介绍。至于主动或被动微波遥感，其载荷和成像过程与光学遥感完全不同，本节对相关知识只作简单介绍。

1.4.1 遥感平台及载荷成像的几何关系

　　对任何遥感系统而言，探测目标与载荷平台之间的距离决定了传感器获得信息的详细程度。就目前广泛应用的航空平台和航天平台而言，航空平台飞行高度较低，主要包括飞机、氢气球等飞行在大气层中的飞行器。航空平台的特点是机动灵活，而且不受地面条件的限制，但航空平台的稳定性和成像的大倾角等会造成图像几何失真等问题。相对于航空平台，航天平台飞行高度较高，主要包括卫星、宇宙飞船、空间站等，其突出的特点是覆盖范围宽、探测能力强，但大气层的干扰因素强，直接影响成像质量。就航空平台和航天平台相同传感器所提供的图像数据而言，其主要差别一般是有效的空间分辨率。相比较而言，航天遥感距离地面目标较远，空间分辨率相对较低，观测细节信息能力弱；航空遥感空间分辨率较高，观测目标细节信息能力强。

无论何种遥感平台，其传感器都由收集器、探测器、处理器和输出器 4 个部分组成，如图 1-20 所示。

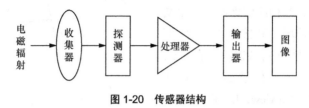

图 1-20 传感器结构

1. 收集器

收集器收集来自于地物目标的电磁辐射能量，并将其聚焦至探测器。不同传感器使用的收集器不同，例如，光学器件可以是透镜、反射镜等；微波成像可以是天线等。多波段遥感成像系统的收集器还包括分光器件，如棱镜、分光镜、滤光片等。

2. 探测器

探测器的主要功能是实现能量转换，测量和记录接收到的电磁辐射能量。光学系统实现的是光电变换，例如，光电敏感元件通过光电效应把探测的电磁辐射能量转换为电信号。

3. 处理器

处理器主要是对探测器探测到的化学能或电能信息进行信号加工和处理，如电信号的放大、增强、模数转换等。

4. 输出器

输出器以适当的方式输出所获得的数据或者数字图像。

在遥感领域，传感器工作在可见光波段、近红外波段、中红外和热红外波段的遥感技术统称为光学遥感。光学遥感是目前遥感图像的主要成像方式，从传统相机成像到扫描仪成像，有多种形式。对于扫描仪成像方式，构成一幅遥感图像的二维像素网格通常包括：沿着平台轨道（顺轨）的运动方向和与轨道运动的垂直（交轨）方向。图像网格顺轨方向的间隔由控制平台运动速度决定，交轨方向的间隔由传感器采样率决定。典型传感器与地面成像区域的几何关系如图 1-21 所示，传感器视场（field of view，FOV）定义为垂直于轨道所能覆盖地球表面的可视角度范围。当传感器以这个角度投影到地表时，其相应的地面覆盖范围称为地面投影视场，通常定义为扫幅宽度，它决定了图像每行覆盖地面的宽度，即图像一行大小。传感器瞬时视场（instantaneous field of view，IFOV）定义为一个探测器件在光学系统轴向的角度，它决定了在给定平台高度下观测的地面尺寸，体现的是传感器最精细的角分辨率。

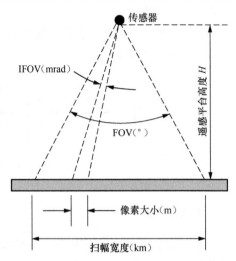

图 1-21　典型传感器与地面成像区域的几何关系

当从遥感平台高度 H 向地球表面投影时，瞬时视场根据等效地面尺寸定义了图像最小的可分辨单元，通常称为图像像素或像元，其对应的地面几何投影称为地面投影瞬时视场，它定义了一个像素对应地面的实际面积大小。通常，瞬时视场越小，传感器能分辨的地面单元就越小，图像的空间分辨率就越高。

1.4.2　光学传感器成像

对于可见光-近红外遥感，它们记录的是地物目标对太阳辐射能量的反射能量，其传感器按照数据采集方式可进一步划分为摄影成像和扫描成像，如图 1-22 所示[10,12]，这也是本节重点介绍的内容；对于微波雷达成像，由于其本质上完全不同于光学遥感，所以将在 1.4.3 节单独介绍。

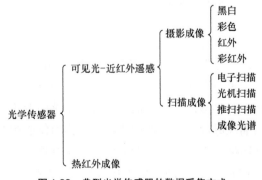

图 1-22　典型光学传感器的数据采集方式

目前，扫描成像方式获得了更为广泛的应用，主要原因在于：① 探测范围可由传统的可见光波段，扩展到较宽的红外波段；② 通过光敏或热敏探测器把收集的电磁辐射能量转换成电信号，更有利于遥感图像数据的实时传输和存储。为此，下面主要介绍 3 种典型的扫描成像系统。

1. 光机扫描成像系统

光机扫描成像系统利用遥感平台的行进和传感器旋转扫描镜，对与平台行进垂直方向的地面目标，沿着扫描线逐点扫描，并通过传感器的瞬时视场来记录地球表面图像数据，如图 1-23 所示[1]。该扫描成像系统通常又称为物面或交轨扫描系统。

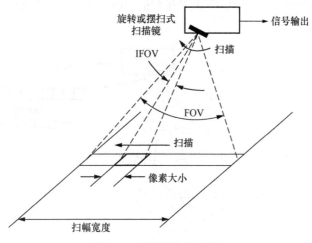

图 1-23 光机扫描成像系统

光机扫描成像的几何特征主要依赖于传感器视场和瞬时视场的大小。由于假设传感器在瞬时视场的扫描持续瞬间是静态的，此时接收到的地物目标的电磁辐射能量即为传感器探测的能量，决定了图像中每个像素的灰度值大小。传感器视场 FOV 和载荷平台高度 H 一起，决定了图像扫幅方向图像列的宽度 N，即地面扫描幅宽，三者关系为

$$N = 2H \tan\left(\frac{\mathrm{FOV}}{2}\right) \tag{1-23}$$

随着遥感平台的前向运动，可以通过光栅扫描逐渐获得一个数据条带，而选择一定数量的条带即可构成图像的行长度 M，进而形成一幅大小为 $M \times N$ 的遥感图像。值得注意的是，图像行（平台飞行方向）和列（传感器扫描方向）的比例

尺通常是不一致的。光机扫描成像系统的特点是扫描宽幅大，但空间分辨率较低。

2. 推扫扫描成像系统

随着基于 CCD 技术的可靠探测器阵列的实用化，另一种图像获取扫描成像系统是推扫扫描成像系统。推扫扫描成像系统不用扫描镜，而用垂直于遥感平台飞行方向的线性探测器阵列来感应场景目标，如图 1-24 所示[1]，该扫描成像系统又称为像面或顺轨扫描系统。不同于光机扫描成像系统对图像一行需要扫描 N 列（图像一行像素数），推扫扫描成像系统一般由 CCD 阵列组成。如果推扫扫描成像系统的 CCD 阵列为 N，则扫描一次就能对图像一行进行探测。显然，其扫描时间可以大大缩减。此外，传感器瞬时视场取决于 CCD 器件的性能，而图像的视场取决于 CCD 阵列的个数。随着传感器载荷平台的向前移动，CCD 阵列就以条带的形式记录图像数据。

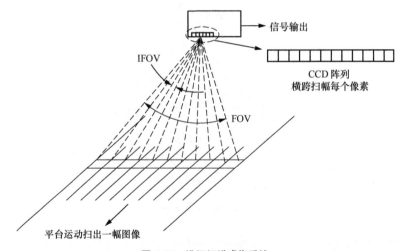

图 1-24　推扫扫描成像系统

值得注意的是，CCD 阵列能同时感应目标响应、同时采光、同时能量转换（光电转换）、同时成像。若 CCD 按线阵排列，则可以同时获得图像一行 N 个像素数据，再根据需要扫描 M 行，就可以形成一幅大小为 $M \times N$ 图像；如果 CCD 按二维面阵 $M \times N$ 排列，则可以同时获得一整幅图像。

3. 成像光谱仪

通常，二维 CCD 阵列也可被用于卫星成像传感器。如果该阵列以推扫方式应用，但不是记录地表目标的二维空间图像，而是通过利用一种将输入辐射能量根据波长进行分离的机制，将第三维用于同时记录每个像素的若干个不同波段，如图 1-25 所示，那么这样的仪器就称为成像光谱仪，它所描述的数据被称为"立方体"数据。通常用这种方式可以记录上百个通道，因此，地球表面的反射特性也可以很好地体现在数据中。

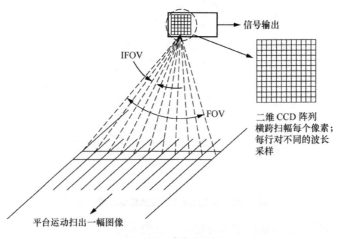

图 1-25 成像光谱仪

成像光谱仪把成像技术和分光技术有机地结合起来，在获得图像二维空间信息的同时，也使图像的光谱分辨率非常高，波段数非常多（能达到上百个波段）。这种典型的成像光谱仪就是美国机载可见光/红外成像光谱仪，获得的图像通常称为高光谱图像。

1.4.3 合成孔径雷达成像

合成孔径雷达是一种主动式微波遥感雷达传感器。合成孔径雷达首先是雷达，其本质就是无线电探测与测量，通常利用脉冲压缩技术很容易获得较高的距离分辨率。"合成孔径"的主要用途是改善雷达图像的方位分辨率，其概念是相对雷达真实孔径提出来的，主要原理是在运动平台上安装一个具有较短天线的雷达，运动平台上的雷达通过较长时间连续发射波束来"观测"同一目标。同时，雷达天线也连续接收地面目标的后向散射回波信号，并对接收的不同时间累积信号进行合成相干处理，通过"合成孔径"得到一个比物理天线尺寸更长的虚拟天线，进而提高雷达图像的方位分辨[13]。图 1-26 所示为典型合成孔径雷达成像几何示意[9]。其中，雷达平台沿着方位向或者轨迹方向运动，电磁波传输方向称为距离向，二者形成了合成孔径雷达图像的二维坐标维度，其扫幅宽度代表了距离向上的图像大小。r_0 为斜距，Θ_a 为方位波束宽度，v 为传感器运动速度。

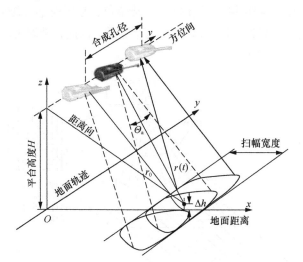

图 1-26　典型合成孔径雷达成像几何示意

此时，合成孔径雷达的距离分辨率可以表示为

$$R_r = \frac{c}{2B_r} \qquad (1\text{-}24)$$

式中，c 为光速；B_r 为发射脉冲信号频域带宽。

可见，合成孔径雷达的距离分辨率主要取决于信号频域带宽（或时域信号脉冲宽度），信号频域带宽越宽，距离分辨率也就越高。较宽的信号频域带宽意味着信号在时域需要较窄的脉冲信号，这样其探测精度越高。这种窄脉冲信号的发射功率是有限的。因此，在具体应用中常采用大时宽的宽频带信号（如线性调频信号），其调制的目的就是增加频域带宽或者实现"脉冲压缩"。

理论上，合成孔径雷达的方位分辨率取决于天线波束宽度，波束宽度又与天线尺寸成反比。如果要提高其方位分辨率，就要压缩其波束宽度，也就是增加天线尺寸。合成孔径的波束宽度为

$$\Theta_{sa} = \frac{\lambda}{2L_{sa}} \qquad (1\text{-}25)$$

式中，λ 为雷达工作波长；L_{sa} 为合成孔径长度，可以表示为

$$L_{sa} = r_0 \frac{\lambda}{D_a} \qquad (1\text{-}26)$$

式中，r_0 为雷达到目标的（斜）距离；D_a 为实际雷达较短的天线长度，则合成孔

径雷达的方位分辨率为

$$R_{\mathrm{a}} = r_0 \Theta_{\mathrm{sa}} = r_0 \frac{\lambda}{2L_{\mathrm{sa}}} = \frac{D_{\mathrm{a}}}{2} \tag{1-27}$$

由式（1-27）可以看出，合成孔径雷达的方位分辨率只与雷达天线的尺寸有关，而与运动平台的高度等参数无关。天线的尺寸 D_{a} 越小，合成孔径雷达的方位分辨率越高。

值得注意的是，不同于光学成像，合成孔径雷达成像获得的原始数据不是图像，而是在不同方位上具有不同延迟的一维距离像，通常原始数据称为原始回波。因此，如何从这些观测的原始回波生成可视化合成孔径雷达图像的成像算法，是合成孔径雷达成像研究的关键技术，其成像性能直接影响合成孔径雷达图像的应用。通过典型 RD 成像算法进行合成孔径雷达成像过程主要包括两步：第一步是在距离维方向上把发射的线性调频信号压缩成一个窄脉冲。在算法实现中，并不是直接在时域进行卷积，而是直接在频域进行乘积。这样，每个距离维行在频域乘以线性调频信号频谱的复共轭（该信号也称为参考信号），其结果就是距离维压缩的图像。第二步是方位维压缩，此时也是与一个参考信号进行卷积，只是所选择的复共轭需要考虑地面一个点目标的响应。可以证明，方位向信号也是一个线性调频信号，其瞬态方位维频率随着时间线性变化，具有反比于距离的斜率，此时的方位维频率也称为多普勒频率。从信号处理的角度，合成孔径雷达数据的成像过程可以理解为分别沿着距离维和方位维在频域的匹配滤波，其目的就是要把接收的大时宽频宽信号压缩成窄脉冲。所谓匹配滤波就是以输出最大信噪比为准则的最佳滤波器，此时其滤波器的频率响应为输入信号频谱的复共轭。根据卷积定理：频域两个函数相乘等于这两个函数时域的卷积，因而频域的匹配滤波也相当于在时域信号与滤波器冲激响应的卷积。本书对合成孔径雷达成像原理和成像过程只作简单介绍，具体详细内容读者可参考文献[9]。

▎1.5 遥感数据传输/接收链路▎

航空遥感和航天遥感获取的遥感数据最终都要送回地面。遥感图像的回收方式包括以下两种。

（1）直接回收式：此时成像传感器把图像数据记录在胶卷或磁带上，待载荷系统返回地面时回收。该方式回收方便、信息损失少、保密性强。但该方式非实时，存储容量受限。因此，该回收方式主要适合航空遥感。

（2）无线传输方式：此时主要是通过无线电将图像数据传输到地面接收站，再存储、分发和处理。对于无线传输型的遥感系统，其数据必须通过建立遥感地面接收站来完成数据的接收，而与之对应的是遥感平台上载荷的发射系统。遥感数据发射-接收系统及其信道链路一起构成了遥感数据传输系统，如图1-27所示。

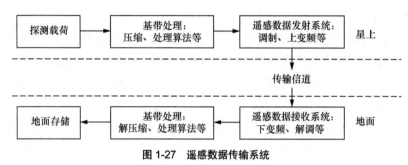

图 1-27　遥感数据传输系统

1.5.1　遥感数据发射系统

在遥感数据传输系统中，探测载荷探测到的遥感图像数据由遥感数据发射系统经过传输信道发往地面接收站。

遥感数据传输系统面临的最大技术难点是日益增长的数据量问题。我们知道，遥感图像的突出特点之一就是数据量极大、信息丰富。例如，一幅陆地卫星图像，如果其覆盖的地面尺寸为 185 km×185 km，图像空间分辨率为 30 m，辐射分辨率为 8 bit（1 Byte），则其数据量大约为 36 MB，这样大的数据量给遥感图像传输或存储都带来了极大的困难。因此，在图像处理领域出现了一个相对独特的数据处理技术，即图像压缩编码。对于遥感数据传输系统而言，遥感图像在发射平台上需要进行图像的压缩编码，在地面站接收端需要进行相应的解码。需要说明的是，在通信领域发射端的数据编码一般称为信源编码，而在图像处理领域也往往把图像压缩编码看作信源编码。二者的最大差异在于，信源编码是利用数据间的冗余度，实现无失真编码来减少传输率；图像压缩编码大多时候是有失真压缩，以便进一步减小传输率和存储空间。关于遥感图像压缩编码技术将在第6章详细介绍。

1.5.2　遥感数据接收系统

遥感数据接收系统主要布置在遥感卫星地面站，负责遥感数据的接收、处理、存档、分发等。当卫星处在地面站的覆盖范围之内时，通常采用卫星实时传输的数据传输方式；当卫星超出地面站的覆盖范围时，采用任务数据记录仪（mission data recorder，MDR）或跟踪数据中继卫星（tracking and data relay satellite，TDRS）两种数据传输方式。前者为实时传输，后者为准实时传输。

值得注意的是，地面接收站接收到的遥感数据，经过图像链传输时，会受载荷特性、大气环境、地球曲率等众多因素的影响，遥感数据在几何和辐射特性上会或多或少地降质，必须经过几何和辐射校正等（预）处理，形成分级产品后才能提供给用户使用。遥感数据产品分级体系如表 1-4 所示。通常所用的遥感图像一般都是 3 级产品[5]。

表 1-4 遥感数据产品分级体系

分类	等级	名称	定义
数据产品	0 级	原始数据产品	卫星载荷原始数据及辅助信息
	1 级	辐射校正产品	经过系统辐射校正，波谱定标等的产品
	2 级	几何校正产品	进行了系统几何校正的产品
图像产品	3A 级	几何精校正产品	系统辐射校正的高精度地理编码产品
	3B 级	正射校正产品	系统辐射校正的正射纠正地理编码产品
目标信息特征产品	4 级	目标特征产品	在图像产品基础上，得到的目标特征产品

1.5.3 遥感图像处理系统

图像处理的先决条件是要有图像处理系统。一方面，计算机的高速发展使得图像处理系统的发展极其迅速；另一方面，半导体器件的快速发展解决了大量图像数据存储问题，也加快了图像处理系统的发展速度。从本质上讲，遥感图像处理系统除了一些适合遥感平台的特殊要求外，在实现原理上与通常的图像处理系统没有太大区别，主要包括高性能图像处理机、大容量图像存储器和相应的图像输入/输出系统等，如图 1-28 所示。

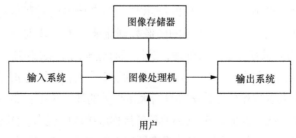

图 1-28 遥感图像处理系统

在具体应用中，图像处理系统又分为通用图像处理系统和专用图像处理系统两大类。如果图像处理机由通用计算机来完成，即图像处理系统作为计算机系统的一个外部设备，这种图像处理系统被称为通用图像处理系统。通用图像处理系统的突出特点是它的通用性，因此被大家广泛应用，这里不作过多介绍。通用图像处理系统的最大问题是不能完成特定的任务，如星上实时处理系统。因此在实际应用中，专用图像处理系统更具有实用价值。专用图像处理系统是指最终用户使用的系统，它的发展完全依赖于半导体器件的发展，通常以专用集成电路（application specific integrated circuit，ASIC）、数字信号处理器（digital signal processor，DSP）、现场可编程逻辑门阵列（field programmable gate array，FPGA）等硬件为基础。相应的专用图像处理系统设计也主要包括以下 3 类。

（1）基于数字信号处理器等芯片的图像处理系统。该类系统的最大优点是全硬件实现，特别适合科学计算。但其最大的问题是成本较高、灵活性较差。

（2）基于现场可编程门阵列等的图像处理系统。该类系统的主要优点是片上资源丰富、具有可重复性。但其最大的问题是不具备专用优化算法，而且功耗比较大。

（3）基于数字信号处理器和现场可编程逻辑门阵列等的图像处理系统。这类系统综合了以上两种方法的优点：数字信号处理器对数字信号处理的良好支持、现场可编程逻辑门阵列对高速数据控制的灵活性及并行性等。

1.5.4　星上实时图像处理系统

随着遥感技术的飞速发展，卫星载荷产生数据的速率和数据量持续增长，而卫星到地面站的有效下行链路带宽却相对受限。这样，面向特定任务的星上实时图像处理系统应运而生，它也是遥感应用系统的一个新挑战和发展方向。

就目前遥感图像处理技术发展和应用需求而言，星上实时图像处理技术主要包括图像预处理、图像压缩、自动特征提取等，其目标是依靠星上实时图像处理系统，最大限度地减少地面干预，实现星上有针对性的图像处理。目前，星上实时图像处理技术主要涉及两个方面，如图 1-29 所示[14]：① 在传输前对获得的图像数据进行星上有损或无损压缩，这样被压缩的图像数据流被下传，并进一步在地面处理；② 根据某种应用需求在星上进行处理，这样只有处理的结果被传输给地面站。

对于星上实时图像处理系统，必须具备以下 3 个特性：① 它必须具备高计算性能，因为目前众多压缩和处理算法都具有大量相关的计算负担；② 它应该具有体积小、质量轻、功耗低的性能；③ 它必须具备抗损或抗故障能力。作为目前星上实时图像处理系统较好的应用范例，遥感图像压缩系统与地面普通图像压缩系统存在较大区别。首先地面普通图像压缩系统一般对实时性要求不高（解压缩实时性要求高），遥感图像压缩系统则强调能够对采集到的遥感图像数据量进行即时的压缩存储。其次，地面普通图像压缩系统可以采用较大型的处理设备进行压缩处理。但受遥感载荷及空间限制，遥感图像压缩系统多采用数字信号处理器、现场可编程逻辑门阵列及专用芯片进行压缩处理，这样既减小了系统的体积又降低了功耗。最后，地面普通图像压缩系统出现误码，甚至难以解码的情况时，可以对原始图像重新压缩，而遥感图像压缩系统则与特定的时相相匹配，如果误码率过高将会造成不可逆的损失。

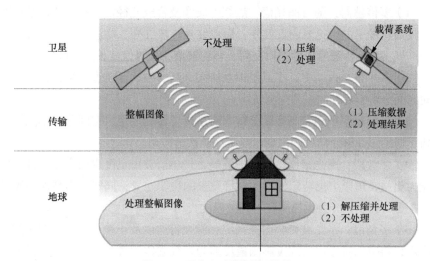

图 1-29　星上实时图像处理技术

|1.6　遥感图像处理技术|

随着遥感技术的飞速发展，人类获取更高空间分辨率、更高光谱分辨率、更高时间分辨率的遥感数据成为可能。与此同时，人类也能够在不同平台上以更大的电磁波谱范围对地遥感观测，从全色遥感到多光谱以及高光谱遥感，从光学遥感（包括红外）到微波遥感，探测信息手段的多样化也使获得的多源海量数据信息更加丰富。尽管遥感技术的这些新特点为后续进一步遥感图像处理及应用带来了更多的可能性，使许多原先悬而未决的问题得以解决。但针对多源海量数据的表征与描述，其内在的本质特征以及关键信息是什么？针对多源海量数据的加工与处理，如何协同取长补短以达到最佳的信息利用效能等一系列深层次的科学问题，都对遥感图像处理及应用领域的深入研究提出了极大的新挑战。

1.6.1 遥感技术发展趋势及面临挑战

当今社会已经逐渐进入"大数据"时代，每天都有大量不同类型的数据需要处理。同样地，在遥感领域，随着卫星技术的发展，每天也会有大量的遥感数据被获取。遥感技术的总体发展趋势如下。

（1）多传感器：随着高光谱、热红外成像及合成孔径雷达技术的日益成熟，遥感波谱从最早的可见光向近红外、短波红外、热红外、微波等方向扩展，波谱域的扩展将进一步适应各种物质反射、辐射波谱特征峰值波长的宽域分布。

（2）多平台：大、中、小卫星相互协同，高、中、低轨道相结合，形成一个不同时间分辨率互补的系列探测星座。

（3）多分辨率：随着高空间分辨率新型传感器的应用，空间分辨率的提高更有利于遥感图像解译精度的提高以及更深层次的应用。

（4）多波段：高光谱遥感技术的发展，传感器波段宽度更加窄化，针对性辨识能力更强，可以突出特定地物反射峰波长的微小差异；同时，提高地物光谱分辨率，更有利于区分各类物质在不同波段的光谱响应特性。

（5）多角度：多角度光学图像系统、激光雷达以及干涉合成孔径雷达的发展和应用，将空间目标由二维投影测量反演为三维立体测量，进一步提高目标探测的维度和可辨识性。

（6）多时相：卫星访问周期不断缩短，数据更新不断加快，为目标区域的动态监测提供了可能。

（7）遥感分析技术从"定性"向"定量"转变，定量化遥感成为遥感图像处理及应用发展的热点和方向。

（8）遥感图像处理及应用技术朝着自动化、智能化、网格化和实用化方向发展，逐渐形成了自己的处理体系。

基于遥感技术的总体发展趋势，结合本书的具体内容，遥感图像处理及应用主要面临以下几方面的挑战。

1. 多源遥感海量数据协同处理及应用

从多源遥感海量数据获取的角度来看，遥感成像覆盖了可见光、高光谱、红外等电磁波段，可以形成全天候、全天时、性能各异的多源遥感图像。获取这些海量数据的样式越多，协调优化和综合处理它们的能力要求也就越高。一方面，观测手段的多样化给后续处理及应用带来了更多的可能性，可以促使原来悬而未决的问题得到解决；另一方面，传统的基于像素的图像处理技术很难再完全适合这种新需求。仅从获得不同遥感图像分辨率的角度为例，遥感图像空间分辨率和光谱分辨率的不断提高，像素内包含多种地物目标已不可避免，同类地物内部光谱差异逐渐增多，"同物异谱"和"同谱异物"现象更加严重。传统的基于像素的图像处理技术受到极大限制，面向子像素、面向目标以及超像素等遥感图像分析的新思路不断出现，相应的特征提取及解译方法也被提出来。要使多源遥感图像处理的信息得到充分应用（如精细分类、混合像素解混、超像素目标分割等），还有诸多关键技术需要攻关。

2. 目标信息的定量化遥感

人类认识世界往往是透过现象看本质的过程，遥感技术的发展也是如此。遥感图像处理及应用不仅要考虑图像空间特性（如形状、大小、模式、色调或色彩、纹理、阴影、位置、布局和空间分辨率等），更要考虑其物质内在的物理属性、生化参数（如反射率、发射率、温度以及一些结构参量等）。前者更多基于表象特征来对图像进行定性描述和处理，后者更能充分挖掘物质的内在本质信息所在，正是定量化遥感要解决的问题。

在遥感图像处理及应用中，定量化遥感的本质是遥感图像反演，其关键技术主要取决于遥感图像模型构建和参数估算两个方面。

（1）遥感图像模型构建是根据地物电磁波特征产生的遥感图像特征，反推其形成过程中的电磁波状况。该模型充分反映了遥感信号或遥感数据与地表应用之间的相互关系，是定量化遥感反演的前提条件和基础。

（2）参数估算过程则是建模的逆过程。此时，以遥感图像为已知量去反推目标或大气中某些影响遥感成像的未知参数，即将遥感数据转变为人们实际需要的地表各种特性参数。从数学角度，反演是一个求逆问题[15]。"逆问题"通常要比"正问题"复杂得多，例如 4+6=? 属于正问题，答案是 10；而 $x+y=10$ 属于逆问题，需要对其中一个参数 x 或 y 在有先验信息的条件下，对另一个参数 y 或 x 进行最佳估计。遥感图像反演在遥感领域具有特殊意义，特别像高光谱图像的生化参数反演、热红外图像目标发射率和温度反演、合成孔径雷达图像介电常数反演等，目前还都是极具挑战性的课题。

3. 面向应用的机器学习遥感图像解译

人类视觉系统是一个混合认知系统，结合了归纳和演绎两个方面[16]。归纳是从特殊到一般的认知过程，演绎则是由一般到特殊的认知过程，二者一起构成了两种经典的前向推理和后向学习方法。机器学习作为人工智能的核心，其主要目标就是利用计算机来模拟人类上述思维过程，使机器能够胜任一些通常需要人类智能才能完成的复杂工作。人工智能的热潮源于深度学习方法成功用于图像识别等领域，并作为机器学习领域中一个重要研究方向，得到了各行各业的广泛关注。目前，人工智能的研究主要体现在：① 感知——模拟人类感知能力，获得听觉、视觉等外部信息；② 学习——模拟人类学习能力，主要完成如何从获得的数据中提炼出有价值的信息；③ 认知——模拟人类认知能力，主要根据学习的信息进行推理、规划和决策等[17]。

随着人工智能的发展和广泛应用，以及对遥感图像处理能力的迫切需要，人们不断尝试利用深度学习来解决海量遥感图像的解译等问题。深度学习已被广泛应用于目标识别、地物提取、目标分类、目标跟踪、变化检测等技术中，并不断地向着自动化与智能化的方向发展。目前，获得广泛应用的几种典型深度学习方法包括自动编码器、卷积神经网络（convolutional neural networks，CNN）、深度信念网络和迁移学习等。

尽管目前已有不少针对利用深度学习方法进行遥感图像处理的相关研究。但在实际应用时，相对于视觉图像，深度学习框架、人工智能算力以及遥感图像样本库等方面依然面临着众多问题和重大挑战。① 通用模型的泛化能力：遥感图像不同于通常的视觉图像，探测的图像目标种类繁多。同一类目标在不同时间和不同环境下所呈现的特性各不相同，这种图像的复杂性使得基于监督学习方法得到的遥感图像处理模型很难具有普适性和鲁棒性。② 遥感数据的多样性（多平台、多传感器、多时相等多源探测遥感图像）让人工智能解决这种异源、异构数据的一致性解译和差异性辨识存在挑战。③ 小样本及样本不平衡：目前广泛应用于遥感图像处理的人工智能技术大多采用监督学习方法，利用这些方法的前提条件之一就是需要大量的标记样本来对网络加权参数进行训练。这种对样本的需求在遥感图像应用中是相当困难的（存在大量小样本，甚至无样本的情况）。对于像目标检测与识别等应用，它们相对于背景具有稀疏性，即使有一定的标记样本，也存在着目标和背景之间的训练样本不平衡等问题。为此，如何把人工智能或深度学习更好地应用于遥感图像处理及应用中，仍然有众多的关键技术需要攻关。

1.6.2　遥感图像处理及应用所涉及的技术

尽管遥感图像处理技术可以面向不同的应用，但从算法实现角度，其理论基础和设计原理基本相似，不同的是所用图像性能指标和应用需求的差异。本节就遥感图像处理及应用所涉及的技术进行简单介绍，更详细的内容将在后续各章详细介绍。

1. 遥感图像预处理技术

从遥感图像处理技术的角度，图像预处理主要解决的是图像空间几何和图像电磁辐射值问题，通常是指从图像到图像的处理过程。本书预处理技术主要涉及图像增强和图像恢复两方面内容，将分别在第 4 章和第 5 章介绍。

图像增强是数字图像处理领域最基本和最简单的预处理技术，其目的是改善图像的视觉效果或转换成适合于机器处理的形式。图像恢复则是将图像退化过程模型化，再采用相反过程以得到原始图像的本来面目。二者的共同点都是改善给定图像的质量，并与图像解译结合使用；二者的主要区别是处理评价出发点不同，图像增强侧重于主观评价，而图像恢复则侧重于客观评价。

从信息论的角度，图像增强并没有增加新的信息，只是为进一步的图像解译或应用进行必要的预处理。与普通图像增强相比，遥感图像增强除了应用需求不同，处理方法基本类似，主要包括空间域增强方法和频域增强方法。空间域增强方法主要针对图像灰度值进行处理，是一种从图像到图像的直接操作过程。频域增强方法主要是对图像进行傅里叶变换，在变换域进行各种滤波处理，然后再反变换回空间域的图像形式。无论是空间域增强方法，还是频域增强方法，主要出发点基本上是两个方面：图像平滑和图像锐化。图像平滑的目的是模糊处理和减小噪声，图像锐化的目的则是增强模糊的细节或突出图像的边缘信息。二者的处理操作永远是相互矛盾的。例如，在减小噪声的同时，也会模糊图像的边缘；在突出图像边缘信息的同时，往往也会凸显噪声的影响。为此，图像增强方法不存在一个通用的理论和评价准则，完全取决于用户的主观判断或实际应用需求。对于图像恢复而言，其关键是确定图像的退化或降质模型，并基于该模型进行相反操作，进而达到改善图像质量的目的。从数学模型描述的角度，图像增强属于"正问题"，图像恢复属于"逆问题"。因此，图像恢复方法往往比图像增强方法复杂得多。从信号处理的角度，图像恢复属于在已知某种先验信息前提下的最佳估计，即在给定退化模型的基础上，对图像的本来面目进行最佳估计。因此，图像恢复的结果没有统一解，所谓"最佳"也只是在给定的模型和测度准则下的最佳。

2. 遥感图像压缩编码技术

数据压缩最初是信息论研究中的一个重要课题。在信息论中，数据压缩被称为信源编码。随着图像技术的广泛应用，图像压缩已经不仅限于编码方法的研究与探讨。图像的最大特点之一是数据量大、信息丰富，这对图像的存储容量和传输速率都提出了极高要求。此外，图像压缩的接收者往往是人类视觉系统，为此，图像压缩也逐渐形成为较为独立的体系。图像压缩主要研究图像数据的表示、传输、变换和编码方法，目的是减少存储数据所需的空间和传输所用的时间。

遥感图像压缩编码是遥感图像处理领域一个相对独立的研究分支，也可以看作遥感图像解译及应用的预处理过程。遥感图像压缩编码同其他视觉图像压缩编码方法相比，共同点都是通过一定方法去除数据间的冗余度。但对遥感图像压缩编码而言又有其特殊性：视觉图像的最终接收者是人类视觉系统，而遥感图像的最终目的不仅是为了人类视觉系统，也可能是为了某种特殊的应用。这样，一方面由于大多数遥感图像相比一般视觉图像信息要丰富，具有较高熵值和低冗余的特点，因此，对于遥感图像应用通常的视觉图像压缩编码系统往往很难取得理想的压缩效果；另一方面，人类视觉系统对低频信息比较敏感，相对而言对高频信息的敏感性则较弱。视觉图像压缩编码系统通常会利用人类心理视觉冗余来对图像数据进行压缩。但对于遥感图像来说，由于它应用的特殊性，它的高频信息里往往会包含一些诸如异常目标等人们感兴趣的信息。这些信息在对遥感图像压缩编码中，往往需要尽可能地保存，而应用通常的视觉图像压缩编码系统往往会导致这些重要信息的丢失。所以，通常的视觉图像压缩编码系统并不完全适用于遥感图像压缩编码的特殊应用要求，从而需要进一步根据遥感图像的特殊应用背景来有针对性地研究和设计适用于遥感图像压缩编码算法。遥感图像压缩编码相关内容将在第 6 章介绍。

3. 遥感图像特征提取及描述技术

所谓遥感图像特征提取及描述是指从图像中有选择性地提取能够描述图像全部信息的一种或几种特征参数，可以理解为是图像信息的高度浓缩过程。图像特征提取及描述是进一步实现图像分类、分割、目标识别、参数反演等技术的重要基础，其目的是利用特征来描述目标，有效降低数据空间维数，去除冗余信息，快速、准确地对图像进行解译及应用。可以说，从图像中提取什么样的特征与具体解译应用有直接关系；反过来，特征提取的好坏或是否完备也会直接影响目标解译及应用的性能指标。二者紧密相关、相辅相成。

根据遥感图像种类的不同，主要可以利用的图像特征包括空间特征和光谱特征两方面。对于一般的遥感全色图像，可以根据目标的形状等空间特征对其进行检测和识别。但对于"图谱合一"的高光谱图像来说，除了二维的空间特征，还存在丰富的光谱特征，使其基于目标光谱，甚至基于图-谱特征的检测和识别等应用成为可能。遥感图像空间特征和光谱特征的最大特点是简单、直观，通常具有明确的物理意义。但它们对图像解译的不同应用也具有不同的局限性。为此，人们在此基础上，根据不同的图像解译及应用需求，又进一步定义了适合于不同解译和应用的图像纹理特征、各种统计模型特征等提取方法，如方向梯度直方图（histogram of oriented gradient，HOG）、尺度不变特征变换（scale-invariant feature transform，SIFT）及局部二进制模式等模型特征。这些特征具有明确的模型表达式，但其信息表达能力有限，且往往通过人工预先定义，在特征提取阶段不能改变。随着近些年深度学习的发展，各类基于深度学习的特征提取方法也不断涌现。深度学习具有特征学习和深层结构的特点，无论是在目标特征的表达能力、自主学习能力上都远优于传统模型特征，也更加适用于现在复杂环境下的遥感图像解译及应用需求。但是，深度学习方法也存在训练样本需求数量多、网络结构层级不断加深、耗时长、硬件要求高等不足。遥感图像特征提取及描述技术相关内容将在第 7 章，以及之后各章不同的遥感图像解译方法中逐步进行介绍。

4. 遥感图像分类技术

遥感图像分类属于模式识别的应用范畴，是一种为描述地物目标或种类的定量化分析技术，其主要任务是辨识不同像素可能包含的不同地物种类。在模式识别领域，分类也称为"模式识别"或"模式分类"。

遥感图像分类的关键技术是分类器的设计。最简单的分类器就是线性分类器，其基本原理是在各类之间设置线性分隔边界线，即所谓的超平面。其他的分类器属于统计分类器，其典型代表是最大似然分类器。该分类器是假设图像像素的概率分布是正态分布，每个待分类的像素被划分为类别概率最高的某类中。此外，基于机器学习的神经网络也是一种分类器，其基本结构本质上是线性的。尽管这类线性分类器理论起源较早，但直到支持向量机（support vector machine，SVM）出现以后，它通过引入数据变换有效地将线性分类超平面变得更加灵活，使得其有了更大的分类能力，最终使得基于学习的分类器设计得到更大的发展。近年来，遥感图像分类方法向机器学习方向迅猛发展。传统机器学习方法大多采用浅层结构处理有限数量样本，但当处理对象具有丰富含义时，基于这种浅层结构学习的特征表达方法往往表现性能和泛化能力都有明显不足。基于人脑学习思想设计的隐含层更多、神经节点间关系更为复杂的神经网络结构，已经成为一种从海量复杂图像中直接学习图像特征表达的强大框架，成为遥感图像分类研究热点。

值得注意的是，传统的遥感图像分类器是为图像中的每个像素分配一个，而且仅是一个标号，这种分类技术目前可被称为硬分类。在遥感成像过程中，受传感器分辨率等因素的限制，大多数像素会出现混合像素现象。为了更有效地处理由不同物质组成的混合像素，软分类技术出现了。软分类器可以根据像素内物质成分的比例，为每个像素分配多个标号，这种子像素处理技术从像素的角度也称为混合像素解混。混合像素解混是一个典型的图像反演过程，需要提取混合像素端元及对端元的丰度进行估计。在实际应用中，这种通过参数反演对遥感图像混合像素的解混可以理解为精细分类或者类内分类，是遥感图像分类和高光谱图像分类的重要发展方向。第 8 章主要介绍遥感图像的硬分类方法，软分类将在第 9 章目标检测与识别中介绍，精细分类将在第 10 章相关内容中介绍。

5. 遥感图像目标检测与识别技术

遥感图像目标识别的主要任务是将一个或多个同类感兴趣的特定目标与一个或多个其他目标区分开来的过程。不同于一般的遥感图像地物分类，目标识别更强调相似目标之间的精细区分，并辨识目标属性。目标识别技术主要涉及两大类：基于模板匹配的识别方法和基于机器学习的识别方法。基于模板匹配的识别方法是传统目标识别方法，其核心技术是建立图像空间模板或特征模板库，并通过某种测度准则与待识别的图像进行最佳匹配，进而达到目标识别的目的。基于机器学习的识别方法，一般是基于有监督的机器学习方法构建分类器，并利用分类器对新目标类别进行判断决策的过程。目前，目标识别技术正朝着目标更小化、多样化、瞬态化，目标背景复杂化、可区分性更难的方向发展，实现起来更加困难。

在遥感图像解译及应用中，根据图像中目标的大小和属性的不同，为了有效地实现目标识别，又衍生了许多针对目标的处理技术，典型的技术包括目标检测和目标分割。二者可以理解为独立的图像解译技术，也可以从目标识别的角度理解为目标识别的预处理过程。遥感图像目标检测是将指定的目标像素从背景地物像素中分离出来的过程。通常根据遥感图像性质的不同，可以设计出不同的目标检测算法。例如，根据是否掌握目标的先验光谱信息，高光谱图像目标检测可以分为基于目标先验光谱信息的有监督目标检测和无先验光谱信息的异常检测。在目标检测过程中，如果具有预先的先验信息，此时的目标检测就可以理解为目标识别。但实际应用场景很难准确地掌握目标的先验光谱信息，此时有监督目标检测算法的实施会受到很多限制。与基于目标先验光谱信息的有监督目标检测方法相比，无先验光谱信息的异常检测方法更符合实际应用的需要。异常检测属于"盲检测"范畴，不需要图像中关于目标的先验光谱信息，仅仅通过地物光谱特性实现目标探测。因而，异常检测成为高光谱遥感领域的研究热点，具有广泛的应用需求。如果说目标检测是针对小目标（点目标、线目标，甚至子像素目标）进行的处理，那么相对而言，遥感图像目标分割就是针对面目标或目标区域进行的处理过程。目标分割不仅也是遥感图像理解、目标识别等技术的关键环节，更是有效地利用图像空间信息的基础。开展遥感图像分割的研究，能实现遥感图像目标识别等解译的进一步应用，可以直接针对同质的目标区域进行，能更有效地提高识别精度和应用效率。以上相关内容将在第 9 章与第 10 章相关的遥感图像解译及应用方法中逐步介绍。

6. 多源遥感图像解译及应用技术

遥感图像解译就是从获取的遥感图像中解释并翻译出人们感兴趣的有价值信息的过程，其首要任务是采用现代信号处理技术挖掘多源互补信息，使其信息最大化，实现在要求的时间内、以恰当的方式，提供有价值的信息给需要的人们，进而可以作出正确的决策。遥感图像解译技术发展的新途径主要体现在以下几个方面。

（1）高光谱图像具有几百甚至上千个光谱波段，光谱范围大，波段信息丰富，通过"图谱合一"的联合处理方法，能够捕捉到图像中地物目标信息的微小变化，实现空谱信息的联合解译及应用。特别是高光谱图像的生化参数反演，更有利于其地物目标的精细分类与辨识等，在精准农业、环境监测、态势感知等领域有着广泛的应用需求。例如，通过对植被叶绿素浓度的反演，可以衡量其含水量或营养程度，进而实现更加科学的种植。

（2）热红外遥感图像反映了地物目标的温度分布。遥感探测手段由可见光-近红外扩展到中红外、热红外，使遥感图像的空间信息和温度信息协同解译成为可能。成像系统接收到目标的红外辐射，在处理后转换成红外热成像图。热红外遥感成像一般应用于地表温度反演与热环境分析，已成功应用于消防、地质等领域。

（3）微波合成孔径雷达图像记录的回波信号是地物目标的后向散射能量，能够反映地物目标的表面特性和介电性质。此外，部分地物具有独特的微波反射特性，可以形成强烈回波。利用相位差获取地形高程数据的干涉合成孔径雷达已经得到工程化应用，并成为地表形变监测的重要手段。极化合成孔径雷达图像的优势在于丰富了目标的散射信息，增加了目标观测和感知的维度。

（4）立体遥感图像通常靠空间体视效应来实现三维深度信息的获取。人类视觉系统就是一种典型的体视仪器，遥感立体成像借鉴了人类的双目视觉感知功能，通过多角度的遥感图像获取场景的三维深度信息。目前，常用的空间立体成像方案主要是在卫星载体上安装多台不同观测角度的光学相机，或者通过卫星在敏捷平台上变换姿态，获取地物目标在不同角度的图像，用于估计场景的三维信息。立体遥感图像一般用于生产和更新基础地理产品，进行国土资源调查与监测等。

（5）多源图像融合属于多传感器数据融合的范畴，是指将不同传感器获得同一场景的图像或同一传感器在不同时刻获得同一场景的图像，经过时间配准、空间配准和重采样等预处理后，再运用某种处理技术得到一幅融合图像的过程。通过对多幅传感器图像的融合，可以克服单一传感器图像在几何、光谱和空间分辨率等方面存在的局限性和差异性，提高图像的质量或增强互补性，从而有利于对物理现象和事件的理解。因此，在实际应用中，常常对全色图像、高光谱/多光谱图像、热红外图像以及合成孔径雷达图像进行融合处理，以实现多源遥感图像信息的多维度联合解译。

以上所涉及的相关内容将在第 10 章详细介绍。

第 2 章
电磁特性及遥感成像

遥感图像处理的主要任务就是采用信号处理技术来解释遥感图像数据并将其翻译成有价值信息，即所谓的遥感图像解译，使之服务于人类的应用需求。在遥感图像解译的过程中，除了满足人类的应用需求，还必须考虑遥感图像的信源特性，即遥感图像成像过程中的几何特性和物理属性，这些信源特性都与遥感中涉及的电磁特性及成像条件紧密相关。

由第 1 章内容可知，人类视觉系统本身就是一个典型的可见光遥感系统，也是一个解译其他波段遥感图像的智能化处理系统和有力工具。为此，本章从人们熟悉的光和人类视觉系统入手，通过对光的认识，推广到遥感图像的多源信息感知；通过对人类视觉系统的认知，推广到信号处理领域的人工神经网络（artificial neural network，ANN）系统，进而为遥感图像处理技术的介绍提供支撑。本章主要阐述有关光学遥感的相关知识，对于在本质上完全不同的微波遥感，本章不作具体介绍。

| 2.1 概述 |

人类视觉系统是人体获取外界信息的重要"传感器"。它能快速、准确地感知物理世界，为人类决策和行为提供丰富的"遥感"信息。人类视觉系统的工作过程：物体反射或发射的可见光经过人眼的光学系统成像于视网膜的感觉细胞，并经过光化学反应刺激视神经，进而传递到大脑，通过大脑的分析、推理、判断等处理及解译最终认知各种物体。与人类认知世界的过程非常相类似，遥感图像成像及处理过程也必须经过遥感信息探测感知、形成图像信号或图像模型，并通过智能学习等处理技术，最后实现对图像目标认知的目的。

1. 光源与人类视觉系统

从信息获取的角度，光是一种电磁辐射源。人类视觉系统是一种可见光探测器，其输入为光的辐射量，输出则是用光学量表示的光感觉，即视觉系统受刺激的程度。从电磁波的角度，人类视觉系统可以感知的光只是电磁波的很小范围（波长为 0.38 ~ 0.76 μm），通常称为可见光。当不同波长的可见光作用于视觉系统时，不仅会产生不同的颜色感觉，还会产生不同的亮度感觉，它们主要体现在红光（red，R）、绿光（green，G）、蓝光（blue，B）3 个波段上，如图 2-1 所示。

在遥感领域，可见光谱段的探测称为可见光遥感。可见光遥感会感知到更多的波段（如多光谱彩色成像），每个波段体现了不同波长电磁波对目标的作用结果。白光由不同颜色的光线混合而

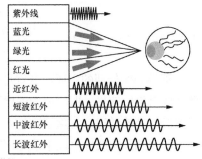

图 2-1　人类视觉系统感知的电磁波谱

成，而不同颜色的光线实际是不同频率的电磁波，相当于不同的信源特性；视觉系统把不同频率的电磁波感知成不同的颜色，这也相当于信源作用于系统；颜色并非光的本性，而是该频率的光与视神经作用在人类大脑中形成的主观感觉，这又相当于视觉系统的输出响应，即形成不同的图像。

从遥感信息探测角度，遥感图像不限于可见光波段，通过不同特性的传感器可以扩展到红外、微波等波段，从而形成全波段覆盖的信息探测。理论上讲，任何物体都具有不同的反射、吸收、透射及辐射电磁频谱的性能。在同一波段区域，不同物体反映的电磁特性不同，而同一物体在不同波段的反映也有明显差别。即使是同一物体，在不同的时间和地点，由于太阳光照射角度不同，它们反射和吸收的频谱特性也各不相同。总之，当物体目标与电磁波发生相互作用时，会形成目标物体的电磁波特性，这就为多源遥感图像探测提供了获取不同信息的理论依据[13]。从人类可接收信息的角度，人类视觉系统仅与可见光的颜色相关，而如何把遥感多源传感器探测到的不同波段遥感图像数据，与人类视觉系统的颜色相关联，并使这些人类视觉系统无法感知的数据变为与人类视觉系统相匹配的有价值信息，是遥感图像处理和解译所要面临的重要课题。

2. 遥感成像一般模型

遥感图像的本质是一幅电磁辐射能量的平面分布图，其响应值反映了目标反

射和发射电磁波的能力，与目标的成分和结构、传感器的性质等之间都存在着某种必然的内在联系。如何构建这些复杂物理过程的模型，以便于进行进一步的图像处理算法设计，是遥感图像处理及应用需要解决的首要问题。

由第 1 章介绍可知，光学成像系统传感器接收的电磁波能量主要来自太阳辐射和地表目标热辐射。为此，传感器接收的总能量可表示为

$$L_\lambda = L_\lambda^s + L_\lambda^e \tag{2-1}$$

式中，L_λ^s 表示太阳辐射能量；L_λ^e 表示地表目标热辐射能量。

相对应的光学辐射模型也从以下两个方面来描述，更详细的描述将在第 10 章结合遥感图像解译及应用时进行介绍[6, 18]。

（1）可见光到短波红外波段辐射模型。在可见光到短波红外波段，传感器接收的能量主要是反射能量，式（2-1）中的第二项可以忽略（见图 1-15），此时该波段的电磁波辐射能量主要包括 3 个来源，即

$$L_\lambda^s = L_\lambda^{su} + L_\lambda^{sd} + L_\lambda^{sp} \tag{2-2}$$

式中，L_λ^{su} 为地球表面反射、非散射的辐射，即直接反射辐射；L_λ^{sd} 为大气向下散射、地球表面反射的辐射（天窗）；L_λ^{sp} 为大气向上散射，直接到达传感器的辐射（路径辐射），如图 2-2 所示。

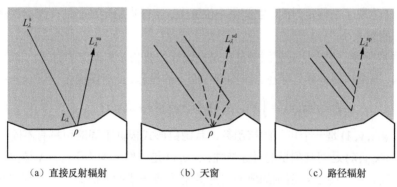

（a）直接反射辐射　　　　（b）天窗　　　　（c）路径辐射

图 2-2　被动太阳辐射传感器接收的辐射

（2）中波到热红外波段辐射模型。在热红外波段，式（2-1）中的第一项可以忽略（见图 1-15）。此时传感器接收到的热辐射能量也主要包括 3 个来源，即

$$L_\lambda^e = L_\lambda^{eu} + L_\lambda^{ed} + L_\lambda^{ep} \tag{2-3}$$

式中，L_λ^{eu} 为地球表面发射的辐射；L_λ^{ed} 为大气向下发射，后经地球表面反射的辐射（向下发射）；L_λ^{ep} 为路径发射的辐射（路径发射），如图 2-3 所示。

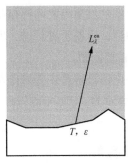
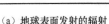

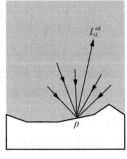

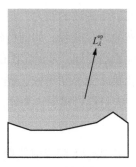

| （a）地球表面发射的辐射 | （b）向下发射 | （c）路径发射 |

图 2-3　传感器接收的热辐射

特别需要注意的是，在中红外波段，由于受到地表反射率、发射率和温度的共同影响，式（2-2）和式（2-3）必须一起考虑（见图 1-15）。

在实际应用中，电磁信号从辐射源一直到传感器前，其信号流程都是相同的。了解了传感器前的电磁能量模型就可以设计不同性能的传感器模型，进而探测到不同类型的遥感图像。这样，遥感图像成像模型一般可以表示为

$$I = f(x, y, z, \lambda, t) \tag{2-4}$$

式中，x, y, z 表示空间位置；λ 表示传感器所选用的波段波长；t 表示成像的特定时间。I 体现了在特定时间、空间某个位置上，工作在给定波长的传感器探测目标的电磁能量大小。

通常所涉及的光学遥感图像往往是在设计的波长 λ 和确定的时间 t，以及有限区域内，三维物理世界目标在二维图像平面上的投影，此时图像模型可以表示为[15]

$$I = f(x, y) = \int_{\Lambda} \phi(x, y, \lambda) o(x, y, \lambda) \mathrm{d}\lambda + n(x, y) \tag{2-5}$$

式中，$\phi(x, y, \lambda)$ 是一个可积的核函数，其函数形式根据不同应用具有不同的物理意义；$o(x, y, \lambda)$ 是间接测量的目标特性；$n(x, y)$ 是成像的噪声干扰；Λ 是波长 λ 积分的空间。对于图 2-4 所示的典型遥感多光谱/高光谱图像成像模型，其完整的遥感图像信息感知过程主要涉及辐射源、大气、目标、传感器等。此时，整个成像链路可以描述为

$$I = \int_{-\infty}^{+\infty} \int_{-\infty}^{+\infty} \int_{-\infty}^{+\infty} l_{\mathrm{R}}(x, y, \lambda) \tau(x, y, \lambda) r(x, y, \lambda) s(x, y, \lambda) \mathrm{d}x \mathrm{d}y \mathrm{d}\lambda \tag{2-6}$$

式中，$l_{\mathrm{R}}(x, y, \lambda)$、$\tau(x, y, \lambda)$、$r(x, y, \lambda)$ 和 $s(x, y, \lambda)$ 分别表示数据源模型、大气传输模型、目标场景模型和传感器模型。对于光学遥感而言，$l_{\mathrm{R}}(x, y, \lambda)$、$\tau(x, y, \lambda)$ 和 $s(x, y, \lambda)$ 一起构成了成像系统的光学辐射模型，即核函数 $\phi(x, y, \lambda) = l_{\mathrm{R}}(x, y, \lambda)$

$\tau(x, y, \lambda)s(x, y, \lambda)$。

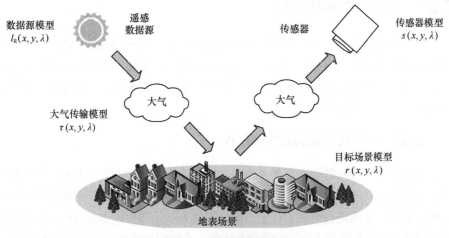

图 2-4　遥感图像成像模型

　　这样，一旦描述图像的模型被建立，就可以根据不同应用需求，设计不同的图像处理算法。从信号处理的角度，人类视觉系统作为一种智能图像处理系统，对图像的认知通常是非均匀、非线性的，具有高度的特征抽象能力，并可以通过多层网络结构来实现，进而给出人们多种需要的处理结果。

| 2.2　光与视觉系统 |

　　由前面介绍可知，可见光是一种波长为 $0.38 \sim 0.76\ \mu m$ 的电磁波。光被物体反射、发射或散射后，人类视觉系统能够感知其电磁辐射强度，在视觉系统形成的图像中表现为不同的亮度和颜色。从信息探测的角度，亮度和颜色可以理解为是光在人类视觉系统中所产生的响应，是一种主观感觉，只能近似地加以确定。理论上，人类视觉系统对物理世界的信息感知，可以从分子的观点来理解，主要包括的理论有：① 光的物理特性，涉及光量子、光波、光谱等；② 光刺激视觉系统的程度，涉及光度学、视觉系统结构、视觉适应度等；③ 视觉系统对光加工后产生的亮度和颜色等的感知能力。从信号处理的角度，这 3 个方面的内容相当于由信源（光）信号，经过（视觉）系统，产生输出信号（图像）的过程。

2.2.1 光及光的物理特性

光作为电磁波的一个特殊波段（可见光波段），在其传播过程中除了遵循光的反射、折射和透射等直线传播规律，当与物质相互作用时，也同样具有波粒二象性。光的波动性充分表现在光的干涉、衍射、偏振等现象中；光在光电效应、黑体辐射中，则表现出粒子性。

1. 几何光学及其光的直线传播性

几何光学的理论基础来自英国物理学家牛顿的"粒子学说"，其核心是光以微粒子的直线运动传播，进而可以解释当光经过物体时的反射、折射和透射等物理现象。因此，该理论在研究物体被透镜或其他光学元器件成像的过程，以及设计光学仪器的光学系统等方面十分方便和实用。光的传播遵循以下 3 条基本定律。

（1）直线传播定律：光在均匀媒质中是沿着直线方向传播的，这就是光线。

（2）独立传播定律：两束光在传播途中相遇时互不干扰，仍按照各自的路径继续传播；当两束光汇聚于同一点时，该点上的光能量是二者的简单相加。

（3）反射定律和折射定律：光在传播途中遇到两种不同介质的光滑分界面时，一部分反射，另一部分折射。反射光线和折射光线的传播方向分别由反射定律和折射定律决定。

光的反射定律表明：当光从一种介质传播到另一种介质时，在两种介质的分界面，光的传播方向会发生变化，一部分光会返回到原来的介质；光的折射定律表明，光在两种均匀透明介质表面传播时，除了反射光外，透过界面的光线会发生偏折现象。以上两个定律奠定了几何光学的基础。但需要注意的是，以上两个定律都是基于两种介质的交界面是均匀透明的。如果两种介质的交界面不光滑时，这种光反射通常称为漫反射。此外，光程还遵循可逆性原理，即一束光线从一点出发经过无论多少次反射和折射，如在最后遇到与光束成直角的界面反射，光束必然准确地循原路返回到出发点。

在几何光学中，入射角 ϕ_i 等于反射角 ϕ_r，而入射角 ϕ_i 与折射角 φ 的关系为

$$\frac{\sin \phi_i}{\sin \varphi} = n \tag{2-7}$$

式中，n 为折射率。值得注意的是，在遥感技术中，仅这样简单地来理解电磁波的反射和折射是不够的，遥感的实质是电磁波与物体之间的相互作用会产生什么样的结果，其中必须同时考虑物体本身特性。

2. 波动光学及其光的波动性

波动光学的理论基础起源于荷兰物理学家惠更斯的"波动学说"，之后由麦克斯韦建立了光的电磁理论，预言了电磁波的存在。德国物理学家赫兹则通过实验验证了电磁波在空间传播过程中，主要以波动的形式传播，因此具有波动性[12]。

光的波动性与前面光线的概念相违背。因为无论从能量的观点，还是从光的衍射现象来看，这种几何光线都是不可能存在的。所以，几何光学只是波动光学的一种近似，是光波的波长很小时的极限情况。一般而言，若研究目标的几何尺寸远远大于光的波长，则几何光学简单明了且与实际相符；若研究目标的几何尺寸与单色光波长相近时，衍射和干涉不可忽视，此时必须考虑光的波动性。

电磁波的波动性在光的干涉、衍射、偏振等物理现象中得到了充分的体现。干涉和衍射均是电磁波叠加导致的幅度和强度能量重新分布的结果：同振幅、频率和初始相位的两列或多列波的叠加合成而引起振动强度重新分布的现象称为干涉现象。在干涉现象中，在波的叠加区域有的地方振幅增加，有的地方振幅减小，振动强度在空间出现强弱相间的固定分布，形成干涉条纹。当波在传播过程中遇到障碍物时，在障碍物边缘一些波偏离直线传播而进入障碍物后面"阴影区"的现象称为衍射现象。衍射是由于障碍物引起电磁波的振幅或相位发生变化，进而导致振幅强度在空间上重新分布。偏振是横波中一种振动矢量偏于某些方向的特殊现象，体现的是振动方向对传播方向的不对称性，纵波中并不存在偏振。值得注意的是，在微波合成孔径雷达图像中，偏振通常被称为"极化"。

3. 量子光学及其光的粒子性

虽然波动理论很容易描述电磁辐射的许多特性，但当电磁辐射与物体相遇发生相互作用时，体现为电磁波的粒子性，这就是德国著名物理学家普朗克等建立的量子光学说。在量子光学中，电磁辐射以光子形式传播。光子也叫量子，它是由原子和分子状态改变而释放出的稳定、不带电荷、没有质量、只以光速存在的基本粒子。

爱因斯坦指出：光与物质相互作用时，光也是以光子为最小单位进行的。光电效应就是一个光能转换成电能的过程，是量子光学的重要基础。此时，电磁波由密集的光子微粒单元组成，电磁辐射的实质是光子微粒的有规律运动。这种运动会使入射的电磁辐射在振幅、方向、波长、相位、偏振等方面发生变化。可以说，遥感技术探测和记录的正是这些电磁辐射的变化信息。

2.2.2 人类视觉系统

人类视觉系统可以看作光学系统与神经系统组合的光学信息处理系统，其研究涉及光学、色度学、视觉生理学、视觉心理学、解剖学、神经科学和认知科学等许多科学领域。从物理结构看，人类视觉系统由光学系统、视网膜和视觉通路组成[3, 19]。视觉形成过程主要包括：光线→角膜→瞳孔→晶状体→玻璃体→视网膜→视神经→大脑视觉中枢。① 光线：信息能量源。② 角膜：无色透明，曲度较大，覆盖于眼睛的前表部。③ 瞳孔：位于圆盘状虹膜的中央，可以控制眼球的进光量。④ 晶状体：折射光线，具有把图像聚焦到视网膜的作用。⑤ 玻璃体：具有支撑、固定眼球的作用。⑥ 视网膜：起到图像检测器或形成物像的作用，并把图像信息传输到视神经系统。⑦ 视神经：传导视觉信息到大脑。⑧ 大脑视觉中枢：对图像信息进行加工处理，形成视觉图像。此时，感知的图像可以描述为 $f(x, y, \lambda, t, e)$。其中，(x, y) 表示空间位置；λ 表示波长；t 表示时间；e 为左右眼。

对于视觉图像而言需要特别注意，人类对光的感知是依靠视网膜。视网膜中 3 种圆锥细胞有重叠的频率响应曲线，但响应强度有所不同，它们分别对红、绿、蓝光敏感，三者共同决定了色彩感觉。光度正比于视网膜圆锥细胞接收到的光强度能量，人类对相同光强度不同波长的光具有不同的敏感度。

在图像处理及应用中，人类视觉系统对图像的认知是非均匀和非线性的，其对图像的视觉特性感知也完全不同：对亮度信号比对色度信号敏感；对低频信号比对高频信号敏感；对静止图像比对运动图像敏感；对图像水平线条和垂直线条比对斜线条敏感等。下面介绍几种在图像处理及应用中经常涉及的典型视觉特性。

1. 亮度适应力

人类视觉系统感知的亮度（主观亮度）是入射光强度的对数函数。人类视觉系统适应的亮度范围较大，动态范围在 10^{10} 量级。但实际视觉系统又不能同时在这么大的范围内工作，也就是说，视觉系统是利用改变其整个灵敏度来完成如此大的动态范围变化的，这就是所谓亮度适应现象。

2. 视觉敏感性

人类视觉系统对图像信号的频率成分敏感性是完全不同的，通常对图像中的高频信息不敏感，而对图像中的低频信息比较敏感。例如，人类的感知信息量在 5 bit（$2^5 = 32$ 个量化级）左右，而且对彩色比黑白色敏感。这样，在有损图像压缩等处理或应用中，对人类视觉系统不敏感、无关紧要的信息往往允许有较大的误差或失真，即使这些信息全部丢失，人眼也可能觉察不到；相反，对人类视觉系统比较敏感的信息，则需要尽可能地减少其失真。

3. 马赫效应

厄恩斯特·马赫发现了有趣的马赫效应：当亮度发生跃变时，会有一种边缘增强的感觉，视觉上会感觉亮侧更亮、暗侧更暗，如图 2-5 所示。在图像中，不同灰度边缘（即亮度发生跃变）具有边缘效应，即过渡带。而这种过渡带在实际场景中是不存在的，完全是人类视觉系统在心理学上的一种主观效应，即视觉系统造成的效应。这种现象类似于信号处理领域的阶跃信号经过理想低通滤波器的阶跃响应。低通滤波器的作用会使阶跃响应在跳变点（高频区）出现吉布斯效应。从应用需求的角度，这种过渡带完全是人类视觉系统空间频率响应的结果。

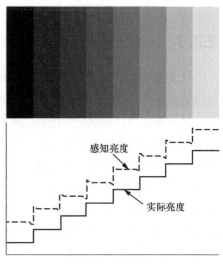

图 2-5　马赫效应

4. 同时对比度

视觉系统很难判断出视场中目标的绝对亮度。因为视觉系统对亮度的主观感知不仅依赖于目标的强度，而且还依赖于目标所处的背景，如图 2-6 所示。对于左图，感觉目标是白色的，而对于右图，感觉目标是黑色的，其实二者的亮度是相同的，所不同的是二者所处的背景不同，前者处于黑色背景中，而后者处于白色背景中，这就是所谓的同时对比度。因此，在

图 2-6　同时对比度

涉及图像目标处理及应用中，算法的设计不仅要考虑目标特性，也要考虑目标周围的环境特性。

5. 视觉暂留性

图像一旦在视网膜上形成，视觉系统对这幅图像的感觉将会维持一段有限时

间，这种生理现象叫作视觉暂留性。对中等亮度的光刺激，视觉暂留时间为 0.05～0.2 s。视觉暂留性是近代电影与电视的基础，因为运动的视频图像序列（即视觉视频图像）都是运用快速更换静态图像，利用视觉暂留性在大脑中形成图像内容连续运动的感觉。

2.2.3　人类视觉系统对光亮度和颜色的感知

人类视觉系统对光的感知主要体现在亮度和颜色上，这种感知完全是由人类视觉系统生理结构特点决定的。① 亮度是光在人类视觉系统内所产生的响应量，是一种主观感觉，只能近似地加以确定。需要注意的是，主观亮度（即视觉系统感知的亮度）与光强度是不同的，后者是客观上描述相应光强弱的物理量。② 颜色是指某个物体所具有的可以辨认的感知标准，比如黄色、红色、蓝色等，这些都是颜色，而没有颜色的光称为单色光。颜色在可见光波段的波长由长至短依次排列的是红、橙、黄、绿、青、蓝、紫 7 种单色光谱，而同时含有 0.38～0.76 μm 波长的各色电磁波的光通常称为白光。再一次强调，颜色是人类视觉系统对光刺激的反应，不是光波本身的物理特性，是经过 HVS 生理结构和心理活动产生的，也就是说，颜色是 HVS 对可见光感知的结果。

虽然自然界的颜色千差万别，但绝大多数的颜色可以通过红、绿、蓝 3 种颜色按照一定比例混合而成，这就是颜色感知。因此，红、绿、蓝 3 种颜色通常被定义为颜色的三基色，即 3 种基本颜色。国际照明委员会（Commission Internationale de l'Eclairage，CIE）规定三基色的波长分别为 700 nm（红）、546.1 nm（绿）、435.8 nm（蓝）。需要区分的概念是，在可见光波段，红、绿、蓝 3 种基色混合颜色的图像通常称为彩色图像，更适合于人类视觉系统。人类视觉系统对亮度和红、绿、蓝三基色的感知特性如图 2-7 所示[12]。

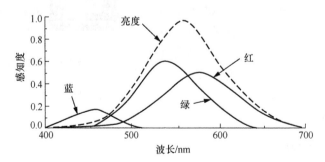

图 2-7　人类视觉系统对亮度和颜色的感知响应特性

从信号处理的角度，人类视觉系统对亮度和颜色的响应特性具有带通滤波特性，可以理解为是对入射光的不同加权。在遥感图像中，多光谱、高光谱等多波段图像都具有这种带通特性。反过来说，也正是由于这种带通特性，使得多光谱、高光谱图像辨识目标的能力得到进一步提高。

在具体图像处理算法设计中，特别是在利用计算机对彩色图像进行处理时，遇到的首要问题就是选择什么样的颜色模型。从人类视觉特性和处理目的要求而言，目前对颜色的描述主要包括 RGB 模型和 IHS 模型。前者主要面向诸如彩色视频摄像机或彩色显示器之类的图像输入输出等硬件设备；后者更符合人类描述和解释颜色的方式，主要面向以彩色图像处理为目的的应用。

1. RGB 模型

我们以红（R）、绿（G）、蓝（B）三基色组成归一化的三维坐标系空间，其各分量相互关系如图 2-8 所示，则在该空间可以形成各种混合色光。如果 $R=G=B=1$，则混合成为白色；如果 $R=G=B=0$，则混合成黑色；从黑色（原点）到白色（顶点）的连线就是灰度图像（从黑到灰，最后到白），这种缺乏颜色的光通常又称为消色光，也就是单色光。其他各种颜色都处于空间立方体上或其内部，从而构成了地球上万紫千红的物理世界。值得注意的是，广泛应用于彩色电视机、监视器中的颜色是所谓色料混合三原色，即品红色（M）、青色（C）和黄色（Y），它们与 R、G 和 B 之间的关系为

$$R+B=M \qquad (2\text{-}8)$$

$$G+B=C \qquad (2\text{-}9)$$

$$R+G=Y \qquad (2\text{-}10)$$

即红（R）+蓝（B）=品红（M）、绿（G）+蓝（B）=青色（C）、红（R）+绿（G）=黄色（Y），如图 2-8 的 3 个面的顶角，它们一起构成了色光加色法。

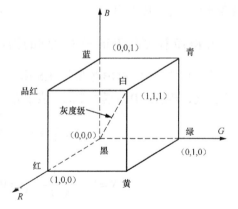

2. IHS 模型

颜色图像除了可用 RGB 空间表

图 2-8　颜色的 RGB 模型表示

示，还可用亮度或强度（Intensity，I）、色调（Hue，H）和饱和度（Saturation，S）表示，它们一起构成 IHS 模型空间[20]。① 亮度表示颜色明亮的程度，是人类视觉系统对光源或物体明亮程度的感觉。亮度与被观察物体的发光强度有关。一般物

体反射率越高，亮度值就越大，图像也就越明亮。②色调是当人眼看一种或多种波长的光时所产生的颜色感觉，它反映颜色的类别。色调在彩色图像上表现为颜色，在黑白图像上表现为灰度。也就是说，颜色除了黑白色以外的叫彩色，颜色范围更为广泛，它包含所有的色。③饱和度是指颜色的纯度，即掺加白光的程度或者说是指颜色的深浅程度。对于同一色调的彩色光，饱和度越深，颜色越鲜明或越纯。饱和度和亮度有关，掺入白光能够引起饱和度的变化。

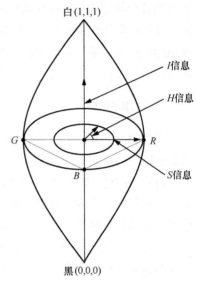

在图2-8中，以黑（0，0，0）点到白（1，1，1）点做垂直线，如图2-9所示，这样亮度 I（灰度级）就是沿着该轴线从底部的黑点变到顶部的白点中的值，而垂直于该轴的平面彩色轨迹就表示了 IHS 模型空间，其中色调 H 信息由角度表示，饱和度 S 是色调环的原点（圆心）到彩色点的半径长度。在图像表示中，一幅灰度图像只有亮度特征，而彩色图像还具有色调 H 和饱和度 S 两个色调特征。基于 IHS 模型处理图像的优点在于，它能够独立地变化每一个 I、H 和 S 成分而不影响其他的 I、H 和 S 成分。目前 IHS 模型已广泛应用于图像增强、多源图像融合等图像处理技术中。

图 2-9　颜色的 IHS 模型表示

3. RGB 模型与 IHS 模型之间的相互转换

在具体应用中，RGB 模型与 IHS 模型之间可以相互转换。对于归一化的 RGB 模型空间，转换到 IHS 模型空间可表示为

$$I = \frac{1}{3}(R+G+B) \tag{2-11}$$

$$S = 1 - \frac{3}{R+G+B}\big[\min(R,G,B)\big] \tag{2-12}$$

$$H = \arccos\left\{\frac{[(R-G)+(R-B)]/2}{[(R-G)^2+(R-B)(G-B)]^{1/2}}\right\} \tag{2-13}$$

反过来，由 IHS 模型空间转换回 RGB 模型空间，需要分段表达。

（1）H 在 $[0°,120°]$ 时，有

$$B = I(1-S) \tag{2-14}$$

$$R = I\left[1 + \frac{S\cos H}{\cos(60°-H)}\right] \tag{2-15}$$

$$G = 3I - (B+R) \tag{2-16}$$

（2）H 在 $[120°,240°]$ 时，有

$$R = I(1-S) \tag{2-17}$$

$$G = I\left[1 + \frac{S\cos(H-120°)}{\cos H}\right] \tag{2-18}$$

$$B = 3I - (R+G) \tag{2-19}$$

（3）H 在 $[240°,360°]$ 时，有

$$G = I(1-S) \tag{2-20}$$

$$B = I\left[1 + \frac{S\cos(H-240°)}{\cos(300°-H)}\right] \tag{2-21}$$

$$R = 3I - (G+B) \tag{2-22}$$

2.3　光学图像及其数字化描述

传统的光学图像通常是指模拟图像，它是灰度或颜色连续变化的二维函数，其本质是传感器探测范围内电磁辐射能量的分布图。典型的模拟图像是由通常摄影系统获得，并记录在胶片上的照片。显然，由于计算机只能处理数字信号，故模拟图像（光学图像）不便于被计算机存储和处理。为了应用计算机进行图像存储和处理，人们必须将模拟图像转换为数字图像，这个过程通常称为图像的离散化[3]。图像的离散化过程主要包括图像空间位置上的离散化和该位置对应辐射量的离散化两个过程，前者称为采样（也可称为抽样、取样），后者称为量化，而完成这种离散化的过程称为模数转换。在空间和辐射值上都离散化后的图像称为数字图像，其处理过程就是我们通常称的数字图像处理。

2.3.1　光学图像简化模型

在不考虑大气影响和传感器特性的情况下，光学图像 $f(x,y)$ 主要由两部分组成：入射到场景上光的量，即照度成分 $i(x,y)$ ，其值大小由光源决定；场景中目标反射光的量，即反射成分 $r(x,y)$ ，其值大小由目标决定。此时的简化模型可以表示为

$$f(x,y)=i(x,y)r(x,y),\ 0<i(x,y)<\infty; 0\leqslant r(x,y)\leqslant 1 \qquad （2\text{-}23）$$

图像 $f(x,y)$ 表示像素点 (x,y) 处对应探测目标的电磁辐射强度。其中，$r(x,y)=0$ 表示全吸收；$r(x,y)=1$ 表示全反射。

随着传感器技术的发展，特别是 CCD 技术的出现，现代光电成像系统不仅有光学成像模块，还有直接对图像进行采样和量化的模块，可直接获得数字图像。例如，对于扫描式传感器，探测器以像素为基本点进行离散化，将地物目标反射或发射的光能转换为电能（模拟电信号），再经过模数转换，将模拟量转换为数字量，进而形成二维的数字图像。

如第 1 章所述，二维数字图像的基本单元是像素，像素与像素之间的距离体现了图像的空间分辨率。像素间距离越小，图像分辨率越高，其分辨图像细节的能力越强。每个像素的数值（digital number，DN）反映了像素内所有地物目标电磁辐射能量的相对强度（也可以转换为绝对辐射亮度值）。DN 大小将取决于传感器的辐射分辨率。从信息量的角度来看，如果图像每个像素值用 8 bit 编码，则该图像可以表达的状态为 2^8 个，即图像 DN 的动态范围为 0～255，共描述 256 个状态。而由 RGB 彩色空间构成的彩色图像可以理解为是 3 个分量的灰度图像，所能表达的图像状态为 $2^8\times2^8\times2^8=2^{24}$ ，即共计 $2^{24}=16\ 777\ 216$ 种颜色或状态，包含更丰富的信息量。图像空间像素距离和辐射值二者共同决定了图像数据量的大小。

2.3.2　模拟量采样

采样是指将时间（一维）或空间（二维）信号转换成离散样值点集合的操作过程，该功能通常通过模数转换器来完成。在实际信号采样过程中，采样点间隔选取是一个极其关键的性能指标，应满足采样定理：一个频带受限的信号 $s(t)$ ，如果它的频谱带宽占据 $-\omega_m\sim+\omega_m$（$\omega_m=2\pi f_m$）的有限范围，则信号 $s(t)$ 可以用等间隔 Δt 的采样值 $s(n\Delta t)$ 唯一表示。此时，最低采样频率必须满足

$$f_s\geqslant 2f_m \qquad （2\text{-}24）$$

式中，$f_s = \dfrac{1}{\Delta t}$ 为采样频率或奈奎斯特频率；f_m 为信号最高频率。

在具体系统实现中，采样过程是通过采样周期序列 $p(t)$ 与连续信号 $s(t)$ 相乘来完成的，如图 2-10 所示[21]。

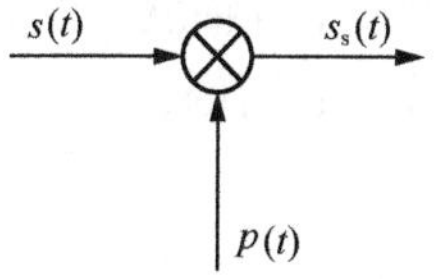

此过程可以表示为

$$s_s(t) = s(t) \cdot p(t) \qquad (2\text{-}25)$$

如果设连续信号 $s(t)$ 的频谱（傅里叶变换）为 $S(\omega)$，则根据卷积定理：两个信号在时域卷积，等效于在频域乘积；反之，两个信号在时域乘积，等效于在频域卷积。这样，采样信号 $s_s(t)$ 的频谱 $S_s(\omega)$ 可以表示为

$$S_s(\omega) = S(\omega) * P(\omega) = \sum_{n=-\infty}^{+\infty} c_n S(\omega - n\omega_s) \qquad (2\text{-}26)$$

图 2-10　时域采样过程

式中，

$$P(\omega) = 2\pi \sum_{n=-\infty}^{+\infty} c_n \delta(\omega - n\omega_s) \qquad (2\text{-}27)$$

$$c_n = \frac{1}{T_s} \int_{-\frac{T_s}{2}}^{+\frac{T_s}{2}} p(t) e^{-jn\omega_s t} dt \qquad (2\text{-}28)$$

$\omega_s = 2\pi f_s = \dfrac{2\pi}{T_s}$ 是采样角频率；T_s 为采样周期，等于采样间隔，即 $T_s = \Delta t$。

式（2-26）表明：连续信号 $s(t)$ 在时域被采样后，其采样信号 $s_s(t)$ 的频谱 $S_s(\omega)$ 是由连续信号 $s(t)$ 频谱 $S(\omega)$ 以采样频率 ω_s 为间隔周期重复得到的。在此过程中，幅度被采样脉冲 $p(t)$ 的傅里叶变换 $P(\omega)$ 的系数 c_n 加权。因为 c_n 只是 n（而不是 ω）的函数，所以 $S(\omega)$ 在重复过程中不会发生形状变化。

作为应用特例，若采样脉冲 $p(t)$ 是冲激序列 $\delta_T(t)$，这种采样通常称为"冲激采样"或"理想采样"，此时

$$p(t) = \delta_T(t) = \sum_{n=-\infty}^{+\infty} \delta(t - nT_s) \qquad (2\text{-}29)$$

$$s_s(t) = s(t)\delta_T(t) \qquad (2\text{-}30)$$

而

$$c_n = \frac{1}{T_s} \int_{-\frac{T_s}{2}}^{+\frac{T_s}{2}} \delta_T(t) e^{-jn\omega_s t} dt = \frac{1}{T_s} \int_{-\frac{T_s}{2}}^{+\frac{T_s}{2}} \delta(t) e^{-jn\omega_s t} dt = \frac{1}{T_s} \qquad (2\text{-}31)$$

$$S_s(\omega) = \frac{1}{T_s} \sum_{n=-\infty}^{+\infty} S(\omega - n\omega_s) \qquad (2\text{-}32)$$

式（2-32）表明：由于冲激序列的傅里叶系数 c_n 是常数，相对于图 2-11（a）所示原始信号 $s(t)$ 的频谱 $S(\omega)$，采样信号 $s_s(t)$ 的频谱 $S(\omega)$ 是以采样角频率 ω_s 为周期，等幅度的重复，此时如果采样过程满足式（2-24），其采样结果如图 2-11（b）所示；否则，结果如图 2-11（c）所示。

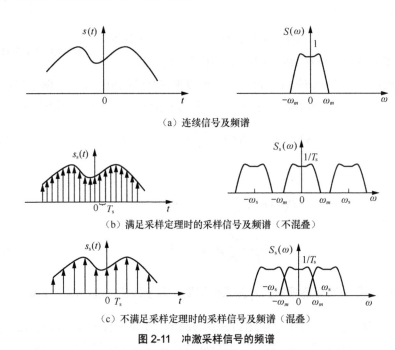

（a）连续信号及频谱

（b）满足采样定理时的采样信号及频谱（不混叠）

（c）不满足采样定理时的采样信号及频谱（混叠）

图 2-11　冲激采样信号的频谱

由以上讨论，有两点需要注意：① 原始连续信号的频谱函数 $S(\omega)$ 假设是有限带宽。根据信号分析理论，如果信号在频域是有限的，那么它在时域会是无限的，这就意味着它是一个物理上不存在的信号；② 采样信号频谱函数 $S_s(\omega)$ 是以采样角频率 ω_s 重复的，ω_s 的大小与时域采样间隔 T_s 有直接关系：$\omega_s = 2\pi f_s = \dfrac{2\pi}{T_s}$。如果采样间隔 T_s 越大，则 ω_s 越小，反之，采样间隔 T_s 越小，则 ω_s 越大。设想如果原始信号的频带宽度不是有限的，或者采样间隔较大，都可能导致采样信号频谱周期重复过程中产生所谓的频谱混叠。

对于二维图像信号 $f(x, y)$，如果在 x 轴方向和 y 轴方向的采样间隔分别为 Δx 和 Δy，则可以获得采样后的离散图像 $f(x, y)$，此时 $f(x, y)$ 只在离散点 $x = m\Delta x$、$y = n\Delta y$ 上有值，而

$$p(x,y) = \delta_{\Delta x, \Delta y}(x,y) = \sum_{m=-\infty}^{+\infty} \sum_{n=-\infty}^{+\infty} \delta(x - m\Delta x, y - n\Delta y) \qquad （2-33）$$

$$F_s(u,v) = \frac{1}{\Delta x \Delta y} \sum_{m=-\infty}^{+\infty} \sum_{n=-\infty}^{+\infty} F(u - mu_s, v - nv_s) \qquad （2-34）$$

式中，$u_s = \dfrac{2\pi}{\Delta x}$、$v_s = \dfrac{2\pi}{\Delta y}$ 分别是 x 轴和 y 轴方向的采样频率，二者一起决定了图像的空间分辨率。

在数字图像处理中，一般图像空间分辨率的减小，往往会导致棋盘状效应（checkerboard effect），即所谓的方块效应、马赛克。如图 2-12（a）~（d）所示，图像尺寸分别是 256 像素×256 像素、128 像素×128 像素、64 像素×64 像素、32 像素×32 像素，它们对应的空间分辨率分别是 0.5 m、1 m、2 m、4 m。

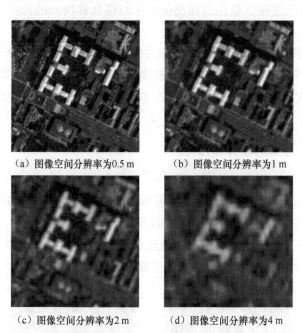

（a）图像空间分辨率为0.5 m　　　　　　（b）图像空间分辨率为1 m

（c）图像空间分辨率为2 m　　　　　　（d）图像空间分辨率为4 m

图 2-12　图像空间分辨率变化产生的效果

值得注意的是，信号采样可分为均匀采样和非均匀采样。均匀采样是根据采样频率来确定的，采样样值间隔是相等的，这也是我们习惯性理解的采样。但在实际应用中，人们往往希望在图像灰度变化大的区域（高频区）精确采样（采样频率高，采样间隔小），在图像信号的平稳区域（低频区）稀疏采样，这就是非均匀采样。此外，任何传感器获得信号的数字化过程，都受限于信号的无限带宽和有限采样频率之间的矛盾。也就是说，实际信号并不能满足带宽受限、采样频率无法满足奈奎斯特频率 2 倍的要求，进而会造成采样过程引起的频谱混叠，在图像中表现为产生模糊效应。

最后需要补充的是，与模数转换相对应，很多时候经过处理的数字图像，往往还需要变回模拟图像进行显示等操作，实现此功能的过程就是数模转换（digital-to-analog conversion，D/A）。

2.3.3　模拟量量化

模拟图像经过空间采样后，已经被转换成在空间上的离散像素，但这些像素值（灰度值）仍然是连续量。量化则是指把这些连续的灰度值变换成离散值（整数值）的过程，量化的输出值大小与模数转换器的比特（bit）数直接相关。

对于遥感图像而言，传感器系统通过连续扫描并对数据流进行光电采样而直接生成一个像素，每个像素的灰度值被转换成电信号并量化成一个整数值，即 DN。DN 可以用量化比特 Q 进行二进制编码，则灰度值离散化后的量化级数为

$$L_{\mathrm{DN}} = 2^{Q} \tag{2-35}$$

模拟量数字化的动态范围为

$$\mathrm{DN}_{\mathrm{range}} = [0, 2^{Q} - 1] \tag{2-36}$$

量化比特 Q 值越大，图像辐射分辨率就越高，量化数据量就越接近探测器产生的原始连续信号。在具体应用中，当图像灰度量化等级减小时，会导致假轮廓。图 2-13（a）～（d）分别给出了在图像尺寸为 256 像素×256 像素时，图像像素灰度分别量化为 8 bit、6 bit、4 bit、2 bit 的效果。

（a）图像灰度量化为8 bit　　　　（b）图像灰度量化为6 bit

图 2-13　图像像素灰度分别量化为不同值的效果

 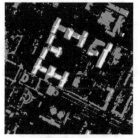

（c）图像灰度量化为 4 bit　　　　　　（d）图像灰度量化为 2 bit

图 2-13　图像像素灰度分别量化为不同值的效果（续）

　　类似于图像采样，图像量化也分为两类：一类是等间隔量化，另一类是非等间隔量化。对于以视觉为应用目的的图像而言，由于人类视觉系统对高频不敏感、对低频敏感的特点，因此，我们希望在图像边界与轮廓区域可以采用大的量化误差，在平坦区域要采用小的量化误差，以避免或减少假轮廓。但对于遥感图像应用而言，这些边缘信息往往也是我们需要的信息。因此，从遥感图像应用角度，如何量化一直是值得研究的课题。

　　最后需要指出，在采样和量化过程中，模拟信号是有单位量纲的，数字信号只是其数值表示。例如，假设模拟信号是随着时间变化的电压，且电压的峰值 $V_p = 1$ V，那么对信号的采样频率 $f_s = 1$ MHz、量化为 8 bit，就相当于模拟信号的采样间隔 $\Delta t = 1$ μs、量化误差 $\Delta e = \dfrac{1}{256}$ V；对数字信号而言，采样间隔为 1、量化级数为 256。

2.3.4　数字图像表示及分析

　　模拟图像经过采样和量化后的数字图像可以用二维矩阵来表示，矩阵中每个元素代表一个像素。这样，一幅在 $M \times N$ 离散网格上采样和量化的数字图像可以表示为

$$f(x,y) = \begin{bmatrix} f(0,0) & f(0,1) & \cdots & f(0,N-1) \\ f(1,0) & f(1,1) & \cdots & f(1,N-1) \\ \vdots & \vdots & & \vdots \\ f(M-1,0) & f(M-1,1) & \cdots & f(M-1,N-1) \end{bmatrix} \tag{2-37}$$

　　我们知道，光学图像记录的是地物目标的反射光，其强度取决于所谓的反射率大小。由于物质的反射率定义为反射能量与入射能量之比，所以黑暗物体具有

低的反射率，在图像中表现偏黑，数字图像数值偏于 0；较亮物体反射率较高，在图像中表现偏白，数字图像数值偏 255（8 bit 量化）；其他值表现为 0～255 的灰度值。反过来，如果数字图像中的灰度值为 0 时，表示全吸收；为 255 时，表示全反射。这些表示的示意如图 2-14 所示。

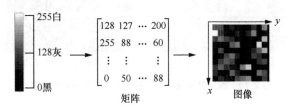

图 2-14 数字图像表示

　　理论上，一般图像矩阵 $M \times N$ 越大，也就是数字图像分辨率（不同于图像的物理分辨率）越高，所包含的信息越多。但在图像离散化的过程中，通常有两个因素会造成信息的丢失：① 采样定理与实际物理情况之间的矛盾必然会造成信息丢失，即信号不可能是带宽受限的；② 硬件能量转换器（芯片）性能不能满足高分辨率图像的采样要求。因此，在实际应用中，一定的图像空间分辨率不可避免地会造成图像混合像素的存在，如图 2-15 所示。进而在数字图像处理领域，相应地出现了超分辨、解混、子像素处理、融合等处理技术，这些技术内容在后续不同章节中都将会有所涉及。

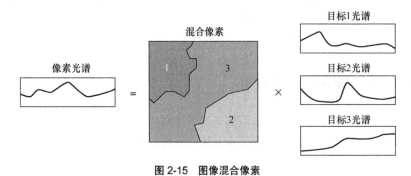

图 2-15　图像混合像素

|2.4　遥感多波段图像及彩色合成|

遥感图像可分为单波段图像和多波段图像。单波段图像是指传感器在某个波段范围内获得的数字图像（如全色图像），其表示形式就是 2.3 节介绍的数字图像表示方式。多波段图像是指传感器同时从多个光谱区域获取的多幅数字图像，如多光谱图像、高光谱图像等。对遥感应用而言，光谱是遥感图像处理中可利用的最重要特征之一。因此，通过处理或检测多波段遥感图像各波段间光谱的微小差异，就可以更好地识别或解译图像中目标或状态的微小变化。从人类接收信息的角度，遥感图像反映的是不同物体所反射的不同波谱能量。为了便于与人类视觉系统相匹配，不同波段可以理解为物体的不同颜色，这样就可以以不同的色调灰度合成，并以图像的形式显示出来。

通常，多波段遥感图像可以用彩色合成图像来显示：如果选择的 3 个波段是红、绿、蓝，这时的彩色图像正好与人类视觉系统的彩色感知相吻合，因此通常称为真彩色图像；如果选择的 3 个波段是红、绿、蓝以外的任何 3 个波段进行合成，此时通常称为假彩色图像。在假彩色图像中，人类视觉系统只是借助于红、绿、蓝的感知原理来感知 3 个波段的混合色。无论是真彩色，还是假彩色，本书都统称为彩色合成。

2.4.1　遥感多波段图像

由 2.2 节介绍可知，色调在单波段图像上可以体现相对明暗程度，在彩色图像上表现为颜色。色调是地物反射、辐射能量强弱在图像上的体现。地物的属性、几何形状、分布范围和组合规律都能通过色调差异反映在遥感图像上。因此，遥感图像解译主要就是基于这些差异进行处理的。不同类型遥感图像上的色调形成机理是不同的，如在可见光-近红外图像上，色调主要反映的是地物目标反射光谱特征的差异，而热红外图像上的色调则反映了地物目标发射特征，是地物目标温度上的差异。

波段又称波谱段或波谱带，是表示传感器光谱通道工作波长范围的基本单元。在遥感系统中，利用几个不同的波段同时对同一目标区域进行遥感成像，可获得与各波段相对应的各种信息。将不同波段的遥感图像信息加以组合，即可获取更多有关目标区域的信息，从而有利于实现图像解译和识别。

多波段图像就是在同一时间以几个或几百个波长成像的图像集合，每个波段分别表示由传感器采集到的一部分电磁波谱。典型遥感多波段图像是多光谱图像和高光谱图像。多光谱/高光谱图像数据的不同表示方式强调了不同的信息形式，适合于不同的应用目的的要求。多波段数据所携带的信息一般有 3 种表达方式，即图像空间、光谱空间和特征空间。图 2-16（a）所示为典型高光谱图像立方体数据，

图 2-16（b）~（d）所示分别为其对应的 3 种表示方式。

（a）高光谱图像立方体数据

（b）图像空间

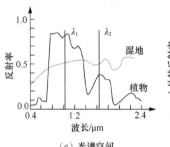

（c）光谱空间　　　　　　（d）特征空间

图 2-16　高光谱图像及其 3 种表示方法

1. 图像空间

对于人类视觉系统而言，图像空间是最自然、最直观的表达方式。对于某个目标景物的照片，二维图像提供了数据样本之间的几何关系。虽然利用这种方式所能够表达的信息是有限的，只能分别看到多幅灰度图像或者 3 个波段的彩色合成图像，波段之间的关系也不是很明显。但是这种图像表示对于理解目标之间的相互位置关系是很有用的。

2. 光谱空间

光谱响应作为波长的函数，反映了电磁波能量随波长的变化情况。如果测得的光谱响应曲线中包含了辨识目标所需的信息，那么光谱空间是一种简单而有效的表示方法，提供了直接用于解译图像的光谱信息。但是在太阳光谱辐照度变化、大气、噪声、光谱分辨率等因素的影响下，即使是在同一时间获得的同一目标的光谱响应也是有差别的。因此，单从光谱响应来进行图像目标识别或解译等应用，性能往往受到一定限制，还需其他信息的辅助。

3. 特征空间

遥感图像，特别是高光谱图像往往提供高维的特征空间。对于高光谱图像的特征提取及应用研究而言，需要深入了解目标在高光谱数据所形成的高维特征空间中分布的特点与性质。特征空间表示方式从概念上容易理解，从数学角度来说方便表示，高维向量也包含了图像的全部信息。因此，从信息提取的观点来看，在 3 种表示方法中，特征空间表示法最适合模式识别及应用。

值得注意的是，在微波遥感中，多波段通常用 L、S、C 等符号代表，它们分别代表不同的波长范围。当按频率范围划分时，电磁波也被称为"频带"或"频段"。不同的波段具有不同的特性，可以应用于不同的场合。

2.4.2　多波段图像彩色合成

多波段图像彩色合成是多个波段联合使用的技术，其主要目的是便于人们对多波段图像的理解和解译。多波段图像彩色合成能够克服单波段图像的局限性，对具有相似光谱特征的多种地物目标识别更为有效。彩色合成图像的颜色是参与合成波段灰度值按不同比例混合的结果，同时，不同地物目标在不同波段上的灰度值总是存在一定的差异。因此，彩色合成图像上各种颜色往往对应不同地物目标的不同属性，成为遥感图像处理的主要依据。

为了提高遥感图像解译应用效果，往往需要选择对解译应用有利的 3 个波段进行图像彩色合成。选择最佳波段的原则有三：① 所选波段信息量要大；② 波段间的相关性要小；③ 地物目标类型的光谱差异要大。不同波段组合突出的地物特征不同，以 Landsat TM 的 7 个波段数据为例，常用的波段组合有以下几种[1]。① 321 波段，即将波段 3、2、1 分别赋予红、绿、蓝色，获得自然彩色合成图像。此时图像的色彩与源地区或景物的实际色彩一致，适宜于浅海探测制图，同时适用于非遥感应用专业人员使用。② 432 波段，即将波段 4、3、2 分别赋予红、绿、蓝色，这种彩色图像中的植被显示为红色，可突出体现植被特征，常应用于提取植被信息。在植被、农作物、土地利用和湿地分析方面，是常用的波段组合。③ 453 波段，该组合信息量最丰富，在 Landsat TM 数据的 7 个波段光谱图像中，一般波段 5 包含的地物信息最丰富，采用波段 4、5、3 分别赋予红、绿、蓝色合成的图像，色彩反差明显，层次丰富，且图像上各类地物的色彩显示规律与常规合成图像相似，常用于目视解译，同时也应用于确定陆地和水体的边界。④ 741 波段，该波段组合图像具有兼容中红外、近红外及可见光波段信息的优势，图像色彩丰富、层次感好，具有极为丰富的地质信息和地表环境信息，且干扰信息少，可解译程度高，各种构造形迹显示清楚，不同类型的岩石区边界清晰。图 2-17 所示为将绿色波段显示为蓝色、红色波段显示为绿色、近红外波段显示为红色的彩色合成图像。

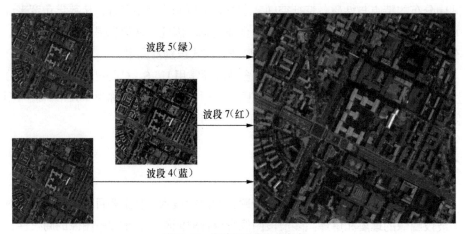

波段 5（绿）

波段 7（红）

波段 4（蓝）

*图 2-17 多波段图像彩色合成

2.4.3 多波段图像可视化

遥感图像处理的最终目的是服务于人类，如何把获得的遥感图像或处理后的结果图像直观地显示给人类，即为遥感图像可视化技术。遥感图像可视化就是利用图像处理技术，把图像在显示器上显示出来，并进行交互处理的理论、方法和技术。遥感图像可视化基本包括 3 个方面的内容：① 非可见光图像的可视化；② 多维度图像的可视化；③ 遥感图像处理结果的可视化。

从遥感图像处理的角度，人类视觉系统能感知的信息只是整个电磁波谱的极小部分，对于那些可见光图像以外的遥感信息，如高光谱图像、热红外图像、合成孔径雷达图像等，如何在存储介质上存放它们，又如何在显示器上以数字图像方式显示给用户，是遥感图像可视化要解决的核心问题。需要指出的是，遥感图像这种把多波段图像映射成彩色显示面临的主要问题之一是可能的信息损失。这种 $N \to 3$ 的处理过程是一种多对 3 的映射，此时一些彩色值将代表许多不同的 N 维数据向量。为了融合一组图像保留信息和解译能力，遥感图像可视化需要考虑的主要因素包括[22-23]：① 可加性——可视化能够精确地表达原始数据，通常表现为多分量的线性加权和；② 一致性处理——数据的视觉处理要考虑与人类视觉的一致性，这样显示的颜色具有一致含义；③ 计算简单化——计算要足够快，能够实时利用或交互；④ 最佳系统设计——显示特性和人类视觉系统的最佳设计；⑤ 自然调色板——可视化建立了一个彩色的自然调色板；⑥ 等能量白色点——对于每个分量具有相同值的数据向量显示灰色，其极端情况是所有为零值映射为黑色，所有分量为最大值映射为白色；⑦ 等亮度处理——能够给所有的分量在显示时具有等同的作用；⑧ 等色差——要有助于观察者在显示色度上正确地区分数据的差别。

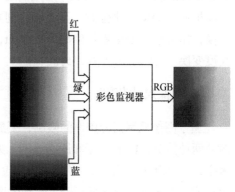

计算机或监视器的图像显示是把数字图像转化成连续模拟图像以方便人类的观察。它们一般按照一个像素 8 bit 灰度方式，或者一个像素 24 bit 彩色方式显示图像。彩色图像显示则采用红、绿、蓝三基色，如图 2-18 所示。

为了实现遥感多波段图像的显示，我们可以把每个波段看作一幅灰度图像，一幅一幅地输出；也可以从人类视觉接收的角度，将遥感多波段灰度图像根据 RGB 混合的原理，转换成彩色图像输出或显示在输出显示系统上，如图 2-19 所示[6]。

图 2-18　图像彩色显示

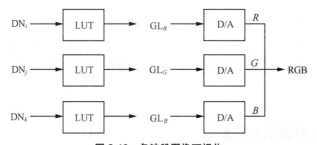

图 2-19　多波段图像可视化

这里多波段图像合成的 3 个波段是通过 3 个硬件彩色查找表（look up table, LUT），把每个波段数字图像的整数数字量转换成整数灰度级（gray level, GL）而生成的，即

$$GL = LUT_{DN} \tag{2-38}$$

数字量充当 LUT 的一个整数索引值，GL 是显示内存的整数索引值。

在具体实现中，遥感图像无论是灰度显示，还是彩色显示，都要考虑以下 3

个因素，即两方面的尺度变换（拉伸或压缩）和彩色需要映射查表[24]。

1. 遥感图像的数字量范围

8 bit 显示器的灰度范围为

$$GL_{range} = [0, 255] \qquad (2\text{-}39)$$

而遥感图像的数字量范围一般大于这个范围，即量化位数大于 8 bit。这样，遥感图像的动态范围式（2-36）必须满足尺度在式（2-39）这个范围内才可以显示。即如果输入 DN 量化位数小于 8 bit，则其硬件查找表会使数字量向"拉伸"尺度变换；如果输入 DN 量化位数大于 8 bit，则其硬件查找表会使数字量向"压缩"尺度变换。总体限制在 $[0, 255]$。

2. 图像尺寸范围

由于图像显示器分辨率的限制，要显示的遥感图像必须适应这种分辨率。此时分两种情况：1∶1 显示和压缩显示。如果遥感图像的尺寸小于图像显示器的分辨率，则可以 1∶1 显示；如果图像的尺寸大于图像显示器的分辨率，此时必须采用尺度压缩显示，而在显示器上看到的图像不一定是图像的真实信息，某些像点目标的信息可能在尺度化操作过程中造成了信息的丢失。

3. 遥感图像的彩色显示

从多波段图像选择任意 3 个波段进行 3 组灰度合成，即把 3 个波段输出给红、绿、蓝 3 个显示颜色，可以形成彩色图像显示。此时，每个波段就有 $2^8 = 256$ 个灰度级（256 种状态），而彩色图像有 $2^8 \times 2^8 \times 2^8 = 2^{24}$ 种状态，更容易区分数字量的微小变化。

2.4.4 多波段图像存储

遥感图像也是以一定的格式进行存储和交换的，通常包括单波段和多波段两种形式。

1. 单波段图像存储格式

遥感单波段图像的存储方式与一般图像的存储方式相类似，主要包含以下几种。

（1）PIC。PIC 是 Picture 的缩写，是一种常见的图像文件格式。

（2）BMP。BMP 是 bitmap 的缩写，即"位图"。BMP 是一种 24 位 Windows 图形文件格式。

（3）GIF。GIF 是 graphics interchange format 的缩写，即"图形交换格式"。GIF 是一种 8 位彩色文件格式。

（4）TIFF。TIFF 是 tagged image file format 的缩写，即"标签图像文件格式"。TIFF 是一种位图或光栅文件格式，几乎所有图像编辑及绘画软件都支持这种格式，而且该格式能在大多数平台上通用。

（5）jpg。jpg 是一种以 JPEG 压缩的图像存储格式。此时需要注意的是，这种格式存储的图像相对于原始图像通常是有信息损失的。

2. 多波段图像存储格式

多波段遥感图像数据通常采用以下 3 种格式进行存储和交换[5]。

（1）按波段顺序存储。按波段顺序（band sequential，BSQ）存储是将一个波段的数据存储在一起存储方式，这种方式对于要一次性处理一个波段的数据操作较方便，如表 2-1 所示。但当要每次操作都涉及几个波段的数据时，这种存储方式对内存的占用比较大。也就是说，波段顺序存储对处理空间信息有利，而对于处理波段间的数据时不利。

表 2-1　BSQ 数据格式

	$(1,1)$	$(1,2)$	$(1,3)$	$(1,4)$	$\cdots$	$(1,N)$
第 1 波段	$\vdots$	$\vdots$	$\vdots$	$\vdots$		$\vdots$
	$(M,1)$	$(M,2)$	$(M,3)$	$(M,4)$	$\cdots$	(M,N)
	$(1,1)$	$(1,2)$	$(1,3)$	$(1,4)$	$\cdots$	$(1,N)$
第 2 波段	$\vdots$	$\vdots$	$\vdots$	$\vdots$		$\vdots$
	$(M,1)$	$(M,2)$	$(M,3)$	$(M,4)$	$\cdots$	(M,N)
$\vdots$	$\vdots$	$\vdots$	$\vdots$	$\vdots$		$\vdots$
	$(1,1)$	$(1,2)$	$(1,3)$	$(1,4)$	$\cdots$	$(1,N)$
第 L 波段	$\vdots$	$\vdots$	$\vdots$	$\vdots$		$\vdots$
	$(M,1)$	$(M,2)$	$(M,3)$	$(M,4)$	$\cdots$	(M,N)

（2）按行波段交叉存储。按行波段交叉（band interleaved by line，BIL）存储是一种将各波段每一行存储在一起的存储方式。具体来说，就是存好了第 1 波段

的第 1 行，接着是第 2 波段的第 1 行，然后是第 3 波段的第 1 行，直至最后一个波段存储完为止。当所有波段的第 1 行都存储完毕后，再去存储第 2 行的数据，这样以此类推完成整幅多波段图像的存储，如表 2-2 所示。按行波段交叉存储方式，可以兼顾图像空间分布信息与像素光谱信息的显示与处理。

表 2-2　BIL 数据格式

第 1 波段	(1,1)	(1,2)	(1,3)	(1,4)	⋯	(1,N)
第 2 波段	(1,1)	(1,2)	(1,3)	(1,4)	⋯	(1,N)
⋮	⋮	⋮	⋮	⋮		⋯
第 L 波段	(1,1)	(1,2)	(1,3)	(1,4)	⋯	(1,N)
第 1 波段	(2,1)	(2,2)	(2,3)	(2,4)	⋯	(2,N)
第 2 波段	(2,1)	(2,2)	(2,3)	(2,4)	⋯	(2,N)
⋮	⋮	⋮	⋮	⋮		⋯
第 L 波段	(2,1)	(2,2)	(2,3)	(2,4)	⋯	(2,N)
⋮	⋮	⋮	⋮	⋮		⋯
第 1 波段	(M,1)	(M,2)	(M,3)	(M,4)	⋯	(M,N)
第 2 波段	(M,1)	(M,2)	(M,3)	(M,4)	⋯	(M,N)
⋮	⋮	⋮	⋮	⋮		⋯
第 L 波段	(M,1)	(M,2)	(M,3)	(M,4)	⋯	(M,N)

（3）按像素波段交叉存储。按像素波段交叉（band interleaved by pixel，BIP）存储是将一个像素的数据先存储起来，然后再存储其他像素数据的存储方式，如表 2-3 所示。这时，同一个像素的光谱信息被存储在一起，这对于操作像素光谱信息频繁的处理来说是十分方便的。

表 2-3　BIP 数据格式

	1	2	⋯	L	1	2	⋯	L	⋯	1	2	⋯	L
1	(1,1)	(1,1)	⋯	(1,1)	(1,2)	(1,2)	⋯	(1,2)	⋯	(1,N)	(1,N)	⋯	(1,N)
2	(2,1)	(2,1)	⋯	(2,1)	(2,2)	(2,2)	⋯	(2,2)	⋯	(2,N)	(2,N)	⋯	(2,N)
⋮		⋮		⋮		⋮		⋮		⋮		⋮	
M	(M,1)	(M,1)	⋯	(M,1)	(M,2)	(M,2)	⋯	(M,2)	⋯	(M,N)	(M,N)	⋯	(M,N)

|2.5　光学成像系统模型与人工神经网络|

由 2.2 节可知，视觉信息是多维度的，它们构成视网膜图像函数 $f(x, y, \lambda, t, e)$。其中，x, y 是空间坐标位置；λ 是入射电磁波波长；t 为成像时间；e 为感知的眼睛。视网膜接收图像信息后，初级视皮质首先对形状、颜色、空间位置等信息分别处理，然后通过大脑皮质的多级联处理，对图像形状、颜色、景深、大小、方向等进行整合处理，在人类脑海中形成一幅完整的图像。由此可见，人类大脑对图像信息的加工过程，可以用视觉系统的多级整合理论来解释，即可以描述为由多级加工、多通道传输、多层次处理，信息并联与串联相结合所形成的一个复杂网络系统。这种原理正是光学传感器和人工神经网络设计及其应用的基本出发点。

通常，光学传感器主要由光学元件、探测元件和电子元件 3 部分组成。它们对成像的影响主要是造成图像模糊或降质，其分析常用所谓的点扩展函数（point spread function，PSF）来模型化，可以理解为是传感器的空间响应函数[6]。传感器的点扩展函数对输入测量的物理量进行加权，其输出响应代表了空间坐标位置 (x, y) 邻域内的信息整合，形成人们所见到的图像。人工神经网络是由大量简单元件（神经元、模拟电子元件、光学元件等）相互连接而成的高度复杂、非线性、实现某种功能的综合系统。尽管人工神经网络反映了人脑功能的若干基本特征，但它并不是生物神经系统的逼真描写，只是某种抽象、简化和模拟。研究神经网络系统的目的在于探索人脑加工、储存和搜索信息的机制，进而探索将此原理应用于各种图像处理及解译的可能性。为此，本节把光学成像系统模型与人工神经网络放在一起进行简述性介绍。

2.5.1　点源及点扩展函数

1946 年，法国科学家 Deffieux 以傅里叶变换为数学手段，从一个全新的角度来理解光学系统的成像过程。该过程把光学系统看作一个信号传递系统：如果假设被成像的场景为系统的输入激励 $e(x, y)$，经过传递函数为 $h(x, y)$ 的系统后，所产生的输出响应 $r(x, y)$ 就是光学系统所成的图像，如图 2-20 所示。

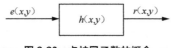

图 2-20 点扩展函数的概念

这样，根据线性时不变系统 $h(x,y)$ ，任何输入激励 $e(x,y)$ 产生输出响应 $r(x,y)$ 可以表示为卷积的形式，即

$$r(x,y) = h(x,y) * e(x,y) \tag{2-40}$$

式中，"*"表示卷积计算。类似于信号与系统中冲激响应的概念，在光学成像系统中，$h(x,y)$ 可以理解为是对点光源的响应，即当 $e(x,y) = \delta(x,y)$ 时的系统响应 $r(x,y) = h(x,y)$ ，故 $h(x,y)$ 也称为点扩展函数。

根据第 1 章介绍的光学传感器结构，点扩展函数 $h(x,y)$ 主要包括 3 方面的影响：① 光学收集元件点扩展函数导致的模糊；② 光学探测元件点扩展函数导致的模糊；③ 电子元件点扩展函数引起的退化。此外，在遥感传感器成像系统中，系统的点扩展函数一般由顺轨和交轨两个独立方向的一维点扩展函数组成，即

$$h(x,y) = h(x)h(y) \tag{2-41}$$

这种点扩展函数的可分离性，在实际应用中可以大大简化系统分析模型，更具有广泛的应用意义。

2.5.2　光学成像系统调制传递函数

根据信号处理中广泛应用的卷积定理（空间域卷积等效于频域乘积），对式（2-40）两边进行傅里叶变换有

$$R(u,v) = H(u,v)E(u,v) \tag{2-42}$$

式中，u、v 分别代表 x、y 方向的空间频率。在系统设计中，若 $R(u,v)$ 和 $E(u,v)$ 已知，则 $H(u,v)$ 定义为光学传递函数（optical transfer function，OTF），即

$$H(u,v) = \frac{R(u,v)}{F(u,v)} = \left| H(u,v) \right| \mathrm{e}^{\mathrm{j}\varphi(u,v)}$$
$$= \int_{-\infty}^{+\infty} \int_{-\infty}^{+\infty} h(x,y) \exp[-\mathrm{j}(ux + vy)]\mathrm{d}x\mathrm{d}y \tag{2-43}$$

$H(u,v)$ 是点扩展函数 $h(x,y)$ 的频谱（傅里叶变换），描述的是输出图像与输入图像频谱之比，表示成像系统对物体（输入图像）空间频率 (u,v) 的影响。换句话说，光学传递函数认为图像由不同频率的频谱构成，即物体光强分布函数能够按照傅里叶变换的形式展开。

在光学成像系统设计与分析中，如果假设系统输入一个单音频的正弦信号，即输入 $E(u,v)$ 是一个光强度正弦分布的目标，则输出 $R(u,v)$ 仍是一个同频率的正弦分布所成的像，只是其幅值和相位被 $H(u,v) = |H(u,v)| \mathrm{e}^{\mathrm{j}\varphi(u,v)}$ 加权发生了变化。在应用中，$|H(u,v)|$ 通常被称为调制传递函数（modulation transfer function，MTF），$\varphi(u,v)$ 被称为相位传递函数（phase transfer function，PTF）。在物理上，调制传递函数 $|H(u,v)|$ 可以理解为：任何周期性图案都可以分解成亮度按正弦变化的图案的线性叠加，这种按正弦变化的周期图案通常称为"正弦光栅"。图 2-21 所示为一维函数形式的示意，左侧低频对应慢变化分量，右侧较高频率则对应边缘等区域。由于调制传递函数是从频率的角度描述光学成像系统，通常反映光学系统传递各种频率的像和物的调制度（等效于信号处理领域的滤波器），因此，在实际应用中，调制传递函数比点扩展函数更适合分析光学系统的性能。

图 2-21　正弦光栅

典型光学成像系统可以用调制传递函数模型化，通常包括光学收集器、光学探测元件和电子元件 3 个子系统。如果假设在一定条件下，各个子系统可以分别看成线性或空间不变，则光学成像系统就是这三者的级联系统。调制传递函数的引入可以把光学成像系统看作空间滤波器，这样就可以在傅里叶变换域中对传感器各子系统进行建模，用简单的级联形式来计算整个成像系统的频率响应。若 MTF_1、MTF_2、MTF_3 分别表示各子系统的传递函数，则成像系统的传递函数可以表示为

$$\mathrm{MTF} = \mathrm{MTF}_1 \cdot \mathrm{MTF}_2 \cdot \mathrm{MTF}_3 \tag{2-44}$$

调制传递函数的概念不仅可以用来估计最终的光学成像系统图像质量，也有利于在总体设计要求下分别确定各个环节的设计要求和允许误差[6,15]。

2.5.3　人工神经网络

在遥感系统中，众多的目标探测原理都来源于仿生学中不同生物系统的强大探测能力，其中模仿人类大脑神经系统的典型生物模型就是人工神经网络，简称神经网络（neural network，NN）。目前，神经网络已被广泛应用于遥感图像分类、目标识别、物化参数反演等众多处理技术中，可以说它是各种机器学习算法应用

的基础，所以本节对神经网络进行简单介绍。

原理上，神经网络就是由大量简单神经元相互连接组成的非线性动态系统[25-26]。尽管每个神经元的结构和功能都可能相对比较简单，但众多神经元通过具有权值属性的有向相互关联的连接线相连，就可以用来对数据之间的复杂关系进行建模，进而构成一个相当复杂、功能极强的神经网络系统。图 2-22 所示为一种典型的第 k 个神经元模型，它是一个由多输入 $\boldsymbol{x}=[x_p:p=1,2,\cdots,P]$、单输出 y_k 组成的非线性系统，主要包括 3 个基本要素。① 一组连接权值 w_{kp}：连接强度由各连接线上的权值表示，权值为正表示激励，为负表示抑制；② 一个求和单元 Σ：用于求取各输入信息的加权和（线性组合）；③ 一个非线性激励函数或传递函数 $f(\cdot)$，起非线性映射作用并限制神经元输出幅度在[0, 1]或[−1, +1]范围内。

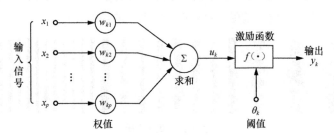

图 2-22　第 k 个神经元模型

神经元模型中各部分之间的相互作用可以描述为

$$u_k = \sum_{j=1}^{p} w_{kj} x_j \tag{2-45}$$

$$\mathrm{net}_k = u_k - \theta_k \tag{2-46}$$

$$y_k = f(\mathrm{net}_k) \tag{2-47}$$

式中，θ_k 是神经元的阈值。需要注意，激励函数 $f(\cdot)$ 对增强网络的表达和学习能力非常重要，一般要求其是连续、可导的函数。在具体网络中，常取具有 S 形状曲线的 Sigmoid 型函数，主要包括 Logistic 函数和 Tanh 函数。

Logistic 函数定义为

$$f(x) = \frac{1}{1+\mathrm{e}^{-\beta x}}, \quad \beta > 0 \tag{2-48}$$

Tanh 函数定义为

$$f(x) = \frac{\mathrm{e}^x - \mathrm{e}^{-x}}{\mathrm{e}^x + \mathrm{e}^{-x}} \tag{2-49}$$

另外一种目前广泛应用于深度学习中的激励函数是修正线性单元（rectified linear unit，ReLU），其定义为

$$f(x) = \begin{cases} x, & x \geq 0 \\ 0, & x < 0 \end{cases} = \max(0, x) \qquad (2\text{-}50)$$

神经网络之所以受到人们如此重视，主要是因为它具有以下特点。

（1）学习能力：学习能力是神经网络具有智能化的重要表现，即通过训练可以抽象出训练样本的主要特征，表现出强大的自适应能力。

（2）非线性：神经网络可以有效地实现输入空间到输出空间的非线性映射。寻求输入到输出之间的非线性关系模型，是工程上普遍面临的问题。对大部分无模型的非线性系统，神经网络都能很好地模拟。

（3）并行性：网络中的各个神经元在处理信息时是各自独立的，它们分别接收输入，作用之后产生输出。这种并行计算的处理，使它有可能用于实时快速处理信息。

（4）分布式：在神经网络中，信息分布在神经元的连接权上，单个连接权和神经元都没有多大的作用，但它们组合起来就能宏观上反映出信息特征。对个别神经元和连接权的损坏，并不会对信息特征造成太大的影响，表现出神经网络强大的鲁棒性和容错能力。另外，神经网络的信息分布特性，还使经过训练的模型具有强大的联想能力。

目前，在图像处理领域广泛应用的神经网络是后向神经网络算法，其结构由 3 层或更多层组成，每一层由多个神经元"○"的节点组成，图 2-23 所示直观地给出了两个神经网络模型结构图。它们包括一个输入层、一个输出层和一个或多个隐含层。输入层的节点与输入变量相连接，输出层表示网络系统的输出信息。隐含层在输入层和输出层之间，由众多的网络节点相互关联组成，节点间的权重值是信息流由一个节点到另一个节点的影响因子，权重值大表示影响力大。隐含层及其节点的数量根据不同应用需求可以任意设置。理论上，尽管隐含层数量增加可以处理更复杂的问题，但复杂网络可能会降低网络的泛化能力，而且增加训练的时间。

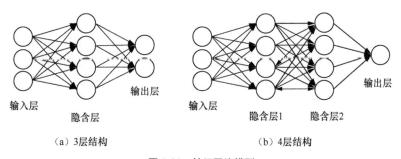

（a）3层结构　　　　　　　　　　　（b）4层结构

图 2-23　神经网络模型

在遥感图像处理及其应用中，神经网络主要分为网络模型训练和图像任务应用处理两大部分：① 网络模型训练是在给定输入数据和特定输出标号之间关系情况下，通过已知先验信息（标号样本）自我确定模型参数的过程，该过程一般需要较长的时间和较多的训练样本；② 一旦神经网络参数训练完成，其结果反过来就可以相对快速地完成某种图像处理任务。针对不同的实际应用任务，神经网络选择多少层、每层多少节点以及需要决定多少权值或参数等，这些都是设计者需要考虑的问题。图 2-23（a）所示包括一个具有 3 个神经元的输入层、一个具有 4 个神经元的隐含层和一个具有 2 个神经元的输出层。如果不计算输入层，则该网络具有 $4+2=6$ 个神经元、$[3×4]+[4×2]=20$ 个权值，以及 $4+2=6$ 偏差，总共需要 26 个学习参数。图 2-23（b）中包括一个具有 3 个神经元的输入层、两个都具有 4 个神经元的隐含层和一个具有 1 个神经元的输出层。如果不计算输入层，则该网络具有 $4+4+1=9$ 个神经元、$[3×4]+[4×4]+[4×1]=12+16+4=32$ 个权值，以及 $4+4+1=9$ 偏差，总共需要 41 个学习参数。为此，在神经网络的应用中，还仍然有一系列重要的科学和技术，以及应用等问题有待于进一步解决，进而发展了支持向量机、卷积神经网络等机器学习算法，其有关内容将在后面的相关章节分别介绍。

图像变换的目的是把图像表示成易于描述或易于处理的形式，以便于进一步进行图像处理或解译。图像变换可以看作图像从空间域到变换域的分解过程，其变换要求的共同特点：① 能量守恒，即图像经过变换后能量或者信息不能损失；② 能量重新分布与集中，即把能量或者信息重新集中在人们希望的分量上；③ 去相关，即要去除数据间的冗余度，使图像信息高度浓缩。

在应用中，图像变换也可以理解为一种图像分解或表示过程。在变换域能够用更少的稀疏数据来逼近地表示原始图像就是图像的稀疏表示。只不过，有时变换［如傅里叶变换（Fourier transform，FT），离散余弦变换（discrete cosine transform，DCT）、小波变换（wavelet transform，WT）等］的"变换基"函数是确定的，而某些变换需要通过原始图像的统计处理来确定变换函数，如主成分变换（principal component transform，PCT）等。本章主要对几种典型和广泛应用的图像变换方法进行介绍。为方便起见，这里首先以一维信号变换为例进行介绍，之后再推广到二维图像变换。

3.1 信号及图像的正交分解

我们知道，信号与系统分析的理论基础是线性叠加原理，其基本过程如图 3-1 所示。首先，对输入信号 $e(t)$ 进行分解，使信号表示成正交分量 $e_i(t)$；其次，分解的各分量再分别经过系统 $h(t)$，可以得到各自分量的响应 $r_i(t)$；最后，各分量响应进行叠加，就可以得到系统的总响应 $r(t)$ [21]。

对于数字图像处理而言，图像 $f(x,y)$ 可以理解为是一个二维信号，而为完成某种图像处理功能的任何处理算法都可以理解为一个系统。这样，如果我们可以把复杂的图像信号表示为典型图像信号和的形式，此时就可以分别处理被分解的图像分量，进而达到处理图像的目的。

图 3-1　信号与系统分析的基本过程

3.1.1　信号分解的基本原理

信号最基本的表示方法就是借用某个抽象数学符号的数学表达式法，如表示为一维时间变量的函数 $f(t)$。然而，信号表示形式各不相同不利于信号之间的比较和分析。因此，将信号 $f(t)$ 表示为一组基本时间函数的线性组合在数学上是比较方便的，这些基本时间函数简称基函数或核函数。这样，通过适当选择的基函数就可以使信号表示为统一的一般形式。

设所选择的基函数为 $\{\varphi_n(t)\}$ $(n=0,1,\cdots,N-1)$，其中 N 可以是无限大。任意信号 $f(t)$ 可以表示为这组基函数的线性组合

$$f(t) = \sum_{n=0}^{+\infty} c_n \varphi_n(t) \tag{3-1}$$

式中，$c_n(n=0,1,\cdots,+\infty)$ 为系数。

这样，为了表示一个具体信号 $f(t)$，就可以转换成如何选择最佳基函数和确定相应系数的问题了。实际应用中的问题是，在什么条件下，式（3-1）更有意义。为此，设 $\hat{f}_N(t)$ 是用 N 项基函数的线性组合来表示 $f(t)$ 的一种近似，即

$$\hat{f}_N(t) = \sum_{n=0}^{N-1} c_n \varphi_n(t) \tag{3-2}$$

考虑近似误差的 L_2 范数

$$\left\| f(t) - \hat{f}_N(t) \right\|_2 = \left(\int_{-\infty}^{+\infty} \left| f(t) - \hat{f}_N(t) \right|^2 dt \right)^{1/2} \tag{3-3}$$

一般定义在

$$\lim_{N \to \infty} \left\| f(t) - \hat{f}_N(t) \right\|_2 = 0 \tag{3-4}$$

情况下，式（3-2）收敛于式（3-1）才有实际应用价值。此时，如果我们有一组函数 $\{\varphi_n(t)\}$ $(n=0,1,\cdots,N-1)$，对函数空间 V 中的所有函数都可以利用式（3-2）以任意精度来近似，则我们就说这组函数在空间 V 中是完备的。进一步地，如果每个

分量都是线性独立的，那么 $\{\varphi_n(t)\}(n=0,1,\cdots,N-1)$ 就是 V 的基函数。在所有可能的基函数中，正交基是特别希望的，它们在空间 V 中都是相互正交的。

如果归一化正交函数基的范数为 1，即 $\|\varphi_n(t)\|_2 = 1, n \in I$，则正交基函数满足

$$\langle\, \varphi_i(t), \varphi_j(t)\,\rangle = \delta_{ij}(t) \tag{3-5}$$

对于正交基，式（3-1）变为

$$f(t) = \sum_{n=0}^{+\infty} \langle f(t), \varphi_n^*(t)\rangle\ \varphi_n(t) \tag{3-6}$$

即

$$c_n = \langle f(t), \varphi_n^*(t)\rangle \tag{3-7}$$

这就是 $f(t)$ 在正交基 $\{\varphi_n(t)\}$ 上的分解展开分解式，其中 $\varphi_n^*(t)$ 是 $\varphi_n(t)$ 的共轭函数。

如果给定 $f(t)$ 在正交基 $\{\varphi_n(t)\}(n=0,1,\cdots,N-1)$ 上的分解式（3-7），它到一个 N 维子空间上的正交投影定义为

$$\hat{f}_N(t) = \sum_{n=0}^{N-1} \langle f(t), \varphi_n^*(t)\rangle\ \varphi_n(t) \tag{3-8}$$

式（3-8）就是在 N 维子空间上投影来对 $f(t)$ 的线性近似。此时，把 $\{\varphi_n(t)\}$ $(n=0,1,\cdots,N-1)$ 选择为某种"基函数集"，这样我们就可以把任何信号近似地表示为在基函数集上的投影形式。如果选择的基函数项数 n 越多，则近似程度就越高，当 $n \to \infty$ 时，将收敛到信号 $f(t)$。系数 $c_n(n=0,1,\cdots,N-1)$ 此时是原信号 $f(t)$ 在基函数 $\{\varphi_n(t)\}(n=0,1,\cdots,N-1)$ 上的投影加权。

在具体应用中，通常基函数 $\{\varphi_n(t)\}(n=0,1,\cdots,N-1)$ 的选择可以从时域和频域两个角度考虑，进而构成了信号的时域分解和信号的变换域分解两大类方法。信号的时域分解方法突出的特点是直观、物理概念明确。然而，对于某些信号在时域特征并不明显、很难分析时，就需要采用数学变换的手段，即信号的变换域分解。在变换域中，原信号的特征可以一目了然。

3.1.2　信号的时域分解

信号的时域分解就是把基函数 $\{\varphi_n(t)\}(n=0,1,\cdots,N-1)$ 选择为典型的"奇异信号"，这样我们就可以把任何信号 $f(t)$ 近似地表示为奇异信号和的形式。如果选择的奇异信号宽度间隔 Δt 越窄，则近似程度就越高，当 $\Delta t \to 0$ 时，将收敛到信号 $f(t)$。这就是信号的时域分解方法的基本出发点，而此时系数 c_n 是奇异信号表示原信号 $f(t)$ 在 $n\Delta t$ 时刻的幅值 $f(n\Delta t)$。在信号的时域分解中，典型的奇异信号有单

位阶跃信号$u(t)$和单位冲激信号$\delta(t)$。

单位阶跃信号$u(t)$定义为

$$u(t) = \begin{cases} 1, & t > 0 \\ 0, & t < 0 \end{cases} \qquad (3\text{-}9)$$

它以$t=0$为参考点，$t<0$时为0、$t>0$时为1，而在$t=0$时，点无定义，如图 3-2（a）所示。阶跃信号的物理意义是某些实际对象从一个状态到另一个状态可以瞬时完成的过程，如通常电器电源开关的断开/接通状态的切换情况，断开状态用0表示、接通状态用1表示。

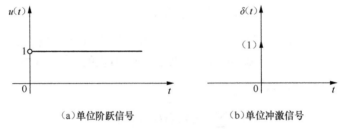

（a）单位阶跃信号　　　　　　（b）单位冲激信号

图 3-2　典型奇异信号

单位冲激信号$\delta(t)$定义为

$$\begin{cases} \displaystyle\int_{-\infty}^{+\infty} \delta(t)\mathrm{d}t = 1 \\ \delta(t) = 0, \quad t \neq 0 \end{cases} \qquad (3\text{-}10)$$

$\delta(t)$是只在$t=0$处有一个"冲激"，其他处均为零的信号，如图 3-2（b）所示。单位冲激信号$\delta(t)$的定义源于物理世界中，对作用时间极短而强度极大的物理过程的理想描述，如打乒乓球时的抽杀情况等。

对于任意信号$f(t)$，基于典型奇异信号$u(t)$和$\delta(t)$的时域分解可以有两种近似方法，原理如图 3-3 所示（详细原理可以参考相关资料）。

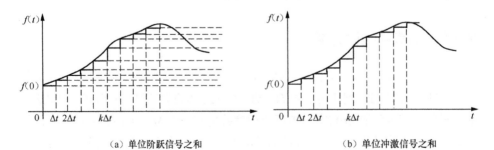

（a）单位阶跃信号之和　　　　　　（b）单位冲激信号之和

图 3-3　基于典型奇异信号的时域分解原理

图 3-3（a）所示的信号可以表示为

$$f(t) \approx f(0)u(t) + \sum_{k=1}^{n}\left[\frac{\Delta f(t)}{\Delta t}\right]_{t=k\Delta t} \cdot \Delta t \cdot u(t-k\Delta t) \tag{3-11}$$

利用式（3-11）就可以将任意信号近似地表示为阶跃函数加权和的形式。这种近似程度完全取决于时间间隔 Δt 的大小，Δt 越小，近似程度越高。在 $\Delta t \to 0$ 的极限情况下：

$$f(t) = f(0)u(t) + \int_0^t f'(\tau)u(t-\tau)\mathrm{d}\tau \tag{3-12}$$

式（3-12）表明，在信号的时域分解中可将任意信号 $f(t)$ 表示为无限多个小阶跃信号相叠加的积分，式中 τ 为积分变量。

图 3-3（b）可以表示为

$$f(t) \approx \sum_{k=1}^{n} f(k\Delta t) \cdot \Delta t \cdot \delta(t-k\Delta t) \tag{3-13}$$

同样地，单位冲激函数之和对于信号 $f(t)$ 的近似程度，取决于时间间隔 Δt 的大小。Δt 越小，近似程度越高。在 $\Delta t \to 0$ 的极限情况下：

$$f(t) = \int_0^t f(\tau)\delta(t-\tau)\mathrm{d}\tau \tag{3-14}$$

这就是将任意信号 $f(t)$ 表示为无限多个冲激信号相叠加的叠加积分，τ 为积分变量。

值得注意的是，式（3-12）和式（3-14）是信号处理或系统时域分析的重要基础和出发点，在实际应用中有着广泛用途。

3.1.3　信号的变换域（频域）分解

法国数学家傅里叶在信号频谱分析领域作出了卓越的贡献，即"振动弦"运动可以分解为多个"正弦"信号的加权和，这就是周期信号的傅里叶级数（Fourier series，FS）分解。在信号的变换域分解中，傅里叶级数的典型基函数包括三角函数基 $\{1, \cos(n\omega_1 t), \sin(n\omega_1 t)\}$ 和复指数函数基 $\{e^{jn\omega_1 t}\}$，它们对信号的分解也通常称为信号的频域分解。关于信号的傅里叶级数分解，这里只从概念引入，更详细的相关内容，我们将在 3.2 节傅里叶变换中介绍。

对于任意周期 T_1、角频率 $\omega_1 = \dfrac{2\pi}{T_1}$、频率 $f_1 = \dfrac{1}{T_1}$ 的周期信号 $f(t)$，其三角形式的傅里叶级数可表示为

$$f(t) = \frac{a_0}{2} + \sum_{n=1}^{+\infty} \left[a_n \cos(n\omega_1 t) + b_n \sin(n\omega_1 t) \right] \qquad (3\text{-}15)$$

式中，

$$a_0 = \frac{2}{T_1} \int_0^{T_1} f(t) \mathrm{d}t \qquad (3\text{-}16)$$

$$a_n = \frac{2}{T_1} \int_0^{T_1} f(t) \cos(n\omega_1 t) \mathrm{d}t \qquad (3\text{-}17)$$

$$b_n = \frac{2}{T_1} \int_0^{T_1} f(t) \sin(n\omega_1 t) \mathrm{d}t \qquad (3\text{-}18)$$

同样，复指数形式的傅里叶级数可以表示为

$$f(t) = \sum_{n=-\infty}^{+\infty} c_n \mathrm{e}^{jn\omega_1 t} \qquad (3\text{-}19)$$

式中，

$$c_n = \frac{1}{T_1} \int_0^{T_1} f(t) \mathrm{e}^{-jn\omega_1 t} \mathrm{d}t \qquad (3\text{-}20)$$

物理上，式（3-15）加权系数 a_0、a_n 和 b_n，以及式（3-19）加权系数 c_n 的大小分别代表信号在不同频率 $n\omega_1$ 分量上的能量多少，相应的 $n\omega_1$ 也代表了信号包含的频率高低。这样，通常把这些系数随频率 $n\omega_1$ 变化的曲线称为信号 $f(t)$ 的频谱。实际应用中，通常使用复指数傅里叶级数，此时它只需要计算一个系数 c_n，比三角傅里叶级数的计算更加方便。

3.1.4　二维图像分解

以上分别从时域和变换域的角度介绍了一维信号 $f(t)$ 的分解方法。同样的原理可以推广到二维图像 $f(x,y)$，只是此时的最佳函数基或核函数 $\varphi_n(t)$ 也变为 $\varphi_{m,n}(x,y)$，则

$$f(x,y) = \sum_m \sum_n c_{m,n} \varphi_{m,n}(x,y) \qquad (3\text{-}21)$$

应用中一个更广泛的特例是所谓的"核可分"，此时 $\varphi_{m,n}(x,y) = \varphi_m(x)\varphi_n(y)$，则

$$f(x,y) = \sum_m \sum_n c_{m,n} \varphi_m(x)\varphi_n(y)$$

$$= \sum_n \left[\sum_m c_{m,n} \varphi_m(x) \right] \varphi_n(y)$$

$$= \sum_n \hat{c}_{m,n} \varphi_n(y) \tag{3-22}$$

式中，$\hat{c}_{m,n} = \sum_m c_{m,n} \varphi_m(x)$。这样，二维图像分解就变成了先沿着图像 x 轴方向，再沿着图像 y 轴方向进行的一维分解。在应用中，这种一维信号分解推广到二维图像分解的具体实现过程，将在傅里叶变换中具体介绍。

| 3.2　傅里叶变换 |

傅里叶级数分解用于信号分析时的最大问题是它只针对周期性信号，而在实际物理世界中，大部分信号都具有非周期性。从另一个角度，当我们假设周期信号的周期 T_1 趋于无穷大，即 $T_1 \to +\infty$ 时，则周期信号就变成非周期信号，此时非周期信号就用傅里叶变换来描述。

3.2.1　连续信号的傅里叶变换

任意连续非周期信号 $f(t)$ 的傅里叶变换定义为

$$F(\omega) = \int_{-\infty}^{+\infty} f(t) \mathrm{e}^{-\mathrm{j}\omega t} \mathrm{d}t \tag{3-23}$$

其傅里叶逆变换定义为

$$f(t) = \frac{1}{2\pi} \int_{-\infty}^{+\infty} F(\omega) \mathrm{e}^{\mathrm{j}\omega t} \mathrm{d}\omega \tag{3-24}$$

相对于傅里叶级数中的信号频谱 c_n，这里的 $F(\omega)$ 称为信号 $f(t)$ 的频谱密度函数，通常简称为频谱函数。$F(\omega)$ 是一个复函数，可以表示为

$$F(\omega) = \left| F(\omega) \right| \mathrm{e}^{\mathrm{j}\varphi(\omega)} \tag{3-25}$$

式中，$\left| F(\omega) \right|$、$\varphi(\omega)$ 分别表示信号 $f(t)$ 的幅度频谱和相位频谱。

在信号处理领域，傅里叶变换之所以能获得广泛应用，主要是基于傅里叶变换的信号处理具有以下优点。① 傅里叶变换的基函数是一组正交基，而且形式非常简单，其变换函数是信号在这组正交基上的分量。② 傅里叶变换后得到的是信号的频谱。这样对信号而言，许多在时域不能解决的问题在频域可以迎刃而解。

③ 傅里叶变换可把信号处理中时域的微分、积分运算在频域表现为乘、除运算，这给傅里叶变换的应用带来了极大的方便。④ 傅里叶变换具有快速算法，即快速傅里叶变换（fast Fourier transform，FFT），这对实际应用具有非常重要的作用。反过来，FFT 的发展又促进了信号处理对傅里叶变换需求的进一步研究。

需要注意的是，在实际应用中并非所有的信号都可以进行傅里叶变换或按傅里叶级数展开，信号 $f(t)$ 必须满足下列条件。① 信号是绝对可积的，即 $\int_{-\infty}^{+\infty}|f(t)|\mathrm{d}t<\infty$ ；② 在一个有限的时间范围内， $f(t)$ 的极大值和极小值的数目应该是有限的。③ 在一个有限的时间范围内，如果有间断点存在，则间断点的数目应该是有限的。上述这些条件只是傅里叶变换存在的一个充分条件，不是必要条件。也就是说，对于某些信号，尽管它们可能不满足以上条件，但它们也可能存在傅里叶变换。此时，必须借助于其他数学手段，间接地计算信号的傅里叶变换。

3.2.2　离散序列的傅里叶变换

我们知道，为了利用计算机处理图像，必须首先把图像离散化为数字图像。为了简单起见，我们还是以一维信号 $f(t)$ 的傅里叶变换为例，来说明离散傅里叶变换（discrete Fourier transform，DFT）的定义。根据式（3-23）傅里叶变换的定义式，计算傅里叶变换涉及时间 t 和频率 ω 两个变量。因此，如果要用计算机进行傅里叶变换，必须要求其在时域 t 和频域 ω 都应该是离散的，而且都应该是有限的。

第一步是在时间 t 上离散化：如果对非周期信号 $f(t)$ 以采样间隔 Δt 进行离散化采样，可得信号的离散序列 $f(n\Delta t)$ 。此时离散序列 $f(n\Delta t)$ 的傅里叶变换定义为

$$F(\omega)=\sum_{n=-\infty}^{+\infty}f(n\Delta t)\mathrm{e}^{-\mathrm{j}\omega n\Delta t} \tag{3-26}$$

$$f(n\Delta t)=\frac{1}{2\pi}\int_{\frac{1}{\Delta t}}F(\omega)\mathrm{e}^{\mathrm{j}\omega n\Delta t}\mathrm{d}\omega \tag{3-27}$$

即离散非周期序列 $f(n\Delta t)$ 的频谱 $F(\omega)$ 是周期的连续函数。

第二步是在频率 $\omega=2\pi f$ 上离散化：如果对离散非周期序列 $f(n\Delta t)$ 的频谱 $F(\omega)$ 以采样间隔 Δf （注意是频率 f ）进行离散化采样，并且在时域和频域都限制在一个周期 N 范围内，则此时 $\Delta t \cdot \Delta f=\frac{1}{N}$ ，可得离散序列 $f(n\Delta t)$ 的离散傅里叶变换 $F(k\Delta f)$ 定义式

$$F(k\Delta f) = \sum_{n=0}^{N-1} f(n\Delta t)\mathrm{e}^{-\mathrm{j}k2\pi\Delta fn\Delta t} \tag{3-28}$$

$$f(n\Delta t) = \frac{1}{N}\sum_{k=0}^{N-1} F(k\Delta f)\mathrm{e}^{\mathrm{j}k2\pi\Delta fn\Delta t} \tag{3-29}$$

严格地讲，式（3-28）和式（3-29）是借助离散周期序列的傅里叶级数的概念推导，再取所谓的"主值区间"得到非周期离散序列的离散傅里叶变换，更详细的内容可以参考相关图书。在具体实现中，为了计算方便起见，通常假设 $\Delta t = 1$、$\Delta f = 1$，则此时离散傅里叶变换为

$$F(k) = \sum_{n=0}^{N-1} f(n)\mathrm{e}^{-\mathrm{j}\frac{2\pi}{N}nk} \tag{3-30}$$

$$f(n) = \frac{1}{N}\sum_{k=0}^{N-1} F(k)\mathrm{e}^{\mathrm{j}\frac{2\pi}{N}nk} \tag{3-31}$$

值得进一步说明的是，离散傅里叶变换的基函数 $\mathrm{e}^{\mathrm{j}\frac{2\pi}{N}nk}$ 具有周期性、对称性和可分性。基于这些特性，人们才设计了离散傅里叶变换的快速算法，即快速傅里叶变换。此时，对于长度为 N 的离散序列 $f(n)$ 进行离散傅里叶变换 $F(k)$：如果直接采用离散傅里叶变换计算，则其复数乘法次数为 N^2、复数加法次数为 $N(N-1)$；如果采用快速算法计算，则其复数乘法次数为 $(N/2)\cdot\log_2 N$、复数加法次数为 $N\cdot\log_2 N$。当 N 越大时，其快速算法的效率越高。可以说，快速傅里叶变换极大地提高了离散傅里叶变换的实用价值，对数字信号处理技术的发展起到了重大的推动作用。也可以说，是由于离散傅里叶变换的应用需求，使人们研究了快速傅里叶变换算法；反过来，也正是快速傅里叶变换算法的出现，促进了离散傅里叶变换的进一步应用。

3.2.3　二维图像的离散傅里叶变换

对于一幅大小为 $M \times N$ 的数字图像 $f(x,y)$，其二维离散傅里叶变换可以表示为

$$F(u,v) = \sum_{x=0}^{M-1}\sum_{y=0}^{N-1} f(x,y)\mathrm{e}^{-\mathrm{j}\left(\frac{2\pi}{M}ux+\frac{2\pi}{N}vy\right)} \tag{3-32}$$

$$f(x,y) = \frac{1}{M\times N}\sum_{u=0}^{M-1}\sum_{v=0}^{N-1} F(u,v)\mathrm{e}^{\mathrm{j}\left(\frac{2\pi}{M}ux+\frac{2\pi}{N}vy\right)} \tag{3-33}$$

式中，u 和 v 分别表示图像 $f(x,y)$ 沿 x 轴和 y 轴方向的频率；$F(u,v)$ 也称为图像

$f(x,y)$ 的频谱。由于傅里叶变换的基函数是可分的，即 $\varphi(x,y,u,v)=\mathrm{e}^{-\mathrm{j}\left(\frac{2\pi}{M}ux+\frac{2\pi}{N}vy\right)}=$

$\mathrm{e}^{-\mathrm{j}\left(\frac{2\pi}{M}ux\right)}\cdot\mathrm{e}^{-\mathrm{j}\left(\frac{2\pi}{N}vy\right)}=\varphi(x,u)\varphi(y,v)$，则式（3-32）可以写成

$$F(u,v)=\sum_{x=0}^{M-1}\left\{\sum_{y=0}^{N-1}f(x,y)\mathrm{e}^{-\mathrm{j}\left(\frac{2\pi}{N}vy\right)}\right\}\mathrm{e}^{-\mathrm{j}\left(\frac{2\pi}{M}ux\right)} \tag{3-34}$$

式中，$\hat{F}(x,v)=\sum_{y=0}^{N-1}f(x,y)\mathrm{e}^{-\mathrm{j}\left(\frac{2\pi}{N}vy\right)}$。这样，就把二维图像 $f(x,y)$ 傅里叶变换的计算转换为分别沿着图像的 y 轴方向计算 $\hat{F}(x,v)$，再沿行 x 轴方向计算 $F(u,v)$ 的一维计算，该过程如图 3-4 所示。

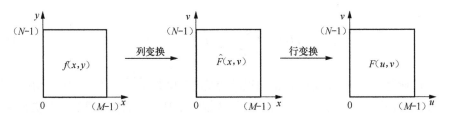

图 3-4　二维图像转化成一维信号计算过程

图像 $f(x,y)$ 及其傅里叶变换 $F(u,v)$ 示例如图 3-5 所示。其中，图 3-5（a）所示为其空间域表示形式、图 3-5（b）为其频域表示形式，可见图像的能量主要集中在中间低频区域（中心为坐标原点），而且突出了水平、垂直、对角及反对角的信息。

（a）空间图像 $f(x,y)$　　　　　　　（b）傅里叶变换 $F(u,v)$

图 3-5　图像及其傅里叶变换示例

最后需要强调，一维傅里叶变换的所有性质，如分离性、平移性、周期性、旋转性、分配性、尺度性、卷积性等，以及其快速傅里叶变换算法，在二维图像傅里叶变换应用中都适用。

|3.3 主成分变换|

对于已知长度为 N 的离散序列 $f(n)$，其样值表示为向量的形式：$[f]=[f(0),$ $f(1),\cdots,f(N-1)]$。主成分变换的目的就是寻找一种可逆的变换"基函数"或"核函数"，使变换的 N 个样值 $F(k)$ 之间互不相关，并能够从变换向量 $[F]=[F(0),$ $F(1),\cdots,F(N-1)]$，反变换回 $[f]$。

为了确定最佳变换基函数，来看定义的连续信号分解式（3-1）和式（3-2）的离散形式：

$$f(n)=\sum_{k=0}^{N-1}F(k)\varphi_k(n) \tag{3-35}$$

$$F(k)=\sum_{n=0}^{N-1}f(n)\varphi_k^*(n) \tag{3-36}$$

式中，$\varphi_k(n)$ $(k=0,1,\cdots,N-1)$ 可以写成矩阵形式 $[\varphi_k(n)]=[\varphi_0(n),\varphi_2(n),\cdots,\varphi_{N-1}(n)]$，形成一组归一化正交基，此时满足

$$[\varphi_i(n)]\bullet[\varphi_j(n)]=\begin{cases}1, & i=j\\0, & i\neq j\end{cases} \tag{3-37}$$

式中，"•"为点积运算。这样，式（3-35）和式（3-36）可以写成矩阵的形式

$$[f(n)]=\sum_{k=0}^{N-1}F(k)[\varphi_k(n)] \tag{3-38}$$

$$F(k)=[f(n)][\varphi_k(n)] \tag{3-39}$$

定义函数 $[f]$ 的自相关函数为

$$R(i,j)=E\{f(i)f(j)\} \tag{3-40}$$

式中，运算 $E\{\bullet\}$ 表示随机变量的期望值或均值。

可以证明，若 $[f]$ 的均值为零，即 $E\{f(n)\}=0$，则非相关 $[F]$ 的归一化正交矩阵 $[\varphi_k(n)]$ 应该满足方程式：

$$\sum_{j=0}^{N-1}R(i,j)\varphi_k(j)=\lambda_k\varphi_k(i) \tag{3-41}$$

式中，$\varphi_k(i)$ 和 $\varphi_k(j)$ 分别是矩阵 $[\varphi_k(n)]$ 的第 i $(i=0,1,\cdots,N-1)$ 和第 j $(j=0,1,\cdots,$

$N-1)$ 分量，可以写成

$$\begin{bmatrix} R(0,0) & R(0,1) & \cdots & R(0,N-1) \\ R(1,0) & R(1,1) & \cdots & R(1,N-1) \\ \vdots & \vdots & & \vdots \\ R(N-1,0) & R(N-1,1) & \cdots & R(N-1,N-1) \end{bmatrix} \begin{bmatrix} \varphi_k(0) \\ \varphi_k(1) \\ \vdots \\ \varphi_k(N-1) \end{bmatrix} = \lambda_k \begin{bmatrix} \varphi_k(0) \\ \varphi_k(1) \\ \vdots \\ \varphi_k(N-1) \end{bmatrix} \qquad (3\text{-}42)$$

可见，针对每个向量 $[\varphi_k(n)]$ $(k=0,1,\cdots,N-1)$ ，当与相关矩阵 [元素为 $R(i,j)$] 相乘后，就变换成它自身的标量倍数。向量 $[\varphi_k(n)]$ 称为相关矩阵的特征向量或基矩阵。加权标量值 λ_k 称为对应特征向量的特征值（eigenvalue）。可以证明

$$\lambda_k = E\{|\boldsymbol{F}(k)|^2\} \qquad (3\text{-}43)$$

这样只要我们确定了特征向量 $[\varphi_k(n)]$ 和对应的特征值 λ_k ，就可以通过式（3-35）和式（3-36）进行正、反变换。

在具体实现中，对于已知长度为 N 的离散序列 $f(n)$ ，我们通常可以用已知信号的均值和协方差来计算。它们分别定义为

$$\boldsymbol{m}_f = E\{\boldsymbol{f}(n)\} = \frac{1}{N}\sum_{n=0}^{N-1} f(n) \qquad (3\text{-}44)$$

$$\sigma_f(i,j) = E\{[\boldsymbol{f}(i) - \boldsymbol{m}_f][\boldsymbol{f}(j) - \boldsymbol{m}_f]^{\text{T}}\} \qquad (3\text{-}45)$$

式中，T 表示矩阵转置运算。可以证明，式（3-40）相关矩阵元素 $R(i,j)$ 和协方差矩阵元素 $\sigma(i,j)$ 满足以下关系

$$R(i,j) = \frac{\sigma(i,j)}{\sqrt{\sigma(i,i)\sigma(j,j)}} \qquad (3\text{-}46)$$

注意，相关矩阵和协方差矩阵都是对称矩阵。如果信号各个成分之间互不相关，则相关矩阵和协方差矩阵都是对角阵。这样根据式（3-43），特征值 λ_k 与变换后函数 $[\boldsymbol{F}]$ 的协方差矩阵有关；再根据式（3-40），为了使 $[\boldsymbol{F}]$ 非相关，其协方差矩阵可以表示为

$$\sigma_F(i,j) = E\{[\boldsymbol{F}(i) - \boldsymbol{M}][\boldsymbol{F}(j) - \boldsymbol{M}]^{\text{T}}\} = \begin{bmatrix} \lambda_1 & 0 & \cdots & 0 \\ 0 & \lambda_2 & \cdots & 0 \\ \vdots & \vdots & & \vdots \\ 0 & 0 & \cdots & \lambda_N \end{bmatrix} \qquad (3\text{-}47)$$

式中，特征值 $\lambda_1 > \lambda_2 > \cdots > \lambda_N$ ，则变换后的 $[\boldsymbol{F}] = [F(0),F(1),\cdots,F(N-1)]$ 也是由大到小排列，其求解可以通过下列特征方程来得到

$$|\sigma_f(i,j) - \lambda\boldsymbol{I}| = 0 \qquad (3\text{-}48)$$

式中，I 为单位矩阵。

这样，由式（3-36）定义，主成分变换就是寻找一种线性变换 G，满足

$$F = Gf = D^T f \tag{3-49}$$

使其服从式（3-47）对角约束条件，即 F 的协方差矩阵是对角阵。可以推得，输入信号 f 与变换函数 F 的均值向量和协方差均值关系分别为

$$m_F = D^T m_f \tag{3-50}$$

$$\sigma_F = D^T \sigma_f D \tag{3-51}$$

式中，D 是由 σ_f 特征值 $\lambda_1 > \lambda_2 > \cdots > \lambda_N$ 构成的特征向量矩阵。

基于以上的讨论，计算主成分变换的一般步骤为：① 根据式（3-45），计算输入信号的协方差矩阵 σ_f；② 基于协方差矩阵 σ_f，并根据式（3-48），计算特征值 $\lambda_1 > \lambda_2 > \cdots > \lambda_N$；③ 根据式（3-42）形成特征向量 $[\varphi_k(n)]$，构成式（3-49）要求的变换矩阵（特征矩阵）；④ 根据式（3-49）中的特征矩阵进行主成分变换。

图 3-6 所示为针对高光谱图像进行主成分变换的前 4 个特征值（PCT1，PCT2，PCT3，PCT4）对应的特征图像，可见第一个特征值 PCT1 占据了较大的能量。

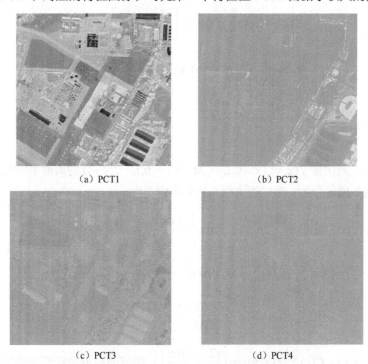

（a）PCT1　　　　　　　　　　　　（b）PCT2

（c）PCT3　　　　　　　　　　　　（d）PCT4

图 3-6　高光谱图像的 PCT 的前 4 个特征值对应的特征图像

主成分变换的最大优点是，变换之后的数据不具有相关性，即数据的协方差矩阵是对角阵。理论上，该变换是最佳变换，可以达到完全去相关的目的。但主成分变换的最大问题是需要确定变换矩阵，也就是变换基函数需要根据输入信号而确定。因此，这个基函数随着输入信号的不同而不同，不具备通用性，这使主成分变换在应用中受到了极大限制。在许多应用中，主成分变换也称为离散 K-L（Karhunen- Loeve）变换或霍特林变换。

|3.4 离散余弦变换|

在式（3-1）和式（3-2）中，如果已知一维离散序列 $f(n)$ $(n=0,1,\cdots,N-1)$ ，选择的基函数为离散余弦函数 $\left\{1,\cos\left[\dfrac{(2n+1)k\pi}{2N}\right]\right\}(k=1,2,\cdots,N-1)$ ，则该变换定义为离散余弦变换。此时，一维离散序列 $f(n)$ 的离散余弦变换和离散余弦逆变换分别为

$$F(k) = C(k)\sum_{n=0}^{N-1} f(n)\cos\left[\frac{(2n+1)k\pi}{2N}\right] \tag{3-52}$$

$$f(n) = \frac{1}{N}\sum_{k=0}^{N-1} C(k)F(k)\cos\left[\frac{(2n+1)k\pi}{2N}\right] \tag{3-53}$$

式中，$C(k) = \begin{cases} 1, & k=0 \\ \dfrac{1}{\sqrt{2}}, & k \neq 0 \end{cases}$ 。

对于二维图像 $f(x,y)$ $(x=0,1,\cdots,M-1;y=0,1,\cdots,N-1)$ 的离散余弦变换，其变换函数也是核可分的，则二维离散余弦变换定义为

$$
\begin{aligned}
F(u,v) &= C(u)C(v)\sum_{x=0}^{M-1}\sum_{y=0}^{N-1} f(x,y)\cos\left[\frac{(2x+1)u\pi}{2M}\right]\cos\left[\frac{(2y+1)v\pi}{2N}\right] \\
&= C(u)\sum_{x=0}^{M-1}\left\{C(v)\sum_{y=0}^{N-1} f(x,y)\cos\left[\frac{(2y+1)v\pi}{2N}\right]\right\}\cos\left[\frac{(2x+1)u\pi}{2M}\right] \\
&= C(u)\sum_{x=0}^{M-1}\hat{F}(x,v)\cos\left[\frac{(2x+1)u\pi}{2M}\right]
\end{aligned}
\tag{3-54}
$$

式中，$\hat{F}(x,v) = C(v)\sum_{y=0}^{N-1} f(x,y)\cos\left[\dfrac{(2y+1)v\pi}{2N}\right]$。相应的离散余弦逆变换为

$$f(x,y) = \frac{1}{MN}\sum_{u=0}^{M-1}\sum_{v=0}^{N-1}C(u)C(v)F(u,v)\cos\left[\frac{(2x+1)u\pi}{2M}\right]\cos\left[\frac{(2y+1)v\pi}{2N}\right] \quad （3-55）$$

图 3-7 所示为图像 8×8 子块对应的灰度值及其离散余弦变换系数的分布。可见，变换后图像的能量主要集中在左上角的低频区域（左上角为坐标原点）。

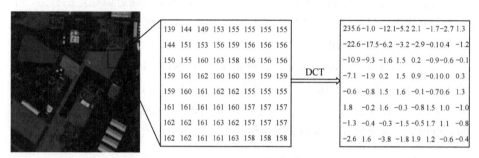

图 3-7　图像 8×8 子块对应的灰度值及其离散余弦变换系数的分布

在具体应用中，相对傅里叶变换是实数到复数的变换运算，这里的离散余弦变换是实函数到实函数的变换，实现起来更加简单；而相对于最佳主成分变换的基函数需要根据不同的输入信号进行统计确定，这里的离散余弦变换具有确定的基函数，其计算性能和通用性都具有较大的优越性。因此，离散余弦变换常常被认为是准最佳变换，目前已被广泛用于 JPEG 文件格式（joint photographic experts group，JPEG）和 MPEG 文件格式（moving pictures experts group，MPEG）中，其具体原理及应用将在第 6 章中详细讨论。

3.5　短时傅里叶变换

3.2 节介绍了傅里叶变换，其最大特点是具有明确的物理意义，即得到的是信号的频谱。但傅里叶变换有两个明显的不足：① 变换基函数 $\{e^{-j\omega t}\}$ 不是一个无条件基，它要求被分析的信号应满足绝对可积等条件；② 傅里叶变换不能进行局部分析，只能获得所分析信号的整体频谱。如果信号 $f(t)$ 由一些稳定的分量组成，那么傅里叶变换方法非常有效。但遗憾的是，傅里叶变换不能反映信号在时域的局部区域上的频率特征，而在不少实际应用中，人们所关心的恰恰是信号在局部时间范围内的突变特征，这些特征往往是分析的信息所在。例如，语音信号中人们关心的是什么时候发出什么样的音节，在图像信号中什么位置出现什么样的轮廓等。这类奇异信号由于在时域或空间域上具有突变的非稳定特性，它们的频谱分布在整个频率轴，用傅里叶变换方法分析往往不是那么有效。为此，对这类信号必须采用其他途径进行分析，通常的方法是引入局部频率"参数"，这样局部傅里叶变换可以通过一个窗口分析信号，在这个窗口内信号是近似稳定的；另一个等效的方法就是修改傅里叶变换中的正交基函数。短时傅里叶变换及小波变换就是根据这些应用需求提出来的。

短时傅里叶变换（short time Fourier transform，STFT）就是取一个被称为窗口的函数 $g(t)$，使它在有限的区间范围外恒等于零或趋于零，如图 3-8 所示。短时傅里叶变换最初由 Gabor 用于分析信号在局部时间范围内的瞬态频率特性，为此在信号处理领域通常也称为 Gabor 变换[27]。

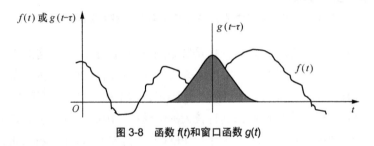

图 3-8　函数 $f(t)$ 和窗口函数 $g(t)$

设任意信号 $f(t)$，并假设该信号在一个以时间 τ 为中心，且范围有限的窗口函数 $g(t-\tau)$ 内是稳定的。这样，窗口内信号 $f(t)g(t-\tau)$ 的傅里叶变换就定义为短时傅里叶变换

$$\text{STFT}(\tau,\omega) = \int_{-\infty}^{+\infty} f(t)g(t-\tau)\mathrm{e}^{-\mathrm{j}\omega t}\mathrm{d}t \qquad (3\text{-}56)$$

短时傅里叶变换把信号 $f(t)$ 映射成一个时间-频率 (τ,ω) 平面的二维函数，式（3-56）中参数 ω 类似于傅里叶变换中的频率，而在傅里叶变换中的许多性质在这里都可以应用。但这里的分析将严格依赖于窗口函数 $g(t)$ 的选择。我们可以从两个方面对其解释。其一，对图 3-39 所示的时间-频率 (τ,ω) 平面上的垂直条带，人们可以通过移动窗口的中心位置 τ 来分析信号。对于给定任何时刻 τ，在 τ 附近窗口内的信号，人们可以求短时傅里叶变换的所有"频率"。其二，对图 3-9 所示的时间-频率 (τ,ω) 平面上的水平条带，对于给定的频率 ω，短时傅里叶变换可以看成一个带通滤波器组，其冲激响应是把窗口函数 $g(t)$ 调制到该频率点。因此，短时傅里叶变换可以看作一组被调制的带通滤波器组。

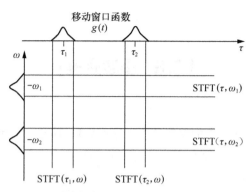

图 3-9　短时傅里叶变换 STFT 时间-频率 (τ, ω) 平面

短时傅里叶变换反映信号 $f(t)$ 在 $t = \tau$ 附近的频谱特征，即反映出一个信号在任意局部范围的频率特征，其反变换定义为

$$f(t) = \frac{1}{2\pi} \int_{-\infty}^{+\infty} \int_{-\infty}^{+\infty} \mathrm{STFT}(\tau, \omega) g(t-\tau) \mathrm{e}^{\mathrm{j}\omega t} \mathrm{d}\tau \mathrm{d}\omega \tag{3-57}$$

由以上讨论可见，$\mathrm{STFT}(\tau, \omega)$ 不仅包含了原信号 $f(t)$ 的全部信息，而且其变换的窗口位置随参数 τ 而变化（平移），符合研究信号不同位置局部性的要求，这是它比傅里叶变换优越之处。但短时傅里叶变换的限制在于，由于在整个频率上用一个分析窗口，即窗口的形状及大小与频率变化无关而保持不变，所以分析的分辨率在整个时间-频率 (τ, ω) 平面上的所有位置都相同而不变，如图 3-10 所示，这不符合实际问题中高频信号的分辨率应比低频信号高，也就是说，变换窗口大小应随频率而变，满足频率越高，窗口应越小的要求。

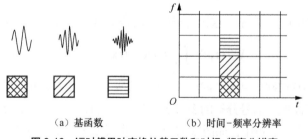

（a）基函数　　　　　　　（b）时间-频率分辨率

图 3-10　短时傅里叶变换的基函数和时间 频率分辨率

此外，在数值计算中，必须将连续依赖于参数的变换进行离散化，熟知将傅里叶变换离散化后的快速算法无论在理论上，还是在数值计算上都是非常重要的。但是对于短时傅里叶变换，可以证明无论如何离散化均不可能使之成为一组正交基。短时傅里叶变换的这些缺点，使其进一步应用受到一定的限制。

|3.6 小波变换|

20 世纪 80 年代末，人们发展了小波变换 WT，其突出特点是该变换继承和发展了短时傅里叶变换的局部化思想，同时又克服了其不足之处，是一种较理想的对信号进行局部化分析的工具[27]。

3.6.1 小波变换的定义及二进制小波

小波变换就是在式（3-1）和式（3-2）中选择具有波动性和衰减性的基函数进行的变换，它的提出同样都是针对傅里叶变换存在的问题和实际应用需求而演变和发展的。小波是由一个基本小波函数 $\varphi(t)$ [满足条件 $\int_{-\infty}^{+\infty} |\Phi(\omega)|^2 |\omega|^{-1} d\omega < +\infty$ ，其中，$\Phi(\omega)$ 是 $\varphi(t)$ 的傅里叶变换] 做平移和伸缩或尺度变换得到的一种信号变换方法。小波变换与短时傅里叶变换的主要区别是：短时傅里叶变换在整个信号分析中用一个分析窗口，而小波变换在分析中用多个窗口，即在高频端用短窗口，在低频端用长窗口。平移和尺度因子分别为 τ 和 a ，连续小波基函数定义为

$$\varphi_{\tau,a}(t) = \frac{1}{\sqrt{a}} \varphi\left(\frac{t-\tau}{a}\right) \qquad (a>0) \qquad (3\text{-}58)$$

式中，$1/\sqrt{a}$ 为归一化因子。这样对于任意信号 $f(t)$ ，小波变换定义为

$$\text{WT}(\tau,a) = \int_{-\infty}^{+\infty} f(t)\varphi_{\tau,a}(t)dt \qquad (3\text{-}59)$$

即信号 $f(t)$ 被映射到一个时间-尺度平面 $\text{WT}(\tau,a)$ 。在这里，尺度概念的引入极其重要，它体现了信号分解的多分辨率特性。可以说，小波变换对时间分辨率和频率分辨率进行了折中，如图 3-11 所示。当尺度参数 a 较小时，分辨率在时域较低，在频域较高；如果尺度参数 a 增大，分辨率在时域增加，在频域减小，即在高频端，时窗窄、频窗宽；在低频端，频窗窄、时窗宽，这相当于参数 a 的变化不仅改变连续小波的频谱结构，而且改变其窗口的大小与形状。这种特性完全符合高频信号（时间变化快）的窗口函数要小（窄）、低频信号（时间变化慢）的窗口函数要大（宽）的应用需求。

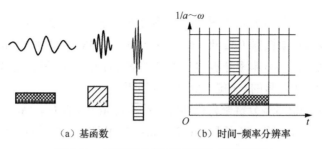

（a）基函数　　　　（b）时间-频率分辨率

图 3-11　小波变换的基函数和时间-频率分辨率

在具体应用中，连续小波变换一般用于理论分析，离散小波变换被认为是对离散时间信号的一种自然小波变换，具有较高的应用价值。如果对时间-尺度参数 (τ, a) 进行离散化，就可以对离散序列进行分解。一般尺度参数 a 取一个固定尺度参数 $a_0 > 1$ 的整数幂，即

$$a = a_0^j \tag{3-60}$$

此时，不同的 j 值，对应不同宽度的小波。平移因子 τ 的离散化也应依赖于 j，窄的（高频）小波以较小的步幅平移，这样可以包括整个时间范围，而较宽的（低频）小波以较大的步幅平移。由于 $\varphi(a_0^{-j}t)$ 的宽度正比于 a_0^j，一般选择

$$\tau = n\tau_0 a_0^j \quad (\tau_0 > 0;\ j, n \in \mathbb{Z}) \tag{3-61}$$

这样，小波变换的基函数变为

$$\varphi_{j,n}(t) = a_0^{-j/2} \varphi(a_0^{-j}t - n\tau_0) \tag{3-62}$$

最适合应用的是选择 $a_0=2$，$\tau_0=1$，此时小波变换的基函数为

$$\varphi_{j,n}(t) = 2^{-j/2} \varphi(2^{-j}t - n) \tag{3-63}$$

式（3-63）又称为二进制小波。正是这种二进制小波使得其快速算法得以实现，也正是由于这种二进制小波对信号的分解，恰与人类视觉和听觉特性相匹配，使其在语音和图像处理中获得广泛应用。

3.6.2　小波变换与信号多分辨率分解

在实际应用中，由于应用目的不同，构造不同合理的正交小波基是极其必要的。在信号处理领域中，原型小波可以看作一个带通滤波器，而原型小波的尺度和平移（小波基）可看作带通滤波器组，并且该带通滤波器组具有恒定的相对带宽或恒-Q 特性。可以说，信号多分辨率分析（multiresolution analysis）是小波变

换的核心。在实现上，Mallat 引进了信号多分辨率分解的概念，并把离散二进小波巧妙地与正交镜像滤波器（quadrature mirror filters，QMF）的冲激响应联系起来，也就是说，可以用多分辨率分析的方法构成等效的正交小波基。这种多分辨率分析方法可以解释为信号的一种连续逼近分解过程。

根据相关的信号多分辨率分析理论，若设 V_j 是一个在 $(-2^{-j}\pi, 2^{-j}\pi)$ 频率区间的带宽受限的函数空间、W_j 是具有 $(-2^{-j+1}\pi, -2^{-j}\pi) \cup (2^{-j}\pi, 2^{-j+1}\pi)$ 频率区间的带通函数空间，则有

$$V_j \subset V_{j-1} \tag{3-64}$$

$$V_{j-1} = V_j \oplus W_j \tag{3-65}$$

式中，$\oplus$ 表示正交和；W_j 是 V_j 在 V_{j-1} 中的正交补空间。这里所有子空间都是正交的。对于确定的 $j < J$，则有

$$V_j = V_J \oplus \left(\bigoplus_{k=0}^{J-j-1} W_{J-k} \right) \tag{3-66}$$

当分解层次 J 趋于 $+\infty$ 时，分解将收敛到整个平方可积的函数空间 $L^2(\mathbb{R})$

$$L^2(\mathbb{R}) = \bigoplus_{j \in \mathbb{Z}} W_j \tag{3-67}$$

即 $L^2(\mathbb{R})$ 被分解成正交子空间之和。这种多分辨率分析原理如图 3-12 所示，图 3-12（a）所示为 $V_1 \subset V_0 \subset V_{-1}$ 的瓦状叠盖图，图 3-12（b）所示为可加性的带通空间 W_j。

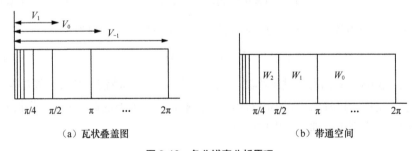

（a）瓦状叠盖图　　　　　　　　　　（b）带通空间

图 3-12　多分辨率分析原理

下面就是如何寻找正交基 W_j，使任意信号 $f(t)$ 能够在 W_j 上实现多分辨率正交分解。为此，对于任意 $j \in \mathbb{Z}$，设函数基 $\{\varphi_{j,n}(t) = 2^{-j/2}\varphi(2^{-j}t - n)\}(j, n \in \mathbb{Z})$ 构成尺度空间 V_j 的标准正交基，函数 $\varphi(t)$ 称为尺度函数，且满足

$$\varphi(t) = \sqrt{2} \sum_{n=-\infty}^{+\infty} l(n)\varphi(2t - n) \tag{3-68}$$

式中，

$$l(n) = \sqrt{2} \int_{-\infty}^{+\infty} \varphi(t)\varphi(2t-n)\mathrm{d}t \qquad (3\text{-}69)$$

在 V_j 的正交补空间 W_j 中，设函数基 $\{\psi_{j,n}(t) = 2^{-j/2}\psi(2^{-j}t-n)\}(j,n \in \mathbb{Z})$ 构成 W_j 的标准正交基，函数 $\psi(t)$ 称为小波函数，并满足

$$\psi(t) = \sqrt{2} \sum_{n=-\infty}^{+\infty} h(n)\varphi(2t-n) \qquad (3\text{-}70)$$

式中，

$$h(n) = \sqrt{2} \int_{-\infty}^{+\infty} \psi(t)\varphi(2t-n)\mathrm{d}t \qquad (3\text{-}71)$$

相应地，W_j 被称为尺度 j 的小波空间。

式（3-68）和式（3-70）称为双尺度方程，它们在小波函数的构造中起着至关重要的作用。这里，$l(n)$ 具有低通滤波特性，$h(n)$ 具有高通滤波特性，二者之间的关系为

$$h(n) = (-1)^{1-n} l(1-n) \qquad (3\text{-}72)$$

$l(n)$ 和 $h(n)$ 就是信号处理中常用的正交镜像滤波器。

这样离散信号 $f(n)$ 的小波变换就可以用等效正交镜像滤波器 $l(n)$ 和 $h(n)$ 的滤波来实现。如果设原始信号 $S_0 = f(n)$ 的分辨率为 1（j=0），则由多分辨率分析原理，可以证明利用小波变换的等效镜像滤波器可以由 S_0 来计算不同分辨率 2^{-j}（$j \geqslant 0$）的迭代分解

$$S_j = \sum_{k=-\infty}^{+\infty} l^*(2n-k)S_{j-1} \qquad (3\text{-}73)$$

$$D_j = \sum_{k=-\infty}^{+\infty} h^*(2n-k)S_{j-1} \quad (j=1,2,3,\cdots) \qquad (3\text{-}74)$$

由式（3-73）和式（3-74）可见，信号 S_{j-1} 经过正交镜像滤波器 $l^*(n)$ 和 $h^*(n)$ 的滤波（*表示共轭），分解成了低频分量 S_j 和高频分量 D_j 两个部分。其中，信号 S_j 是通过 S_{j-1} 与滤波器 $l^*(n)$ 卷积，并 2:1 抽样而得到信号的近似部分；信号 D_j 是通过 S_{j-1} 与滤波器 $h^*(n)$ 卷积，并 2:1 抽样得到信号的细节部分。信号 S_0 的正交小波变换可以通过迭代分解 S_{j-1} 为 S_j 和 D_j（$1 \leqslant j \leqslant J$）来实现信号的多分辨率表示，其小波分解的树状算法结构如图 3-13（a）所示。

这样，对于任意 $J > 0$，原始信号 $S_0 = f(n)$ 可以由一组离散信号集来表示，即

$$[S_J, (D_j)_{1 \leqslant j \leqslant J}] \qquad (3\text{-}75)$$

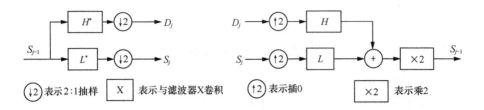

（a）小波分解结构　　　　　　　　　　　　（b）小波重建结构

图 3-13　信号小波分解与重建的树状结构

这组信号通常称为信号 $f(n)$ 的正交小波表示，如图 3-14 所示。它给出了一个低分辨率的逼近参考信号 S_J 和在分辨率 2^{-j}（$1 \leqslant j \leqslant J$）下的不同细节信号 D_j，可以解释为原始信号在正交小波基上的分解或信号在一组独立频道上的分解。

同样可以证明，信号的小波反变换或信号的重建可以表示为

$$S_{j-1} = 2\sum_{k=-\infty}^{+\infty} l(n-2k)S_j + 2\sum_{k=-\infty}^{+\infty} h(n-2k)D_j \qquad （3\text{-}76）$$

式（3-76）表明在 S_j 和 D_j 的每个样值间插零，其结果分别与滤波器 $l(n)$ 和 $h(n)$ 卷积，结果相加即可重建信号 S_{j-1}，如图 3-13（b）所示。重复以上过程 J 次，可以重建原始离散信号 S_0。

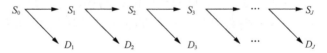

图 3-14　信号的多分辨率小波表示

3.6.3　二维图像的小波变换

在图像处理中，图像信号是一个能量有限的二维函数 $f(x,y) \in L^2(\mathbb{R}^2)$。对应式（3-68）和式（3-70），如果变换基函数是可分的，则有

$$\varphi(x,y) = \varphi(x)\varphi(y) \qquad （3\text{-}77）$$

$$\psi_1(x,y) = \varphi(x)\psi(y) \qquad （3\text{-}78）$$

$$\psi_2(x,y) = \psi(x)\varphi(y) \qquad （3\text{-}79）$$

$$\psi_3(x,y) = \psi(x)\psi(y) \qquad （3\text{-}80）$$

这样，对应原始图像 $S_0 = f(x,y)$ 的二维多分辨率分解为

$$S_j = \sum_{u=-\infty}^{+\infty} \sum_{v=-\infty}^{+\infty} l^*(2m-u)l^*(2n-v)S_{j-1} \tag{3-81}$$

$$D_{1,j} = \sum_{u=-\infty}^{+\infty} \sum_{v=-\infty}^{+\infty} l^*(2m-u)h^*(2n-v)S_{j-1} \tag{3-82}$$

$$D_{2,j} = \sum_{u=-\infty}^{+\infty} \sum_{v=-\infty}^{+\infty} h^*(2m-u)l^*(2n-v)S_{j-1} \tag{3-83}$$

$$D_{3,j} = \sum_{u=-\infty}^{+\infty} \sum_{v=-\infty}^{+\infty} h^*(2m-u)h^*(2n-v)S_{j-1} \tag{3-84}$$

式（3-81）~式（3-84）表明，在二维图像 $S_0 = f(x,y)$ 时，S_j 和 $D_{k,j}$ 的卷积可以分别沿 x 轴和 y 轴对图像进行滤波来计算。这样，对于任意分解层（$J>0$），图像 S_0 完全由（$3J+1$）幅多分辨率图像表示：

$$[S_J,(D_{1,j},D_{2,j},D_{3,j})_{1\leq j\leq J}] \tag{3-85}$$

这组图像称为二维正交小波表示，S_J 是一幅参考的逼近图像，$D_{k,j}$ 给出了不同方向和不同分辨率的细节图像。

在算法实现上，二维图像的小波分解可以用类似于一维分解的树状算法来实现。二维小波变换可以看作图像分别沿 x 轴和 y 轴的一维小波变换，在每一层分解中，S_{j-1} 被分解成 S_j、$D_{1,j}$、$D_{2,j}$ 和 $D_{3,j}$，如图 3-15 所示。

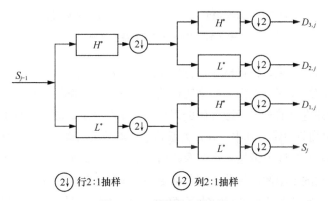

图 3-15　二维图像小波分解

一维小波的重建算法同样可以推广到二维图像情况。此时，在每一层中，图像 S_{j-1} 由 S_j、$D_{1,j}$、$D_{2,j}$ 和 $D_{3,j}$ 重建生成，如图 3-16 所示。

图 3-17（a）所示为图像 S_{j-1} 被分解成图像 S_j 和 $D_{k,j}$（$k=1, 2, 3$）的空间域结构排列图，图 3-17（b）所示为对应在频域的滤波结构图。它们分别表示在空间域

不同尺度下的逼近图像和细节图像的结构分布，或者在频域的滤波结果。

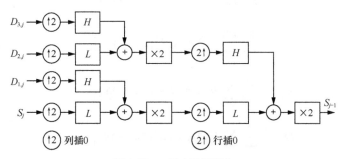

图 3-16　二维小波的重建

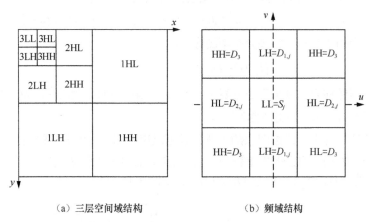

（a）三层空间域结构　　　　　　（b）频域结构

图 3-17　图像小波分解结构排列

由以上讨论可见，图像的小波分解是通过小波变换把一幅原始图像分解成低频逼近图像和高频细节图像之和来实现的。二维小波分解可以认为是二维函数分别沿着行和列进行的一维函数分解的组合。经 J 层分解，图像被分解成一幅逼近图像和 $3J$ 幅细节图像。其中，JLL 为低频带，集中了图像中的主要能量、低频信息；jLH$(1 \leqslant j \leqslant J)$ 子带是先将图像数据在水平方向低通滤波后，再经垂直方向高通滤波得到的子图像。因此，它包括更多的垂直方向的高频信息。相应地，在 jHL 子带中主要是图像水平方向的高频信息，在 jHH 子带中主要是图像对角方向的高频信息。也就是说，这些子带系数图像描述的是图像水平方向和垂直方向的空间频率特性，不同子带的小波系数反映了图像不同空间分辨率的特性。图 3-18 所示为白背景中黑方块基于小波变换的一层图像分解。由图 3-18 所示，可以更加直观地看出小波分解的局部边缘或边界检测效果，以及其方向选择性（在图 3-18 中，如果黑线表示正方向 0°，那么白线表示反方向 180°）。

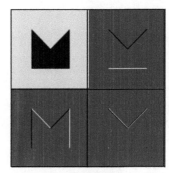

（a）原始图像　　　　　　　　　（b）小波变换图像

图 3-18　白背景中黑方块基于小波变换的一层图像分解

在具体实际应用中，通过多级分解，小波系数既能表示图像中局部区域的高频信息（如图像边缘），也能表示图像中的低频信息（如图像背景）。这样，即使在低比特率的情况下，我们也能保留较多的图像细节（如边缘）。另外，下一级分解得到的系数所表示图像在水平方向和垂直方向的分辨率只有上一级小波系数所表示的图像的一半。所以，通过对系数图像的不同级数进行处理，就可以得到具有不同空间分辨率（或清晰，或模糊）的图像，进而形成图像的多分辨率分析。

由第 1 章介绍的图像成像链可知，遥感图像在探测、成像、传输等过程中，不可避免地会受到信源特性、传感器性能、大气环境等众多因素的影响，造成图像质量的降低，如对比度减弱、清晰度下降、混叠各种噪声等。因此，在进行各种解译及应用处理之前，往往需要对遥感图像进行预处理，使之进一步完成遥感图像应用处理的目的。在遥感图像处理领域，典型的遥感图像预处理主要包括遥感图像增强和遥感图像恢复。本章主要介绍遥感图像增强，遥感图像恢复将在第 5 章介绍。

遥感图像增强的目的是改善遥感图像的视觉效果或转换成适合机器处理的形式。从信息的角度，遥感图像增强并没有增加新的信息，只是为进一步的遥感图像处理或应用进行必要的预处理。遥感图像增强与普通图像增强相比，除了应用需求不同，处理方法是类似的，主要包括遥感图像空间域变换增强、遥感图像空间域滤波增强、遥感图像频域滤波增强和彩色图像增强。

4.1 遥感图像空间域变换增强

顾名思义，遥感图像空间域变换增强主要是在遥感图像的空间域对遥感图像灰度值进行某种变换处理，进而达到增强遥感图像视觉效果以利于应用的目的。

4.1.1 遥感图像对比度增强

遥感图像对比度处理法主要基于人类视觉系统对遥感图像对比度黑白鲜明、看起来较好的出发点来设计一个线性变换映射函数，给遥感图像像素重新分配灰度值，进而达到改善遥感图像对比度效果。

设遥感图像 $f(x,y)$ 具有 L 个灰度级，如果图像用 8 bit 量化编码，则 $L=2^8=$ 256。遥感图像增强可以通过一个映射变换函数把原始遥感图像 $f(x,y)$ 的灰度级 r 映射为增强遥感图像 $g(x,y)$ 的灰度级 s，即

$$s = T(r), \quad r,s \in [0, L-1] \tag{4-1}$$

映射变换函数 $T(\bullet)$ 既可以是线性的，也可以是非线性的。可以根据需要，选择不同的映射变换函数，把原始遥感图像中的灰度值 r 变换成增强遥感图像的灰度值 s。一个线性对比度增强的例子如图 4-1 所示，图 4-1（a）所示为原始遥感图像，遥感图像尺寸为 512 像素 × 512 像素、每个像素 8 bit（本章都以该图像作为原始遥感图像进行处理）；图 4-1（b）所示为对比度增强后的输出图像。

（a）原始遥感图像　　　　　　　（b）对比度增强后的输出图像

图 4-1　线性对比度增强的例子

线性对比度增强的典型映射变换函数包括以下几种。

（1）分段对比度变换，其变换模型为

$$s = \begin{cases} \alpha \times r, & 0 \leqslant r < a \\ \beta(r-a) + s_a, & a \leqslant r < b \\ \gamma(r-b) + s_b, & b \leqslant r \leqslant L-1 \end{cases} \tag{4-2}$$

式中，α、β、γ 分别为各线段的斜率；a、b 分别为各分段交点；s_a、s_b 分别为交点 a、b 对应的灰度级。

（2）图像求反变换，其变换模型为

$$s = L-1-r, 0 \leqslant r \leqslant L-1 \tag{4-3}$$

（3）灰度切分变换，其变换模型为

$$s = \begin{cases} L-1, & a \leqslant r \leqslant b \\ 0, & 0 \leqslant r < a \text{ 及 } b < r \leqslant L-1 \end{cases} \tag{4-4}$$

对应的变换模型如图 4-2 所示。

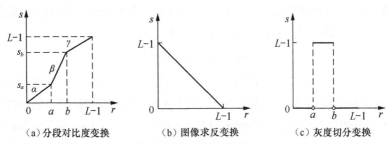

（a）分段对比度变换 （b）图像求反变换 （c）灰度切分变换

图 4-2　典型对比度增强的变换模型

4.1.2　遥感图像直方图增强

对于一幅遥感图像 $f(x,y)$，如果图像量化成 L 个灰度级，则设每个灰度级 $l(l=0,1,\cdots,L-1)$ 的像素个数为 n_l，其形成的概率分布图称为图像直方图，定义为

$$p(r_l)=\frac{n_l}{n}(0\leqslant r_l\leqslant L-1;l=0,1,\cdots,L-1) \qquad （4-5）$$

式中，r_l 为灰度 l（$l=0,1,\cdots,L-1$）对应的灰度值；n 为图像中像素的总个数。图像灰度直方图反映的是图像灰度的统计信息，不包括空间位置信息，可以定性地看出图像灰度的总体性质。图 4-3（b）所示为对应图 4-3（a）所示原始遥感图像的直方图。可见，该图像总体灰度值偏低，视觉上感觉较暗。

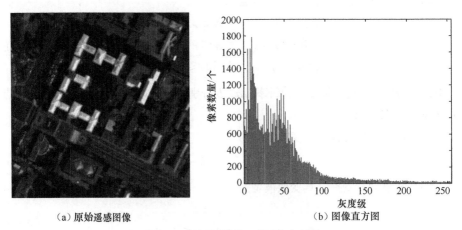

（a）原始遥感图像 （b）图像直方图

图 4-3　原始遥感图像及其图像直方图

注意：每幅图像都有一个唯一的直方图，但反过来一般不成立。图像直方图处理的两个典型算法是图像直方图均衡化和图像直方图规定化。

1. 图像直方图均衡化

图像直方图均衡化就是使被处理的图像直方图均匀分布的处理过程，其目的是使处理后的图像直方图灰度具有等概率（或接近等概率）。这样处理后的图像能够平均地利用量化灰度级，从而能够在所有的灰度级上较好地体现细节信息。

典型的直方图均衡化方法是直方图累积法，直方图累积法将从左到右的原始直方图累积求和计算。此时，图像增强处理变换函数满足下面两个条件。

（1）变换函数 $s = T(r)$ 在 $0 \leqslant r \leqslant L-1$ 范围内是一个单值单增加函数。

（2）对 $0 \leqslant r \leqslant L-1$，有反变换 $0 \leqslant r = T^{-1}(s) \leqslant L-1$。

则变换函数为

$$s_l = T(r_l) = \sum_{i=0}^{l} \frac{n_i}{n} = \sum_{i=0}^{l} p(r_i) \tag{4-6}$$

值得注意的是，这种均衡化是相对连续图像而定义的。对于数字图像而言，图像经过均衡化处理后的直方图只是近似均匀分布，如图 4-4 所示。此外，直方图均衡化不会生成额外新的灰度值，该过程只是把原直方图的灰度值映射到一个尽可能均匀的直方图中。

（a）均衡化图像

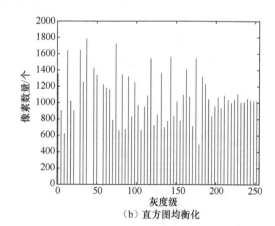

（b）直方图均衡化

图 4-4　图像直方图均衡化

2. 图像直方图规定化

图像直方图规定化也称为直方图匹配，就是使被处理的图像直方图变换成所希望直方图形式的处理过程，其目的是使处理后的图像直方图灰度具有所希望的概率分布。

图像直方图规定化的实现过程主要是借助前面介绍的图像直方图均衡化方法来实现，通常包括以下 3 个步骤。

（1）对原始图像的直方图进行灰度均衡化

$$s_l = T(r_l) = \sum_{i=0}^{l} \frac{n_i}{n} = \sum_{i=0}^{l} p(r_i) \tag{4-7}$$

（2）规定需要的直方图，并对规定直方图均衡化，找出变换函数

$$v_l = G(z_l) = \sum_{i=0}^{l} p(z_i) \tag{4-8}$$

（3）设 $s_l = v_l$，则通过反变换，即将原始图像直方图映射成规定化直方图

$$z_l = G^{-1}(s_l) = G^{-1}\left[T(r_l)\right] \tag{4-9}$$

例如，如果规定需要的直方图是指数分布

$$p_o(z_l) = \alpha \exp\left[-\alpha(n - n_{\min})\right] \quad (n_{\min} \leqslant n) \tag{4-10}$$

则，其转换函数为

$$z_l = n_{\min} - \frac{1}{\alpha} \lg\left[1 - p_i(r_l)\right] \tag{4-11}$$

图像直方图规定化的结果如图 4-5 所示。同样对于数字图像而言，经过规定化处理后的图像直方图依然只是一种近似。

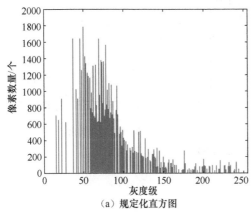

（a）规定化直方图

（b）规定化图像

图 4-5　图像直方图规定化

|4.2　遥感图像空间域滤波增强|

遥感图像空间域变换增强法是处理图像的每个像素。与之相比，遥感图像空间域滤波增强法的特点是利用图像像素的局部邻域进行操作，其主要思想是基于大小为 $M \times N$ 的像素窗口或模板 $W(m,n)$，用原始图像窗口下中心位置 $I(i,j)$ 的邻域像素点的加权组合灰度来生成新的像素点灰度值 $R(i,j)$，从而达到增强的效果。图 4-6 所示为大小为 3×3 邻域的模板，此时输出处理像素值不仅仅依赖于中心像素值本身，还依赖于其邻域内模板的操作。

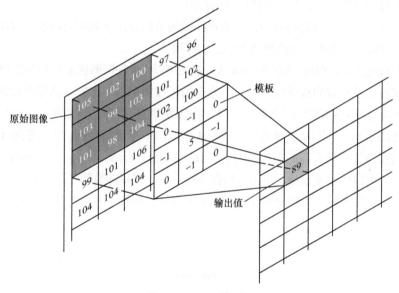

图 4-6　3×3 邻域的模板

遥感图像空间域滤波增强的运算模型可以表示为

$$R(i,j) = \sum_{m=1}^{M} \sum_{n=1}^{N} W(m,n) I(m,n) \tag{4-12}$$

具体操作步骤可以描述为：① 模板 $W(m,n)$ 在图像 $I(i,j)$ 中移动，并将模板中心与图像中某像素位置 (i,j) 重合；② 模板系数和模板下图像对应像素相乘，其乘积结果相加；③ 输出赋给图像中对应模板中心位置的像素 $R(i,j)$。

值得注意的是，为了增强一幅完整的图像，模板需要在原始图像中以每个像素为中心，逐行逐列地遍历整幅图像操作，生成对应中心位置的新像素值。在具体实现过程中，由于边界的像素可能没有一个完整的操作邻域，往往需要对边界像素进行邻域处理。典型的边界像素处理方法包括：①镜像法，即对图像边界像素按照其像素镜像进行补齐；②周期延拓法，即按照图像行或列像素首尾相接的形式进行补齐。

4.2.1　遥感图像平滑滤波与锐化滤波

遥感图像空间域滤波增强法的关键是滤波模板的设计，也可以理解为空间模式的设计。根据应用需求不同，滤波模板一般包括平滑滤波和锐化滤波两大类滤波操作。

平滑滤波：主要是滤除图像中噪声或去除不必要的细节。从数学角度看，这类操作属于积分操作，起到平滑图像的作用。

锐化滤波：主要是增强图像中的边缘或细节信息。从数学角度看，这类操作属于微分操作，起到突出图像高频信息的作用。

从理论上讲，根据不同的应用需求，我们可以设计任何形状和大小的滤波模板，并且模板也具有方向选择性，如水平方向的模板将平滑水平方向的噪声和细节，但对于垂直方向的细节没有影响。图4-7给出两类模板操作的典型例子，图4-7（a）分别给出了水平、对角、垂直和反对角4个方向平滑滤波模板，可以根据不同要求，增强图像不同方向的信息；图4-7（b）分别给出了水平、对角、垂直和反对角4个方向锐化滤波模板，也可以根据不同要求，增强图像的不同方向边缘信息，它们也是边缘检测、目标分割等应用中的关键环节和技术（第7章将详细介绍）。

```
1   1   1        1   1   2        1   2   1        2   1   1
2   2   2        1   2   1        1   2   1        1   2   1
1   1   1        2   1   1        1   2   1        1   1   2
```
（a）平滑方向模板

```
-1  -1  -1       -1  -1   2       -1   2  -1        2  -1  -1
 2   2   2       -1   2  -1       -1   2  -1       -1   2  -1
-1  -1  -1        2  -1  -1       -1   2  -1       -1  -1   2
```
（b）锐化方向模板

图4-7　平滑和锐化模板

图4-8给出了对应图4-1（a）的平滑滤波和锐化滤波处理结果图像。

最后需要指出，以上图像平滑和图像锐化两个操作处理通常是相互矛盾的，在平滑滤波滤除噪声的同时，也会损失一些边缘（高频）信息；同样，锐化增强图像边缘的同时，也会增强噪声。在实际应用中，二者的折中一直是图像滤波研究的重要课题。

（a）图像平滑滤波 （b）图像锐化滤波

图 4-8 图像平滑滤波与图像锐化滤波

4.2.2 遥感图像均值滤波与中值滤波

作为式（4-12）模板应用特例，如果大小为 $M \times N$ 的模板窗口 $W(m,n)$ 内的权值都等于 $1/MN$，则该操作就是均值滤波：

$$R(i,j) = \frac{1}{MN} \sum_{m=1}^{M} \sum_{n=1}^{N} I(m,n) \qquad （4-13）$$

此时，输出结果就是模板覆盖像素的平均值。

另外，广泛应用的平滑滤波方法是中值滤波。该方法主要是通过计算模板覆盖像素灰度值的中间值，作为滤波操作输出值，其突出特点是在滤除噪声的过程中，具有较强的边缘保持能力。中值滤波可以表示为

$$R(i,j) = \mathrm{Median}\{I(i-m, j-n), (m,n) \in W\} \qquad （4-14）$$

具体操作可以描述为：对应窗口 $W(m,n)$ 内的 $M \times N$ 个像素 $I(i,j)$ 值，从小到大（或从大到小）排列，取其中间的像素值作为输出图像的灰度值 $R(i,j)$。

中值滤波非常适合于颗粒或脉冲类的噪声滤除。因为这类噪声像素在其邻域中往往具有奇异性，因此，该像素被它邻域范围内最典型的像素所代替、具有很好的滤除作用。在应用中，中值滤波具有下列特性：① 中值滤波是非线性滤波器；② 中值滤波可以有效滤除图像中孤立点或线；③ 中值滤波的应用条件是窗口内噪声点不能过多。

图 4-9 所示为基于均值滤波与中值滤波的噪声滤除效果，其中图 4-9（a）所示为含有冲激类型（椒盐）噪声的原始遥感图像，图 4-9（b）、（c）分别给出了基于均值滤波和中值滤波的图像去噪的处理结果。

（a）原始遥感图像 　　　　　　　　　（b）均值滤波效果

（c）中值滤波效果

图 4-9　基于均值滤波和中值滤波的噪声滤波效果

在所有应用模板滤波操作过程中，窗口大小 $M \times N$ 对滤波结果有直接影响：较大的窗口具有较好的平滑效果，但同时也会损失较多细节信息。图 4-10 给出了不同窗口大小均值滤波对图像平滑的效果。滤波操作的典型应用就是滤除噪声的影响。一般而言，窗口越大，噪声滤除效果会越好，但边缘模糊程度也会变大。

（a）原始遥感图像 　　　　　　　　　（b）窗口大小为 3×3

图 4-10　不同窗口大小均值滤波对图像平滑的效果

（c）窗口大小为 5×5　　　　　　（d）窗口大小为 7×7

图 4-10　不同窗口大小均值滤波对图像平滑的效果（续）

|4.3　遥感图像频域滤波增强|

虽然上述遥感图像空间域平滑滤波与锐化滤波的模板设计方法非常直观，而实际上它们也是有理论依据的。卷积定理可以使这类图像空间域处理技术与基于傅里叶变换的频域处理技术直接相关联，即图像 $f(x,y)$ 的傅里叶变换 $F(u,v)$ 描述了原始图像 $f(x,y)$ 在水平（x 轴）和垂直（y 轴）方向上的空间频率成分分布。其中，$F(0,0)$ 代表了图像平均灰度值，而 u 或 v 及其对应的值 $F(u,v)$ 越大，表示在该方向上包含的高频信息越丰富，也就是在图像 $f(x,y)$ 的 x 轴或 y 轴方向具有更多的细节信息。

这样，如果在频域能够设计合理的滤波器 $H(u,v)$，并在频域进行滤波处理，即

$$G(u,v) = H(u,v)F(u,v) \tag{4-15}$$

就可以实现前面的平滑或锐化操作，整个过程如图 4-11 所示。

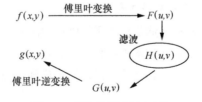

图 4-11　图像的频域滤波过程

其处理过程主要包括 3 个步骤：① 对图像 $f(x,y)$ 进行傅里叶变换，得到图像

的频谱 $F(u,v)$；② 根据应用需求设计滤波器 $H(u,v)$，并对图像频谱 $F(u,v)$ 进行滤波增强处理 $H(u,v)F(u,v)$；③ 对增强的图像频谱 $G(u,v) = H(u,v)F(u,v)$ 进行傅里叶逆变换，得到处理后的增强图像 $g(x,y)$。

可见，遥感图像频域滤波增强的关键技术是根据不同的应用需求，设计出满足不同应用要求的滤波器 $H(u,v)$。广泛应用的滤波器包括低通滤波器和高通滤波器，它们的处理操作分别对应遥感图像空间域的平滑和锐化处理。下面介绍几个典型基于滤波器的图像增强模型。

4.3.1 低通滤波增强

低通滤波器就是能够使低频成分通过、高频成分衰减的滤波器。在图像处理中，可以实现对图像的平滑操作。

1. 理想低通滤波器

理想低通滤波器是以截止频率为截断阈值，低于截止频率的低频成分全部通过，高于截止频率的高频成分全部滤除。二维理想低通滤波器模型为

$$H(u,v) = \begin{cases} 1, & D(u,v) \leqslant D_0 \\ 0, & D(u,v) > D_0 \end{cases}, \quad D(u,v) = (u^2 + v^2)^{1/2} \qquad (4\text{-}16)$$

式中，D_0 为截止频率。由于高频部分包含大量边缘信息，因此，低通滤波处理后会导致边缘损失，使图像边缘模糊，截止频率 D_0 越小，图像模糊程度越高（高频成分越少）。

如果输入图像包含理想的点目标，即 $f(x,y) = \delta(x,y)$。则根据卷积定理，式（4-15）等价为

$$g(x,y) = f(x,y) * h(x,y) = h(x,y) \qquad (4\text{-}17)$$

式中，$h(x,y)$ 为 $H(u,v)$ 的傅里叶逆变换，即

$$h(x,y) = \mathcal{F}^{-1}[H(u,v)] \qquad (4\text{-}18)$$

在信号处理领域，$h(x,y)$ 通常称为系统函数 $H(u,v)$ 的单位冲激响应。

为了便于分析理想低通滤波器的冲激响应，以一维（二维 x 轴或 y 轴方向投影的截面图）为例进行讨论，其结论同样可以推广到二维。此时，一维滤波器可以表示为

$$H(\omega) = |H(\omega)| \, \mathrm{e}^{\mathrm{j}\phi(\omega)} \qquad (4\text{-}19)$$

其幅频和相频特性分别为

$$|H(\omega)| = \begin{cases} 1, & -\omega_c < \omega < \omega_c \\ 0, & |\omega| > \omega_c \end{cases} \qquad (4\text{-}20)$$

$$\phi(\omega) = -\omega t_0 \qquad (4\text{-}21)$$

为了避免在滤波过程中产生相位失真，这里假设滤波器的相位 $\phi(\omega)$ 具有线性相位特性，如图 4-12 所示。

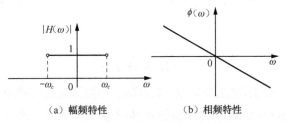

（a）幅频特性　　　　　　　（b）相频特性

图 4-12　理想低通滤波器的频率特性

理想低通滤波器的冲激响应可由其频率特性 $H(\omega)$ 的傅里叶逆变换求得

$$h(t) = \mathscr{F}^{-1}[H(\omega)] = \frac{1}{2\pi} \int_{-\infty}^{+\infty} H(\omega) \mathrm{e}^{\mathrm{j}\omega t}\mathrm{d}\omega$$
$$= \frac{\omega_c}{\pi} \frac{\sin[\omega_c(t-t_0)]}{\omega_c(t-t_0)} = \frac{\omega_c}{\pi} Sa[\omega_c(t-t_0)] \qquad (4\text{-}22)$$

其波形如图 4-13 所示。这是一个峰值位于 t_0 时刻的 $Sa(t)$ 函数。这样，可以得出以下的结论（同样适用于二维滤波器情况）：

（1）如果滤波器的输入信号是在 $t=0$ 时刻的冲激信号 $\delta(t)$，滤波器的输出冲激响应 $h(t)$ 在 $t=t_0$ 时刻才达到最大值，这表明系统具有延时作用，其延时大小由滤波器的相频特性 $\phi(\omega)$ 决定。在实际应用中，为了避免系统延时，可以设计零相位的滤波器，即 $\phi(\omega)=0$。

（2）冲激响应 $h(t)$ 相比于输入冲激 $\delta(t)$ 的波形展宽了许多，说明其高频分量被理想低通滤波器 $H(\omega)$ 滤除掉了，信号变得平滑（图像模糊），而且出现了严重的"振铃"效应。

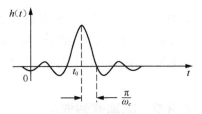

图 4-13　理想低通滤波器的冲激响应

（3）在输入信号 $\delta(t)$ 作用于滤波器之前，即 $t<0$ 时，$h(t) \neq 0$，这表明理想低

通滤波器是一个非因果系统，因此它是一个物理上不可实现的系统，只能进行一些理论分析。

2. 巴特沃斯低通滤波器

为了避免理想低通滤波器不可实现及振铃效应等问题，巴特沃斯低通滤波器是一个有参数滤波器，称为滤波器的阶数。巴特沃斯低通滤波器的突出特点是连续衰减，不像理想低通滤波器那样陡峭和具有明显的不连续性，因此用此滤波器处理后的图像边缘的模糊程度大大降低。n 阶巴特沃斯低通滤波器模型为

$$H(u,v) = \frac{1}{1+[D(u,v)/D_0]^{2n}} \qquad (4\text{-}23)$$

当巴特沃斯低通滤波器的阶数 n 较高时，会更接近理想滤波器。因此，在实际应用中，巴特沃斯低通滤波器的阶数一般不会选择太高，需要在选择的阶数与振铃效应之间进行折中。

3. 高斯低通滤波器

高斯低通滤波器的最突出的特点是在空间域和频域，其函数形式都是高斯函数，这也意味着经过高斯低通滤波器处理后的图像没有振铃效应。二维高斯低通滤波器模型为

$$H(u,v) = e^{-D^2(u,v)/2D_0^2} \qquad (4\text{-}24)$$

还是以一维高斯低通滤波器的形式介绍其特性。此时，高斯低通滤波器及其冲激响应分别为

$$H(\omega) = Ae^{-\omega^2/2\sigma^2} \qquad (4\text{-}25)$$

$$h(t) = \sqrt{2\pi}\sigma Ae^{-2\pi^2\sigma^2t^2} \qquad (4\text{-}26)$$

式中，σ 为高斯函数的标准差，其大小可体现高斯函数的宽度。高斯滤波器 $H(\omega)$ 宽度越宽，对应的冲激响应函数 $h(t)$ 越窄，说明包含的高频信息越丰富。当 σ 趋于无穷大时，$H(\omega)$ 为常数（即全通滤波器），$h(t)$ 收敛到冲激函数。

4.3.2　高通滤波增强

与低通滤波器的定义相类似，高通滤波器就是使高频成分通过、低频成分衰

减的滤波器。在图像处理应用中，高通滤波器主要是增强图像的高频信息，使图像边缘、轮廓等信息更加清晰。典型的高通滤波器包括理想高通滤波器、巴特沃斯高通滤波器和高斯高通滤波器。

1. 理想高通滤波器

二维理想高通滤波器的模型定义为

$$H(u,v) = \begin{cases} 0, & D(u,v) \leqslant D_0 \\ 1, & D(u,v) > D_0 \end{cases} \tag{4-27}$$

式中，D_0 为截止频率。这样，理想高通滤波器把低于截止频率 D_0 的低频成分全部滤除，保留了高于截止频率 D_0 的所有高频成分。

与理想低通滤波器相类似，理想高通滤波器也存在着振铃效应，在物理上也是不可实现的系统，因此也是只用于理论分析。

2. 巴特沃斯高通滤波器

n 阶巴特沃斯高通滤波器模型为

$$H(u,v) = \frac{1}{1 + [D_0 / D(u,v)]^{2n}} \tag{4-28}$$

与低通滤波器情况类似，巴特沃斯高通滤波器比理想高通滤波器更平滑。在应用中，同样可以避免振铃现象，且物理上可以实现。

3. 高斯高通滤波器

高斯高通滤波器模型为

$$H(u,v) = 1 - e^{-D^2(u,v)/D_0^2} \tag{4-29}$$

高斯高通滤波器由相应的低通滤波器的差构成。在性能上，它比巴特沃斯高通滤波器和理想高通滤波器更平滑，滤波效果更佳。

图 4-14 给出了高斯低通滤波和高通滤波的滤波结果。为了比较分析，这里同时给出了空间域和对应频域的示意结果。图 4-14（a）所示为空间域原始遥感图像，图 4-14（b）所示为对应的空间域原始遥感图像频谱图；图 4-14（d）所示为对图 4-14（b）频谱图的低通滤波结果，图 4-14（c）所示为其对应的高斯低通滤波图像；图 4-14（f）所示为对图 4-14（b）频谱图的高通滤波结果，图 4-14（e）所示为其对应的高斯高通滤波图像。

（a）空间域原始遥感图像　　　　　（b）空间域原始遥感图像频谱图

（c）高斯低通滤波图像　　　　　（d）高斯低通滤波图像频谱图

（e）高斯高通滤波图像　　　　　（f）高斯高通滤波图像频谱图

图 4-14　图像频域滤波

4.3.3　同态滤波增强

同态滤波是一种非线性滤波算法，通过在频域中调整图像亮度所在的范围，并提高图像的对比度，从而实现使图像细节信息得到增强的目的。同态滤波的实现过程主要是通过对数函数和指数函数将亮度范围进行压缩和放大，如图 4-15 所示。

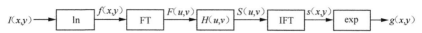

图 4-15　同态滤波增强结构

同态滤波实现的具体步骤如下。

（1）对输入图像 $I(x, y)$ 取对数，即

$$f(x, y) = \ln I(x, y) \tag{4-30}$$

（2）对式（4-30）中 $f(x, y)$ 进行傅里叶变换，得 $F(u, v)$ 。

（3）设计滤波器的系统函数 $H(u, v)$ ，并对 $F(u, v)$ 进行滤波运算

$$S(u, v) = H(u, v)F(u, v) \tag{4-31}$$

（4）对 $S(u, v)$ 进行傅里叶逆变换，得到空间域图像 $s(x, y)$ 。

（5）对 $s(x, y)$ 进行指数运算

$$g(x, y) = \exp\{s(x, y)\} \tag{4-32}$$

图 4-16 和图 4-17 所示分别为具有薄云污染的山地和城镇区域（Landsat 8 遥感图像的 2、3、4 通道），采用同态滤波技术实现对薄云图像增强的结果。

（a）薄云图像　　　　　　　　　　　（b）同态滤波

图 4-16　山地区域同态滤波结果

（a）薄云图像　　　　　　　　　　　（b）同态滤波

图 4-17　城镇区域同态滤波结果

|4.4 彩色图像增强|

在遥感图像处理中，特别是在多光谱和高光谱图像处理应用中，颜色体现的是不同波长的单色光。利用颜色特征进行图像处理时，具有其独特的优越性：① 颜色本身就是一个特征矢量，即光谱矢量；② 相对于灰度图像，人类视觉系统对颜色更加敏感，可以辨识几千种颜色。为此，利用颜色特征对图像目标辨识及解译等应用而言，其本身就是一个强有力的描绘子，具有重要的应用价值。

彩色图像增强技术根据输入图像的不同，可分为伪彩色增强和真彩色增强。对于多波段遥感图像而言，又包括假彩色（false color）增强。伪彩色增强主要是对灰度（黑白）图像处理，目的是增强图像的可视性；真彩色增强主要是对多波段图像中的 R、G、B 三波段的合成图像处理，而假彩色增强是对多波段图像中任意非 R、G、B 波段的合成图像处理。

4.4.1 伪彩色图像增强

伪彩色图像增强就是人为地将单波段灰度图像的不同灰度值赋予不同的颜色。由于人类视觉系统辨识图像灰度级的能力只在 5 bit（32 灰度级）左右，却能辨别上千种颜色。为此，人们通过把灰度图像转换成伪彩色图像，这样在灰度图像中人类难以感知的微小灰度变化，在伪彩色图像中就有可能进行辨识，进而可以增强人类对图像的进一步解译程度。

一种简单有效的灰度图像到伪彩色图像转换的方法如图 4-18 所示。该方法的基本思想是将输入图像的灰度级分解成 3 个独立的分量，并分别赋予红、绿和蓝 3 个分量，进而合成输出一幅伪彩色图像。

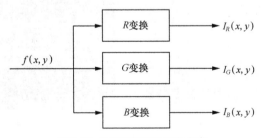

图 4-18　灰度图像的伪彩色合成

4.4.2　真彩色图像增强和假彩色图像增强

真彩色图像增强主要是对红、绿和蓝 3 个波段的自然彩色图像处理。典型的增强方法是将彩色 RGB 模型转换到与人类视觉特性相适应的 IHS 模型，并在 IHS 空间进行处理，其处理步骤包括：① 将 R、G、B 分量转换成 I、H、S 分量；② 用灰度增强方法增强 I 分量；③ 结果转换成 R、G、B。真彩色图像增强的一个例子如图 4-19 所示。

（a）真彩色图像　　　　　　　　（b）真彩色图像增强

*图 4-19　彩色图像增强

假彩色图像增强与伪彩色图像增强相类似，主要是通过彩色映射增强图像。不同之处是，伪彩色图像增强处理的是灰度图像，而假彩色图像增强处理的是多波段遥感图像的 3 个波段图像，甚至更多的波段融合成 3 个波段合成的彩色图像，以便进一步应用。

第 5 章

遥感图像恢复

相对于遥感图像增强，遥感图像恢复则是将遥感图像退化的过程模型化，再采用相反的过程得到原始遥感图像的本来面目。遥感图像恢复与遥感图像增强的共同点都是改善给定遥感图像的质量，但二者也存在着下面明显的差异性。

（1）遥感图像恢复是利用退化过程的先验知识来建立遥感图像的退化模型，再采用与退化相反的过程来恢复遥感图像；遥感图像增强一般无须对遥感图像降质过程建立模型，而是根据人类视觉系统特性或实际应用需求进行处理。

（2）遥感图像恢复是针对遥感图像的全局处理，以改善遥感图像的整体质量；遥感图像增强则是针对遥感图像的局部处理，以改善遥感图像的局部特性。

（3）遥感图像恢复主要是利用遥感图像退化过程来恢复遥感图像的本来面目，它是一个客观过程，最终的结果必须有一个客观的评价准则；遥感图像增强主要是利用各种技术来改善遥感图像的视觉效果，以适应人的心理、生理需要，而不考虑处理后的遥感图像是否与原始遥感图像相符，也就很少涉及统一的客观评价准则。

（4）从数学角度，遥感图像增强属于正向处理过程，遥感图像恢复属于"病态"逆向处理过程，是一种在某种先验信息条件下的最佳估计。

5.1 遥感图像降质及退化模型

在遥感图像恢复的具体实现上，首先必须找到遥感图像退化的原因，并建立遥感图像的退化模型；在此模型基础上，进行逆操作来恢复遥感图像的本来面目。

5.1.1　遥感图像降质因素

由第 1 章介绍的遥感图像成像链可知，引起遥感图像降质的因素众多，主要表现为：① 成像系统的像差、畸变、有限的带宽等造成的遥感图像失真；② 太阳辐射、大气湍流等造成的遥感图像失真；③ 携带遥感仪器的飞机或卫星运动的不稳定，以及地球自转等造成的几何失真；④ 数字图像在采样、量化以及模数转换和数模转换时造成的失真；⑤ 成像时，传感器与景物之间相对运动造成的遥感图像模糊；⑥ 传感器聚焦不良造成的散焦模糊；⑦ 底片感光，图像显示时造成的记录显示失真；⑧ 在成像系统中存在的各种噪声干扰等。概括起来，遥感（高光谱）图像降低因素包含以下 4 个方面。

1. 遥感平台位置和运动变化

遥感图像在成像过程中，由于遥感平台的姿态、高度、速度以及地球自转等因素的影响，导致原始图像上各种地物目标在几何位置、形状、尺寸、方位等特征与实际物理参照系统中的表达要求发生扭曲、拉伸、偏移等几何失真，如图 5-1 所示。

　　（a）参考图像（无失真）　　　　　　　　（b）几何失真图像

图 5-1　图像几何失真

2. 大气衰减造成的低信噪比波段

大气成分对特定波长范围内电磁辐射的吸收和散射作用会导致连续谱段信息衰减。一方面由于光的粒子性，大气中水蒸气、二氧化碳等成分会吸收特定波长范围内的电磁辐射；另一方面由于光的波动性，大气中的灰尘等微粒也会对特定波长范围的电磁波产生散射作用。这些都会使一定波谱范围内的地表信息无法有效传递到传感器输入端，从而导致连续几个谱段内的遥感图像质量严重下降，如图 5-2 所示。这种降质很难通过常规的图像处理手段恢复，目前大多情况是将这些降质的谱段丢弃。从信息获取的角度，由于光谱域诊断性特征的存在，单纯舍弃这些连续的谱段会造成某些诊断性特征的丢失，影响高光谱图像的后续应用。

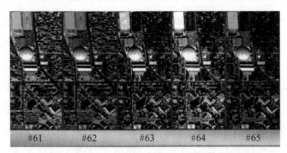

图 5-2　大气衰减谱段（低信噪比波段）导致遥感图像质量严重下降

3. CCD 器件非线性、非均匀性

传感器器件非线性、非均匀，甚至受损等因素会导致条带状信息缺失问题。遥感图像特殊的成像方式导致空间维度的信息需要通过摆扫或者推扫等工作模式获取。成像传感器镜头存在细微瑕疵或遮挡、内部光学仪器和电子器件出现非线性响应，或者各类仪器由于对接以及长时间使用而出现误差，甚至部分功能单元受损都会造成输入辐射信息在空间上的完整性缺失，进而在遥感图像中表现为某些条带区域内严重降质，如图 5-3 所示，此类条带缺失经常会影响多个，甚至全部波段的进一步应用。

图 5-3　条带缺失

4. 模数转换器产生的混叠效应

传感器硬件性能限制和对信噪比的需求会导致高光谱图像空间分辨率较低和

光谱混叠等问题。在现有的光谱成像技术中，光谱波段数的增加需要增大瞬时视场，从而降低了空间分辨率。也就是说，高光谱图像的空间分辨率和光谱分辨率存在互相制约的关系。如图 5-4 所示，高光谱图像的空间分辨率相对较低，这也会导致光谱的混叠，进而损害空谱联合特性。

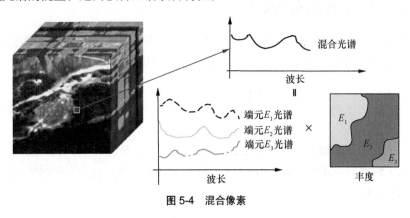

图 5-4　混合像素

5.1.2　遥感图像退化模型

遥感图像恢复的关键在于建立遥感图像退化模型，即找到遥感图像退化的原因，并根据该模型对退化遥感图像进行恢复处理，整个过程如图 5-5 所示。在具体处理中，通常将退化原因看作线性、空间位置不变系统退化的一个因素来处理，从而建立系统退化模型来近似地描述遥感图像函数退化过程

$$
\begin{aligned}
g(x,y) &= \iint f(\alpha,\beta)h(x-\alpha,y-\beta)\mathrm{d}\alpha\mathrm{d}\beta + n(x,y) \\
&= f(x,y)*h(x,y)+n(x,y)
\end{aligned}
\tag{5-1}
$$

式中，$g(x,y)$ 是退化或降质图像；$h(x,y)$ 为降质原因，通常称为系统函数；$f(x,y)$ 为要恢复的理想图像；$n(x,y)$ 为系统引起的噪声。

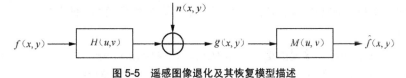

图 5-5　遥感图像退化及其恢复模型描述

根据卷积定理，式（5-1）的频域模型为

$$
G(u,v) = H(u,v)F(u,v)+N(u,v)
\tag{5-2}
$$

此时就是需要了解更多关于 $h(x,y)$ 或 $H(u,v)$ 、$n(x,y)$ 或 $N(u,v)$（一般认为已知其统计特性），设计恢复模型 $M(u,v)$ ，使得 $f(x,y)$ 的估计 $\hat{f}(x,y)$ 达到最佳。

在具体应用中，目前的遥感图像退化模型主要包括以下几种。

1. 线性运动图像退化模型

图像目标与成像系统之间的相对运动（旋转和平移等）引起的遥感图像模糊退化。对于水平 x 轴方向的线性运动的退化模型可以表示为

$$h(x,y) = \begin{cases} \dfrac{1}{T}, & 0 \leqslant x \leqslant T, y = 0 \\ 0, & \text{其他} \end{cases} \qquad (5\text{-}3)$$

式中，T 表示运动持续的时间长度。

式（5-3）退化函数是以空间域 (x,y) 形式给出的，$h(x,y)$ 为有限函数，其对应的频域 (u,v) 形式为

$$F(u,v) = \text{Sa}\left(\frac{uT}{2}\right) \mathrm{e}^{-\mathrm{j}\frac{uT}{2}} \qquad (5\text{-}4)$$

式中，函数 $\text{Sa}(t) = \dfrac{\sin t}{t}$。在频域 (u,v) ，$F(u,v)$ 为无限函数形式。

2. 散焦退化模型

几何光学分析表明，光学系统散焦造成的遥感图像降质对应的点扩展函数是一个均匀分布的圆形光斑，其退化模型可以表示为

$$H(u,v) = \begin{cases} \dfrac{1}{R}, & \sqrt{u^2 + v^2} \leqslant R \\ 0, & \text{其他} \end{cases} \qquad (5\text{-}5)$$

这里的散焦退化模型是以频域 (u,v) 形式给出的，$H(u,v)$ 可以理解为遥感图像信号经过一个理想低通滤波器，对遥感图像细节具有抑制作用，使得点扩展函数变宽，遥感图像变模糊，其模糊程度与滤波器的截止频率，即散焦斑的半径 R 成正比。

值得注意的是，这里的退化模型 $H(u,v)$ 在频域 (u,v) 是一个有限的函数形式，其对应的点扩展函数 $h(x,y)$ 在空间域 (x,y) 是一个无限的函数形式。

3. 高斯退化模型

在实际应用中，由于决定遥感图像降质的因素众多，其综合考虑系统点扩展

函数的形式往往是采用高斯退化模型，其表达式为

$$h(x, y) = \begin{cases} K\mathrm{e}^{-a(x^2+y^2)}, & (x, y) \in R \\ 0, & \text{其他} \end{cases} \tag{5-6}$$

式中，K 为归一化常数；R 为圆形支持域。

高斯函数在空间域 (x, y) 和频域 (u, v) 都是高斯函数，是空间域和频域分析的最佳折中模型。此外，$h(x, y)$ 的二维函数形式可以分解成两个一维函数的乘积 $h(x)h(y)$，这在实际应用系统中是非常有意义的。

5.2 无约束和有约束遥感图像恢复

遥感图像恢复的最终结果是要获取未退化图像的最佳估计，这种最佳估计是建立在某种客观准则下的。可以说，所有逆问题都是这样，即为在某一准则下最佳估计。广义上讲，这种最佳估计可分为无约束估计和有约束估计，它们分别对应无约束遥感图像恢复和有约束遥感图像恢复。

5.2.1 无约束遥感图像恢复

根据遥感图像退化模型

$$G(u, v) = H(u, v)F(u, v) + N(u, v) \tag{5-7}$$

由 $N(u, v) = G(u, v) - H(u, v)F(u, v)$，在对 $n(x, y)$ 无先验知识的情况下，寻找 $f(x, y)$ 的估计 $\hat{f}(x, y)$，使 $H(u, v)\hat{F}(u, v)$ 在最小均方误差意义下最接近 $g(x, y)$。

即让

$$J(\hat{f}) = \| f - H\hat{f} \|^2 \tag{5-8}$$

最小。此时，令

$$\frac{\partial J(\hat{f})}{\partial \hat{f}} = 0 \tag{5-9}$$

可得

$$\hat{F}(u, v) = \frac{G(u, v)}{H(u, v)} \tag{5-10}$$

式（5-10）表明，如果已知退化图像的频谱 $G(u,v)$ 和退化系统函数 $H(u,v)$ ，则可以计算恢复图像的频谱 $\hat{F}(u,v)$ ，经过傅里叶逆变换即可得到最佳估计的恢复图像 $\hat{f}(x,y)$ ，该方法通常称为逆滤波。

以上讨论是假设不存在噪声的情况，而实际应用中噪声是必然存在的。这样在有噪声情况下，由于 $G(u,v) = H(u,v)F(u,v) + N(u,v)$ ，此时有

$$\hat{F}(u,v) = \frac{G(u,v)}{H(u,v)} = F(u,v) + \frac{N(u,v)}{H(u,v)} \qquad （5-11）$$

这里 $N(u,v)$ 是随机噪声函数，在遥感图像恢复过程中，需要了解 $N(u,v)$ 的统计特性。

逆滤波恢复方法的最大问题是，当退化函数 $H(u,v)$=0 时，$\hat{F}(u,v)$ 将无法求解并进行遥感图像恢复；而当 $H(u,v)$ 很小时，$\dfrac{N(u,v)}{H(u,v)}$ 也会变得很大，进而影响遥感图像恢复效果，甚至难以恢复。这种现象可以解释为：当在原始数据中有数据扰动时，逆变换中引起的强扰动不可忽视。此外，逆滤波恢复的实质是最佳估计问题，对于大多数遥感图像的恢复都不具有唯一解，即逆滤波还具有病态性质。

5.2.2　有约束遥感图像恢复

为了避免逆滤波方法的固有弊病：可以直接寻找图像 $f(x,y)$ 的一种估值 $\hat{f}(x,y)$ ，使它与原始图像之间的均方误差（在统计意义上）为最小，这种方法就是有约束图像恢复的维纳滤波（Wiener filter）技术。

按照均方误差最小原则，$\hat{f}(x,y)$ 应满足

$$e^2 = E\{[f(x,y) - \hat{f}(x,y)]^2\} \qquad （5-12）$$

为最小。$\hat{f}(x,y)$ 称为已知 $g(x,y)$ 时，$f(x,y)$ 的线性最小均方估计。

如果设图像 $f(x,y)$ 与噪声 $n(x,y)$ 互不相关，它们的功率谱密度函数分别为 $S_f(u,v)$ 和 $S_n(u,v)$ ，则可以得到估计为

$$\hat{F}(u,v) = \left\{ \frac{1}{H(u,v)} \times \frac{|H(u,v)|^2}{|H(u,v)|^2 + s\left[S_n(u,v)/S_f(u,v)\right]} \right\} G(u,v) \qquad （5-13）$$

式中，大括号 {•} 内的项组成的滤波器通常称为最小均方误差滤波器，或最小二乘方误差滤波器。这时，

（1）如果 $s=1$ ，大括号 {•} 内的项就是维纳滤波器；

（2）如果 s 是变量，就称为参数维纳滤波器；

（3）当没有噪声时，即 $S_n(u,v)=0$，维纳滤波器就是逆滤波。

在具体应用处理中，如果 $S_f(u,v)$ 和 $S_n(u,v)$ 未知，则维纳滤波可以近似为

$$\hat{F}(u,v)=\left\{\frac{1}{H(u,v)}\times\frac{\left|H(u,v)\right|^2}{\left|H(u,v)\right|^2+K}\right\}G(u,v) \tag{5-14}$$

式中，K 是预先设定的常数。式（5-14）可以使退化图像得到一定程度的恢复，但不一定是最佳恢复。实际应用中，K 可通过已知的信噪比来获得。有约束图像恢复的最大特点是综合考虑退化函数和噪声统计特征，而逆滤波没有说明怎样处理噪声。

|5.3　遥感图像几何校正|

所谓遥感图像几何校正（geometric correction）就是针对发生几何失真的原始遥感图像，与设定的标准参考图像在相应位置上的对准过程。由于人们在视觉上已经习惯于用正射投影地图，所以大多数遥感图像几何校正都以地理坐标系为基准进行对准。遥感图像高精度几何校正是遥感图像几何处理和地球空间信息获取的基础，是遥感图像广泛应用的基本保障，是利用遥感图像推断地物目标位置状态和属性类别的重要前提，因此也可以认为遥感图像几何校正是遥感图像预处理领域的重要应用。

遥感图像几何校正分为几何粗校正和几何精校正。几何粗校正即把遥感传感器的校准数据、传感器的位置、卫星姿态等测量值，通过理论校正模型进行几何失真校正，该服务通常由卫星接收系统提供；几何精校正则是利用遥感图像上易于提取、并可精确定位的不变特征点，即地面控制点（ground control point，GCP）对原始遥感图像的几何失真过程进行数学模型化，建立原始失真图像空间与参考地图空间（即校正图像空间）之间的某种对应关系，再利用这种对应关系把失真图像空间中的全部元素变换到校正图像空间，产生一幅符合某种地图投影要求的新图像。遥感图像几何校正过程通常分为两个步骤。

1. 图像空间位置坐标的映射变换

该过程主要根据图像的几何失真性质来选择校正数学模型，即建立失真图像

与参考地图图像之间的空间映射变换关系，如多项式方法、仿射变换方法等。

设校正后的图像坐标为 (x, y)（参考地图坐标系），校正前图像坐标为 (s, l)（失真图像坐标系），如图5-6所示。两个坐标系可以通过一对映射函数进行关联

$$s = f_1(x, y) \tag{5-15}$$

$$l = f_2(x, y) \tag{5-16}$$

这样，一旦选定映射函数，那么已知参考地图坐标系上的点 (x, y)，就可以计算失真图像坐标系中的点 (s, l)。由于 s、l 通常为非整数值，因此接下来必须对其坐标点进行某种重采样操作。

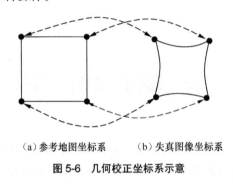

（a）参考地图坐标系　　　（b）失真图像坐标系

图5-6　几何校正坐标系示意

2. 确定参考地图空间各像素的灰度值

为了使校正后的输出图像像素与输入的未校正失真图像像素相对应，根据确定的校正映射模型，对输入图像的空间位置重新网格化和灰度值重新采样。在重采样中，所计算的对应位置坐标不是整数值，故必须通过对周围的像素值进行内插等运算来求出新的像素灰度值。

值得注意的是，在具体实现中，确定的映射函数模型中通常包括一些未知参数。为此，一项关键技术就是需要在失真图像和参考地图上分别提取和选择同名控制点，即所谓的地面控制点提取，并通过它们来求取模型参数。地面控制点提取及选择的精度将完全决定几何校正的精度。此外，遥感图像几何校正和图像配准（将在第10章介绍）在技术和实现过程上都有许多相似之处，但几何校正是图像对参考地图的对准，是绝对以地理坐标为参考系的，图像配准则是两幅图像之间的相互对准。

5.3.1　多项式校正模型

作为几何校正映射模型的一种典型应用，二元 n 次多项式模型，可以建立二

坐标系间的关系分别为

$$s = \sum_{i=0}^{n} \sum_{j=0}^{n-i} a_{ij} x^i y^j \qquad (5\text{-}17)$$

$$l = \sum_{i=0}^{n} \sum_{j=0}^{n-i} b_{ij} x^i y^j \qquad (5\text{-}18)$$

需要说明的是，该模型没有任何物理意义，只是通过参考地图坐标系对几何失真图像坐标进行的一种近似拟合，这种近似程度完全取决于多项式阶数 n 的选择。

作为多项式的一个特例，当 $n=1$ 时又称为仿射变换，此时

$$s = a_{00} + a_{10} x + a_{01} y \qquad (5\text{-}19)$$

$$l = b_{00} + b_{10} x + b_{01} y \qquad (5\text{-}20)$$

或

$$\begin{bmatrix} s \\ l \end{bmatrix} = \begin{bmatrix} a_{10} & a_{01} \\ b_{10} & b_{01} \end{bmatrix} \begin{bmatrix} x \\ y \end{bmatrix} + \begin{bmatrix} a_{00} \\ b_{00} \end{bmatrix} \qquad (5\text{-}21)$$

仿射变换可以同时满足旋转、尺度和平移不变特性。

一旦多项式校正模型被确定，接下来的问题就是如何确定模型中的未知系数 a_{ij} 和 b_{ij}。为此，需要分别在参考地图图像和失真图像上寻找对应的同名点，即地面控制点。关于地面控制点的提取方法，后面 5.3.3 节中将详细介绍，这里只假设已经提取了 K 个地面控制点，来阐述如何计算多项式校正模型中的未知系数。

在参考地图图像和失真图像中，选择确定 K 个地面控制点 $[(s_t, l_t), (x_t, y_t)](t = 1, 2, \cdots, K)$。此时，如果利用 K 个地面控制点对多项式校正模型进行拟合，则坐标 s（l 同理）拟合的均方误差为

$$\overline{\varepsilon^2} = \frac{1}{K} \sum_{k=1}^{K} \left(s_k - \sum_{i=0}^{n} \sum_{j=0}^{n-i} a_{ij} x_k^i y_k^j \right)^2 \qquad (5\text{-}22)$$

为使该拟合误差最小，对于任意系数 a_{pq}（$p = 0, 1, \cdots, n; q = 0, 1, \cdots, n-p$），则要求有

$$\frac{\partial \overline{\varepsilon^2}}{\partial a_{pq}} = \frac{1}{K} \sum_{k=1}^{K} 2 \left(s_k - \sum_{i=0}^{n} \sum_{j=0}^{n-i} a_{ij} x_k^i y_k^j \right) \left(-x_k^p y_k^q \right) = 0 \qquad (5\text{-}23)$$

即系数 a_{ij} 满足

$$\sum_{k=1}^{K} \left(\sum_{i=0}^{n} \sum_{j=0}^{n-i} a_{ij} x_k^i y_k^j \right) \left(x_k^p y_k^q \right) = \sum_{k=1}^{K} s_k x_k^p y_k^q \qquad (5\text{-}24)$$

同理可求坐标 l 对应的系数 b_{ij} 满足

$$\sum_{k=1}^{K}\left(\sum_{i=0}^{n}\sum_{j=0}^{n-i}b_{ij}x_k^i y_k^j\right)\left(x_k^p y_k^q\right)=\sum_{k=1}^{K}l_k x_k^p y_k^q \quad (5\text{-}25)$$

式（5-24）和式（5-25）可以写成矩阵的形式

$$\begin{cases} CA = U \\ CB = V \end{cases} \quad (5\text{-}26)$$

式中，C 为 $K \times M$ 矩阵；$M = \dfrac{(n+1)(n+2)}{2}$ 为未知系数个数。例如，对于二元三次多项式，此时 $M = 10$，各矩阵为

$$C=\begin{bmatrix}
\sum 1 & \sum x_k & \sum y_k & \sum x_k y_k & \sum x_k^2 & \sum y_k^2 & \sum x_k^2 y_k & \sum x_k y_k^2 & \sum x_k^3 & \sum y_k^3 \\
\sum x_k & \sum x_k^2 & \sum x_k y_k & \sum x_k^2 y_k & \sum x_k^3 & \sum x_k y_k^2 & \sum x_k^3 y_k & \sum x_k^2 y_k^2 & \sum x_k^4 & \sum x_k y_k^3 \\
\sum y_k & \sum x_k y_k & \sum y_k^2 & \sum x_k y_k^2 & \sum x_k^2 y_k & \sum y_k^3 & \sum x_k^2 y_k^2 & \sum x_k y_k^3 & \sum x_k^3 y_k & \sum y_k^4 \\
\sum x_k y_k & \sum x_k^2 y_k & \sum x_k y_k^2 & \sum x_k^2 y_k^2 & \sum x_k^3 y_k & \sum x_k y_k^3 & \sum x_k^3 y_k^2 & \sum x_k^2 y_k^3 & \sum x_k^4 y_k & \sum x_k y_k^4 \\
\sum x_k^2 & \sum x_k^3 & \sum x_k^2 y_k & \sum x_k^3 y_k & \sum x_k^4 & \sum x_k^2 y_k^2 & \sum x_k^4 y_k & \sum x_k^3 y_k^2 & \sum x_k^5 & \sum x_k^2 y_k^3 \\
\sum y_k^2 & \sum x_k y_k^2 & \sum y_k^3 & \sum x_k y_k^3 & \sum x_k^2 y_k^2 & \sum y_k^4 & \sum x_k^2 y_k^3 & \sum x_k y_k^4 & \sum x_k^3 y_k^2 & \sum y_k^5 \\
\sum x_k^2 y_k & \sum x_k^3 y_k & \sum x_k^2 y_k^2 & \sum x_k^3 y_k^2 & \sum x_k^4 y_k & \sum x_k^2 y_k^3 & \sum x_k^4 y_k^2 & \sum x_k^3 y_k^3 & \sum x_k^5 y_k & \sum x_k^2 y_k^4 \\
\sum x_k y_k^2 & \sum x_k^2 y_k^2 & \sum x_k y_k^3 & \sum x_k^2 y_k^3 & \sum x_k^3 y_k^2 & \sum x_k y_k^4 & \sum x_k^3 y_k^3 & \sum x_k^2 y_k^4 & \sum x_k^4 y_k^2 & x_k y_k^5 \\
\sum x_k^3 & \sum x_k^4 & \sum x_k^3 y_k & \sum x_k^4 y_k & \sum x_k^5 & \sum x_k^3 y_k^2 & \sum x_k^5 y_k & \sum x_k^4 y_k^2 & \sum x_k^6 & \sum x_k^3 y_k^3 \\
\sum y_k^3 & \sum x_k y_k^3 & \sum y_k^4 & \sum x_k y_k^4 & \sum x_k^2 y_k^3 & \sum y_k^5 & \sum x_k^2 y_k^4 & \sum x_k y_k^5 & \sum x_k^3 y_k^3 & \sum y_k^6
\end{bmatrix}$$

$$A=\begin{bmatrix} a_{00} \\ a_{10} \\ a_{01} \\ a_{11} \\ a_{20} \\ a_{02} \\ a_{21} \\ a_{12} \\ a_{30} \\ a_{03} \end{bmatrix},\quad
B=\begin{bmatrix} b_{00} \\ b_{10} \\ b_{01} \\ b_{11} \\ b_{20} \\ b_{02} \\ b_{21} \\ b_{12} \\ b_{30} \\ b_{03} \end{bmatrix},\quad
U=\begin{bmatrix} \sum s_k \\ \sum s_k x_k \\ \sum s_k y_k \\ \sum s_k x_k y_k \\ \sum s_k x_k^2 \\ \sum s_k y_k^2 \\ \sum s_k x_k^2 y_k \\ \sum s_k x_k y_k^2 \\ \sum s_k x_k^3 \\ \sum s_k y_k^3 \end{bmatrix},\quad
V=\begin{bmatrix} \sum l_k \\ \sum l_k x_k \\ \sum l_k y_k \\ \sum l_k x_k y_k \\ \sum l_k x_k^2 \\ \sum l_k y_k^2 \\ \sum l_k x_k^2 y_k \\ \sum l_k x_k y_k^2 \\ \sum l_k x_k^3 \\ \sum l_k y_k^3 \end{bmatrix} \quad (5\text{-}27)$$

式中，$\sum \cdot$ 代表 $\sum\limits_{k=1}^{K} \cdot$；$K$ 为控制点的个数。模型未知系数的个数 M 与地面控制点个数 K 之间的关系：① 如果 $K = M$，即提取的控制点个数 K 正好等于待求未知系数个数 M。这时通过矩阵逆变换，正好可以求出方程系数的解。此时，拟合模型将严格通过提取的地面控制点，即拟合误差为 0。但校正图像上其他点误差不一

定为 0，甚至可能会很大。② 如果 $K > M$ ，即提取的控制点个数 K 大于（多于）待求未知系数个数 M 。此时，需要求解超方程，即通过求伪逆来求解矩阵系数的解。尽管此时拟合模型不严格通过地面控制点，即拟合误差非 0，但此时图像的总体拟合误差最小，也就是最优拟合。③ 如果 $K < M$ ，即提取的控制点个数 K 小于（少于）待求未知系数个数 M 。此时将无法求解，也就是说要求提取的控制点个数必须多于未知系数个数。

5.3.2　图像灰度再采样

一旦多项式校正模型及其对应参数被确定，就可以利用式（5-17）和式（5-18）实现从参考地图坐标系 (x, y) 到失真图像坐标系 (s, l) 的映射计算。此时，如果以参考地图图像坐标系 (x, y) 为校正后的图像坐标系，其值是理想网格上的整数值，而映射到失真图像坐标系 (s, l) 的值一般不是整数值 (s_p, l_p) 。因此，需要在失真图像上再采样来获取相应像素的灰度值，如图 5-7 所示。

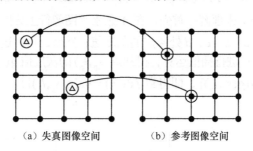

（a）失真图像空间　　　（b）参考图像空间

图 5-7　灰度再采样示意

在具体应用中，再采样通常通过内插法来实现，其主要方法包括最近邻插值（nearest neighbor interpolation，NNI）法、双线性插值（bilinear interpolation，BLI）法和立方卷积插值（cubic convolution interpolation，CCI）法。

1. 最近邻插值法

对于校正后输出图像 $f(x, y)$ 中的每一个像素 (x, y) ，通过映射函数模型计算出失真图像 $g(s, l)$ 中的位置 (s_p, l_p) （非整数）。在点 (s_p, l_p) 的 4 个邻域 (s, l) 、 $(s, l+1)$ 、 $(s+1, l)$ 、 $(s+1, l+1)$ 内，找出最靠近点 (s_p, l_p) 的像素值，作为输出图像 (x, y) 点像素的灰度值。如图 5-8（a）所示，点 $(s+1, l)$ 距离点 (s_p, l_p) 最近，因此 $f(x, y) = g(s+1, l)$ 。最近邻插值法的最大优点是算法的计算简单。如果校正图像是针对分类或像素值反演等应用，最近邻插值法是最佳选择。此时，校正图像仅由原始失真图像的灰度构成，保持了原始灰度值。

2. 双线性插值法

相对于最近邻插值法，双线性插值法主要基于点 (s_p, l_p) 的 4 邻域进行运算来生成新的灰度值。可以理解为 3 个步骤，如图 5-8（a）所示：① $g(s,l)$ 和 $g(s,l+1)$ 插值出 $g(s,l_p)$ ；② $g(s+1,l)$ 和 $g(s+1,l+1)$ 插值出 $g(s+1,l_p)$ ；③ $g(s,l_p)$ 和 $g(s+1,l_p)$ 插值出 $g(s_p,l_p)$ ，并取整数 $\text{int}[g(s_p,l_p)]$ 赋给 $f(x,y)$ ，即 $f(x,y)=\text{int}[g(s_p,l_p)]$ 。双线性插值法的运算量一般要比最近邻插值法复杂，且它对于数据中的高频信息具有平滑作用，使图像出现模糊现象，从而可能会降低图像分类等应用的质量。双线性插值法可以消除最近邻插值法带来的图像数据中可能的不连续性问题，而且相对于最近邻插值法来说，精度更高。

3. 立方卷积法

立方卷积法主要基于点 (s_p, l_p) 的 16 邻域进行运算来生成新的灰度值，其原理可以基于图 5-8（b）来理解：首先，在 4 条水平图像行上分别基于三次多项式进行插值运算，得到 a、b、c、d 处 4 点的灰度值；然后，再对这 4 个点的垂直图像列上基于三次多项式进行插值运算，得到点 (s_p, l_p) 的灰度值 $g(s_p, l_p)$ ；最后，对该点的灰度值取整 $\text{int}[g(s_p,l_p)]$ ，即得到 $f(x,y)=\text{int}[g(s_p,l_p)]$ 。

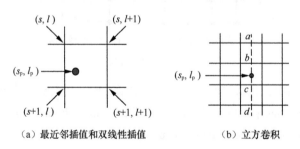

（a）最近邻插值和双线性插值　　　　（b）立方卷积

图 5-8　图像灰度再采样示意

在 3 种方法中，最近邻插值法与其他算法相比的最大优势是以较小的计算量就可以直接把最近邻的像素灰度值赋予输出图像。最近邻插值法的最大问题是输出图像样值可能出现非连续性。相比较而言，双线性插值法和立方卷积法考虑了样值的区域连续性，但计算区域的增加也增加了相应的计算量，同时还会造成图像边缘这样高频信息的模糊。在具体实际应用中，人们可以根据不同的应用需求来选择相应的方法。

从信号处理的角度看，再采样可以被认为是失真图像与一个移动窗口函数的卷积，类似于空间滤波。以一维信号处理为例，如果设 $N_0(t)$ 是一个在区域 $\left[-\dfrac{\tau}{2}, \dfrac{\tau}{2}\right]$ 内宽度为 τ 的矩形脉冲，即

$$N_0(t) = \begin{cases} 1, & -\dfrac{\tau}{2} \leq t \leq \dfrac{\tau}{2} \\ 0, & \text{其他} \end{cases} \tag{5-28}$$

则 $m(m \geq 1)$ 阶 B-样条函数定义为

$$\begin{aligned} N_m(t) &= N_0(t) * N_{m-1}(t) \\ &= \int_{-\infty}^{+\infty} N_0(\tau) N_{m-1}(t-\tau)\mathrm{d}\tau = \int_{\frac{\tau}{2}}^{\frac{\tau}{2}} N_{m-1}(t-\tau)\mathrm{d}\tau \end{aligned} \tag{5-29}$$

随着 m 的增大，函数 $N_m(t)$ 也变得越光滑。这样，在再采样算法中，最近邻插值法可以等价于输入图像与一个采样宽度为 τ 的归一化加权函数 $N_0(t)$ 的卷积；双线性插值法等价于输入图像与加权函数 $N_1(t) = N_0(t) * N_0(t)$（三角波函数）的卷积；立方卷积法等价于输入图像与加权函数 $N_2(t) = N_0(t) * N_1(t) = N_0(t) * N_0(t) * N_0(t)$ 的卷积，当 $m \to +\infty$，加权函数越来越光滑，最后收敛于 $\sin c(t) = \dfrac{\sin t}{t}$ 函数。

5.3.3　地面控制点提取与选择

由前 5.3.2 节所述，一旦失真图像和参考地图图像的关联模型被确立，就需要确定模型中相应的未知系数 a_{ij} 和 b_{ij}。而为了确定这些系数，需要在失真图像和参考地图图像中提取相应的不变特征点，即所谓的地面控制点提取。目前地面控制点提取方法主要可分成三大类：基于灰度方法——利用某像素周围的灰度差异来提取点特征；基于边界方法——首先需要提取边界，然后搜索边界链码中曲率最大处的拐点；基于参数模型方法——首先对图像像素建模，然后进行特征点提取。总之，需要提取的特征点通常应该是具有旋转、尺度、平移不变性的点、线和面不变特征点，如图 5-9 所示。

最后需要指出，在地面控制点的提取过程中，必须考虑控制点数目和选择原则两个问题。

（1）在确定控制点数目方面，对式（5-17）和式（5-18）定义的二元 n 次多项式校正模型需要确定 $M = (n+1)(n+2)/2$ 个未知系数 a_{ij} 和 b_{ij}。例如，对于一阶、二阶、三阶多项式，分别需要 3 个、6 个、10 个控制点来确定未知系数。在实际

应用中，所选取的地面控制点数要远远大于这个最低要求，从而可以用最小二乘估计来求得这些最佳系数。

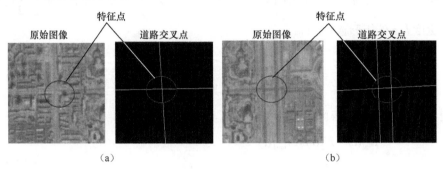

图 5-9　不变特征点提取

（2）在控制点的选择方面，仅增加控制点数量并非一定能减小校正误差。原因在于：当多数控制点集中在某个局部区域时，直接使用最小二乘法求解多项式系数会导致权重失配，使拟合结果对整幅图像的失真描述不准确。因此，必须使选择的控制点分布尽量覆盖整幅图像，也就是说分布质量高的控制点是在图像区域中均匀分布的点。

图 5-10 所示为经过辐射校正的两幅卫星遥感图像。其中，图 5-10（a）所示为低山丘陵地区，图 5-10（b）所示为高原山区。图像分辨率为 30 m、尺寸大小为12 000 像素×12 000 像素，幅宽为 360 km。卫星的轨道姿态参数由星历资料提供，成像行频约为 230 行/s，GPS 数据每隔 8 s 提供一次，卫星成像侧摆角达到 15°。图 5-10 中三角符号表示基于增强型专题制图仪（enhanced thematic mapper，ETM）所采集的控制点。其中，图 5-10（a）显示共采集了 60 个控制点；图 5-10（b）显示共采集了 42 个控制点，并采用 WGS84 坐标系为参考坐标系。

（a）低山丘陵地区　　　　　　　　（b）高原山区

图 5-10　卫星遥感 CCD 图像

为了定量化分析基于多项式模型的几何校正精度，在遥感图像和对应 ETM 图像（参考地图）上选取测试点。其中，图 5-10（a）上选取了 15 个测试点，图 5-10（b）上选择了 16 个测试点（平地和丘陵地带处各选取了 8 个）。采用均方根误差作为校正精度的评价标准，其校正误差分别如表 5-1 和表 5-2 所示。需要说明的是，这里的仿真算法在传统算法基础上，增加了误差修正处理以提高遥感图像的几何校正精度。

表 5-1　图 5-10（a）校正误差（像素）

测试点	参考图像	校正误差	
	ETM 坐标	Δy_i	Δx_i
1	（10 246，1019）	1.19	−0.84
2	（8202，2153）	1.30	0.21
3	（6386，3769）	−0.39	0.99
4	（4688，4885）	−0.82	−0.58
5	（4305，5183）	−1.19	0.57
6	（9356，5652）	−0.99	1.05
7	（4513，6263）	0.65	−1.29
8	（10 502，6827）	0.73	−1.28
9	（9423，7382）	0.53	−1.32
10	（9759，8079）	0.32	−0.38
11	（6687，8626）	−1.06	0.21
12	（4473，9471）	1.41	−1.42
13	（8932，10 189）	−0.51	1.42
14	（5910，11 180）	−0.53	1.27
15	（7602，11 722）	−0.39	−0.57
均方根误差		**0.68**	**0.75**

表 5-2　图 5-10（b）校正误差（像素）

测试点	参考图像	校正误差	
	ETM 坐标	Δy_i	Δx_i
1	（3559，384）	−0.57	0.48
2	（3129，2119）	−1.79	−1.08
3	（1973，4607）	1.06	1.14

续表

测试点	参考图像	校正误差	
	ETM 坐标	Δy_i	Δx_i
4	（9669，6470）	−0.21	1.45
5	（1979，7730）	−0.57	−0.14
6	（9823，8947）	0.47	−0.06
7	（2449，11 353）	0.88	1.08
8	（7779，11 423）	0.66	−0.47
平地误差		**0.78**	**0.75**
9	（6629，1623）	−0.49	0.53
10	（4571，3452）	1.91	−0.91
11	（6354，5086）	0.48	0.92
12	（4643，6052）	0.24	1.53
13	（7025，9221）	−0.69	−1.76
14	（3274，9934）	0.61	1.96
15	（1844，10 956）	−0.15	−2.02
16	（4955，11 547）	−1.34	2.09
丘陵误差		**0.75**	**1.48**

第 6 章

遥感图像压缩编码

数据压缩最初是信息论研究中的一个重要课题，在信息论中数据压缩被称为信源编码。图像数据压缩不仅限于编码方法的研究与探讨，在图像处理领域也逐渐形成了较为独立的体系，图像压缩编码就等同于图像压缩或图像编码。图像压缩编码主要研究图像的表示、变换和编码等方法，以减少图像存储数据所需的空间和传输所用的时间。随着大数据时代的到来，图像数据也在海量增长，这对图像的存储容量和传输速率都提出了更高的要求，因而进行有效的图像数据压缩就显得特别迫切和重要。

遥感图像作为一种静止图像，其压缩编码方法与其他视觉图像压缩编码方法相比有其共性，即它们都是通过一定方法去除数据间的冗余度。但是，遥感图像压缩编码又有特殊性：大多数遥感图像具有高熵值和低冗余的特点，因此对遥感图像应用通常的编码方法很难取得理想的压缩效果。另外，人类视觉系统对低频信息比较敏感，相对而言对高频信息的敏感性则较弱。因此，以往的视觉图像编码系统通常会利用人的这种心理视觉冗余来对图像数据进行压缩。但对遥感图像来说，由于它应用的特殊性，在高频信息里很有可能会包含一些诸如小目标等人们所感兴趣的区域，这些区域在遥感图像压缩编码中需要尽可能保存，而应用以往的视觉图像编码系统将会导致这些重要信息的丢失。所以，通常的视觉图像压缩编码系统并不完全适用于遥感图像压缩编码的特殊应用需求，从而需要进一步根据遥感图像的特殊应用背景来有针对性地研究和采用适用于遥感图像的压缩编码方法。

|6.1 概述|

图像压缩是通过去除图像中冗余信息实现的。从图像压缩后恢复图像的质量来说，图像压缩方法可以划分为无损和有损两大类。其中，无损图像压缩是在不损失图像信息的前提下，用尽量少的数据量表示图像内容，通常压缩比较低；有损图像压缩则要损失图像中的某些信息，但是可以获得较高的压缩比。

到目前为止，图像压缩技术主要集中在以下 3 类及其各自改进方案上。

（1）基于预测（predictive）的图像压缩方法。这类方法直接探索像素与像素之间的相关性和（或）谱段与谱段之间的相关性。差分脉冲编码调制（differential pulse code modulation，DPCM）是最基本的预测压缩编码方法，其核心思想是利用已经编码的数据来预测当前的数据，然后对预测误差进行编码，即通过预测在一定程度上来消除像素间的相关性，减少冗余度。总的来说，预测误差的分布将集中于 0 点附近，在允许相同程度量化误差的情况下对误差编码使用的量化级相对较少，相应的编码比特数更少，从而达到图像压缩的目的。基于预测的压缩算法实现简单，但主要缺点是压缩比较低。

（2）基于矢量量化（vector quantization，VQ）的压缩图像方法。矢量量化是标量量化方法的推广，即把图像分割成不同大小的子块，每个子块可以看作一个矢量。编码器根据设计的码书（codebook），通过往压缩流中指派一个指向码书中最佳匹配子块的指针标号来压缩每个子块图像。解码器读取指针标号，以此获得码书中相应的子块，将全部子块拼成图像。基于矢量量化算法充分利用了像素之间的相关性，解码效率高。但矢量量化是一种不对称的压缩方法，编码器复杂，解码器相对简单，码书设计与最优码块匹配的计算复杂度随矢量维数上升而急剧增加，且只能实现有损压缩，在大压缩比时有方块效应。

（3）基于变换（transform）的图像压缩方法。变换编码的思想是将初始数据从时间域或者空间域变换到另一个更适合于压缩的抽象域，通常为频域。基于变换技术的压缩方法的主要原理是通过变换重新组织数据，以使图像能量相对集中于较少的一些系数上，这样通过抑制能量较小的系数，实现图像压缩。目前，获得广泛应用的方法主要包括基于离散余弦变换的 JPEG 压缩标准和基于小波变换的 JPEG 2000 压缩标准。无论何种图像压缩算法，它们的基本出发点都是类似的，即图像去相关、量化、再有效编码。

6.1.1　图像压缩的必要性及遥感图像压缩的特殊性

随着图像探测能力的不断提升，探测图像种类不断增多，探测图像分辨率不断提高，带来的最大问题之一就是数据量的巨大增加。例如，对于我们日常生活的照片图像而言，如果一幅黑白数字图像的空间大小为 $M \times N = 512 \times 512$，图像每个像素用 $b = 8$ bit 表示，则该图像的数据量为 $M \times N \times b = 512 \times 512 \times 8 = 2\,097\,152$ bit 或

262 144 Byte；如果图像为彩色图像，则 R、G、B 图像总数据量增加 3 倍；如果图像是 25 帧/s 的视频图像，则数据量又增加 25 倍。对于遥感图像，例如相对地球表面速度大致为 7 km/s 的卫星，如果卫星的扫视范围为 100 km，那么卫星每秒的扫视面积为 7 km×100 km。若地面空间分辨率为 1 m×1 m，则其图像空间大小为 7000×100 000，如果每个像素用 8 bit 编码，则该遥感图像的数据量约为 5.6 Gbit/s。此外，遥感图像除了空间分辨率的要求越来越高，其光谱分辨率的要求也不断提高。例如，最初的 Landsat 卫星的谱段数为 7 个，而目前高光谱 AVIRIS 图像的谱段数可达 224 个。此时，一幅高光谱图像的数据量就高达 1254.4 Gbit/s。这样巨大的图像数据量给其传输、存储和处理工作都带来了极大困难，不采用图像压缩技术很难完成这些工作，甚至更谈不上应用。

与一般视觉图像压缩相比，遥感图像压缩具有以下特点。

（1）数据量更巨大。

（2）分辨率高，光学遥感可见光谱段图像地面分辨率已经达到 0.1 m，高光谱图像的光谱分辨率可达 1 nm，谱段数达数百个。

（3）图像内容比较复杂，信息丰富，空间冗余度低。

（4）单幅遥感图像的局部相关性相对较弱。

（5）纹理信息更丰富等。

遥感图像这些本身固有的特点及其特殊的应用背景，决定了在实际应用中它的压缩质量要求与电视、景物等视觉图像有着较大的差别，主要表现在以下几个方面。

（1）遥感图像，尤其是光学遥感图像，一些重要的信息可能隐含在某些点、线以及点的集合上。对于遥感图像中目标（如车辆、飞机、桥梁和道路、机场跑道等）的判读，主要依靠目标的几何形状特征来解译，这就要求压缩编、解码处理后，目标的形状和位置尽量不发生畸变和扭曲。

（2）遥感图像是在高空拍摄的，成像时受到太阳高度角、大气散射等诸多因素的影响，导致原始图像质量较差、信噪比较低、对比度不均匀等现象。这就要求压缩编码、解码系统应当尽量避免累加编码噪声（如方块效应、凸凹噪声、伪轮廓噪声、条带状噪声等）引起的目标信息丢失。

（3）在遥感图像压缩编码、解码系统中，还应考虑误码扩散引起的图像降质等问题。

以上这些为遥感图像压缩的基本要求。在具体应用时，对于特定类型的遥感图像，其压缩时还有一些特定要求。为此，空间数据系统咨询委员会（Consultative Committee for Space Data Systems，CCSDS）1A 分会对星载遥感图像的数据压缩提出了下面更为详细的要求。

（1）既能以整帧方式处理输入图像数据，又能以非整帧方式处理输入图像数据，如处理推扫方式的扫描图像。

（2）数据率/图像质量可调。根据任务不同，比特每像素（bit per pixel，bpp）从 2.0 到 0.25 可以调整；对整帧方式，每帧的输出比特固定；对推扫方式，每个条带的输出比特固定。

（3）可以工作在比较大的动态范围，输入数据范围为 4 ~ 16 bpp。

（4）实时处理能力，如输入图像数据率大于 20M 像素/s。

（5）累进传输，即支持图像从低分辨率到高分辨率累进传输。

（6）要求最小量的地面处理，即算法的参数应该与数据统计特性自适应，不用地面交互。

（7）分组传输，即通过分组，提供最大容错能力，限制错误扩散等。

6.1.2　遥感图像压缩的可行性

尽管遥感图像压缩具有其特殊性，但最基本的出发点还是来源于经典的视觉图像压缩技术，其可行性主要体现在以下 3 个方面来实现。

1. 图像冗余度

从香农信息论的角度来看，所有的压缩技术都是通过去除数据冗余来达到压缩目的的。对图像数据的压缩就是要去除图像数据间的冗余信息，保留有效的信息，从而在满足允许失真度的条件下减少描述图像的数据量。理论上讲，图像冗余包括空间冗余、时间冗余、统计冗余、结构冗余、知识冗余、视觉冗余等。

模拟量到数字量的转换过程是脉冲编码调制（pulse code modulation，PCM）过程，也称 PCM 编码，其表示方法直观、简单。对于图像数据而言，直接用 PCM 编码的存储量较大。此外，PCM 对图像中每个像素是相同的等长码，没有考虑每个像素在图像中出现的频度，即概率。根据像素出现的概率，可以定义信息熵为

$$H = -\sum_{k=0}^{L-1} p(r_k) \log_2 p(r_k) \tag{6-1}$$

式中，L 为图像像素的量化级数；r_k 表示图像的灰度级（$k = 0,1,\cdots,L-1$），其在图像中出现的概率为 $p(r_k)$。信息熵是图像数据含信息量多少的一种度量，通常的编码效率是以信息熵 H 为下限。当一幅图像的各个灰度值在图像中出现的概率相等时，信息熵 H 有最大值。而实际图像的灰度值不可能是等概率的，其实际熵值必然要小于最大熵，这也是基于统计冗余实现图像压缩的基本出发点，即采用变

长度编码方法：对于图像中出现概率大的灰度值分配短码、出现概率小的灰度值分配长码，这样其平均编码长度可以压缩，如表 6-1 所示（灰度级进行了归一化处理）。如果用 $b(r_k)$ 表示灰度级 r_k 的比特位数，而变长度编码的平均比特数为

$$b_{\mathrm{avg}} = \sum_{k=0}^{L-1} b(r_k) p(r_k) \tag{6-2}$$

表 6-1 变长度编码

r_k	$p(r_k)$	自然码	自然码 $b(r_k)$	变长码	变长码 $b(r_k)$
$r_0=0$	0.19	000	3	11	2
$r_1=1/7$	0.25	001	3	01	2
$r_2=2/7$	0.21	010	3	10	2
$r_3=3/7$	0.16	011	3	001	3
$r_4=4/7$	0.08	100	3	0001	4
$r_5=5/7$	0.06	101	3	00001	5
$r_6=6/7$	0.03	110	3	000001	6
$r_7=1$	0.02	111	3	000000	6

在表 6-1 中，$L = 8 = 2^3$，PCM 码长（自然码）为 3，而变长码平均比特数为 $b_{\mathrm{avg}} = 2.7$。值得注意的是，变长度编码的应用是有限制的，它仅限于灰度值概率分布差异较大的情况。对于那些灰度值概率变化不大（出现概率相近）的情况，该算法并不适用。

从信息论的角度，式（6-1）定义的信息熵将信源的每个符号都看作一个独立的变量值（单独考虑），通常也称为一阶熵。由上面的讨论，图像像素间是彼此相关的。因此，在去除图像冗余过程中，可以多个像素联合一起考虑。例如，对于两个变量 r_i 和 r_j，可以定义它们的联合信息熵（二阶熵）为

$$H_2 = -\sum_{r_i} \sum_{r_j} p(r_i, r_j) \log_2 p(r_i, r_j) \tag{6-3}$$

式中，$p(r_i, r_j)$ 是符号变量 r_i 和 r_j 联合出现的概率。以此类推，对于 K（$K>2$）个变量 $r_1, r_2, \cdots, r_K$，则可以定义 K 阶联合信息熵（K 阶熵）为

$$H_K = -\sum_{r_1} \sum_{r_2} \cdots \sum_{r_K} p(r_1, r_2, \cdots, r_K) \log_2 p(r_1, r_2, \cdots, r_K) \tag{6-4}$$

式中，$p(r_1, r_2, \cdots, r_K)$ 是符号变量 $r_1, r_2, \cdots, r_K$ 联合出现的概率。一般而言

$$H_1 \geqslant H_2 \geqslant \cdots \geqslant H_{K-1} \geqslant H_K \tag{6-5}$$

由于图像编码效率以信息熵为下限，则利用图像中多个像素的联合统计高阶信息熵，可以实现更高效率的压缩编码，其典型应用例子就是变换压缩编码和矢

量量化编码。

2. 图像相关性

图像相关性主要体现在图像的空间结构上，不同的图像具有不同的表现形式。

（1）灰度图像 $f(x, y)$ 相关性主要是由于图像在成像过程中目标或背景所表现的物理特性具有相似性或关联性。一般用相关函数 $R(x, y)$ 来衡量，定义为

$$R(\Delta x, \Delta y) = \frac{\sum_{x=1}^{M} \sum_{y=1}^{N} f(x, y) \times f(x + \Delta x, y + \Delta y)}{\sum_{x=1}^{M} \sum_{y=1}^{N} f^2(x, y)} \qquad (6\text{-}6)$$

式中，$M \times N$ 为图像的大小；Δx 和 Δy 取整数为偏移量。特别是，当 $\Delta x = \Delta y = 0$ 时，$R(0,0)$ 称为自相关函数；当 Δx 和 Δy 取其他整数值时，$R(\Delta x, \Delta y)$ 反映了像素点 (x, y) 与其周围邻域内其他像素点 $(x + \Delta x, y + \Delta y)$ 的相互关联。这正是预测编码和变换编码去除相关后、实现图像压缩的基本出发点。

由于图像是二维空间信号，具有 x 行和 y 列两个方向。为此，为了更好地描述图像的空间相关性，可分别定义 x 行相关函数和 y 列相关函数为

$$r_x(\Delta x) = R(\Delta x, 0) = \frac{\sum_{x=1}^{M} \sum_{y=1}^{N} f(x, y) \times f(x + \Delta x, y)}{\sum_{x=1}^{M} \sum_{y=1}^{N} f^2(x, y)} \qquad (6\text{-}7)$$

$$r_y(\Delta y) = R(0, \Delta y) = \frac{\sum_{x=1}^{M} \sum_{y=1}^{N} f(x, y) \times f(x, y + \Delta y)}{\sum_{x=1}^{M} \sum_{y=1}^{N} f^2(x, y)} \qquad (6\text{-}8)$$

（2）对于随时间变化的视频序列图像，其相关性除了空间相关性外，在图像序列帧与帧之间还具有时间相关性，这种相关性也可以理解为时间冗余。

（3）对于彩色图像，特别是遥感多光谱和高光谱图像，除了二维空间相关性外，还包括各个谱段之间的相关性。

图 6-1（b）和表 6-2 分别给出了图 6-1（a）所示圣迭戈某机场高光谱图像的空间相关性和波段相关性。由图 6-1（b）可见（波段 20），随着空间相关函数偏移量 Δx 和 Δy 的增加，其相关性在快速下降，说明随着图像像素间的距离增大，图像的相关性也迅速下降。表 6-2 所示为圣迭戈某机场高光谱图像不同波段（波段 31~40）相关性的定量化分析，可见高光谱图像波段间的相关性相当强，说明高光谱图像在谱带间存在着较大的冗余，这正是高光谱图像本身的特点之一。

（a）圣迭戈某机场高光谱图像

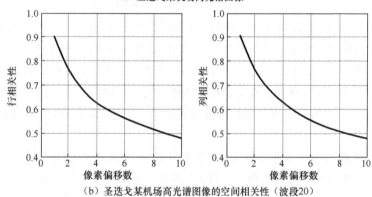

（b）圣迭戈某机场高光谱图像的空间相关性（波段20）

图 6-1　高光谱图像相关性

表 6-2　圣迭戈某机场高光谱图像不同波段的相关性

波段	31	32	33	34	35	36	37	38	39	40
31	1	0.9960	0.9896	0.9849	0.9811	0.9788	0.9765	0.9741	0.9717	0.9692
32	0.9960	1	0.9984	0.9962	0.9942	0.9929	0.9915	0.9899	0.9884	0.9867
33	0.9896	0.9984	1	0.9995	0.9986	0.9979	0.9970	0.9961	0.9950	0.9939
34	0.9849	0.9962	0.9995	1	0.9997	0.9993	0.9988	0.9982	0.9974	0.9965
35	0.9811	0.9942	0.9986	0.9997	1	0.9998	0.9996	0.9992	0.9987	0.9981
36	0.9788	0.9929	0.9979	0.9993	0.9998	1	0.9999	0.9996	0.9993	0.9988
37	0.9765	0.9915	0.9970	0.9988	0.9996	0.9999	1	0.9999	0.9997	0.9993
38	0.9741	0.9899	0.9961	0.9982	0.9992	0.9996	0.9999	1	0.9998	0.9996
39	0.9717	0.9884	0.9950	0.9974	0.9987	0.9993	0.9997	0.9998	1	0.9999
40	0.9692	0.9867	0.9939	0.9965	0.9981	0.9988	0.9993	0.9996	0.9999	1

3. 人类视觉特性

人类视觉系统作为图像信息的接收者（信宿），并不能对图像的所有变化都具有相同的感知。因此，利用人类视觉系统特性可以在某些感知不敏感的部分适当降低编码精度，而使人类从视觉上并不能感觉到图像质量的下降，从而达到对图像压缩的目的。

（1）频率敏感性：人类视觉系统对信号低频区敏感、高频区不敏感（即对图像边缘或突变区域不敏感），与频率呈现对数关系。这样，在图像像素量化过程中，可对低频部分采用细量化、高频部分采用粗量化的策略，实现图像的进一步压缩。

（2）方向敏感性：人类视觉系统对图像水平方向和垂直方向敏感、对角和反对角方向不敏感。在图像压缩过程中，可以减小水平方向和垂直方向信息的失真，适当增加对角和反对角信息的损失，实现图像总体压缩性能平衡的效果。

（3）色彩敏感性：人类视觉系统对彩色图像的亮度信息变化敏感，对色度信息变化相对不敏感。这样，在彩色图像压缩过程中，通常把彩色图像空间转化到亮度+色度空间，并对色度空间信号进行下采样，使其数据量减少以实现彩色图像压缩。

值得注意的是，利用人类视觉特性实现图像压缩是以牺牲图像的某些特性为代价的，主要适用于以人类视觉为目的的应用。遥感图像的某些应用［如目标检测（特别是小目标检测）等］包含丰富的高频信息，这些高频信息是需要保护的对象。因此，在量化过程中，必须设法使这些高频信息免受损失。

6.1.3　霍夫曼编码

在经典的图像压缩中，根据信息的损失与否，可分为有损压缩和无损压缩。无损压缩编码的典型算法之一是霍夫曼（Huffman）编码，也是典型的变长度编码方法。

霍夫曼编码是 20 世纪 50 年代提出的一种基于统计、利用变长码来使冗余量达到最小的编码方法。霍夫曼编码的基本出发点：通过一个二叉树来编码，使常出现的符号（概率大）用较短的码表示，不常出现的符号（概率小）用较长的码表示。静态霍夫曼编码使用一棵依据符号出现的概率、事先生成好的编码树进行编码。动态霍夫曼编码则需要在编码的过程中建立编码树。霍夫曼编码所得到的平均码字长度可以接近信源的信息熵，是变长编码中的最佳编码方法，故也被称为熵编码。

　　由于霍夫曼编码在图像压缩编码中的特殊作用，所以这里对其编码原理单独介绍，具体过程包括下面两个步骤。

　　步骤一：信源符号概率消减排序。如表 6-3 所示，这里假设信源有 x_1，x_2，x_3，x_4，x_5 和 x_6 共 6 个符号，它们出现的概率分别是 0.1、0.4、0.06、0.1、0.04 和 0.3。① 把输入符号按其出现概率的大小顺序排列起来，然后把两个具有最小概率的符号之概率加起来；② 把得到的概率之和，同其余概率按大小顺序排队，然后再把两个最小概率加起来，再重新排队；③ 重复过程②，直到最后得到和为 1 的根节点。

表 6-3　信源符号概率消减排序

符号	概率	1	2	3	4
x_2	0.4	0.4	0.4	0.4	0.6
x_6	0.3	0.3	0.3	0.3	0.4
x_1	0.1	0.1	0.2	0.3	
x_4	0.1	0.1	0.1		
x_3	0.06	0.1			
x_5	0.04				

　　步骤二：消减信源的赋值。如表 6-4 所示，它是第一步的逆过程。

表 6-4　消减信源的赋值

符号	概率	码字	1		2		3		4	
x_2	0.4	1	0.4	1	0.4	1	0.4	1	0.6	0
x_6	0.3	00	0.3	00	0.3	00	0.3	00	0.4	1
x_1	0.1	011	0.1	011	0.2	010	0.3	01		
x_4	0.1	0100	0.1	0100	0.1	011				
x_3	0.06	01010	0.1	0101						
x_5	0.04	01011								

　　编码结果如表 6-5 所示，其中出现概率大的符号用短码，出现概率小的符号用长码。这时每个符号的平均码字长度为

$$b_{\text{avg}} = \sum_{k=1}^{6} p(x_k)b(x_k)$$

（6-9）

$$= 0.4 \times 1 + 0.3 \times 2 + 0.1 \times 3 + 0.1 \times 4 + 0.06 \times 5 + 0.04 \times 5 = 2.2(\text{bit})$$

相对于原始信源的每个符号的码字长度 3 bit，编码效率有所提高。

表 6-5　霍夫曼编码结果

符号 x_k	x_2	x_6	x_1	x_4	x_3	x_5
概率 $p(x_k)$	0.4	0.3	0.1	0.1	0.06	0.04
编码 $b(x_k)$	1	00	011	0100	01010	01011

注意：① 根据信息论理论，霍夫曼编码是以信源信息熵为下限的，即

$$H = -\sum_{k=1}^{6} p(x_k) \text{lb} p(x_k) = 2.14 \text{ bit} \qquad (6\text{-}10)$$

其编码最低为 2.14 bit，编码平均码字长度越接近信息熵，编码方法越好；② 编码的平均码字长度不能超过原始信源每个符号的码字长度（此例中为 3），否则编码效率无效。这也说明了应用霍夫曼编码方法是有条件的，即信源符号具有非等概率性或概率非均匀性。

6.1.4　图像压缩质量评价方法

图像压缩质量评价方法一般来说分为两类：主观评价方法和客观评价方法。主观评价方法虽然科学，但操作起来很复杂，有时甚至不可行；客观评价方法简单易计算，在实际中被广泛采用。

1. 主观评价方法

对图像质量进行评价最直接也最自然的解决方法就是利用人们自身的判断，于是一些主观评价方法应运而生。

平均主观质量评分（mean opinion score，MOS）法是一种最具代表性的主观评价方法，通过对观察者的评分归一化来判断图像质量。该方法有两类度量尺度，即绝对性尺度和比较性尺度。打分的一般步骤是先用某些原始标准图像建立起质量等级标准，然后由观察者观看被评价的图像，并与原始标准图像质量等级作比较，得出被评价图像的等级。最后对观察者的打分进行规一化平均。

在具体应用中，图像质量的主观评价方法多采用国际无线电咨询委员会（Consultative Committee of International Radio，CCIR）推荐的 CCIR 500 五级评分质量尺度（quality scale）和妨碍尺度（obstruction scale）。一般人多采用质量尺度，图像专业人员采用妨碍尺度为宜。表 6-6 所示为 CCIR 500 五级质量评价标准。

表 6-6　CCIR 500 五级质量评价标准

等级	质量尺度	妨碍尺度
5	非常好	丝毫看不出图像质量变坏
4	好	能看出图像质量变坏，但并不妨碍观看
3	一般	清楚地看出图像质量变坏，对观看稍有妨碍
2	差	对观看有妨碍
1	非常差	非常严重地妨碍观看

主观评价方法是最准确的表示人们视觉感受的方法。但是，主观评价方法缺乏稳定性，并且不能保证评价的可重复性，这是由于：① 实验条件（如光线条件和显示设备）不同，可能会出现不同的评价结果；② 观察者条件（知识背景，观察动机）不同，可能会造成一定的影响；③ 观察者自身的不稳定性（如情绪变化），也会影响评价的结果。另外，主观评价方法在工程应用中费时费力，而且有些情况下根本无法采用。

2. 客观评价方法

由于主观评价方法的诸多不便，人们期望用客观方法来评价对图像的主观感受。客观评价方法是以原始图像与压缩恢复图像之间简单的数学统计差别来衡量恢复图像的质量。

对于大小为 $M \times N$ 的原始图像 $f(x, y)$ 和压缩恢复图像 $\hat{f}(x, y)$，客观评价方法包括以下几种。

（1）信息熵：

$$H = -\sum_{k=0}^{L-1} p(r_k) \log_2 p(r_k) \tag{6-11}$$

式中，$p(r_k)$ 为原始图像 $f(x, y)$ 中像素为 r_k 值出现的概率。根据信息论理论，在无损信源编码中，编码效率将以信源的信息熵为下限。这样，图像编码的平均比特率越接近信息熵，其编码性能越好。

（2）均方根误差：

$$\text{RMSE} = \left\{ \frac{1}{M \times N} \sum_{x=0}^{M-1} \sum_{y=0}^{N-1} \left[f(x, y) - \hat{f}(x, y) \right]^2 \right\}^{1/2} \tag{6-12}$$

RMSE 是原始图像 $f(x, y)$ 与压缩恢复图像 $\hat{f}(x, y)$ 之间的失真程度的统计误差，其值越小体现出压缩恢复图像质量越接近原始图像。在具体实际应用中，

出于计算量的考虑，RMSE 往往也可以用平均绝对误差来评价。平均绝对误差定义为

$$\text{MAE} = \frac{1}{M \times N} \sum_{x=0}^{M-1} \sum_{y=0}^{N-1} \left| f(x,y) - \hat{f}(x,y) \right|$$ （6-13）

与 RMSE 相比，MAE 没有乘法运算，可大大减少计算量。

（3）信噪比：

$$\text{SNR} = 20\lg \left(\frac{\sum_{x=0}^{M-1} \sum_{y=0}^{N-1} f^2(x,y)}{\sum_{x=0}^{M-1} \sum_{y=0}^{N-1} \left(f(x,y) - \hat{f}(x,y) \right)^2} \right)^{1/2}$$ （6-14）

信噪比（signal-to-noise ratio，SNR）体现了压缩恢复图像与原始图像之间的保真度的统计程度，SNR 越高说明压缩恢复图像保真越好，信息损失越小。值得注意的是，图像压缩中的噪声与传统意义上的噪声不同，这里的噪声体现的是压缩过程中的量化噪声。在具体应用中，SNR 也可以用峰值信噪比来评价。对于 8 bit 编码的图像，其峰值为 255，此时的峰值信噪比定义为

$$\text{PSNR} = 20\lg \left(\frac{255^2}{\sum_{x=0}^{M-1} \sum_{y=0}^{N-1} \left(f(x,y) - \hat{f}(x,y) \right)^2} \right)^{1/2}$$ （6-15）

PSNR 和 SNR 都是建立在均方根误差的基础上的。PSNR 通常反映的是量化误差的能量特性，而 SNR 却反映了信号能量与量化误差能量的比例关系，在一些情况下，更能反映压缩恢复图像与原始图像的关系。两种评价方法虽然是一种定量计算，但不完全与主观评价一致，不能完全准确地反映人眼的真实感觉。

（4）压缩比。压缩比（compression ratio，CR）表示原始图像所用的比特数与压缩后数据总的比特数之比（压缩后的数据包括解码所需的全部信息），用 CR 表示为

$$\text{CR} = \frac{b \times \text{Number}}{B}$$ （6-16）

式中，b 表示原始图像每个像素的量化比特数；Number 为原始图像的像素数；B 为压缩恢复图像数据的比特数。这个指标可以最直接地衡量一个算法的压缩效率。

在保证相同质量的前提下，压缩比越高表明压缩方法越好。

与压缩比相关联的另一个在通信领域广泛应用的评价指标就是比特率（bit rate）。它定义为传输一幅图像像素所用的比特数，通常用 bpp 来表示

$$\text{bpp} = \frac{B}{\text{Number}} \qquad (6\text{-}17)$$

显然，压缩比与比特率之间有如下关系：

$$\text{CR} = \frac{b}{\text{bpp}} \qquad (6\text{-}18)$$

以上几种客观评价方法虽然计算简单、容易实现。但由于它们对图像中各个像素点同样对待，没有考虑人眼视觉特性，所以其结果有时也可能与主观评价方法不一致。

|6.2　经典图像压缩编码方法|

经典图像压缩编码方法主要包括图像预测压缩编码、图像变换压缩编码和图像矢量量化编码。典型的图像压缩编码系统如图 6-2 所示，包括编码（encode）子系统和解码（decode）子系统两部分。

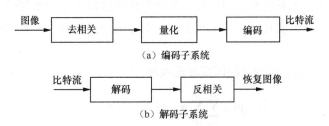

（a）编码子系统

（b）解码子系统

图 6-2　典型的图像压缩编码系统

6.2.1　图像预测压缩编码

图像预测压缩编码根据图像相邻像素之间的相关性，用前面已出现的像素值预测估计当前像素值，并对实际值与预测估计值的差值进行量化编码，其实质是

对像素的信息增量进行编码。通常情况下，预测误差值比原始图像样本值小得多，因此可以达到数据压缩的目的。

最常用的图像预测压缩编码方法是 DPCM，其框图如图 6-3 所示，主要涉及预测器、量化器和编/解码器的设计。DPCM 的主要思想是利用已经编码的像素值 $f(x-1,y)$，$f(x-2,y)$，…，$f(x-M,y)$，$f(x,y-1)$，$f(x,y-2)$，…，$f(x,y-N)$ 等来预测当前像素值 $\hat{f}(x,y)$，然后对预测差信号 $e(x,y)$ 进行量化 $\hat{e}(x,y)$ 和编码。

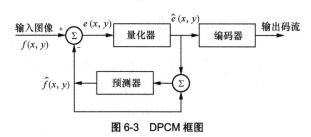

图 6-3　DPCM 框图

DPCM 有损压缩编码方法是一个带反馈的闭环系统，其预测器和量化器的设计彼此既相互独立，又相互关联。

1. 预测器

预测器的作用是通过预测来消除图像像素间的相关性。对于通常图像而言，预测器设计的基础是帧内预测，它是利用图像像素之间的相关性来减少图像的空间冗余，即利用图像在同一帧内像素来完成当前像素的预测；对于视频序列图像，还包括所谓的帧间预测，即利用视频序列图像在相邻帧之间存在很强的时间相关性来实现当前像素的预测；对于高光谱图像，还包括谱间预测等技术。

对于二维图像，帧内预测模型可表示为

$$\hat{f}(x,y) = \sum_{i=1}^{M}\sum_{j=1}^{N}\alpha_{ij}f(x-i,y-j)$$ （6-19）

其预测差信号为

$$e(x,y) = f(x,y) - \hat{f}(x,y)$$ （6-20）

式中，M 和 N 决定线性预测器的阶数；α_{ij} 为预测系数。最简单的预测器是基于前一个样值 $f(x-1,y)$ 来预测当前的样值 $\hat{f}(x,y)$，此时

$$\hat{f}(x,y) = \alpha f(x-1,y)$$ （6-21）

可见预测器设计的关键是预测系数 α_{ij} 的选择和确定。通常情况下，在使预测误差信号的均方误差最小准则下，采用最佳线性预测法来确定预测系数，即

$$
\begin{aligned}
E\left\{e^2(x,y)\right\} &= E\left\{\left[f(x,y)-\hat{f}(x,y)\right]^2\right\} \\
&= \left\{\left[f(x,y)-\sum_{i=1}^{M}\sum_{j=1}^{N}\alpha_{ij}f(x-i,y-j)\right]^2\right\}
\end{aligned}
\tag{6-22}
$$

预测差信号 $e(x,y)$ 统计特性的特点之一就是它的概率分布。对于设计的最优预测器，其预测差信号 $e(x,y)$ 主要集中在 0 附近的一个较窄的范围内，而 0 值出现的概率最大，如图 6-4 所示。随着预测误差 $e(x,y)$ 绝对值的增大其出现的概率也随之下降，近似的数学模型可用拉普拉斯（Laplace）分布函数描述，即

$$
p_e(e) = \frac{1}{\sqrt{2}\sigma_e}\exp\left[\frac{-\sqrt{2}|e|}{\sigma_e}\right]
\tag{6-23}
$$

式中，e 为预测差信号 $e(x,y)$；σ_e 为其统计均方根值。σ_e 值越小，其值越集中在 0 点附近，相应的熵值也越小，说明通过预测器处理后，消除图像像素间的冗余度越强，对其预测误差 $e(x,y)$ 进行编码的效率也会越高。

从技术实现的角度，预测器既可以是局部的，也可以是全局的。为了适应图像不同特性的变化，自适应预测等技术被开发出来，也就是利用预测误差作为控制信息，并基于图像信号的内容变化，实现自适应最佳预测。

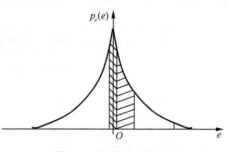

图 6-4　预测误差概率分布

2. 量化器

量化器的作用是将无限预测差信号 $e(x,y)$ 映射成有限个输出 $\hat{e}(x,y)$，$\hat{e}(x,y)$ 的量化级数决定了有损压缩编码方法的压缩量和失真度。最优量化器设计主要考虑两个因素：一是用客观准则约束，使量化均方误差最小；二是考虑人类视觉特性，即高频不敏感、低频敏感，这样敏感区域精细量化、不敏感区域粗糙量化。

典型的最优量化器设计一般采用非均匀量化。一种简单的方式就是使每个量化级中的概率相等，即使图 6-4 中不同阴影下的面积相等。此时，对于概率大的

值进行精细量化（量化步幅小），对于概率小
的值进行粗糙量化（量化步幅大），进而使
每个样值的平均比特数减少，以达到图像压
缩的目的。此时设计的最优量化器如图 6-5
所示。

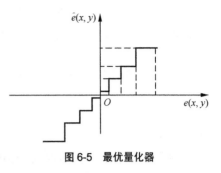

图 6-5　最优量化器

图像预测压缩编码方法的突出特点是
实现简单，主要缺陷是压缩比较低。实际应
用中，人们较多地应用图像变换压缩编码。

6.2.2　图像变换压缩编码

图像变换压缩编码的基本出发点是将原始图像从空间域变换到另一个更适合
于压缩的变换域。在变换域，图像数据的相关性可以减小更多，进而实现更大的
压缩率。与图像预测压缩编码方法相比，图像变换压缩编码实现起来要复杂得多。
典型的图像变换压缩编码框图如图 6-6 所示，在编码端主要包括图像分块、正交变
换、量化和编码 4 个部分，其解码端进行相反操作。

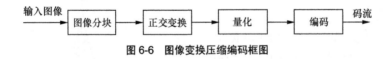

图 6-6　图像变换压缩编码框图

（1）图像分块的目的主要是考虑图像局部相关性，其过程就是把一幅 $M \times N$
的图像分割成较小的 $m \times n$ 子图像块，则在这较小的子图像块中，像素之间具有
较强的相关性。理论上，图像内容较平坦（相关性强），子图像块可以大一些，
如果图像内容变化较剧烈（相关性弱），子图像块要小些。典型的子图像块大小
是 8×8。

（2）正变换必须是正交变换（保证能量守恒），其目的主要是对子图像块能量
集中或去相关。尽管变换本身并不带来数据压缩，但由于变换图像的能量大部分
集中在少数几个变换系数上，因此它可有效地压缩图像的编码比特率。K-L 变换对
于图像压缩理论上是最佳的，但主要缺点是变换的基函数需要计算与原始图像数
据相关的协方差矩阵和特征矢量。这些计算在应用中通常很难实现。因此，人们
往往利用离散余弦变换来代替 K-L 变换，因而离散余弦变换通常也被认为是准最
佳变换。离散余弦变换的主要优点是基函数固定不变，这样就不用考虑原始数据。
此外，小波变换目前也被广泛应用于图像数据压缩中，其主要优点是可以减少基

于离散余弦变换压缩编码方法所带来的方块效应。

（3）图像变换压缩编码中的量化与图像预测压缩编码中的量化一样，主要是有选择地舍弃或减少某些不太关心的变换系数，用有限的数据集代替无限的数据量。

（4）编码同样可以采用前面介绍的任何编码方法。

子图像块在整幅图像中从左到右、从上到下遍历处理，即可实现整幅图像的压缩编码。

图像变换压缩编码的典型应用就是静止图像 JPEG 压缩标准。该标准是国际电报电话咨询委员会（International Telegraph and Telephone Consultative Committee，CCITT）、国际电信联盟（International Telecommunications Union，ITU）、国际标准化组织（International Organization for Standardization，ISO），以及早在 20 世纪 80 年代中期共同组建的联合图像专家组（Joint Photographic Experts Group，JPEG）为静止图像制定的压缩标准，通常称为 JPEG。

JPEG 图像压缩的核心技术正是离散余弦变换，JPEG 图像编码、解码过程如图 6-7 所示。对于分解的子图像块，JPEG 算法也是采用变换、量化、编码几个步骤完成。

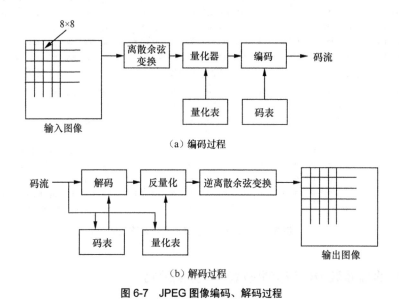

图 6-7　JPEG 图像编码、解码过程

1. 通过离散余弦变换减少图像的空间冗余度

原始图像 $f(x, y)$ 数据被分割成一系列 8×8 子图像块并进行离散余弦变换，如

图 6-8（a）所示。由于图像中像素之间具有相关性，经离散余弦变换后，$F(u,v)$ 的能量主要集中在左上角，并沿主对角线分布，如图 6-8（b）所示。8×8 子块中数值 $F(0,0)$ 的统计信息（均值）形成直流（direct current，DC）系数，而其他频率成分形成的交流（alternating current，AC）系数大部分较小、接近或等于 0。

2. 利用人类视觉加权函数，对离散余弦变换后的系数进行量化

量化处理是一个"多对一"的映射，是造成离散余弦变换压缩编码信息损失的根源，是在确保一定图像质量情况下，舍弃一些对视觉效果影响不大的次要信息，从而达到进一步压缩的目的。JPEG 采用非均匀量化，并给出一个参考量化表，如图 6-8（c）所示。经过量化之后，$F(u,v)$ 的非 0 值更集中在左上角，而右下角大部分值为 0 或接近 0，如图 6-8（d）所示。值得注意的是，量化表的设计考虑了人类视觉系统特性，也可根据用户需求进行选择或设计。

139	144	149	153	155	155	155	155
144	151	153	156	159	156	156	156
150	155	160	163	158	156	156	156
159	161	162	160	160	159	159	159
159	160	161	162	162	155	155	155
161	161	161	161	160	157	157	157
162	162	161	163	162	157	157	157
162	162	161	161	163	158	158	158

（a）8×8图像块

235.6	-1.0	-12.1	-5.2	2.1	-1.7	-2.7	1.3
-22.6	-17.5	-6.2	-3.2	-2.9	-0.1	0.4	-1.2
-10.9	-9.3	-1.6	1.5	0.2	-0.9	-0.6	-0.1
-7.1	-1.9	0.2	1.5	0.9	-0.1	0.0	0.3
-0.6	-0.8	1.5	1.6	-0.1	-0.7	0.6	1.3
1.8	-0.2	1.6	-0.3	-0.8	1.5	1.0	-1.0
-1.3	-0.4	-0.3	-1.5	-0.5	1.7	1.1	-0.8
-2.6	1.6	-3.8	-1.8	1.9	1.2	-0.6	-0.4

（b）离散余弦变换

16	11	10	16	24	40	51	61
12	12	14	19	26	58	60	55
14	13	16	24	40	57	69	56
14	17	22	29	61	87	80	62
18	22	37	56	68	109	103	77
24	35	55	64	81	104	113	92
49	64	78	87	103	121	120	101
72	92	95	98	112	100	103	99

（c）量化表

15	0	-1	0	0	0	0	0
-2	-1	0	0	0	0	0	0
-1	-1	0	0	0	0	0	0
0	0	0	0	0	0	0	0
0	0	0	0	0	0	0	0
0	0	0	0	0	0	0	0
0	0	0	0	0	0	0	0
0	0	0	0	0	0	0	0

（d）量化

240	0	-10	0	0	0	0	0
-24	-12	0	0	0	0	0	0
-14	-13	0	0	0	0	0	0
0	0	0	0	0	0	0	0
0	0	0	0	0	0	0	0
0	0	0	0	0	0	0	0
0	0	0	0	0	0	0	0
0	0	0	0	0	0	0	0

（e）反量化

144	146	149	152	154	156	156	156
148	150	152	154	156	156	156	156
155	156	157	158	158	157	156	155
160	161	161	162	161	159	157	155
163	163	164	163	162	160	158	156
163	164	164	164	162	160	158	157
160	161	162	162	162	161	159	158
158	159	161	161	162	161	159	158

（f）逆离散余弦变换

图 6-8　离散余弦变换及逆离散余弦变换

3. 直流系数 DC 和交流系数 AC 分别编码

JPEG 对每个 8×8 子图像块的 64 个变换系数 $F(u,v)$ 中的直流系数和交流系数分别进行编码。直流系数 $F(0,0)$ 采用 DPCM 编码，即对相邻两子块之间差值 $DIFF = DC_i - DC_{i-1}$ 进行编码；其余 63 个交流系数 AC 采用游程长度编码（run-length coding，RLC）。为了进行游程长度编码，需要将二维变换 $F(u,v)$ 中的系数

在 8×8 子图像块内进行 zig-zag 扫描，如图 6-9 所示。这样就转换成一维向量的形式，此时低频非 0 系数排列在前，高频近 0 系数排列在后，进行游程编码形成压缩的码流。

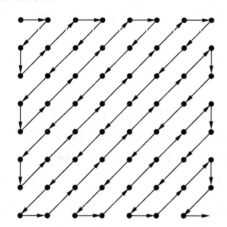

0	1	5	6	14	15	27	28
2	4	7	13	16	26	29	42
3	8	12	17	25	30	41	43
9	11	18	24	31	40	44	53
10	19	23	32	39	45	52	54
20	22	33	38	46	51	55	60
21	34	37	47	50	56	59	61
35	36	48	49	57	58	62	63

图 6-9　zig-zag 扫描示意

在解码端，进行解码、反量化、逆离散余弦变换可以恢复压缩后的图像，如图 6-8（e）、（f）所示。值得注意的是，以上介绍的 JPEG 是针对基于离散余弦变换的有损压缩过程。对于无损压缩，JPEG 采用的是空间预测（DPCM）和熵编码（霍夫曼编码）。

6.2.3　图像矢量量化编码

在图像预测压缩编码和图像变换压缩编码中，量化器的设计都是针对每个像素单独进行的，这种一对一的量化方式通常称为标量量化。矢量量化是标量量化方法的推广，其无损压缩算法性能可接近于理论上图像的熵。矢量量化主要基于两个事实：①压缩符号串构成的矢量比压缩单独符号的标量在原理上可产生更好的结果；②图像相邻像素之间都是相关的，此时某像素的邻域极可能与该像素的值相同或相近。

对于给定的图像 $f(x, y)$，可以分割成 $n×n$ 像素的子图像块，并把每块看成一个维数为 K 的矢量。这样，尺寸为 N 的矢量量化器定义为从 K 维欧几里得空间 $\mathbb{R}^K$ 到一个包含 N 个输出（重构）点的有限集合 C 的映射，即

$$Q:\mathbb{R}^K \to C \qquad\qquad (6\text{-}24)$$

式中，$C = \{Y_0, Y_1, \cdots, Y_{N-1}\}$，$Y_i \in \mathbb{R}^K$（$i = 0, 1, \cdots, N-1$）。集合 C 称为码书，其尺寸大小为 N，码书中 N 个元素 Y_i 称作码字，而 i 称为码字索引。

码字搜索是指在码书已经存在的情况下，对于给定的输入矢量，在码书中搜索与输入矢量之间失真最小的码字。即输入矢量空间一个 K 维矢量 $X \in \mathbb{R}^K$ 通过量化器被映射成一个码字索引 p，其满足

$$d(X, Y_p) \leqslant d(X, Y_i) , \quad i = 0, 1, \cdots, N-1 \qquad （6\text{-}25）$$

$d(X, Y)$ 为矢量 X 和矢量 Y 的一种失真度量。

一个矢量量化过程同样可分解为两部分，即编码器（encoder, E）和解码器（decoder, D），图 6-10 所示为矢量量化编码器与解码器结构。编码器是从 $\mathbb{R}^K$ 到索引集合 Γ 的映射；解码器是从索引集合 Γ 到重构集合（码书）C 的映射，即

$$E : \mathbb{R}^K \to \Gamma \qquad （6\text{-}26）$$

$$D : \Gamma \to C \qquad （6\text{-}27）$$

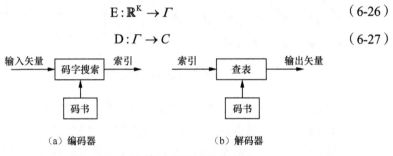

图 6-10　矢量量化编码器与解码器结构

如图 6-10 所示，矢量量化算法主要由两部分组成：码书设计和码字搜索，其最关键的问题就是设计出性能最佳的码书。码书的设计过程实质是寻求把 M 个训练矢量分成 N 类的一种最佳方案（一般指均方误差最小），然后把各类的质心矢量作为码书的码字。典型的矢量量化码书设计方法最早是由 Linde、Buzo 和 Gray 提出的，通常称为 LBG 算法。LBG 算法具有物理概念清晰、算法理论严密及算法实现简单等优点，因而得到了广泛的应用。理论上，LBG 算法可以理解为是最佳标量量化器在矢量量化中的推广，通常用最近邻条件和质心条件两个优化标准来描述。

1. 最近邻条件（最佳划分）

对于给定码书，训练矢量集的最佳划分可通过把每个训练矢量映射为离它最近的码字而得到。给定码书 $C = \{Y_0, Y_1, \cdots, Y_{N-1}\}$，大小为 N，训练矢量集 $X = \{X_0, X_1, \cdots, X_{M-1}\}$，则训练器的最佳划分 $\{R_0, R_1, \cdots, R_{N-1}\}$ 满足

$$（6\text{-}28）$$

$$R_i = \{V \mid d(V, Y_i) = \min_{0 \leqslant j \leqslant N-1} d(V, Y_j), V \in X\}$$

2. 质心条件（最佳码书）

对于给定训练矢量划分，最优码书的各个码字为各胞腔（cell）的质心（centroid）。给定划分 $\{R_0, R_1, \cdots, R_{N-1}\}$，为了使量化器的总体失真最小，则码字 Y_i 必须是胞 R_i 的质心。设 $\|R_i\|$ 表示集合 R_i 中的元素个数，则质心定义为

$$Y_i = \frac{1}{\|R_i\|} \sum_{V \in R_i} V \qquad (6\text{-}29)$$

LBG 算法在每次迭代过程中都轮流使用上述两条准则，直到满足预先设定的条件。

矢量量化充分利用了像素之间的相关性，解码效率高。但矢量量化是一种不对称的压缩方法，编码器复杂，解码器相对简单。码书设计与码字矢搜索匹配的计算复杂度随着矢量维数上升而急剧增加，且只能实现有损压缩，在大压缩比下往往具有方块效应。

6.3　基于 JPEG 2000 的遥感图像压缩编码

由前面可知，遥感图像压缩与普通视觉图像压缩相比有许多共性之处，即都是通过一定的方法去除数据间的冗余，达到压缩图像数据量的目的。但是，遥感图像压缩又有其特殊性。首先，大多数遥感图像具有分辨率高、信息量大、冗余度低等特点，通常的图像压缩编码方法如 JPEG、DPCM 等在应用于遥感图像压缩时都存在一定的局限性，压缩效果不理想。其次，遥感图像的应用背景比较特殊，通常普通有损图像压缩利用人类视觉敏感性舍弃大量高频成分而保留低频信息的压缩方法并不特别适用（遥感图像的高频成分里通常包含一些诸如小目标、纹理等人们所感兴趣的信息，这些信息在遥感图像压缩中是要尽可能保护的）。最后，遥感图像压缩系统作为遥感图像处理的前端部分，其压缩性能的好坏将对后续遥感图像处理，乃至最终形成遥感图像产品产生不可逆的影响。

6.3.1　从 JPEG 到 JPEG 2000

JPEG 具有算法简单，易于硬件实现等特点，从而得到了广泛的应用。但是 JPEG 也具有不足之处。首先，由于采用了分块离散余弦变换编码，JPEG 没有考

虑到块间的相关性，在低比特率压缩时，量化过程在各子块内引入了高频量化误差，造成子块的边缘不连续性，产生严重的方块效应失真，特别是主观评价方面感到不可接受。其次，JPEG 还不能在一个统一模式下同时提供无损压缩和有损压缩，二者分开设计。最后，尽管 JPEG 标准提供"一段间隔后的编码重新开始"方式，以减轻出错（误差或误码传递）对整幅图像的影响，但当遇到比特错误时、图像质量变化很大，有时甚至无法解码。为此，JPEG 2000 应运而生，其压缩性能较 JPEG 有了非常大的改进，功能也很强大，可以适用于具有不同特点的图像压缩。

JPEG 2000 是在 JPEG 压缩标准基础上发展起来的。不同于 JPEG 的核心技术是离散余弦变换，JPEG 2000 的核心技术是小波变换。与 JPEG 压缩算法相比，JPEG 2000 具有以下主要特点。

1. 低比特率编码

JPEG 2000 在低比特率情况下的编码效果要优于 JPEG 编码标准。JPEG 是基于分块离散余弦变换的编码系统，它在静止图像编码中已经取得了令人满意的效果，但在低比特率的情况下，由分块离散余弦变换所引起的方块效应则变得令人无法忍受。相应地，JPEG 2000 是基于离散小波变换，应用了多分辨率分析，方块效应与 JPEG 相比较明显减弱，即使在低比特率编码中，也能取得令人满意的效果，具有良好的率失真性能，可以适应网络、移动通信等有限带宽的应用需要。

2. 有损编码和无损编码的统一

JPEG 标准的无损编码和有损编码模式是完全不同的算法，而 JPEG 2000 可以通过采用不同的小波滤波器，在一个统一系统框架下实现有损编码和无损编码。JPG 2000 的这个特性可以使它对图像的不同部分，根据不同应用需求分别采用有损编码和无损编码的压缩方式，为实现感兴趣区域（region of interest, ROI）编码提供了条件。

3. 按照像素精度或者分辨率进行累进式传输

JPEG 2000 采用嵌入式码流，可实现有损编码到无损编码的渐进传输（progressive transmission）。JPEG 2000 的基本编码操作为最优截断嵌入式块编码（embedded block coding with optimized truncation, EBCOT）技术。该技术是在 Shapiro 提出的嵌入式零树小波（embedded zero-tree wavelet, EZW）与 Said 和 Pearlman 提出的分层树集合划分（set partitioning in hierarchical tree, SPIHT）算法的基础上提出的。在这里，码流由一系列层组成，每个码块都独立生成一个码流，

而码块的截断点由所采用的率失真准则分配。通过截断每个码块嵌入式码流，可获得要求的比特率。这样，用户可以根据需要对图像传输进行控制，在获得所需要的图像分辨率或质量要求后，便可终止解码，而不必接收整幅图像压缩码流。

4. 感兴趣区域编码

对于图像编码而言，并不是整幅图像都包含有同样重要的信息，往往只有其中一部分区域的信息更为重要，即须重点保护某些特定的目标，这些目标也就是所谓的感兴趣区域。图像其他部分的信息相比于感兴趣区域并不重要，甚至可以忽略，这些区域通常称为背景区域（background，BG）。对于遥感图像压缩编码而言，在编码过程中，可采用对不同区域分别对待的方式，即对感兴趣区域进行无损编码或近无损编码，对背景区域进行较大压缩比的有损编码，这样可以在保证重要信息不丢失的前提下，尽可能地提高图像的压缩比。JPEG 2000 允许用户根据自己的实际需要定义感兴趣区域，这也是 JPEG 2000 应用于遥感图像压缩编码的一个重要研究方向。

5. 小波变换的使用

JPEG 2000 使用离散小波变换来进行去相关，其中的小波滤波器的选择可以用两个自由参数来构造，而这两个自由参数又可以作为密码使用。如果压缩和解压缩采用的小波滤波器不同，则解压缩出的图像质量就非常差，这一点恰恰可以使用小波滤波器的系数作为密码来进行带密码的图像压缩。这对以安全为目的的遥感图像压缩存储和传输具有很大的意义。

6. 良好的容错性能

JPEG 2000 使用可变长编码来编码量化后的小波系数。可变长编码受信道或传输错误的干扰，1 bit 的错误将导致在熵解码端丢失同步并严重破坏重建图像。为了提高在噪声信道上传输编码图像的性能，JPEG 2000 采用了容错的比特流句法。JPEG 2000 采用的容错的比特流方法包括再同步、数据分割、错误检测和遮蔽等，大大提高了系统的容错能力。

6.3.2　JPEG 2000 图像压缩的基本原理

JPEG 2000 图像压缩仍遵循变换、量化、编码这 3 个传统的变换编码过程。JPEG 2000 放弃了 JPEG 所采用离散余弦变换为主的子图像块压缩方式，而改用小波变换以及最优截断嵌入块算法。总体上，JPEG 2000 编码可以分为图像预处理（包括图像分块、直流电平移位、分量变换）、离散小波变换、量化、最优截断嵌入块编码（包括第一层编码、第二层编码）等几个主要步骤。JPEG 2000 的编码系统框架如图 6-11 所示，解码是编码相反的过程。系统首先对经过预处理的图像进行离散小波变换，并根据变换后的小波系数特点进行量化。量化后的小波系数进行两层编码：第一层是把量化后小波系数划分成小的数据单元，即码块，并对每个码块进行独立的嵌入式编码；第二层将得到所有码块的嵌入式位流，按照率失真最优原则分层组织，形成不同质量的层，并对每一层按照一定码流格式打包形成最后输出的压缩码流。

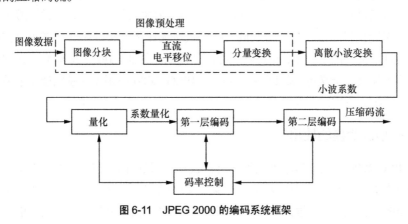

图 6-11   JPEG 2000 的编码系统框架

1. 图像预处理

在进行离散小波变换之前，可对不同图像进行一些适当的预处理。JPEG 2000 的预处理包括 3 种操作：图像分块、直流电平移位和分量变换。

（1）图像分块指的是把原始图像分割成相互不重叠的模块，每个模块作为一个独立图像单元进行后续的压缩编码。之后的直流电平移位、分量变换、离散小波变换、量化、EBCOT 编码等所有操作都在每个模块上独立执行。图像分块降低了对存储空间的要求，并且易于并行处理，而且在解码端可以对部分图像进行解码。

（2）直流电平移位是对每个无符号的像素（设精度为 bit）要减去 2^{bit-1} 进行电平移位，即使像素值从 $[0, 2^{bit}-1]$ 移位到 $[-2^{bit-1}, 2^{bit-1}-1]$ 关于 0 对称的范围内。这样，电平移位可以简化对数值溢出等问题的处理，同时不会影响编码效率与图像质量。在解码端，对重建图像要进行反向直流电平移位。

（3）分量变换是在对彩色图像（多分量图像）进行压缩操作时，先要通过某种变换降低这些分量之间的相关性，从而提高压缩效率。目前，JPEG 2000 主要采用两种变换方法：不可逆分量变换，即把图像数据从 RGB 空间变换到 YC_bC_r 空间，适用于有损压缩；可逆分量变换，适用于无损压缩。

2. 离散小波变换

预处理后的图像数据要进行离散小波变换以降低数据之间的相关性，去除图像像素间的冗余度，尽可能地将信息集中到较少的变换系数上。与 JPEG 采用的离散余弦变换相比，离散小波变换具有良好的局部性，能够针对不同类型特点图像的不同区域采用不同的空-频分辨率，从而取得更好的压缩性能。

如第 3 章介绍，在离散小波变换的具体实现中，其变换可以与一系列的高通和低通滤波器（二者为正交镜像滤波器）等效，每次滤波后可将图像采样率降为原来的一半，以保证每次小波变换后得到的系数与图像数目相同。低通滤波输出的是原始图像的低频信息，集中了原始图像中的大部分能量；高通滤波输出的是原始图像的高频信息，主要代表了两级滤波之间的增量信息。这样通过多级滤波分解，小波系数既能表示图像中不同分辨率下的局部高频信息（如边缘），也能表示图像中的低频信息（如背景）。此时，即使在低比特率情况下，压缩也能保持较多的图像细节。

JPEG 2000 提供了两种小波滤波器：Le Gall 5/3 滤波器和 Daubechies 9/7 滤波器。前者为整数型运算，可用于有损或无损压缩；后者为浮点型运算，适用于有损压缩或近无损压缩。表 6-7 和表 6-8 所示分别为这两种滤波器对应的系数。

表 6-7　Le Gall 5/3 分析和综合滤波器系数

n	分析滤波器系数		综合滤波器系数	
	低通滤波器 $h(n)$	高通滤波器 $g(n)$	低通滤波器 $\tilde{h}(n)$	高通滤波器 $\tilde{g}(n)$
0	6/8	1	1	6/8
±1	2/8	−1/2	1/2	−2/8
±2	−1/8	—	—	−1/8

表 6-8　Daubechies 9/7 分析和综合滤波器系数

n	分析滤波器系数	
	低通滤波器 $h(n)$	高通滤波器 $g(n)$
0	0.602 949 018 236 357 90	1.115 087 052 456 994 00
±1	0.266 864 118 442 872 30	−0.591 271 763 114 247 00

续表

n	分析滤波器系数	
	低通滤波器 $h(n)$	高通滤波器 $g(n)$
±2	−0.078 223 266 528 987 85	−0.057 543 526 228 499 57
±3	−0.016 864 118 442 874 95	0.091 271 763 114 249 48
±4	0.026 748 757 410 809 76	0

n	综合滤波器系数	
	低通滤波器 $\tilde{h}(n)$	高通滤波器 $\tilde{g}(n)$
0	1.115 087 052 456 994 00	0.602 949 018 236 357 90
±1	0.591 271 763 114 247 00	−0.266 864 118 442 872 30
±2	−0.057 543 526 228 499 57	−0.078 223 266 528 987 85
±3	−0.091 271 763 114 249 48	0.016 864 118 442 874 95
±4	0	0.026 748 757 410 809 76

  JPEG 2000 推荐的这两种滤波器均为对称双正交小波函数,它们对遥感图像的有损压缩有着重要意义。对于有损压缩,重建图像保留原始图像的边缘和轮廓信息十分重要。遥感图像尤其注重保留点、线、面等小目标的形状以及位置信息,它们往往是遥感图像的重要有价值信息所在。此外,有损图像压缩对滤波器的线性相位特性要求十分重要,而对称双正交小波能够满足图像压缩时比较严格的线性相位特性要求,不仅能够减少或消除重建图像的边缘失真,而且在级联的金字塔分解结构中无须进行相位补偿,且支集较短,便于快速实现和进行边界处理,非常适用于遥感图像压缩。

  基于滤波器的小波变换算法,在具体应用实现中通常包括两种模式:基于卷积滤波方法和基于提升机制滤波方法。基于卷积滤波方法是传统方法,直接将图像与高通滤波器和低通滤波器分别作内积运算来实现。基于卷积滤波方法的缺点在于无法即时用离散小波变换系数替换对应点的原始图像数据,因此,要占用更多的内存空间;基于提升机制滤波方法完全可以消除这一缺点,其实现的小波变换通常包括分裂、预测和更新 3 个过程。更详细的内容可以参考相关资料,这里不多介绍。

3. 系数量化

  系数量化是一个将变换系数精确度减小的过程。如果量化步幅不是 1 或系数不是整数,系数量化是有损的。JPEG 2000 中系数量化采用的是均匀量化,不同子带可有不同的量化步长，但同一个子带只有一个量化步长。在子带 b 中，所有离散小波变换系数 $a_b(u,v)$ 都被量化为

$$q_b(u,v) = \text{sign}(a_b(u,v)) \left\lfloor \frac{a_b(u,v)}{\Delta b} \right\rfloor \tag{6-30}$$

式（6-30）的关键是确定量化步长 Δb。对于无损压缩，量化步长 Δb 可取为 1。对于有损压缩，由于子带各异，量化步长 Δb 并没有特定的值。但其选择需要考虑两种因素：一种是人类视觉对不同子带信号的敏感性；另一种是依据不同子带对重建图像的质量贡献大小来决定量化步长。

在具体实现中，不同应用可根据特定的图像模块分量特性规定量化步长。对于子带 b，其量化步长 Δb 的典型选择值为

$$\Delta b = 2^{R_b - \varepsilon_b} \left(1 + \frac{\mu_b}{2^{11}} \right) \tag{6-31}$$

式中，R_b 是子带 b 中数据的动态范围；ε_b 和 μ_b 分别表示对应子带 b 的指数和尾数。R_b、ε_b、μ_b 对应不同的子带，可以有不同的值。

4. 最优截断嵌入式块编码

图像经过变换、量化后，在一定程度上减少了空间域和频域上的冗余度。但是这些数据在统计意义上还存在着一定的相关性，为此需要继续采用熵编码来消除数据间的统计相关。JPEG 2000 编码系统把码块中的量化系数组织成若干个比特平面，并从具有非零元素的最高有效比特（most significant bit，MSB）平面到最低有效比特（lowest significant bit，LSB）平面，依次对每个比特平面上的小波系数位进行算术编码。

JPEG 2000 选用的最优截断嵌入式块编码方法包括两层编码策略，如图 6-12 所示。首先，将每个子带中量化后的系数组织成矩形单元，即码块。这样可以更好地利用图像局部的统计特性，同时，采用分块技术还可以减少硬件处理所需的内存。然后，对码块进行扫描得到每个系数的上下文模型，并利用基于上下文算术编码器对每个码块进行独立的嵌入式块编码，得到嵌入式比特流。最后，根据率失真优化原则，采用压缩后率失真最优化（post-compression rate-distortion optimization，PCRD）算法，对所有码块的比特流根据需求进行适当截断，组织成具有不同质量层的压缩码流。

图 6-12　最优截断嵌入式块编码原理

（1）第一层编码：嵌入式块编码。此时编码可以看作两部分：上下文生成和算术编码器。在上下文生成中，以一定顺序扫描码块中的所有比特位，即在码块的每个比特平面上，从左上角系数开始，从左到右、从上到下进行扫描，并为每一比特位生成一个上下文。算术编码器根据生成的上下文，对每个比特位进行编码。在小波系数量化之后，数据被转换为符号和振幅模式。在从 MSB 到 LSB 编码时，当遇到第一个为 1 的比特时，这个像素被称作显著，否则，为不显著。所有比特位的上下文都由它们的邻域通过以下 4 种方法产生。

① 零编码（zero coding，ZC），即编码无效位在当前的比特平面中是否变为有效。每个像素点有两种可能状态即有效或无效，所以共有 256 种可能的邻域状态。为了降低算法执行的复杂度，标准将其归纳为 9 种上下文模型。

② 符号编码（sign coding，SC），即当前编码位变为有效后，要编码其符号位。小波变换后，低频子带相邻系数具有相同符号的概率较大，高频子带相邻系数具有相反符号的概率较大，而且符号的位置又具有对称性。所以标准将其上下文模型归为 5 类。

③ 幅度细化编码（magnitude refinement，MR），即编码当前有效的像素点，不包括在零编码中由无效变为有效的像素点，共有 3 种上下文模型。

④ 行程编码，即用来编码位于同一列中的 4 个无效像素，而且它们的邻域都是无效的。它的上下文模型仅有 1 种模式。

在具体实现中，每个比特平面都在 3 个编码通道中进行独立编码。通道 1 是重要性传播通道，至少有一个重要性邻域的像素在此通道进行编码，使用零编码和符号编码。通道 2 是幅度细化通道（magnitude refinement pass），所有的重要位都在此通道进行编码，使用幅度细化编码。通道 3 是清除通道（clean up pass），所有没有在以上两个通道中进行编码的像素，都在此通道中进行编码，使用零编码、行程编码和符号编码。比特平面中的每一位通过在 3 个通道中进行查验来确定是否应当被编码。编码时，由编码通道得到的上下文和与其对应的数据一起送至算术编码器进行。在进行算术编码后，每一个码块即可得到一个独立的压缩码流。

（2）第二层编码：码流组织。经过多级小波分解后，码流在空间分辨率上具有多分辨率特性。为了使压缩码流具有质量上的可分级性，实现用户浏览、远程图像的累进式传输等，JPEG 2000 标准对编码后的码块比特流，采用压缩后率失真最优化算法思想，计算码块比特流在每一层上的截断点。将所有码块比特流按照截断点分层组织，形成具有不同质量级别的压缩码流。码块的嵌入式压缩比特流分布在不同层上，不同码块对不同层具有不同贡献，即使同一码块，对不同的层贡献也可能不同，有的码块甚至对某一层根本没有贡献。将码流分层组织，每一层含有一定的质量信息，在前面层图像基础上，改善图像质量。这样，在用户进行图像浏览时，可先传送第一层，给用户一个较粗的图像浏览，然后再传送第二层，图像质量在第一层的基础上得到改善，这样一层一层地传输下去，可以得到不同质量的重建图像。如果传输了所有层，则可获得完整的图像压缩码流。图像的这种分层累进式传输可让用户根据自己的需要，控制图像的分层传输，当用户得到满意的图像效果时，便可终止传输，而不必像原先那样，只有等收到完整的压缩码流后，才能显示或处理图像。JPEG 2000 的这种方法在某种程度上缓解了当前传输系统带宽有限，图像数据量大而造成的瓶颈问题。

6.3.3　基于 JPEG 2000 的遥感图像压缩性能分析

遥感图像可以看作静止图像。JPEG 2000 国际标准的出台，也为遥感图像压缩编码提供了新的解决途径。本节在前面介绍 JPEG 2000 图像压缩编码的基础上，继续以遥感图像压缩编码为例，对其编码性能进行介绍，主要包括低比特率压缩性能（率失真性能、细节和小目标保持能力）、感兴趣区域编码、良好的容错性能、渐进性传输特性、有损编码和无损编码的统一等。为了比较分析，在介绍 JPEG 2000 性能的同时，也给出广泛应用的 JPEG 标准的性能。

1. 低比特率压缩性能

在相同的压缩比下，JPEG 2000 的压缩性能要好于 JPEG，特别是在低比特率的情况下。图 6-13 所示为对原始遥感图像进行压缩编码的率失真曲线图。其中，图 6-13（a）所示原始遥感图像的大小为 1024 像素×1024 像素，每个像素为 8 bit；图 6-13（b）所示为压缩比变化情况下，JPEG 2000 和 JPEG 的率失真情况：JPEG 2000 的编码效率相比 JPEG 有较大提高，信噪比总体都有提升，特别是在低比特率下的提升效果会更好。这是因为基于分块离散余弦变换的 JPEG 算法会产生方块效应，而 JPEG 2000 是基于离散小波变换，所以不存在方块效应，即使在低比特率的压缩编码中，也能取得令人满意的效果，具有良好的率失真性能。

对于大数据量的遥感图像，良好的低比特率压缩性能意味着可对其进行高倍的压缩，这样既节省了存储空间又满足了传输时有限带宽的限制。图 6-14 所示为

JPEG 2000 和 JPEG 在几乎相同压缩比（29）的情况下，重建图像的结果。JPEG 2000 的信噪比比 JPEG 高约 4 dB，同时主观质量明显优于 JPEG。

（a）原始遥感图像　　　　　　　　　　　（b）率失真结果比较

图 6-13　JPEG 2000 与 JPEG 的率失真性能比较

（a）JPEG 2000：SNR=23.15 dB　　　　　（b）JPEG：SNR=19.09 dB

图 6-14　JPEG 2000 与 JPEG 重建图像的主观比较

　　此外，在低比特率压缩情况下，JPEG 2000 对小目标（细节）具有较强的保护能力。图 6-15 所示为在压缩比相近的情况下，分别应用 JPEG 2000 与 JPEG 压缩对小目标比较集中的区域进行局部放大的效果比较。从图中可以看出，JPEG 2000 无论从压缩图像的整体重建效果，还是对飞机等小目标的保护能力等方面，结果均远胜于 JPEG。

2. 感兴趣区域编码

　　对于遥感图像压缩编码而言，往往只有部分区域的信息更为重要，即需要着重保护某些特定的目标，这些目标往往是人们所感兴趣的区域，其他部分信息的重要性相比之下要弱些，甚至可以忽略。对于遥感图像应用，感兴趣区域的编码技术非常重要。由于遥感图像数据量非常大，无损压缩时，低压缩比不仅不能解决空间数据的传输等问题，而且也难以应对地面数据的存储。有损压缩有时又不能满足图像精度的要求，这些问题的解决途径就可以依赖于感兴趣区域编码技术。

（a）原始遥感图像局部放大　　　（b）JPEG压缩　　　　（c）JPEG 2000压缩

图 6-15　小目标保护能力（局部放大）

JPEG 2000 提供的感兴趣区域编码技术（JPEG 并不支持感兴趣区域功能），可对感兴趣区域以较高的恢复质量进行编码和传输，从而在增大整幅图像压缩比的前提下，尽可能地保存遥感用户所感兴趣的图像信息，实现高保真。在图 6-16（a）中，海上的船只为用户所感兴趣区域，如图 6-16（b）所示。在压缩比为 100 时，有和无感兴趣区域的压缩重建图像（局部）分别如图 6-16（c）和图 6-16（d）所示。可见，在压缩比相同的情况下，基于感兴趣区域压缩后的图像质量明显高于未设感兴趣区域时的质量，感兴趣区域的信息得到很好保存。

（a）原始遥感图像　　　　（b）感兴趣区域选择图像

（c）有感兴趣区域压缩重建图像　（d）无感兴趣区域压缩重建图像

图 6-16　感兴趣区域 ROI 编码

3. 良好的容错性能

JPEG 2000 采用的是基于码块嵌入式编码算法，即使码流受到干扰出现错误，此错误也不会继续传播导致在熵解码端丢失同步而严重破坏图像的重建，即为了提高在噪声信道上传输编码图像的性能，JPEG 2000 采用了容错的比特流句法。JPEG 2000 采用的容错比特流句法包括再同步、数据分割、错误检测和遮蔽等。这些方法都使 JPEG 2000 对误码有很好的鲁棒性，这对于珍贵的遥感图像是非常重要的。对于 JPEG，其容错性能比较差，码流中出现 1 bit 的错误有时会影响后续码流的正常解码。

图 6-17 和图 6-18 所示分别为 JPEG 2000 和 JPEG 在误码率分别为 10^{-4} 和 10^{-5} 时，对遥感图像以相同压缩倍数压缩后，误码对重建图像的影响结果。可见，无论在客观上还是主观上，JPEG 2000 重建图像的效果明显优于 JPEG。

（a）无误码，SNR=19.86 dB　　（b）误码率=10^{-4}，SNR=13.54 dB　　（c）误码率=10^{-5}，SNR=17.90 dB

图 6-17　JPEG 2000 容错性能

（a）无误码，SNR=17.58 dB　　（b）误码率=10^{-4}，SNR=3.40 dB　　（c）误码率=10^{-5}，SNR=9.54 dB

图 6-18　JPEG 容错性能

4. 渐进性传输特性

JPEG 2000 支持 4 种渐进性传输：质量、分辨率、空间位置和分量，这 4 种方式也可以混合使用。渐进性传输特性意味着在传输遥感图像压缩码流时，可以根据需要对传输数据进行控制。在获得所需的遥感图像分辨率或质量等要求后，便可终止解码，而不必接收整幅遥感图像的压缩码流。这样既节省了对传输带宽的占用、防止了信息浪费，又可以根据用户的要求质量而节省传输时间。而 JPEG 则无此功能，它需要传输完所有码流后才能重建整幅图像信息。

图 6-19 所示为按分辨率渐进性传输图像的情况，当接收一幅遥感图像码流的码率由 0.0074 bpp 升至 0.1901 bpp 时，解压缩的图像质量也相应提高。

（a）0.0074 bpp，SNR=17.23 dB   （b）0.0242 bpp，SNR=19.82 dB

（c）0.0714 bpp，SNR=23.00 dB   （d）0.1901 bpp，SNR=27.03 dB

图 6-19 分辨率渐进性传输图像

5. 有损编码和无损编码的统一

现有的有损压缩方法和无损压缩方法通常是独立分开的（如 JPEG 的无损和有损编码模式是完全不同的编码算法），导致目前遥感图像特别是卫星遥感图像的压缩只能使用一种压缩模式，即有损编码或无损编码。JPEG 2000 通过使用不同的小波滤波器，将有损编码与无损编码统一在一个框架下。这样，压缩系统只需改变参数就可选择不同的工作模式，这对遥感图像的压缩是非常有意义的。

|6.4 基于光谱预测与空间变换的高光谱图像压缩编码|

高光谱图像压缩技术隶属于遥感图像压缩技术范畴。但高光谱图像特殊的三维特征使其压缩方法不同于普通的二维遥感图像或多光谱遥感图像。通常，图像压缩方法主要是去除波段内相关性，即空间相关性，而高光谱图像由于其光谱间存在着更高的相关性，不仅要去除空间相关性，更要充分去除其光谱间冗余度，或者更进一步实现空间与谱间的联合三维去相关。空间相关性在各种图像压缩中被人们探索了多年，技术相对比较成熟，而对于利用谱带之间的相关性是高光谱图像压缩方法独特需要研究的课题。从技术实现的角度，目前高光谱图像压缩（有失真和无失真）方法大多还是基于经典的图像压缩方案：① 基于预测技术及其改进方案；② 基于变换技术及其改进方案；③ 基于矢量量化技术及其改进方案。本节介绍的高光谱图像压缩方案是利用所谓的递归双向预测（recursive bidirection prediction，RBP）算法来去除谱带间的相关性，再利用传统的空间 JPEG 压缩算法（也可以是任何空间压缩算法）共同实现高光谱图像压缩。

6.4.1 光谱维 DPCM 预测

高光谱图像在光谱维上有着相当强的相关性，一个谱带可以基于其相邻的谱带预测，而其产生的去相关以后的残余预测误差比较容易压缩。由于递归双向预测是在传统的 DPCM 基础上，经过改进成双向光谱预测（bidirection prediction，BP）后，再进一步改进成递归双向预测而成的，所以这里首先比较介绍 DPCM 和 BP 方法。

基于 DPCM 预测的高光谱图像谱带间的去相关原理如图 6-20 所示。当前 b 谱带的像素 $f_b(x, y)$ 可以由 $f_b(x, y-1)$ 、 $f_b(x-1, y)$ 等已经解压缩的像素，以及 $b{-}1$ 谱带、$b{-}2$ 谱带等谱带的像素来预测，即

$$\hat{f}_b(x, y) = \sum_{i,j,k} c_{i,j,k} f_k(i, j) \qquad (6\text{-}32)$$

式中，(x, y) 是预测像素在当前谱带 b 图像中的坐标；$c_{i,j,k}$ 是预测系数。通过预测，DPCM 能够很好地降低图像的冗余度，为后续的编码奠定良好的基础。

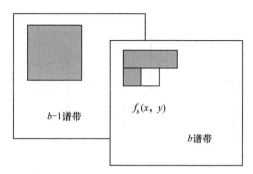

图 6-20　基于 DPCM 预测的高光谱图像谱带间的去相关原理

6.4.2　光谱维双向预测

在高光谱图像中，一个谱带不仅和以前的谱带有相关性，也和后续的谱带有相关性。不同于一般 DPCM 预测方法的是：DPCM 预测只用光谱单边样值对当前样值进行预测，是一种单边的预测。BP 则是利用双边样值对当前样值进行预测，这样可以更充分利用样值间的相关性，进而减小信息熵。图 6-21 所示为这种双向预测的示意。其中，f_{R_1}、f_{R_2} 定义为参考谱带，f_i 为待预测谱带。在双向预测中，待预测谱带 f_i 由预测值和预测误差组成。

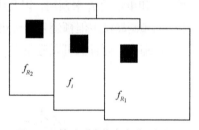

为了详细地解释双向预测原理，图 6-22 给出了一维信号（光谱维）的双向预测原理（可以扩展到二维和三维信号情况）。在该预测系统中，高光谱图像的光谱波段分为两部分：参考

图 6-21　高光谱图像中光谱双向预测

谱带和非参考谱带。参考谱带是指在高光谱图像中，其他非参考谱带可以由它们精确预测的那些谱带。参考谱带有两个作用：第一个作用是被压缩的参考谱带传输到接收端解码恢复原始图像；第二个作用是它们被重建后，被用来预测其他的非参考谱带。在图 6-22 中，f_1、f_5 和 f_9 为参考谱带，其他为待预测的非参考谱带。f_2、f_3 和 f_4 不再由单个方向的像素预测，而是被双向像素 f_1 和 f_5 来预测，这样两个方向像素的相关性都可以被利用，预测后的光谱冗余度能够大大降低。需要编码传输的是参考值和预测残差，如图 6-22 所示的粗线部分。

值得注意的是，参考谱带之间的距离选择，对预测和压缩的效果来说是非常重要的。光谱距离越大，高光谱图像压缩比会越大。但是，太长的光谱距离会导致比较严重的预测误差，从而不利于后续的压缩，造成不良的重建效果。

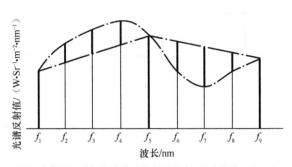

图 6-22　一维信号（光谱维）的双向预测原理

6.4.3　光谱维递归双向预测

　　尽管双向预测能克服 DPCM 的不足，但它并不能充分地降低预测后数据的信息熵值。相比之下，在双向预测基础上改进的递归双向预测能够取得更好的预测效果。光谱维的递归双向预测原理如图 6-23 所示。这里 f_2、f_3 和 f_4 的预测并不是由重建的双向参考值 f_1 和 f_5 来直接预测，而是 f_3 由 f_1 和 f_5 来预测，f_2 和 f_4 再分别由 f_1 和重建的 f_3 来预测，以及由 f_5 和重建的 f_3 来预测。与非递归预测相比，采用递归预测算法不但预测残差会更小，如图 6-23 所示的粗线，进一步减小信息熵、提高压缩比，而且也可以避免误差积累。

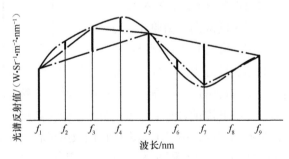

图 6-23　光谱维的递归双向预测原理

　　从信息论的角度，信源编码效率理论上以信息熵为下限。为此，信息熵值也可以用来评价信号去相关的程度，也就是说，信息熵值越小就越有利于图像压缩。表 6-9 所示为基于双向预测和递归双向预测后的高光谱圣迭戈某机场高光谱图像与原始高光谱图像［见图 6-1（a）］信息熵值。可见，信息熵值进一步减小，压缩效率将会进一步提高。

表 6-9　基于双向预测和递归双向预测后的圣迭戈某机场高光谱图像与原始高光谱图像信息熵值

信源	信息熵值
原始图像	12.17
双向预测图像	8.59
递归双向预测图像	7.66

6.4.4　基于光谱递归双向预测与空间 JPEG 压缩的高光谱图像压缩

基于光谱递归双向预测与空间 JPEG 压缩的高光谱图像压缩原理如图 6-24 所示。压缩原理主要包括 4 个步骤：参考谱带的带内压缩、参考谱带间的递归双向预测去相关、映射残差数据为 8 bit 残差图像及残差图像的空间 JPEG 压缩。

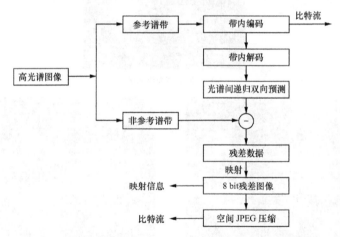

图 6-24　基于光谱递归双向与空间 JPEG 的高光谱图像压缩原理

（1）在高光谱图像压缩中，参考谱带的压缩质量对整个算法的质量至关重要，所以对参考谱带有较高的重建质量要求。通常采用空间 JPEG 压缩方法对参考谱带进行较低失真压缩或无失真的压缩。

（2）压缩的参考谱带一方面传输到接收端，另一方面重建后反馈到递归双向预测进行谱带间去相关。这里有一个参数必须预先确定，即两个谱带间的距离。距离可以是等距离，也可以是非等距离的，该参数将直接影响递归双向预测的预测结果。

（3）计算非参考谱带图像和递归双向预测图像间的残差，这样产生残差数据。残差数据通常是浮点格式，且具有正、负值。为了进一步在图像空间压缩，残差数据被映射成 8 bit 残差图像。映射信息被编码，传输到接收端以用于重建。

（4）8 bit 残差图像通过传统空间 JPEG 压缩算法去除空间相关性，进一步压缩后形成比特流，压缩的比特流被传输。

在解压缩或接收端，根据接收到的所有比特流和映射信息，进行相反的处理即可得到重建图像。图 6-25 所示圣迭戈某机场高光谱图像的实验结果，图像尺寸为 256 像素×256 像素，共计 121 个谱带。图 6-25（a）所示为原始高光谱图像的一个波段（波段 10）；基于双向预测和递归双向预测的压缩图像重建结果视觉效果，如图 6-25（b）、（c）所示。表 6-10 所示进一步给出了在不同压缩比情况下二者的客观实验结果。

（a）原始高光谱图像

（b）基于双向预测的压缩图像重建结果　　（c）基于递归双向预测的压缩图像重建结果

图 6-25　基于预测的高光谱图像压缩结果

表 6-10　基于预测的高光谱图像压缩实验结果

预测方式	压缩比	信噪比/dB
双向预测	162.69	21.51
	81.34	25.33
	40.67	30.74
递归双向预测	162.69	21.57
	81.34	25.49
	40.67	31.03

遥感图像特征提取及描述

在遥感图像处理与分析等解译应用中，图像色调、颜色、纹理、模式、阴影以及目标形状、大小、边缘或边界、位置等往往是人们关心的信息，通常被称为遥感图像特征。遥感图像特征提取（feature extraction）是指从遥感图像中有选择地提取一种或几种特征参数，能够用较少遥感图像特征参数来描述遥感图像全部信息的过程，即可理解为是一种信息的高度浓缩。遥感图像特征提取及描述是进一步实现遥感图像分类、分割、目标识别、参数反演等技术的重要基础。为此，人们希望能够从遥感图像中提取出可更加完备地描述遥感图像信息的目标特征。遥感图像特征提取的目的是利用特征来描述目标，有效降低数据空间的维数，去除冗余信息，快速、准确地对遥感图像进行解译。因此，遥感图像特征提取及描述在遥感图像处理及应用中具有十分重要的地位。

一般而言，遥感图像特征提取方法必须满足不变性、唯一性、稳定性等必要准则。不变性是指对于同类目标，通过该方法提取的特征应该是基本相同的；唯一性是指对于不同类的目标，提取的特征应该不同；稳定性是指对于差异很小的两类目标，它们的特征差异应该很小。反之，若特征差异很小，两类特征所代表的目标之间的差异也应该很小。由于不同景物遥感图像特征之间存在差异性，因此可以利用遥感图像特征的差异性来实现对感兴趣目标的解译及应用。可以说，提取什么样的特征与具体解译及应用有直接关系。反过来，特征提取是否完备也会直接影响目标解译及应用的性能。二者相辅相成，必须一体化考虑。遥感图像特征提取与目标解译的相互关系如图 7-1 所示，此时提取的特征维数 M 通常要远远小于遥感图像的数据维数 N ，即 $M \ll N$ 。

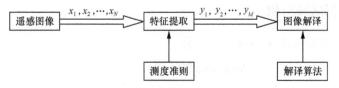

图 7-1　遥感图像特征提取与目标解译的相互关系

遥感图像特征主要表现在空间几何和辐射光谱两个方面。为此，本章首先对这两个方面的特征进行介绍。在遥感图像解译及应用中，目标边缘（或边界）和区域作为特殊的目标特征具有独特应用价值，所以本章对边缘特征提取和目标区域分割技术单独介绍。从系统或网络分析的角度，以上特征提取方法可以理解为一类解析式特征提取方法。除此之外，现代特征提取方法还包括综合式特征提取，它们往往通过网络的训练或学习来实现特征提取，这种综合式特征提取方法将在以后不同遥感图像解译及应用相关章节中单独介绍。

|7.1 遥感图像空间特征提取|

从二维图像空间角度，遥感图像空间特征通常是指能够描述遥感图像的参数、向量等。一般来说，遥感图像空间特征的种类有很多，归纳起来主要包括遥感图像几何形状特征、遥感图像统计特征、遥感图像纹理特征等。不同的图像特征对应于不同的提取方法。

7.1.1 遥感图像几何形状特征提取

由于人类视觉系统的直观感知惯性，遥感图像几何形状特征是描述遥感图像信息最显著、最可靠的特征。它们在一定程度上反映了遥感图像目标的空间几何属性，如图 7-2 所示。

设遥感图像中某目标投影区域为 $T(x,y)$，(x,y) 分别表示遥感图像像素横、纵坐标，其边缘或边界函数为 $E(x,y)$，该区域的最小外接矩形为 A，其大小为

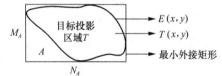

图 7-2　目标区域及其特征示意

$M_A \times N_A$，则可定义和提取的遥感图像几何形状特征包括目标区域面积、目标区域周长、目标区域矩形度、目标区域长宽比、目标区域致密度等。

1. 目标区域面积

目标区域面积特征 Area 可定义为

$$\text{Area} = \# S\{T(x,y)\} \cdot r_g \tag{7-1}$$

式中，$\# S\{T(x,y)\}$ 为目标区域内所包含的像素个数；r_g 为图像空间分辨率。需要

注意的是，遥感图像空间分辨率 r_g 指的是遥感图像的物理分辨率，此时计算的目标区域面积是区域覆盖的真实表面积。如果从数字图像角度，遥感图像像素间隔为 1 (r_g =1)，此时目标区域面积即为构成该区域的像素的数量。

2. 目标区域周长

目标区域周长 P 通常是统计边界点的像素数量，并结合遥感图像空间分辨率 r_g 来获得的，定义为

$$P = \#S\{E(x, y)\} \cdot r_g \qquad (7\text{-}2)$$

3. 目标区域矩形度

目标区域矩形度 R 反映了目标区域对其最小外接矩形的填充程度，是对目标总体形状的一种描述。定义遥感图像目标区域面积与其最小外接矩形面积之比为目标区域矩形度，即

$$R = \frac{\#S\{T(x, y)\}}{M_A \times N_A} \qquad (7\text{-}3)$$

当目标区域为矩形时，矩形度为 1；当目标区域为圆形时，矩形度为 $\pi/4$；对于边界弯曲呈不规则形状分布的目标区域，矩形度介于 0 和 1 之间。

4. 目标区域长宽比

目标区域长宽比 R_{LW} 定义为最小外接矩形长与宽的比值

$$R_{\mathrm{LW}} = \frac{\max\{M_A, N_A\}}{\min\{M_A, N_A\}} \qquad (7\text{-}4)$$

目标区域长宽比一定程度上描述了目标横纵向组成比例。

5. 目标区域致密度

目标区域致密度 Z 定义为

$$Z = \frac{P^2}{4\pi \times \mathrm{Area}} \qquad (7\text{-}5)$$

致密度描述了目标区域单位面积上的周长大小。致密度越大，目标区域越离散，为复杂形状；反之，为简单形状。当目标区域接近圆形时，致密度 Z 取值接近 1。

7.1.2 遥感图像统计特征提取

遥感图像统计特征是建立在模式识别理论基础上，通过对遥感图像空间像素的统计来提取遥感图像中具有应用价值的特征信息，实现对遥感图像的抽象描述。

1. 概率统计特征

遥感图像的一阶统计特征主要基于遥感图像灰度的一阶概率分布。对于已知遥感图像 $f(x,y)$，其灰度值 $r = 0,1,2,\cdots,L-1$，则遥感图像的一阶概率定义为

$$p(r) = P\{f(x,y) = r\} \tag{7-6}$$

基于一阶概率分布，可以定义以下特征。

（1）均值：

$$\mu = \sum_{r=0}^{L-1} rp(r) \tag{7-7}$$

（2）方差：

$$\sigma^2 = \sum_{r=0}^{L-1} (r-\mu)^2 p(r) \tag{7-8}$$

（3）偏度：

$$S = \frac{1}{\sigma^3} \sum_{r=0}^{L-1} (r-\mu)^3 p(r) \tag{7-9}$$

（4）峰度：

$$A = \frac{1}{\sigma^4} \sum_{r=0}^{L-1} (r-\mu)^4 p(r) - 3 \tag{7-10}$$

（5）能量：

$$E = \sum_{r=0}^{L-1} [p(r)]^2 \tag{7-11}$$

（6）熵：

$$H = -\sum_{r=0}^{L-1} p(r)\log[p(r)] \tag{7-12}$$

2. Hu 不变矩特征

矩是一种统计量，在一定程度上反映了目标几何形状特征的一种重要特征集，

而且不受目标各种空间平移、尺度和旋转等变换的影响。不变矩是以遥感图像分布各阶统计量来刻画灰度特征的描述方法，是一种具有不变性的全局不变量，能够作为一种有效的特征应用于目标识别等解译技术中。

对于遥感图像 $f(x,y)$，其 $p+q$ 阶原点矩定义为

$$m_{pq} = \sum_x \sum_y x^p y^q f(x,y)$$ （7-13）

式中，$p,q = 1,2,\cdots$ 理论上，m_{pq} 可以唯一地被遥感图像 $f(x,y)$ 所确定；反之，m_{pq} 也能唯一地确定遥感图像 $f(x,y)$。但 m_{pq} 仅与目标坐标位置 (x,y) 有关，而各阶原点矩随目标重心的变化而变化，不具有平移变换不变性。为此，可以定义遥感图像 $f(x,y)$ 的 $p+q$ 阶中心矩为

$$\mu_{pq} = \sum_x \sum_y (x-x_0)^p (y-y_0)^q f(x,y)$$ （7-14）

式中，(x_0,y_0) 为遥感图像 $f(x,y)$ 的重心，定义为

$$\begin{cases} x_0 = m_{10}/m_{00} \\ y_0 = m_{01}/m_{00} \end{cases}$$ （7-15）

将式（7-14）进行展开，能够发现中心矩可由其等阶或低阶的原点矩表示。中心矩通过减去目标重心坐标 (x_0,y_0) 实现了遥感图像的平移变换不变性，但是仍不具有尺度变换不变性。为此，可以进一步定义遥感图像 $f(x,y)$ 的 $p+q$ 阶归一化中心矩为

$$\eta_{pq} = \frac{\mu_{pq}}{\mu_{00}^{\gamma}}$$ （7-16）

式中，$\gamma = 1 + \dfrac{p+q}{2}$。归一化中心矩 η_{pq} 具有平移变换不变性和尺度变换不变性。

但对于旋转目标来说，它是变化的，还不能直接作为特征应用于目标识别等遥感图像解译中。为此，基于以上几种基本几何矩，Hu 在提出连续情况下不变矩定义及其基本性质的基础上，给出了 7 个矩不变量的数学表达式，使得不变矩理论广泛应用于模式识别应用中。7 个不变矩都是基于二阶、三阶归一化中心距，具体定义为

$$\begin{cases} \varphi_1 = \eta_{20} + \eta_{02} \\ \varphi_2 = (\eta_{20} - \eta_{02})^2 + 4\eta_{11}^2 \\ \varphi_3 = (\eta_{30} - 3\eta_{12})^2 + (3\eta_{21} - \eta_{03})^2 \\ \varphi_4 = (\eta_{30} + \eta_{12})^2 + (\eta_{21} + \eta_{03})^2 \\ \varphi_5 = (\eta_{30} - 3\eta_{12})(\eta_{30} + \eta_{12})[(\eta_{30} + \eta_{12})^2 - 3(\eta_{21} + \eta_{03})^2] \end{cases}$$ （7-17）

$$\begin{cases} \qquad + (3\eta_{21} - \eta_{03})(\eta_{03} + \eta_{21})[3(\eta_{30} + \eta_{12})^2 - (\eta_{03} + \eta_{21})^2] \\ \varphi_6 = (\eta_{20} - \eta_{02})[(\eta_{30} + \eta_{12})^2 - (\eta_{21} + \eta_{03})^2] + 4I_{11}(\eta_{30} + \eta_{12})(\eta_{03} + \eta_{21}) \\ \varphi_7 = (3\eta_{21} - \eta_{03})(\eta_{30} + \eta_{12})[(\eta_{30} + \eta_{12})^2 - 3(\eta_{03} + \eta_{21})^2] \\ \qquad - (\eta_{30} - 3\eta_{12})(\eta_{03} + \eta_{21})[3(\eta_{30} + \eta_{12})^2 - (\eta_{03} + \eta_{21})^2] \end{cases}$$

Hu 的 7 个不变矩具有平移、尺度、旋转变换的不变性，在遥感图像处理，特别是遥感图像目标识别中获得了广泛的应用。

7.1.3　遥感图像纹理特征提取

纹理（texture）作为遥感图像统计特征的一个应用特例，是物体表面颜色明暗、灰度所呈现某种规律变化的真实反映，也是物体表面的固有属性。灰度共生矩阵（gray-level co-occurrence matrix，GLCM）是纹理分析中非常重要而有效的描述工具，是遥感图像灰度变化的二阶统计特征，通常用遥感图像中两个位置像素的联合概率密度来定义。

1. 灰度共生矩阵

遥感图像 $f(x, y)$ 的灰度共生矩阵定义：设 d 是遥感图像中任意两个像素间的距离，两个像素在遥感图像中的位置分别为 (x_1, y_1) 和 (x_2, y_2)，两像素点对应的灰度值分别为 i 和 j。此时，对于任意点 (x_1, y_1) 有 8 个相邻点 (x_2, y_2)（遥感图像边界除外）与之对应。这样，对于给定的距离 d，可以选择 4 个不同方向的角度 $\theta = 0°$、$\theta = 45°$、$\theta = 90°$ 和 $\theta = 135°$，如图 7-3 所示，对遥感图像进行概率统计。

假设遥感图像 $f(x, y)$ 大小为 $M \times N$、遥感图像灰度级为 L，即 $(i, j) = 0, 1, \cdots, L-1$。则根据定义的 4 个角度，可获得 4 个灰度共生矩阵 $P_{0°}$、$P_{45°}$、$P_{90°}$ 及 $P_{135°}$，它们表示为从灰度为 i 的 (x_1, y_1) 点，离开距离为 d，对应灰度为 j 的 (x_2, y_2) 点出现的概率，即

$$P(i, j / d, \theta) = p\{f(x_1, y_1) = i, f(x_2, y_2) = j / (x_1, y_1), (x_2, y_2) \in M \times N\} \qquad （7\text{-}18）$$

这里，$P(i, j / d, \theta)$ 的大小为 $L \times L$，通常简写为 $P(i, j)$。

灰度共生矩阵 $P(i, j)$ 可以表示遥感图像中行、列方向分别相差 Δx 和 Δy 两个灰度像素同时出现的联合概率分布。点 (x_1, y_1) 的邻域有以下几种情况。

（1）$\theta = 0°$：$|x_1 - x_2| = d$，$|y_1 - y_2| = 0$。

（2）$\theta = 45°$：$x_1 - x_2 = d$，$y_1 - y_2 = d$ 或 $x_1 - x_2 = -d$，$y_1 - y_2 = -d$。

（3）$\theta = 90°$：$|x_1 - x_2| = 0$，$|y_1 - y_2| = d$。

（4）$\theta = 135°$：$x_1 - x_2 = d$，$y_1 - y_2 = -d$ 或 $x_1 - x_2 = -d$，$y_1 - y_2 = d$。

可见灰度共生矩阵是相邻像素间角度和距离的函数，并且矩阵是对称的，即

$$P(i, j) = P(j, i) \tag{7-19}$$

为了简单并理解灰度共生矩阵的计算，图 7-4 所示为遥感图像 $f(x, y)$ 大小 $M \times N = 5 \times 5$、图像灰度级 $L = 4$（即 2 bit）情况下，计算 $\theta = 0°$、$d = 1$ 时的遥感图像灰度共生矩阵 $P(i, j)$ 示意。

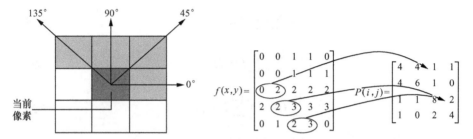

图 7-3　像素点(x_1, y_1)及其邻域(x_2, y_2)　图 7-4　计算 $\theta = 0°$、$d=1$ 时的遥感图像灰度共生矩阵 $P(i, j)$示意

灰度共生矩阵不仅能反映遥感图像灰度的统计特性，也能反映遥感图像不同灰度级像素之间的位置分布特性，是分析遥感图像局部模式和排列规则的重要基础。

2. 基于灰度共生矩阵的纹理特征

为了能更直观地以灰度共生矩阵描述遥感图像纹理状况，从灰度共生矩阵衍生出一些反映矩阵状况的遥感图像纹理特征。

（1）能量。灰度共生矩阵的能量定义为

$$E = \sum_{i=0}^{L-1} \sum_{j=0}^{L-1} [P(i, j)]^2 \tag{7-20}$$

该特征是灰度共生矩阵元素值的平方和，反映了遥感图像灰度分布均匀程度和纹理粗细度。

（2）熵。灰度共生矩阵的熵定义为

$$H = -\sum_{i=0}^{L-1} \sum_{j=0}^{L-1} P(i, j) \log_2 P(i, j) \tag{7-21}$$

其实质是二阶灰度联合熵。

（3）对比度。灰度共生矩阵的对比度定义为

$$C = \sum_{i=0}^{L-1} \sum_{j=0}^{L-1} (i - j)^2 P(i, j) \tag{7-22}$$

对比度反映了遥感图像的清晰度和纹理沟纹深浅的程度。对比度越大，表明

纹理沟纹越深，遥感图像视觉效果越清晰；反之，对比度越小，则纹理沟纹越浅，遥感图像则相对模糊。灰度共生矩阵中远离对角线的元素值越大，对比度值越大。

（4）相关性。灰度共生矩阵的相关性定义为

$$\text{Corr} = \frac{1}{\sigma_i \sigma_j} \sum_{i=0}^{L-1} \sum_{j=0}^{L-1} (i - \mu_i)(j - \mu_j) P(i,j) \tag{7-23}$$

式中，

$$\mu_i = \sum_{i=0}^{L-1} i \sum_{i=0}^{L-1} P(i,j) \tag{7-24}$$

$$\mu_j = \sum_{j=0}^{L-1} j \sum_{i=0}^{L-1} P(i,j) \tag{7-25}$$

$$\sigma_i^2 = \sum_{i=0}^{L-1} (i - \mu_i)^2 \sum_{j=0}^{L-1} P(i,j) \tag{7-26}$$

$$\sigma_j^2 = \sum_{j=0}^{L-1} (j - \mu_j)^2 \sum_{i=0}^{L-1} P(i,j) \tag{7-27}$$

相关性用于度量空间灰度共生矩阵元素在行或列方向上的相似程度。因此，该特征的大小反映了遥感图像中局部灰度相关性。当矩阵元素值均匀相近时，该特征越大；相反，如果矩阵元素值相差很大时，该特征很小。

（5）局部同质性。灰度共生矩阵的同质性特征定义为

$$\text{Homo} = \sum_{i=0}^{L-1} \sum_{j=0}^{L-1} \frac{P(i,j)}{1 + (i-j)^2} \tag{7-28}$$

该特征反映遥感图像纹理的同质性，度量遥感图像纹理局部变化的多少。该特征如果较大，说明遥感图像纹理的不同区域间缺少变化，局部非常均匀。

在遥感图像纹理分析中，一旦灰度共生矩阵确定，就可以根据提取遥感图像特征 $P_{0°}$、$P_{45°}$、$P_{90°}$ 及 $P_{135°}$ 的大小来分析遥感图像的方向模式，而这些特征又完全取决于 d 和 θ 的选择。灰度共生矩阵能够反映出遥感图像灰度关于方向、间隔距离以及幅度变化的综合信息，是分析遥感图像局部模式和排列规则的重要工具。

7.2　遥感图像光谱特征提取

在遥感图像，特别是在高光谱/多光谱图像处理中，往往也根据不同波段光谱组合来提取目标光谱特征。广义上讲，高光谱图像的每个光谱波段都被认为是一

个光谱特征。但从狭义的角度，光谱特征一般是指光谱吸收特征，主要包括光谱吸收指数，以及光谱吸收峰位置、吸收深度、吸收对称度等，如图 7-5 所示。

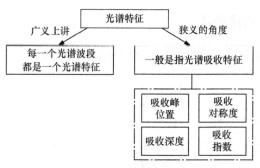

图 7-5　光谱特征

7.2.1　经典光谱指数特征

在遥感应用中，最常用的光谱特征就是光谱指数。典型的光谱指数包括以下几种。

1. 归一化差分植被指数

归一化差分植被指数（normalized difference vegetation index，NDVI）定义为近红外波段和可见光红色波段的灰度值差与和之比，即

$$NDVI = \frac{\lambda_{nir} - \lambda_{red}}{\lambda_{nir} + \lambda_{red}} \tag{7-29}$$

式中，λ_{nir} 是一个像素在近红外波段的灰度值；λ_{red} 是该像素在可见光红色波段的灰度值。显然，NDVI 是近红外波段高反射率和可见光红色波段低反射率合成的结果，可以广泛应用于植被检测与评估中。

2. 归一化差分水体指数

归一化差分水体指数（normalized difference water index，NDWI）可以用来表征土壤湿度，定义为

$$NDWI = \frac{\lambda_{green} - \lambda_{nir}}{\lambda_{green} + \lambda_{nir}} \tag{7-30}$$

式中，λ_{green} 是像素在绿光波段和近红外波段的灰度值。选择这两个波段的原因：① 水体在绿光波段具有最高的反射值；② 水体在近红外波段具有很低的反射值；

③ 陆地植被和土壤在近红外波段具有较高的反射值。因此，NDWI 可以增强水体，削弱土壤和植被在遥感图像中的表达。

3. 陆地表面水体指数

陆地表面水体指数（land surface water index，LSWI）定义为

$$\text{LSWI} = \frac{\lambda_{\text{nir}} - \lambda_{\text{swir}}}{\lambda_{\text{nir}} + \lambda_{\text{swir}}} \tag{7-31}$$

式中，λ_{swir} 是像素在短波红外波段的灰度值。

目前已有数百种光谱指数被构建用于各种尺度地物目标生化参量的反演。表 7-1 所示为常用的典型植被光谱指数模型。其中，R 代表光谱反射率，其角标表示对应的中心波长，更多关于光谱指数模型可参见相关文献。

表 7-1 常用的典型植被光谱指数模型

指数	模型形式
NDVI	$(R_{750} - R_{705})/(R_{750} + R_{705})$
NDLI	$[\log(1/R_{1754}) - \log(1/R_{1680})]/[\log(1/R_{1754}) + \log(1/R_{1680})]$
NDNI	$[\log(1/R_{1510}) - \log(1/R_{1680})]/[\log(1/R_{1510}) + \log(1/R_{1680})]$
SIWSI	$(R_{860} - R_{1640})/(R_{860} + R_{1640})$
SIPI	$(R_{800} - R_{445})/(R_{800} + R_{680})$
CRI2	$1/R_{510} - 1/R_{700}$
CAI	$0.5(R_{2000} + R_{2200}) - R_{2100}$
DVI	$R_{810} - R_{680}$
SG	$\text{Mean}(R_{500} \sim R_{600})$
FD$_{1330}$	在 1330 nm 处的光谱微分值
VOG	$(R_{734} - R_{747})/(R_{715} + R_{720})$
PRI	$(R_{530} - R_{570})/(R_{530} + R_{570})$
ARI2	$R_{800}(1/R_{550} - 1/R_{700})$

7.2.2 基于光谱曲线的光谱特征

光谱作为反映地物目标吸收和反射特征的信息，其光谱曲线反映的是不同波长上传感器对目标辐射光谱能量的响应。因此，可以从光谱曲线中提取光谱吸收峰波长位置、宽度、深度、斜率、对称度、面积、数量、光谱吸收指数等光谱吸

收特征参数（spectral absorption signature parameters，SASP）作为光谱特征，也可以由光谱微分、积分等运算构成光谱特征。特别是在高光谱图像处理中，根据不同的应用需求，通过分析不同目标的光谱吸收参数，可达到确定高光谱特征信息的目的，也是地物光谱识别等应用的根本基础。典型光谱特征吸收参数定义如图 7-6 所示，其横坐标为波长 λ、纵坐标为目标反射率 ρ；点 M 为光谱吸收谷，S_1 和 S_2 为两个吸收端点、其组成的连线称为非吸收基线。谷底 M 垂线的延长线与非吸收基线的交点对应反射率为 ρ_0。

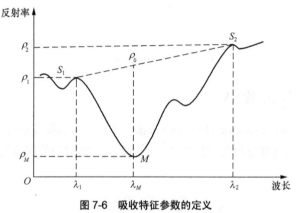

图 7-6　吸收特征参数的定义

基于此，可以定义下面典型可量化的光谱吸收特征。

1. 吸收峰位置 P

在光谱曲线中，反射率最低点（波谷）所对应的中心波长位置为吸收峰位置。即当 $\rho_M = \min(\rho)$ 时，

$$P = \lambda_M \tag{7-32}$$

2. 吸收深度 D

在吸收峰对应的范围内，吸收深度为反射率最低处（谷点）与归一化包络线间的差值，即

$$D = 1 - \rho_M \tag{7-33}$$

3. 吸收宽度 W

吸收宽度为最大吸收深度的一半位置处所对应的光谱带宽。假设在吸收峰一半深度存在一条平行横轴的直线，直线与吸收峰从左到右的交点分别为 λ_1' 和

λ_2，则

$$W = \lambda_2 - \lambda_1 \tag{7-34}$$

4. 吸收对称性 S

吸收对称性 S 为以过吸收峰位置的垂直线为界，吸收峰左半边面积 S_1 与吸收峰整个面积 S_0 的比值，即

$$S = S_1 / S_0 \tag{7-35}$$

或简单定义为

$$S = (\lambda_M - \lambda_2)/(\lambda_1 - \lambda_2) \tag{7-36}$$

5. 光谱吸收指数 SAI

光谱吸收指数（spectral absorption index，SAI）为非吸收基线对应吸收位置处反射强度与谱带谷底反射强度的比值，又被称为"相对吸收深度"。光谱吸收指数可以表示为

$$SAI = \frac{S\rho_1 + (1-S)\rho_2}{\rho_M} \tag{7-37}$$

6. 光谱微分特征

光谱微分技术是根据光谱微分值突出变化，确定光谱曲线拐点位置的光谱特征提取方法。光谱曲线的一阶、二阶微分分别定义为

$$\rho'(\lambda_i) = \frac{\rho(\lambda_{i+1}) - \rho(\lambda_{i-1})}{2\Delta\lambda} \tag{7-38}$$

$$\rho''(\lambda_i) = \frac{\rho'(\lambda_{i+1}) - \rho'(\lambda_{i-1})}{2\Delta\lambda} \tag{7-39}$$

式中，$\Delta\lambda$ 是波长 λ_{i+1} 与 λ_i 的间隔。

通过以上定义的这些光谱特征参数，可以定量化地描述各种目标光谱吸收形态，进而基于此实现目标的匹配识别等解译及应用。相关的应用将在第 9 章和第 10 章中介绍。

|7.3　遥感图像边缘检测|

目标边缘与区域边界是遥感图像的基本特征，在遥感图像中都表现为两种灰度值的不连续性。一般局部小范围的目标称为边缘，它是一组相连的像素集合；大范围的区域称为边界，位于目标之间的相接点。从信号处理的角度，边缘与边界都具有阶跃跳变性，包含着丰富的高频信息。从技术实现角度，它们往往通过边缘检测来实现特征提取。本节主要介绍边缘检测技术，而涉及边界的技术将在下一节遥感图像分割中具体介绍。

遥感图像边缘通常包括阶跃状边缘（如海岸线）和屋顶状边缘（如较宽道路），它们的理想剖面图如图 7-7 所示。在实际图像中，成像系统（如采样、量化等物理因素）的限制，使获得的遥感图像边缘往往是模糊的（实质是损失了高频信息），存在着一个过渡带，如图 7-8（a）、（b）所示。这种过渡带的大小完全取决于遥感图像获取时所包含高频信息的丰富程度（高频信息越丰富，过渡带越小，遥感图像越清晰，反之，则遥感图像越模糊），也会影响进一步边缘或边界检测的精度。

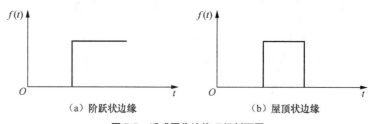

（a）阶跃状边缘　　　　　　　　　　　（b）屋顶状边缘

图 7-7　遥感图像边缘理想剖面图

从数学操作的角度，遥感图像边缘检测的基本出发点是微分操作（数字图像是差分操作）。① 对于阶跃状边缘，可用一阶导数的幅值来检测边缘，幅值峰值点对应边缘位置，如图 7-8（c）所示；或用二阶导数的过零点，即零交叉（zcro-crossing）点来检测边缘，该位置对应边缘位置，如图 7 8（e）所示。② 对于屋顶状边缘，可用一阶导数过零点来检测边缘，如图 7-8（d）所示；或二阶导数对应两个脉冲上升沿和下降沿，如图 7-8（f）所示。

值得注意的是，边缘和噪声都包含有丰富的高频信息，因此，噪声的大小对边缘检测有直接影响。在应用中，人们往往在提取边缘时需要充分考虑噪声的抑制问题。

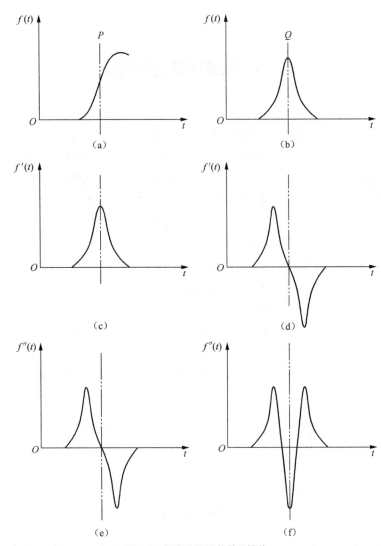

图 7-8　图像边缘及其微分操作

7.3.1　梯度边缘检测

遥感图像边缘检测实质是采用某种算法来提取图像中目标与背景间的交界线，即遥感图像中灰度发生急剧变化的区域边界。遥感图像灰度变化情况可以用其梯度算子来反映，因此可用灰度的导数来提取这种变化。

若设连续遥感图像 $f(x, y)$ 在 x 轴和 y 轴方向上的梯度分量分别为 $\Delta_x f(x, y)$ 和 $\Delta_y f(x, y)$，则梯度算子 $\nabla f(x, y)$ 定义为

$$\nabla f(x,y)=\begin{bmatrix} \Delta_x f(x,y) & \Delta_y f(x,y) \end{bmatrix}^{\mathrm{T}} = \begin{bmatrix} \dfrac{\partial f(x,y)}{\partial x} & \dfrac{\partial f(x,y)}{\partial y} \end{bmatrix}^{\mathrm{T}} \tag{7-40}$$

相应的幅度和相位定义为

$$\left|\nabla f(x,y)\right|=\sqrt{\left|\Delta_x f(x,y)\right|^2 + \left|\Delta_y f(x,y)\right|^2} \tag{7-41}$$

$$\phi(x,y)=\arctan\left[\frac{\Delta_y f(x,y)}{\Delta_x f(x,y)}\right] \tag{7-42}$$

式（7-41）和式（7-42）代表了梯度算子 $\nabla f(x,y)$ 在方向 $\phi(x,y)$ 上的变化率 $\left|\nabla f(x,y)\right|$。在具体应用实现中，由于式（7-41）的计算包含大量乘除运算。为了实时处理，通常可以用两个分量 $\Delta_x f(x,y)$、$\Delta_y f(x,y)$ 的绝对值之和，或者最大绝对值来代替，即

$$\nabla f(x,y)=\left|\Delta_x f(x,y)\right|+\left|\Delta_y f(x,y)\right| \tag{7-43}$$

$$\nabla f(x,y)=\mathrm{Max}\left\{\left|\Delta_x f(x,y)\right|,\left|\Delta_y f(x,y)\right|\right\} \tag{7-44}$$

值得注意的是，式（7-40）~式（7-44）是基于连续遥感图像定义的梯度模型。在数字遥感图像处理中，需要用差分运算来代替连续信号的微分运算。下面对几种基于梯度运算的经典边缘检测算子进行简单介绍。

7.3.2　Sobel 边缘检测算子

Sobel 边缘检测算子是一种空间梯度边缘估计方法，其基本原理是以像素点 (x,y) 为中心，利用该点上、下、左、右邻域点的灰度加权来计算生成水平方向和垂直方向梯度 $\nabla_{0°} f(x,y)$ 和 $\nabla_{90°} f(x,y)$，并根据在边缘点处达到极值这一现象进行边缘检测。此时，对于数字遥感图像 $f(x,y)$，可用差分方程描述为

$$\begin{aligned} \nabla_{0°} f(x,y)=&\left[f(x+1,y-1)+2f(x+1,y)+f(x+1,y+1)\right]\\ &-\left[f(x-1,y-1)+2f(x-1,y)+f(x-1,y+1)\right] \end{aligned} \tag{7-45}$$

$$\begin{aligned} \nabla_{90°} f(x,y)=&\left[f(x-1,y+1)+2f(x,y+1)+f(x+1,y+1)\right]\\ &-\left[f(x-1,y-1)+2f(x,y-1)+f(x+1,y-1)\right] \end{aligned} \tag{7-46}$$

尽管遥感图像大部分边缘体现在水平方向和垂直方向上，但某些遥感图像的对角信息也是非常明显的，其对角梯度 $\nabla_{45°} f(x,y)$ 和反对角梯度 $\nabla_{135°} f(x,y)$ 可分别表示为

$$\begin{aligned} \nabla_{45°} f(x,y)=&\left[f(x+1,y)+2f(x+1,y+1)+f(x,y+1)\right]\\ &-\left[f(x,y-1)+2f(x-1,y-1)+f(x-1,y)\right] \end{aligned} \tag{7-47}$$

$$\nabla_{135°}f(x,y)=\left[f(x-1,y)+2f(x-1,y+1)+f(x,y+1)\right] \\ -\left[f(x,y-1)+2f(x+1,y-1)+f(x+1,y)\right] \qquad (7\text{-}48)$$

对应式（7-45）~式（7-48）的 Sobel 梯度算子可用 3×3 模板计算，如图 7-9 所示。

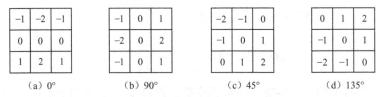

−1	−2	−1
0	0	0
1	2	1

（a）0°

−1	0	1
−2	0	2
−1	0	1

（b）90°

−2	−1	0
−1	0	1
0	1	2

（c）45°

0	1	2
−1	0	1
−2	−1	0

（d）135°

图 7-9　Sobel 灰度边缘算子的 3×3 模板

　　Sobel 算子具有一定的噪声抑制能力，对噪声具有平滑作用。当使用较大邻域时，抗噪声特性会更好，但会增加计算量，得到的边缘也较粗。此外，Sobel 算子不具备各向同性，所得到的检测图像并不完全连通，存在一定程度的断开；在检测阶跃边缘时得到的边缘宽度至少是两个像素，还会检测出许多伪边缘，边缘定位精度不够高。图 7-10（b）所示为针对图 7-10（a）所示原始遥感图像应用 Sobel 算子进行边缘检测的结果。

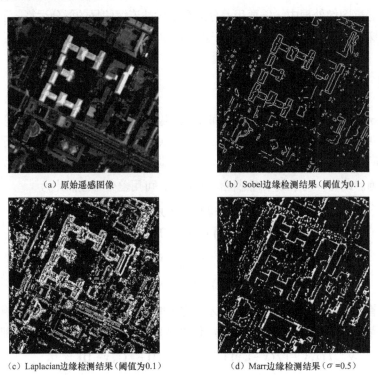

（a）原始遥感图像　　　　　　　　　　（b）Sobel边缘检测结果（阈值为0.1）

（c）Laplacian边缘检测结果（阈值为0.1）　　　（d）Marr边缘检测结果（$\sigma=0.5$）

图 7-10　遥感图像边缘检测

与 Sobel 算子相比，Roberts 边缘检测算子是采用对角线方向相邻两像素点之差近似梯度幅值检测边缘的，即

$$\nabla_x f(x,y) = f(x,y) - f(x+1,y+1) \tag{7-49}$$

$$\nabla_y f(x,y) = f(x+1,y) - f(x,y+1) \tag{7-50}$$

也可以定义为水平和垂直方向的一阶差分（或微分）

$$\nabla_x f(x,y) = f(x,y) - f(x,y+1) \tag{7-51}$$

$$\nabla_y f(x,y) = f(x,y) - f(x+1,y) \tag{7-52}$$

Roberts 边缘检测算子检测水平和垂直边缘的效果要好于对角和反对角边缘，边缘定位精度高。但是 Roberts 边缘检测算子对噪声敏感，适用于边缘明显且噪声较少的图像。

7.3.3　Laplacian 边缘检测算子

Laplacian 边缘检测是二阶导数算子，定义为

$$\nabla^2 f(x,y) = \frac{\partial^2 f(x,y)}{\partial x^2} + \frac{\partial^2 f(x,y)}{\partial y^2} \tag{7-53}$$

二阶导数是对一阶导数的再次求导，可以衡量一阶导数的变化速度。对于数字遥感图像 $f(x,y)$，其在 x 轴和 y 轴方向上的二阶差分方程为

$$
\begin{aligned}
\nabla^2 f(x,y) &= \Delta_{xx}^2 f(x,y) + \Delta_{yy}^2 f(x,y) \\
&= \left[f(x+1,y) - f(x,y) \right] + \left[f(x-1,y) - f(x,y) \right] \\
&\quad + \left[f(x,y+1) - f(x,y) \right] + \left[f(x,y-1) - f(x,y) \right] \\
&= f(x+1,y) + f(x-1,y) + f(x,y+1) + f(x,y-1) - 4f(x,y)
\end{aligned}
\tag{7-54}
$$

对应式（7-54）的 Laplacian 边缘检测算子的 3×3 模板如图 7-11 所示。

0	1	0
1	-4	1
0	0	0

0	-1	0
-1	4	-1
0	-1	0

图 7-11　Laplacian 边缘检测算子的 3×3 模板

Laplacian 边缘检测算子与边缘方向无关，对遥感图像中噪声相当敏感。因此，在遥感图像边缘检测中，Laplacian 边缘检测算子一般不直接用于边缘检测，而是根据其零交叉点进行边缘点定位。图 7-10（c）所示为针对图 7-10（a）所示的原

始遥感图像应用 Laplacian 边缘检测算子进行边缘检测的结果。

7.3.4　Marr 边缘检测算子

为了减少噪声对 Laplacian 边缘检测算子的影响，可先对原始遥感图像 $f(x, y)$ 进行平滑滤波，然后再用 Laplacian 边缘检测算子进行边缘检测，这就是 Marr 边缘检测算子。

设高斯型滤波器的空间响应函数为

$$h(x, y) = \frac{1}{2\pi\sigma^2} e^{-(x^2+y^2)/2\sigma^2} \tag{7-55}$$

则对遥感图像 $f(x, y)$ 进行平滑，去除噪声影响可采用以下的滤波：

$$g(x, y) = h(x, y) * f(x, y) \tag{7-56}$$

式中，σ 为高斯分布的均方差。遥感图像 $f(x, y)$ 的模糊程度正比于 σ。

对滤波图像 $g(x, y)$ 再求二阶导数零交叉点，即在 $r = \sqrt{x^2 + y^2} = \pm\sigma$ 处有过零点。根据卷积的分配律性质，有

$$\nabla^2 g(x, y) = \nabla^2 \left[h(x, y) * f(x, y) \right] = \nabla^2 h(x, y) * f(x, y)$$

$$= -\left(2 - \frac{x^2 + y^2}{\sigma^2} \right) e^{-(x^2+y^2)/2\sigma^2} * f(x, y) \tag{7-57}$$

式中，

$$\nabla^2 h(x, y) = -\left(2 - \frac{x^2 + y^2}{\sigma^2} \right) e^{-(x^2+y^2)/2\sigma^2} \tag{7-58}$$

称为高斯-拉普拉斯算子（Laplacian of Gaussian，LoG）。Marr 证明了人类视觉系统特性可以用 LoG 模型化。因此，LoG 算子又被称为 Marr 边缘检测算子。

Marr 边缘检测算子对噪声具有一定的抑制能力。但该方法同时也模糊了边缘，且计算相对比较复杂。图 7-10（d）所示为针对图 7-10（a）原始遥感图像应用 Marr 检测算子进行边缘检测的结果。

|7.4　遥感图像分割与闭合|

遥感图像分割是按照一定的规则把图像划分为互不相交感兴趣部分或区域的

过程。在许多遥感图像目标检测、识别等应用中，遥感图像分割是其进一步目标检测、识别及理解等应用的关键一步，它的分割效果会直接影响进一步应用处理性能。

传统上，遥感图像分割技术定义为：令 R 为整幅图像区域，遥感图像分割就是把 R 分割成 K 个子区域 R_k（ $k=1,2,\cdots,K$ ）。此时，① R_k 是一个连通的区域；② $\bigcup\limits_{k=1}^{K} R_k = R$ ；③ $R_i \bigcap R_j = \varnothing$（ $i \neq j$ ）；④ $P(R_k) = \text{True}$ ；⑤ $P(R_i \bigcup R_j) = \text{False}$（ $i \neq j$ ）。这里 $P(R_k)$ 是定义在集合 R_k 中点上的逻辑谓词，$\varnothing$ 表示空集。条件①意味着一个区域内像素点必须具有连通性；条件②表示遥感图像必须能完全分割，即遥感图像中每个像素点必须属于其中一个子区域；条件③表示不同区域必须是互不相交的；条件④意味着分割区域内像素点必须满足某种属性的一致性；条件⑤意味着任意两个相邻区域合并后，都不再具备一致性。

7.4.1　经典遥感图像分割方法

经典遥感图像分割方法大多是基于图像像素实现的，其分割过程是将像素作为基本处理单元，通过像素灰度差异来完成分割任务。目前，经典遥感图像分割方法主要包括基于目标区域边界的遥感图像分割法、基于阈值的遥感图像区域分割法、基于区域相似性的遥感图像分割法、基于聚类的遥感图像区域分割法。

1. 基于目标区域边界的遥感图像分割法

顾名思义，基于目标区域边界的遥感图像分割法主要是利用提取的目标区域边界特征进行分割。通常，遥感图像的目标区域和背景区域存在明显的灰度、纹理、颜色等差异性或不连续性，这种差异性或不连续性的区域分界线就是遥感图像区域边缘或边界，利用这种边缘或边界就可以相应地实现遥感图像分割。

在遥感图像处理技术中，通常通过提取目标区域边缘而获得目标区域边界。由于边界和边缘特征提取方法具有相似性，7.3 节介绍的边缘检测算法在这里也都适用于提取目标边界特征，进而可实现目标区域的分割。因此这里就不过多介绍。

2. 基于阈值的遥感图像区域分割法

基于阈值的遥感图像区域分割法的基本原理是通过设定不同的特征阈值，

把遥感图像中的区域目标和背景分开，进而实现遥感图像区域分割。基于阈值的遥感图像区域分割法的突出特点是简单明了、易于实现，在遥感图像分割应用中具有重要地位。但基于阈值的遥感图像区域分割方法的效果完全依赖于阈值的选取。

对于二维遥感图像 $f(x,y)$，如果选定的阈值为 Th，则分割之后的遥感图像 $g(x,y)$ 为二值图像，可以表示为

$$g(x,y) = \begin{cases} 1, & f(x,y) \geqslant \text{Th} \\ 0, & f(x,y) < \text{Th} \end{cases} \text{ 或 } g(x,y) = \begin{cases} 0, & f(x,y) \geqslant \text{Th} \\ 1, & f(x,y) < \text{Th} \end{cases} \quad （7\text{-}59）$$

二者操作互为正负图像关系。此时，图像中像素灰度值小于规定阈值 Th 就设定为目标区域，否则设定为背景区域。

若遥感图像 $f(x,y)$ 灰度的动态范围选择一个灰度区域 $[\text{Th}_1, \text{Th}_2]$ 为阈值，则遥感图像分割为

$$g(x,y) = \begin{cases} 1, & \text{Th}_1 \leqslant f(x,y) \leqslant \text{Th}_2 \\ 0, & \text{其他} \end{cases} \quad （7\text{-}60）$$

而选择半阈值可以把图像背景表示成白或黑，即

$$g(x,y) = \begin{cases} 1, & f(x,y) \geqslant \text{Th} \\ 0, & \text{其他} \end{cases} \quad （7\text{-}61）$$

当遥感图像中目标和背景在灰度上存在明显差异时，基于阈值的遥感图像区域分割方法非常有效。阈值分割的最大问题是阈值 Th 的选择和确定，不同阈值 Th 将会直接影响遥感图像的分割精度，进而影响进一步的目标检测、识别等应用效果。在遥感图像分割（包括许多其他图像处理技术）中，如何确定阈值 Th 一直是一项关键技术，在后续内容将单独介绍。

3. 基于区域相似性的遥感图像分割法

基于区域相似性的遥感图像分割法主要依赖区域内部特征的一致性。特别是在目标区域分割中，目标区域和背景区域有着完全不同的内部差异特征，通过区域生长算法、区域分裂合并算法等将遥感图像分割成互不连通的区域。

区域生长算法的基本思想是将具有相似性质的像素通过迭代更新集合起来构成区域，具体实现过程包括：① 首先对每个需要分割区域选择一个种子像素作为生长的种子点；② 然后将种子像素邻域中与种子点有相同或相似性质的像素，按照预定的某种相似度准则，把符合生长规则的像素点添加到相应的生长区域；③ 如此将这些新像素当作新的种子点，继续进行上面的迭代处理，直到无法找到满足

生长规则的像素点为止。区域生长算法的优点是计算简单，对于较为均匀的连通目标有较好的分割效果。但区域生长算法的问题是需要人为地确定种子点及收敛准则，并且对噪声较敏感，可能会导致区域内有空洞现象。

不同于区域生长算法是从某个或者某些像素种子点出发，区域分裂合并算法是通过迭代合并得到最后的相似性区域，进而实现目标区域分割。区域分裂合并算法可以理解为区域生长算法的逆过程：① 首先将整幅遥感图像分割成互不重叠、互不相交的区域；② 然后利用同质性原则将满足规则的区域进行合并或分裂；③ 迭代直至满足预先规定的终止条件为止。区域分裂合并算法的关键是分裂合并准则的设计。这种方法对复杂遥感图像的分割效果较好，但算法较复杂，计算量大，同时还可能破坏区域的边界。

4. 基于聚类的遥感图像区域分割法

聚类是一种机器学习方法，其核心是通过学习算法达到"物以类聚"的目的。基于聚类的遥感图像区域分割法也是将具有一定相似性的像素分配到同一个集合当中。聚类方法的基本原理将在第 8 章的无监督分类方法中详细描述，本节不过多介绍。

图 7-12（a）、（b）所示分别为针对图 7-10（a）所示原始遥感图像应用基于直方图阈值和 k 均值聚类的图像分割结果。

（a）基于直方图阈值分割　　　　　　　（b）基于 k 均值聚类分割

图 7-12　遥感图像目标区域分割

7.4.2　最佳阈值选择

关于阈值 Th 的选择方法一直是众多遥感图像处理技术所涉及的重要问题，不同应用需求可能有不同的阈值选取方法。通常，阈值选择的一般形式为

$$\text{Th} = \text{Th}[(x,y), f(x,y), p(x,y)] \qquad (7\text{-}62)$$

$p(x,y)$ 是点 (x,y) 邻域的某种局部性质。这样，阈值选择方法可分为 3 类：① 如果阈值 Th 仅根据遥感图像 $f(x,y)$ 来确定，所得到的阈值 Th 仅与遥感图像 $f(x,y)$ 像素本身性质有关，通常称为全局阈值；② 如果阈值 Th 是根据遥感图像 $f(x,y)$ 和邻域 $p(x,y)$ 来确定，所得到的阈值 Th 还与区域性质有关，通常称为局部阈值；③ 如果阈值 Th 的选择还进一步与坐标位置 (x,y) 有关，则确定的阈值 Th 通常称为动态阈值或自适应阈值。

关于最佳阈值 Th 的确定问题，在实际应用中，通常采用最小误判概率准则来确定。假设一幅遥感图像 $f(x,y)$ 中只包含目标和背景两类区域，其灰度 r 出现在类别 ω_1 和 ω_2 中的概率密度分别为 $p_1(r)$ 和 $p_2(r)$，它们一起构成了遥感图像灰度变化的整体概率密度函数 $p(r)$，由遥感图像的统计直方图估计获得。两类概率密度函数曲线与灰度阈值 Th 的关系如图 7-13 所示。这里假设类别 ω_1 为目标区域、ω_2 为背景区域。这时只要在双峰之间的峰谷合理地选择阈值 Th，就很容易把目标从背景中分割出来。

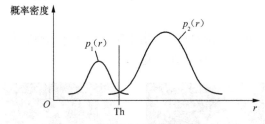

图 7-13 基于直方图的最佳阈值选择

如图 7-13 所示，如果以阈值 Th 进行目标区域分割，则把类别 ω_2 像素误分为类别 ω_1 的误差概率为

$$\varepsilon_1(\text{Th}) = \int_{-\infty}^{\text{Th}} p_2(r)\mathrm{d}r \qquad (7\text{-}63)$$

把类别 ω_1 像素误分为类别 ω_2 的误差概率为

$$\varepsilon_2(\text{Th}) = \int_{\text{Th}}^{+\infty} p_1(r)\mathrm{d}r \qquad (7\text{-}64)$$

如果进一步假设两类出现的先验概率分别为 $P(\omega_1)$ 和 $P(\omega_2)$，且 $P(\omega_1) + P(\omega_2) = 1$，则分割算法的总误差为

$$\varepsilon(\text{Th}) = P(\omega_1)\varepsilon_1(\text{Th}) + P(\omega_2)\varepsilon_2(\text{Th}) \qquad (7\text{-}65)$$

当总误差 $\varepsilon(\text{Th})$ 最小时，即为最佳阈值 Th。此时

$$\frac{\partial \varepsilon(\text{Th})}{\partial \text{Th}} = P(\omega_1)\frac{\partial \varepsilon_1(\text{Th})}{\partial \text{Th}} + P(\omega_2)\frac{\partial \varepsilon_2(\text{Th})}{\partial \text{Th}} = 0 \qquad (7\text{-}66)$$

而 $\dfrac{\partial \varepsilon_1(\text{Th})}{\partial \text{Th}} = p_2(r), \quad \dfrac{\partial \varepsilon_2(\text{Th})}{\partial \text{Th}} = -p_1(r)$ ，则

$$\{P(\omega_1)p_2(r) - P(\omega_2)p_1(r)\}_{r=\text{Th}} = 0 \qquad (7\text{-}67)$$

即

$$P(\omega_1)p_2(\text{Th}) = P(\omega_2)p_1(\text{Th}) \qquad (7\text{-}68)$$

此时解出的 Th 值即为最佳阈值 Th_{best} 。

在具体应用中，若进一步假设两类的概率密度函数 $p_1(r)$ 和 $p_2(r)$ 都具有正态分布，且各自的均值和方差分别为 μ_1、μ_2 和 σ_1^2、σ_2^2 ，则

$$p_1(r) = \frac{1}{\sqrt{2\pi}\sigma_1}\exp\left[-\frac{(r-\mu_1)^2}{2\sigma_1^2}\right] \qquad (7\text{-}69)$$

$$p_2(r) = \frac{1}{\sqrt{2\pi}\sigma_2}\exp\left[-\frac{(r-\mu_2)^2}{2\sigma_2^2}\right] \qquad (7\text{-}70)$$

当 $r = \text{Th}$ 时，有

$$2\sigma_1^2\sigma_2^2 \ln\left[\frac{P(\omega_1)\sigma_2}{P(\omega_2)\sigma_1}\right] = \sigma_2^2(\text{Th}-\mu_1)^2 - \sigma_1^2(\text{Th}-\mu_2)^2 \qquad (7\text{-}71)$$

即可解出 Th_{best} 。作为特例，如果目标和背景出现的概率相等，即 $P(\omega_1) = P(\omega_2) = 0.5$ ，则

$$\text{Th}_{\text{best}} = \frac{\mu_1 + \mu_2}{2} \qquad (7\text{-}72)$$

最佳阈值 Th_{best} 位于概率密度曲线 $p_1(r)$ 和 $p_2(r)$ 的交叉点。

7.4.3　边缘/边界闭合方法

由于受成像条件等因素的影响，前面介绍的边缘检测或边界分割的结果往往是孤立的或分小段连续的像素，并不是一个完整连续的描述曲线。因此，需要在前面介绍的边缘检测或边界检测的基础上，进一步剔除某些干扰点、填补间断点，并将边缘或边界点连接起来，进而形成完整的边缘或边界，这就是边缘/边界闭合技术。下面以边缘闭合方法为例进行介绍。

1. 阈值闭合法

阈值闭合法是一种最简单的边缘闭合方法。它的基础是边缘点 (x,y) 在一个邻域内具有相似性，其连接需要两方面信息：梯度幅度和梯度方向。

设 (x,y) 与 (s,t) 为图像中两个邻域点，如果

$$\left| \nabla f(x,y) - \nabla f(s,t) \right| \leqslant A_{\mathrm{Th}} \tag{7-73}$$

$$\left| \varphi(x,y) - \varphi(s,t) \right| \leqslant \varphi_{\mathrm{Th}} \tag{7-74}$$

则点 (x,y) 与点 (s,t) 可连接起来，A_{Th} 和 φ_{Th} 分别为规定的幅度阈值和角度阈值。如果所有像素都这样操作，可得到闭合边界。在实际应用中，可以根据具体应用需求折中选取最佳阈值。

2. 霍夫变换闭合法

目前，另一种应用较为广泛的边缘闭合方法是霍夫变换（Hough transform），它是利用遥感图像全局特征将边缘像素连接起来组成区域封闭边界的一种方法。霍夫变换的突出优点是受噪声和曲线间断点的影响较小，并考虑了图像像素之间的整体关系。此外，利用霍夫变换还可以直接检测某些已知形状的目标。

霍夫变换的基本思想是点-线对偶性，即将遥感图像空间映射到参数空间以实现间断点的直线或曲线拟合。此时，遥感图像空间中的直线与参数空间中的点一一对应，反过来，参数空间中的直线也与图像空间中的点一一对应。这样，再利用变换后的参数空间累积操作就可以确定遥感图像中的直线特征，进而把遥感图像空间中的直线问题转换为参数空间中寻找极值点的问题。

设在 $x-y$ 遥感图像空间中，任意点 (x,y) 满足直线方程

$$y = px + q \tag{7-75}$$

式中，p 为斜率；q 为截距。这样的直线有无数条，它们完全依赖于参数 p 和 q。

如果以参数 p、q 作为自变量，则在 $p-q$ 参数空间中，该直线方程可以写成

$$q = -px + y \tag{7-76}$$

则变成 $p-q$ 参数空间中过点 (p,q) 的一条直线。如图 7-14（a）、（b）所示，在 $x-y$ 遥感图像空间中点 (x_i, y_i) 和点 (x_j, y_j) 的直线，对应 $p-q$ 参数空间中相交于点 (p_0, q_0) 的两条直线。此时，在 $p-q$ 参数空间中相交点 (p_0, q_0) 最多的点，它们在 $x-y$ 遥感图像空间中都在一条直线上，即点-线的对偶性，这些离散点正是我们需要连接在一起的直线。

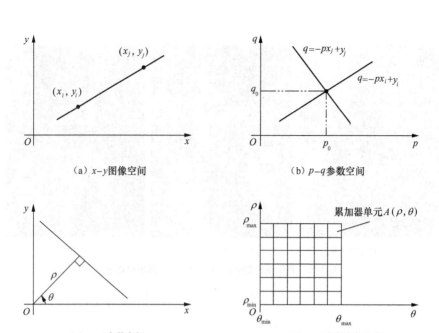

（a）$x-y$ 图像空间　　　　　　（b）$p-q$ 参数空间

（c）$\rho-\theta$ 参数空间　　　　（d）$\rho-\theta$ 参数空间分割

图 7-14　霍夫变换点-线对偶性

在使用式（7-76）直线方程时，最大的问题是如果直线接近于垂直方向时，参数 $p,q \rightarrow \infty$。为此，需要把空间坐标变换从笛卡儿直角坐标空间线性变换为 $\rho-\theta$ 极坐标空间，即

$$\rho = x\cos\theta + y\sin\theta \qquad (7-77)$$

如图 7-14（c）所示，其中 θ 的取值范围一般为 $[-90°,+90°]$。以 x 轴为基准，图像中水平线角度 $\theta = 0°$，此时 ρ 等于正 x 轴截距；同样，遥感图像中垂直线角度 $\theta = 90°$，ρ 等于正 y 轴截距。此时遥感图像中 (x,y) 点对应 $\rho-\theta$ 参数空间中的一条正弦曲线，即原来的点-直线对偶性，对应现在的点-正弦曲线对偶性。

这样，检测 $x-y$ 遥感图像空间中共点的线，需要在 $\rho-\theta$ 参数空间里检测正弦曲线的交点。此时，对于每一对参数 (ρ,θ)，通过一个累加器对其值进行累加，即 $A(\rho,\theta) = A(\rho,\theta)+1$，如图 7-14（d）所示。最后，在 $\rho-\theta$ 参数空间中找出相交曲线最多的点，就可以反求出 $x-y$ 遥感图像空间中的直线，即是我们要检测的边缘。

图 7-15 所示为基于霍夫变换点-线对偶性的边缘闭合结果。其中，图 7-15（a）所示为原始遥感图像，图 7-15（b）所示为其边缘检测结果，图 7-15（c）所示为其边缘闭合结果。可见，霍夫变换既有闭合边缘的作用，又有滤除干扰线段或噪声的功能。

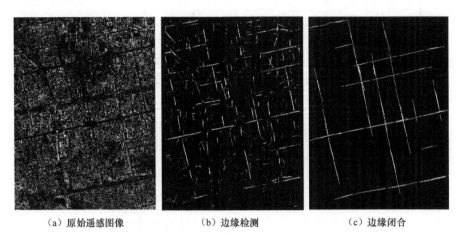

（a）原始遥感图像   （b）边缘检测   （c）边缘闭合

图 7-15　基于霍夫变换点-线对偶性的边缘闭合结果

|7.5　遥感图像特征提取应用技术|

由以上各节介绍可见，遥感图像特征提取与不同的遥感图像解译方法及应用需求有直接关系。面向不同的方法及应用需求，需要提取不同的遥感图像特征，以利于不同的遥感图像解译等进一步应用。下面介绍几种典型的面向应用的遥感图像特征提取技术示例。

7.5.1　尺度不变特征变换

尺度不变特征变换（scale invariant feature transform，SIFT）是一种描述具有尺度不变性的局部特征描述子。它通过确定关键点周围的梯度信息描述子区域，可由一个梯度位置和方向的三维直方图表示。SIFT 是通过在遥感图像二维平面空间和尺度空间同时寻找局部极值特征点，具有旋转、尺度和平移不变性的特征提取和描述方法。

SIFT 的生成过程主要包括 4 个步骤。

1. 建立遥感图像多尺度高斯扩展空间

定义输入遥感图像 $f(x,y)$ 的多尺度高斯扩展空间为

$$L(x,y,\sigma) = G(x,y,\sigma) * f(x,y) \tag{7-78}$$

式中，(x,y) 表示二维空间坐标；σ 表示尺度参数；$G(x,y,\sigma)$ 表示尺度可变高斯函数

$$G(x,y,\sigma) = \frac{1}{2\pi\sigma^2}e^{-(x^2+y^2)/(2\sigma^2)} \tag{7-79}$$

这里 σ 的大小决定了遥感图像的平滑程度。σ 越小则表征该遥感图像被平滑的程度越小，σ 越大则表征该遥感图像被平滑的程度越大。大尺度信息对应于遥感图像的宏观概貌特征，小尺度信息对应于遥感图像的微观细节特征。这样，通过改变尺度因子 σ，可以建立遥感图像 $f(x,y)$ 的多尺度扩展空间 $L(x,y,\sigma)$，体现了原始遥感图像 $f(x,y)$ 在不同尺度下的信息分布情况。

2. 建立图像多尺度高斯差空间

高斯差（Difference of Gaussian，DOG）即相邻两尺度空间函数之差，定义为

$$D(x,y,\sigma) = [G(x,y,k\sigma) - G(x,y,\sigma)] * f(x,y) = L(x,y,k\sigma) - L(x,y,\sigma) \tag{7-80}$$

表示相邻两个高斯尺度空间的信息增量。建立多尺度高斯差空间的目的是进一步获取遥感图像特征点二维坐标位置和所在尺度空间中不同尺度之间的信息变化。

3. 高斯差空间极值检测

为了增强特征点的稳定性、提高其抗干扰能力，需要对遥感图像中候选关键点的二维空间位置和所在尺度进行精确提取，同时将对比度偏低的关键点以及不稳定的边缘响应点予以剔除。在建立的多尺度高斯差空间中，对给定的某尺度下检测点 "x" 与其邻域及邻尺度点（本例 26 个点）进行比较，如图 7-16 所示，以确保在尺度空间和二维遥感图像空间都检测到局部极值点，并对检测到的每个局部极值点，记录它的位置及对应尺度。

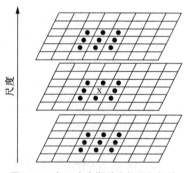

图 7-16　多尺度高斯差空间局部极值检测示意

4. 确定特征点主方向

确定特征点主方向是为了使特征点提取算子具备旋转不变性，提高对图像旋转情况的适应性。计算遥感图像特征点 (x,y) 邻域像素的梯度模值大小和方向：

$$m(x,y)=\sqrt{\left[L(x+1,y)-L(x-1,y)\right]^{2}+\left[L(x,y+1)-L(x,y-1)\right]^{2}}\qquad（7\text{-}81）$$

$$\theta(x,y)=\arctan\left\{\left[L(x,y+1)-L(x,y-1)\right]/\left[L(x+1,y)-L(x-1,y)\right]\right\}\qquad（7\text{-}82）$$

通过统计式（7-81）和式（7-82）的分布，计算出每个特征点的主方向，作为描述子的方向参数。在具体实现应用中，通常在以特征点 (x,y) 为中心的邻域窗口内采样，并用方向梯度直方图统计邻域像素的梯度方向。方向梯度直方图的范围是 $0°\sim360°$，如果每 $10°$ 取一个值，则总共 36 个值。方向梯度直方图的峰值则代表了该特征点处邻域梯度的主方向，即作为该特征点的方向。

7.5.2　方向梯度直方图

方向梯度直方图（histogram of oriented gradient，HOG）是一种在计算机视觉和遥感图像处理中用来进行物体检测的特征描述子。它通过计算和统计遥感图像局部区域的梯度方向来构成特征，其本质是梯度的统计信息。

HOG 特征的具体提取过程包括计算图像梯度图、计算方向梯度直方图、归一化处理和计算 HOG 特征向量。

1. 计算图像梯度图

对于已知图像 $f(x,y)$，需要先计算水平梯度 $\Delta_{x}f(x,y)$ 和垂直梯度 $\Delta_{y}f(x,y)$。通常最简单的方法就是利用一个一维离散梯度模板分别作用于图像的水平方向（x）和垂直方向（y）上。此时，在图像中每个像素都可以获得其梯度强度信息 $|\nabla f(x,y)|$ 和方向信息 $\phi(x,y)$。这样处理的结果是，x 轴方向梯度图会强化垂直边缘特征，y 轴方向梯度图会强化水平边缘特征。这就使得有用的特征（轮廓）得到加强，无关紧要的信息被滤除。

2. 计算方向梯度直方图

把整幅图像划分为若干 $c\times c$（例如 8×8）的小单元，小单元称为细胞单元。此时，在一个 $c\times c$ 的单元内，每个像素包括梯度大小和梯度方向两个变量，共计有 $2\times c\times c$ 个值。继续以梯度方向为横坐标、梯度大小为纵坐标，即可计算每个单元的方向梯度直方图。需要注意，这里方向梯度直方图的方向取值可以是 $0\sim180°$ 或 $0\sim360°$，取决于梯度是否有正负。在实际应用中，通常把方向在 $0\sim180°$ 内分为 9 个通道（即步长 $20°$）效果最好。

3. 归一化处理

通常基于遥感图像梯度建立的方向梯度直方图对光照等成像条件非常敏感。为了提高算法的鲁棒性，将细胞单元组成更大的块区域来实现其直方图的对比度归一化。即在形成的 $c×c$ 细胞单元基础上，再以 $b×b$ 个单元作为一组，通过滑动窗口形成所谓的块区域来实现归一化处理操作。

4. 计算 HOG 特征向量

将归一化的块描述符定义为 HOG 描述子，而将检测遥感图像内所有块的 HOG 描述子组合起来即可构成需要的特征向量。基于 HOG 特征向量可进一步用于应用处理。

7.5.3　基于线段检测算子的目标边缘提取

线段检测算子（line segment detector，LSD）的目的是检测遥感图像中局部直线状边缘，即直线段。LSD 的突出特点是能够非常简单地检测出遥感图像中亚像素精度的线段信息。LSD 具有简单、快速、准确的检测能力，被广泛地应用于遥感图像线段信息的提取。

根据 7.3 节介绍的遥感图像边缘检测方法可知，检测遥感图像中直线的本质就是寻找遥感图像灰度中梯度变化较大的像素，然后将其聚合成若干条直线的过程。LSD 检测流程如图 7-17 所示，主要包括 4 个方面。

图 7-17　LSD 检测流程

1. 遥感图像梯度幅度和方向（相位）计算

与大多数图像梯度计算方法相类似，LSD 采用遥感图像 $f(x, y)$ 的 2 阶邻域、通过差分计算其 x 轴方向和 y 轴方向的梯度，即

$$\Delta f_x(x,y) = \frac{1}{2}\left[f(x+1,y) - f(x,y) + f(x+1,y+1) - f(x,y+1)\right] \tag{7-83}$$

$$\Delta f_y(x,y) = \frac{1}{2}\left[f(x,y+1) - f(x,y) + f(x+1,y+1) - f(x+1,y)\right] \tag{7-84}$$

遥感图像梯度幅度值为

$$\Delta f(x, y) = \sqrt{\Delta f_x^2(x, y) + \Delta f_y^2(x, y)} \qquad （7-85）$$

遥感图像梯度的水平线（level lines）方向为

$$\phi(x, y) = \arctan \left[\frac{\Delta f_x(x, y)}{\Delta f_y(x, y)} \right] \qquad （7-86）$$

值得注意的是，具有较小梯度值的像素点往往是遥感图像中较平坦区域点，对接下来的线段处理作用甚小，甚至是副作用，因此可以采用阈值方法将其予以剔除。

2. 直线段区域像素合并

直线区域像素合并过程类似于区域生长过程。首先选择梯度幅值最大的像素点作为种子点，计算其 4 邻域内像素点与种子点水平线方向角 $\phi(x, y)$ 的角度差。若角度差绝对值小于预先设定的角度阈值 ϕ_{Th}，则判断该像素点在种子点所在的区域，否则不在该种子点区域。也就是说，在该区域内都具有相同或相近的水平线方向角。然后利用统计平均法重新确定该区域内所包含像素点的水平方向角

$$\phi(x, y) = \arctan \left[\frac{\sum_i \sin(\phi_i)}{\sum_i \cos(\phi_i)} \right] \qquad （7-87）$$

式中，ϕ_i 为区域内第 i 个像素处的水平线方向角。

如此遍历每个像素点，最后可以实现直线段支持区域（line support regions，LSR）的生成。

3. 区域最小外接矩形拟合

每个直线段支持区域都是直线段检测的候选区域，并且都会有个外接矩形与之对应。这样针对每个独立的直线段检测的候选区域，确定与区域主惯性矩方向相同的最小外接矩形作为该区域的最佳拟合矩形，并且该矩形的大小必须覆盖整个直线段支持区域，则相应的直线段即为该矩形在主方向上的对称轴。

4. 直线段验证

对候选矩形区域进行检验，以便去除其中的虚警检测结果。为此，统计矩形

区域内包含的像素总数 K 及其水平线方向和矩形方向一致的像素点个数 k ，利用 Helmholtz 原则（即不对噪声图像产生任何检测）计算当前矩形 r 所包含区域内的虚警数（number of false alarm，NFA）

$$\text{NFA}(r) - \sqrt{N^5 \cdot M^5} \cdot \sum_{j=k}^{K} \binom{K}{j} \cdot p^j \cdot (1-p)^{K-i} \qquad (7\text{-}88)$$

式中，M 和 N 分别为图像的行数和列数；p 为出现与矩形方向一致像素点的概率。这样，对于预先设定的判定阈值 ε ，如果 $\text{NFA}(r) < \varepsilon$ ，则该直线段保留；否则放弃该矩形，其直线段认为是虚警检测。

图 7-18 所示为基于 LSD 算法的遥感图像直线段检测结果。其中，图 7-18（a）所示为原始遥感图像。为了减小噪声的影响，图 7-18（b）所示为高斯滤波预处理图像。在高斯滤波预处理图像基础上，图 7-18（c）所示为直线段检测结果图像。

（a）原始遥感图像　　　　　（b）高斯滤波预处理图像　　　　　（c）直线段检测结果图像

图 7-18　基于 LSD 算法的遥感图像直线段检测结果

7.5.4　基于小波多分辨率分解的目标边缘提取

由第 3 章小波变换的定义可知，二维图像小波变换可以理解为是图像在一组独立、具有空间方向性频道上的分解，其分解过程可以用一组包含低通 L 和高通 H 的正交镜像滤波器组来实现，而边缘检测或边界检测可以通过高通滤波来提取。此时，对于任意分解层 $J > 0$ ，遥感图像 $S_0 - f(x, y)$ 完全由（$3J+1$）幅多分辨率遥感图像表示为

$$[S_J, (D_{1j}, D_{2j}, D_{3j})_{1 \leqslant j \leqslant J}] \qquad (7\text{-}89)$$

基于式（7-89），并参见图 3-17 所示可以得出结论：① 分量 S_J 对应于遥感图像 S_{J-1} 得到低频成分，相当于对遥感图像 S_{J-1} 在 x 轴方向和 y 轴方向都进行低通滤

波（用 LL 表示）获得；② 分量 $D_{1,j}$ 相当于对遥感图像 S_{j-1} 在 x 轴方向低通滤波、y 轴方向高通滤波（用 LH 表示）获得，给出遥感图像水平方向的低频成分和垂直方向的高频成分，即 0°方向的边缘；③ 分量 $D_{2,j}$ 给出遥感图像水平方向的高频成分和垂直方向的低频成分，即 90°方向的边缘；④ 分量 $D_{3,j}$ 给出遥感图像对角或反对角方向的高频成分，即 45°或 135°的边缘。

图 7-19 所示为基于小波变换的遥感图像边缘检测结果。其中，图 7-19（a）所示为原始遥感图像，图 7-19（b）所示为其一层小波分解遥感图像，图 7-19（c）、（d）所示分别为水平方向和垂直方向的边缘检测遥感图像。

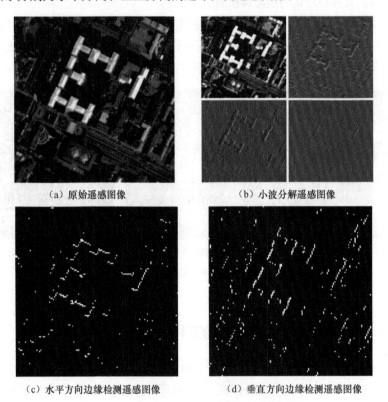

（a）原始遥感图像　　　　　　　（b）小波分解遥感图像

（c）水平方向边缘检测遥感图像　　　　（d）垂直方向边缘检测遥感图像

图 7-19　基于小波变换的遥感图像边缘检测结果

第 8 章

遥感图像分类

图像分类属于模式识别研究范畴，是一种为描述图像目标或类别的定量化分析技术。在模式识别领域，图像分类又称为"模式识别"或"模式分类"。遥感图像分类是遥感图像处理及应用的一个重要组成部分，其主要任务是辨识遥感图像中每个像素可能包含的不同地物种类，并为其分配一个类别标号，表示其所属类别，其分类过程如图 8-1 所示。遥感图像分类涉及的关键技术主要包括两个方面：① 最佳分类器设计与验证；② 遥感图像分类判别准则函数选择。

图 8-1　遥感图像分类过程

从遥感图像分类技术实现和发展的角度，传统的分类器是为图像每个像素分配一个，而且仅是一个标号，这种分类技术目前被称为硬分类。但在遥感成像过程中，由于成像传感器分辨率等因素的限制，大多数遥感图像像素都会出现混合现象，即由多种类别物质组成所谓的混合像素（mixed pixel）。特别是高光谱图像，相对于光谱分辨率，其空间分辨率较低，混合像素更为普遍。为了更有效地处理这种由不同物质组成的混合像素，需要对混合像素进行亚像素或子像素处理，这种对混合像素进行子像素分类的技术被称为软分类。软分类器可以根据像素内物质成分比例，为每个像素分配多个标号，实现子像素分类。从遥感图像像素的角度，这种子像素处理技术在高光谱图像中通常也被称为混合像素解混。本章所介绍的分类技术仅针对硬分类技术，而混合像素解混技术将在第 9 章中单独介绍。

‖8.1　概述‖

就遥感图像分类技术而言，根据分类过程中分类器设计是否需要先验信息，可分为有监督分类（supervised classification）和无监督分类（unsupervised classification）两大类[1, 25-26]，这也是本章重点介绍的内容。有监督分类是指其分类器的设计需要事先已知某些样本的先验信息（通常称为训练样本）。训练样本用于获得分类器的有关参数，该过程通常称为训练或者学习。一旦训练好最佳分类器，即可用于对未知遥感图像中像素类别标号的样本进行分类，此时的分类过程必须遵循一定的判别准则来实现完成。也就是说，有监督分类过程需要两方面的技术：① 最佳分类器设计；② 满足某种测度准则的实时分类。目前，典型的遥感图像有监督分类方法主要包括最小距离分类（minimum distance classification，MDC）和最大似然分类（maximum likelihood classification，MLC）。相对于有监督分类，无监督分类不需要训练样本的先验信息。这类分类技术主要根据遥感图像中同一类别地物目标区域的自相似性，通过聚类（clustering），即"物以类聚"来实现分类。目前广泛应用的无监督分类方法有 k 均值聚类方法和迭代自组织数据分析技术算法（iterative self-organizing data analysis technique algorithm，ISODATA）。在实际应用中，无论是有监督分类还是无监督分类，都会涉及最佳分类器的设计与验证、实现分类的判别准则选择等问题，后续各节将围绕这些问题分别详细介绍。

8.1.1　遥感图像分类基本出发点及测度准则

对于遥感图像分类算法实现而言，大多是围绕某种测度准则下最优分类器设计开展的。此时，遥感图像分类通过分类准则定义的判别函数就很容易实现，即对于具有 K 种类别的遥感图像，就是确定一组判别函数 $\{d_1(x), d_2(x), \cdots, d_K(x)\}$，这样无论什么时候像素 x 属于类别 k（$k = 1, 2, \cdots, K$），$d_k(x)$ 都会大于其他的判别函数。

在具体应用中，通常像素类别先验概率密度函数可作为判别函数，此时对应的分类准则为：设 ω_k 表示第 k 类，如果

$$d_k(x) \geqslant d_l(x), \qquad l = 1, 2, \cdots, K \tag{8-1}$$

则

$$x \in \omega_k \tag{8-2}$$

这样设计最优分类器的过程就转化为确定类别先验概率密度函数的问题。例如，对图 8-2 所示的两类分类，如果假设两种类别的概率密度函数分别为 $p_1(x/\omega_1)$ 和 $p_2(x/\omega_2)$，并且选择最佳分类阈值 Th（类似于 7.4.2 节最佳阈值选择），则第一类 ω_1 的分类精度就是从 $-\infty \to$ Th 对 $p_1(x/\omega_1)$ 积分下的面积、第二类 ω_2 的分类精度是从 Th $\to +\infty$ 对 $p_2(x/\omega_2)$ 积分下的面积，而从 Th $\to +\infty$ 对 $p_1(x/\omega_1)$ 积分下的

面积是第二类 ω_2 的虚警、从 $-\infty \to \text{Th}$ 对 $p_2(\boldsymbol{x}/\omega_2)$ 积分下的面积是第一类 ω_1 的虚警。此外，从 $\text{Th} \to +\infty$ 对 $p_1(\boldsymbol{x}/\omega_1)$ 积分下的面积是第一类 ω_1 的错分（漏分）、从 $-\infty \to \text{Th}$ 对 $p_2(\boldsymbol{x}/\omega_2)$ 积分下的面积是第二类 ω_2 的错分（漏分）。由于正确分类与错误分类概率之和为 1，所以通常只用分类精度和虚警两个指标来评价分类性能。

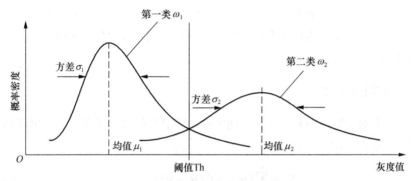

图 8-2　两类概率密度函数及类内距离和类间距离

　　需要指出，这里最优分类器的概念是相对所定义的测度准则而言的，它们的设计往往都离不开类别可分性，涉及类内散射度和类间散射度两个基本概念[28]。

1. 类内散射度

　　类内散射度描述的是同一类别中，所有样本偏离其中心（均值）的程度，通常也可称为类内距离。

　　如果设待分类的图像数据集 $\boldsymbol{x}=[\boldsymbol{x}_1,\boldsymbol{x}_2,\cdots,\boldsymbol{x}_N]$，共有 N 个样本。在某种测度准则下可以被分成 K 类 $\{\boldsymbol{x}_i^{(k)}\}$。其中，$k(k=1,2,\cdots,K)$ 表示类别标号；i $(i=1,2,\cdots,n_k)$ 表示第 k 类内样本的序号，n_k 为类别 k 的样本总数，$\sum_{k=1}^{K} n_k = N$，则类内散射度定义为

$$S_W = \sum_{k=1}^{K}\sum_{i=1}^{n_k}\left\|\boldsymbol{x}_i^{(k)}-\boldsymbol{\mu}_k\right\|^2 \tag{8-3}$$

式中，$\boldsymbol{\mu}_k$ 表示类别 ω_k 的样本均值

$$\boldsymbol{\mu}_k = \frac{1}{n_k}\sum_{i=1}^{n_k}\boldsymbol{x}_i^{(k)}, \quad k=1,2,\cdots,K \tag{8-4}$$

　　式（8-3）表征了各个样本到其类别中心的距离平方和，也就是样本偏离其均值 $\boldsymbol{\mu}_k$ 的方差 σ_k。图 8-2 给出了两种类别分类的示意，这里假设数据集 $\boldsymbol{x}=$

$[\boldsymbol{x}_1, \boldsymbol{x}_2, \cdots, \boldsymbol{x}_N]$ 包含两类样本 ω_1 和 ω_2，其概率分布为高斯分布，均值分别为 $\boldsymbol{\mu}_1$ 和 $\boldsymbol{\mu}_2$。此时

$$S_W = \sum_{i=1}^{n_1} \left\| \boldsymbol{x}_i^{(1)} - \boldsymbol{\mu}_1 \right\|^2 + \sum_{i=1}^{n_2} \left\| \boldsymbol{x}_i^{(2)} - \boldsymbol{\mu}_2 \right\|^2 \tag{8-5}$$

如果选择阈值 Th 为类别判别准则，可见类内散射度 S_W 越小，即方差 σ_1 和 σ_2 越小，两类样本就越相对集中，概率分布曲线下的面积相对越大，其分类精度也会越高。分类器设计的基本出发点就是要使 S_W 最小化，即类内散射度 S_W 最小化（等效于方差减小）。

2. 类间散射度

类间散射度描述的是类与类之间中心（均值）的远近程度，通常也可称为类间距离。类间散射度定义为

$$S_B = \sum_{k=1}^{K} (\boldsymbol{\mu}_k - \boldsymbol{\mu})^{\mathrm{T}} (\boldsymbol{\mu}_k - \boldsymbol{\mu}) \tag{8-6}$$

式中，上标 T 表示矩阵转置；$\boldsymbol{\mu}_k$ 为 ω_k 类的样本均值矢量；$\boldsymbol{\mu}$ 为总样本均值矢量：

$$\boldsymbol{\mu}_k = \frac{1}{n_k} \sum_{\boldsymbol{x}_i \in \omega_k} \boldsymbol{x}_i, \quad k = 1, 2, \cdots, K \tag{8-7}$$

$$\boldsymbol{\mu} = \frac{1}{N} \sum_{i=1}^{N} \boldsymbol{x}_i \tag{8-8}$$

分类器设计的基本出发点就是使 S_B 最大化，即类间散射度最大化（等效于均值间距加大）。同样，以两种类别分类为例，如图 8-2 所示。此时

$$S_B = (\boldsymbol{\mu}_1 - \boldsymbol{\mu})^{\mathrm{T}} (\boldsymbol{\mu}_1 - \boldsymbol{\mu}) + (\boldsymbol{\mu}_2 - \boldsymbol{\mu})^{\mathrm{T}} (\boldsymbol{\mu}_2 - \boldsymbol{\mu}) \tag{8-9}$$

如果 S_B 越大，两类的均值距离就越远，相应的概率分布曲线下的面积也就越大，其分类精度也会越高。

8.1.2 最优分类器设计及费舍尔线性可分性分析

在最优分类器设计方面，传统上是需要建立一个分类面边界模型，并通过预先已知的样本数据集来估计其模型参数。一旦统计模型分界面确定，就可以通过建立的判别函数来区分图像中像素的不同地物类别。

费舍尔线性可分性分析（Fisher's linear discriminant analysis，FLDA）作为目前最佳判别函数已被广泛应用于遥感图像分类中：假设在两类分类中，类别 ω_k

（$k=1,2$）有 n_i 个训练样本矢量，表示为 $\boldsymbol{x}=\{\boldsymbol{x}_i\}_{i=1}^{n_k}$。整个训练样本矢量的均值定义为

$$\boldsymbol{\mu}=\boldsymbol{\mu}_1+\boldsymbol{\mu}_2=\frac{1}{n_1}\sum_{\boldsymbol{x}_i\in\omega_1}\boldsymbol{x}_i+\frac{1}{n_2}\sum_{\boldsymbol{x}_i\in\omega_2}\boldsymbol{x}_i \tag{8-10}$$

式中，

$$\boldsymbol{\mu}_k=\frac{1}{n_k}\sum_{\boldsymbol{x}_i\in\omega_k}\boldsymbol{x}_i,\quad k=1,2 \tag{8-11}$$

费舍尔线性可分性分析的主要思想是寻找一个矢量，能够把所有的数据样本矢量投影到一个新的称为特征空间的数据空间，这样在特征空间中投影数据矢量对于两类 ω_1 和 ω_2 具有最大可分性。此时，如果 $\boldsymbol{w}$ 表示投影矢量，则

$$y=\boldsymbol{w}^{\mathrm{T}}\boldsymbol{x} \tag{8-12}$$

投影到特征空间的训练样本矢量 $\{\boldsymbol{x}_i\}_{i=1}^{n_k}$ 这时表示为 $\{\hat{\boldsymbol{x}}_i\}_{i=1}^{n_k}$，其中

$$\hat{\boldsymbol{x}}_i=\boldsymbol{w}^{\mathrm{T}}\boldsymbol{x} \tag{8-13}$$

对应类别 ω_k 中投影训练矢量的均值和方差为

$$\hat{\boldsymbol{\mu}}_k=\frac{1}{n_k}\sum_{\hat{\boldsymbol{x}}_i\in\omega_k}\hat{\boldsymbol{x}}_i,\quad k=1,2 \tag{8-14}$$

$$\hat{\boldsymbol{\sigma}}_k^2=\frac{1}{n_k}\sum_{\hat{\boldsymbol{x}}_i\in\omega_k}(\hat{\boldsymbol{x}}_i-\hat{\boldsymbol{\mu}}_k)^2,\quad k=1,2 \tag{8-15}$$

这样，对于两类分类取得最大可分性的最佳投影矢量 $\boldsymbol{w}^*$ 满足：① 均值 $\hat{\boldsymbol{\mu}}_1$ 和 $\hat{\boldsymbol{\mu}}_2$ 之间的距离尽可能地远，即类间距离 S_B 最大化；② 每类的方差 $\hat{\boldsymbol{\sigma}}_1^2$ 和 $\hat{\boldsymbol{\sigma}}_2^2$ 尽可能地小，即类内距离 S_W 最小化。

为了同时实现这两个目标，最佳投影矢量 $\boldsymbol{w}^*$ 应该使分类判别准则满足

$$J(\boldsymbol{w})=\frac{(\hat{\boldsymbol{\mu}}_2-\hat{\boldsymbol{\mu}}_1)^2}{\hat{\boldsymbol{\sigma}}_1^2+\hat{\boldsymbol{\sigma}}_2^2}=\frac{(\boldsymbol{w}^{\mathrm{T}}\boldsymbol{\mu}_1-\boldsymbol{w}^{\mathrm{T}}\boldsymbol{\mu}_2)^2}{\sum_{\boldsymbol{x}_i\in\omega_1}(\boldsymbol{w}^{\mathrm{T}}\boldsymbol{x}_i-\boldsymbol{w}^{\mathrm{T}}\boldsymbol{\mu}_1)^2+\sum_{\boldsymbol{x}_i\in\omega_2}(\boldsymbol{w}^{\mathrm{T}}\boldsymbol{x}_i-\boldsymbol{w}^{\mathrm{T}}\boldsymbol{\mu}_2)^2} \tag{8-16}$$

式（8-16）称作为费舍尔比率（Fisher's ratio），也可以写成矩阵的形式

$$J(\boldsymbol{w})=\frac{\boldsymbol{w}^{\mathrm{T}}\boldsymbol{S}_B\boldsymbol{w}}{\boldsymbol{w}^{\mathrm{T}}\boldsymbol{S}_W\boldsymbol{w}} \tag{8-17}$$

式中，$\boldsymbol{S}_B$ 和 $\boldsymbol{S}_W$ 可表示为

$$\boldsymbol{S}_B=(\boldsymbol{\mu}_1-\boldsymbol{\mu}_2)(\boldsymbol{\mu}_1-\boldsymbol{\mu}_2)^{\mathrm{T}} \tag{8-18}$$

$$S_W = \sum_{x_i \in \omega_1} (x_i - \mu_1)(x_i - \mu_1)^\mathrm{T} + \sum_{x_i \in \omega_2} (x_i - \mu_2)(x_i - \mu_2)^\mathrm{T} \tag{8-19}$$

费舍尔准则的几何解释如图 8-2 所示，对于给定的阈值 Th，如果两类的类内距离越小，即方差越小，或者类间间距越大，即两类均值间距越大，分类精度会越高。

8.1.3 遥感图像分类评价准则

遥感图像分类效果好坏需要一定的客观评价准则。在具体应用中，如果根据类别统计量能够准确地评估分类性能参量的话，那么这些参量准则将有助于分类器的设计与选择。从定量化角度对遥感图像分类结果进行评价，目前能够很好体现分类器性能评价准则的统计模型就是混淆矩阵，其定义为

$$\mathrm{C\_Matrix}(i,j) = \begin{bmatrix} n_{11} & n_{12} & \cdots & n_{1K} \\ n_{21} & n_{22} & \cdots & n_{2K} \\ \vdots & \vdots & & \vdots \\ n_{K1} & n_{K2} & \cdots & n_{KK} \end{bmatrix} \tag{8-20}$$

对应式（8-20）的混淆矩阵示如图 8-3 所示。矩阵大小为 $K \times K$，其中 K 为遥感图像中包含的类别数。GT（ground truth）为已知的真值图（真实类别）、CM（classification maps）为分类制图（分类结果），G_k 和 C_k 分别为真值图 GT 和分类制图 CM 中第 $k(k=1,2,\cdots,K)$ 类像素的集合。$n_{ij}(i,j=1,2,\cdots,K)$ 为在真值图 GT 内属于第 ω_j 类，在分类制图 CM 内属于第 ω_i 类的像素个数。可以看到，所有对角线元素是正确分类的像素个数，所有非对角线元素是错误分类的像素个数。也就意味着，如果混淆矩阵中对角线上的元素数值越大，则表示分类结果的可靠性越高，反之，则表示错误分类的现象越严重。

GT〜CM	G_1	G_2	...	G_K
C_1	n_{11}	n_{12}	...	n_{1K}
C_2	n_{21}	n_{22}	...	n_{2K}
$\vdots$	$\vdots$	$\vdots$		$\vdots$
C_K	n_{K1}	n_{K2}	...	n_{KK}

图 8-3 混淆矩阵结构图

基于混淆矩阵，可以定义遥感图像分类的性能评价指标。

1. 全局精度（overall accuracy，OA）

$$P_{\mathrm{OA}} = \frac{1}{N}\sum_{i=1}^{K} n_{ii} \tag{8-21}$$

式中，N 为全部真值图中包含的像素个数，即

$$N = \sum_{i=1}^{K}\sum_{j=1}^{K} n_{ij} \tag{8-22}$$

2. 平均分类精度（average accuracy，AA）

$$P_{\mathrm{AA}} = \frac{1}{K}\sum_{k=1}^{K} CA_k \tag{8-23}$$

式中，第 k 类的分类精度

$$CA_k = \frac{n_{kk}}{N_k} \tag{8-24}$$

式中，N_k 为第 k 类的样本总数。

3. Kappa 系数

以上所提及的精度分析方法反映了各类别的精度、总精度及平均精度。其他的精度分析方法是在分类混淆矩阵的基础上，对分类器的总体有效性能进行定量化评价，其中最常用的是 Kappa 系数，定义为

$$\mathrm{Kappa} = \frac{N\sum_{k=1}^{K} n_{kk} - \sum_{k=1}^{K} n_{k+}n_{+k}}{N^2 - \sum_{k=1}^{K} n_{k+}n_{+k}} \tag{8-25}$$

式中，下标 + 表示行或列的求和。Kappa 系数的计算使用了混淆矩阵中的每一个元素。

在图 8-3 的混淆矩阵中，其元素 n_{ij} 仅将遥感图像中已知真值图像素纳入计算，而对真值图中无类别先验信息的像素，将其排除在分类结果评价之外。这时的评价准则，仅仅表明在训练真值图区域上具有较好的分类效果，不能保证在整幅图像上都具有较高的分类精度。在实际应用中，图像存在背景区域类别（即所有未知类别）的情况更加常见，而背景区域像素在某种程度上会影响图像分类结果。因此，在计算混淆矩阵时，应该把背景区域像素也纳入计算当中。当纳入背景区

域像素时，混淆矩阵和各种精度计算示意如图 8-4 所示，其中 BKG 为图像背景区域。

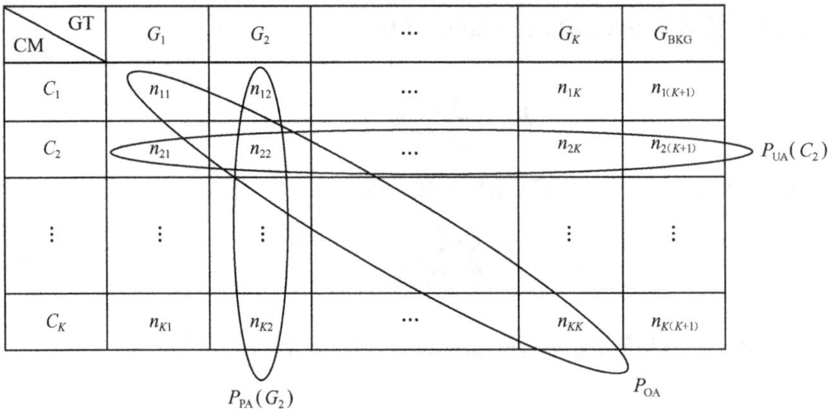

图 8-4　考虑背景像素的混淆矩阵和各种精度计算示意

这样除了以上的全局精度 OA 等评价指标，在考虑背景区域类别情况下，会定义另外一类评价指标。

1. 生产者精度（producer accuracy，PA）

$$P_{\mathrm{PA}}(G_j) = p(C_i / C_j) = \frac{n_{jj}}{N_j} \qquad (8\text{-}26)$$

式中，$N_j = \sum\limits_{i=1}^{K} n_{ij}$。生产者精度 $P_{\mathrm{PA}}(G_j)$ 是第 j 类的分类精度为第 j 类中分类正确的像素个数与真值图中所有属于第 j 类像素总数之比。由于每个类别都可以获得该类的分类精度，因此，对于整幅图可以进一步计算其平均分类精度

$$P_{\mathrm{AA}} = \frac{1}{K} \sum_{j=1}^{K} P_{\mathrm{PA}}(G_j) \qquad (8\text{-}27)$$

2. 使用者精度（user accuracy，UA）

$$P_{\mathrm{UA}}(C_i) = \frac{n_{ii}}{N_i} \qquad (8\text{-}28)$$

式中，$N_i = \sum\limits_{j=1}^{K} n_{ij}$。使用者精度 $P_{\mathrm{UA}}(C_i)$ 的实质是分类准确度的概念。由于每个类别都可以获得该类的分类准确度，因此，对于全图可以进一步计算其平均分类准确度

$$P_{\mathrm{AA}} = \frac{1}{K} \sum_{i=1}^{K} P_{\mathrm{UA}}(C_i) = \frac{1}{K} \sum_{i=1}^{K} \frac{n_{ii}}{N_i} \qquad (8\text{-}29)$$

|8.2　经典有监督遥感图像分类|

由 8.1 节介绍可知，根据分类器设计是否需要先验信息，遥感图像分类方法主要包括有监督分类和无监督分类。由图 8-2 所示可以看出，为了获得较好的分类性能，在分类器设计或者为了最优分类器设计的图像预处理上，最基本的出发点是使分类数据的类内距离最小化、类间距离最大化。基于该出发点，典型的最小距离分类法和最大似然分类法，就是分别基于已知样本数据的一阶统计（均值）和二阶统计（方差）来设计所谓的分类判决边界面的，它们可以最大限度地保证使遥感图像样本达到最佳分类效果。二者的决策面如图 8-5 所示，可见最小距离分类法设计的分类器是线性的，而最大似然分类法设计的分类器是非线性的。

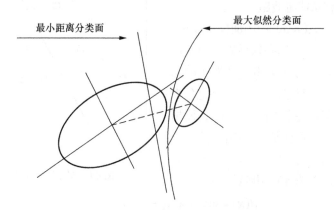

最小距离分类面　　　　　　　　　　　最大似然分类面

图 8-5　两种典型统计方法的分类边界

理论上讲，更高阶的统计量可以用来设计更具有非线性的分类器。但设计高阶分类器往往需要更大量的预先样本来准确地估计高阶统计参数，而实际能够得到的样本数往往是有限的，有时甚至只有少量的样本可以利用，因此，实际上也很少使用比二阶更高的统计量。直到机器学习中支持向量机理论的引入，卷积神经网络技术的广泛应用，进一步促进了遥感图像分类技术的发展。由于最小距离分类器和最大似然分类器是所有分类器设计的基础，所以本节重点介绍它们的基本原理，同时引申到基于机器学习的遥感图像分类技术。目前获得广泛应用的基于支持向量机、卷积神经网络等分类方法，将在以后单独介绍。

8.2.1 最小距离分类器

遥感图像最简单的有监督分类器就是在各类之间设置线性分割边界线实现类别划分，即所谓线性分类器，它也是众多分类器设计的基础。对于二维空间，其边界线将是一条直线。对于高维模式空间，这种分界线将是泛化的直线和面，通常称为超平面。寻找最佳超平面的一个最直接的方法就是通过已知的训练数据或样本，找到每一类中像素的均值向量，然后再找均值向量间垂直平分的超平面，设计的这种分类器就是所谓的最小距离分类器[1]。

从空间几何直观来看，对于由两类地物 ω_1 和 ω_2 构成的二维空间，超平面就是一条能够将两类分开的简单直线，如图 8-6 所示，其直线方程可以表示为

$$w_1x_1 + w_2x_2 + b = 0 \qquad (8\text{-}30)$$

式中，x_1、x_2 为光谱空间中像素灰度值；w_1、w_2 为对应的加权系数，通常称为权值；b 为偏移量或者截距。

为了确定式（8-30）中的加权系数 w_1、w_2 和偏移量 b，我们必须预先已知一定数量的类别 ω_1（方块）和 ω_2（圆）的先验样本。这种通过已知先验信息确定分类器参数的过程就是所谓的"训练"，而相应的已知先验信息就是"训练样本"。一旦超平面的加权系数 w_1、w_2 和偏移量 b 被确定，就可以选择判别函数

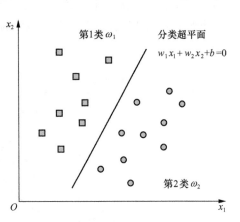

图 8-6　最小距离分类超平面

$$d(\boldsymbol{x}) = w_1x_1 + w_2x_2 + b = 0 \qquad (8\text{-}31)$$

对输入图像样本 $\boldsymbol{x}$ 进行分类：如果 $d(\boldsymbol{x}) > 0$，则 $\boldsymbol{x}$ 属于 ω_1；如果 $d(\boldsymbol{x}) < 0$，则 $\boldsymbol{x}$ 属于 ω_2。

推而广之，对于 N 维数据空间，其线性平面方程描述为

$$w_1x_1 + w_2x_2 + \cdots + w_Nx_N + b = 0 \qquad (8\text{-}32)$$

可以写成向量的形式

$$\boldsymbol{w}^{\mathrm{T}}\boldsymbol{x} + b \equiv \boldsymbol{w} \cdot \boldsymbol{x} + b = 0 \qquad (8\text{-}33)$$

式中，$\boldsymbol{x} = [x_1, x_2, \cdots, x_N]$ 为像素向量；$\boldsymbol{w}$ 为权值向量；上标 T 表示向量转置。同样由式（8-33）可见，超平面的位置取决于权值向量 $\boldsymbol{w}$ 和偏移量 b 两个参数 $(\boldsymbol{w}, b)$，它们需要通过已知样本训练来确定。一旦训练参数 $(\boldsymbol{w}, b)$ 被确定，就可以类似式

（8-31）来确定判别函数

$$d(\boldsymbol{x}) = \boldsymbol{w}^{\mathrm{T}}\boldsymbol{x} + b \equiv \boldsymbol{w} \cdot \boldsymbol{x} + b = 0 \tag{8-34}$$

此时，如果我们可以把 $\boldsymbol{x} = [x_1, x_2, \cdots, x_N]$ 分为 k 种类别 ω_i $(i=1,2,\cdots,k)$，则对于任意输入的像素点 x_n $(n=1,2,\cdots,N)$，代入判别式（8-34）模型中，通过判别 $d(x_n)$ 就可以确定样本 x_n 属于哪一类 ω_k。如对于 $k=2$，则有

$$\text{如果 } d(x_n) > 0，\text{则 } x_n \in \omega_1 \tag{8-35}$$

$$\text{如果 } d(x_n) < 0，\text{则 } x_n \in \omega_2 \tag{8-36}$$

8.2.2 最大似然分类器

最小距离分类器是一种最简单的有监督分类方法，但它的设计只利用了数据的一阶统计量，即均值。对一阶统计特性差别较大的地物进行分类时，最小距离分类方法可以得到较好的分类结果。但当数据的一阶统计量相同或相近时，最小距离分类方法的误差就会较大，此时必须考虑利用高阶统计量的非线性分类方法。该类方法中获得最广泛应用的就是利用数据的二阶统计特性，即基于贝叶斯准则的最大似然分类器[25-26]。

最大似然分类器设计的基本出发点是假设图像像素的概率分布是多维正态分布或高斯分布，而待分类的像素被分类为所属类别中概率最大的一类，其基本原理是：设被分类图像 $f(x,y)$ 中包括 k 类，各类别用 ω_i $(i=1,2,\cdots,k)$ 表示，并用 $\boldsymbol{x}$ 表示图像中维度为 N 的像素灰度值向量。在判断该像素属于某一类时，条件概率

$$p(\omega_i / \boldsymbol{x}), \quad i=1,2,\cdots,k \tag{8-37}$$

起着重要的作用，它给出了像素 $\boldsymbol{x}$ 属于类别 ω_i 的可能性（概率）。

如果能够给出像素 $\boldsymbol{x}$ 属于某一类的条件概率，就可以依据准则

$$\boldsymbol{x} \in \omega_i, \quad p(\omega_i/\boldsymbol{x}) > p(\omega_l/\boldsymbol{x}), \quad l \neq i \tag{8-38}$$

对该像素进行标记，即如果 $p(\omega_i/\boldsymbol{x})$ 最大，则像素 $\boldsymbol{x}$ 属于类别 ω_i。式（8-38）的分类准则通常称为最大后验（maximum a posteriori，MAP）决策准则。

在实际应用中，式（8-37）中的条件概率 $p(\omega_i/\boldsymbol{x})$ 通常是未知的。相比之下，人们更容易从训练样本中得到类别的条件概率 $p(\boldsymbol{x}/\omega_i)$。它描述的是图像类别 ω_k 中，图像所有像素里包含像素 $\boldsymbol{x}$ 的概率。这样，根据贝叶斯（Bayes）理论，二者的关系可以描述为

$$p(\omega_i/\boldsymbol{x}) = p(\boldsymbol{x}/\omega_i)p(\omega_i)/p(\boldsymbol{x}) \tag{8-39}$$

式中，$p(\omega_i)$ 表示属于类别 ω_i 的像素在图像中出现的概率，通常称为先验概率（prior probability），它可以在分类前通过已知图像来统计计算。与此对应；$p(\omega_i/\boldsymbol{x})$ 通常称为后验概率（posterior probability）；$p(\boldsymbol{x})$ 表示某一类别在图像中出现的概率，也可由已知图像确定。

将式（8-39）代入到决策准则（8-38）中，其中 $p(\boldsymbol{x})$ 是公共因子且与类别无关，公式两边可以消去，则式（8-38）可以等价为

$$\boldsymbol{x} \in \omega_i, \quad p(\boldsymbol{x}/\omega_i)p(\omega_i) > p(\boldsymbol{x}/\omega_l)p(\omega_l), \quad l \neq i \qquad (8\text{-}40)$$

式中，$p(\boldsymbol{x}/\omega_i)$ 可以通过训练样本计算；先验概率 $p(\omega_i)$ 可以通过已知图像统计计算。依据这个判决准则进行图像分类所提供的错误概率最小，通常称式（8-40）为贝叶斯准则。这样，最大似然图像分类过程主要包括两个部分：① 根据已知的先验信息，对最大似然概率模型参数进行估计；② 基于贝叶斯准则判别函数，利用设计的分类器模型对输入图像像素进行分类。

1. 最大似然概率模型参数估计

刚刚提及，最大似然分类器是假设每个类别的概率密度函数都是高斯分布，即最大似然概率模型为

$$p(\boldsymbol{x}/\omega_i) = \frac{1}{(2\pi)^{K/2}\left|\boldsymbol{\Sigma}_i\right|^{1/2}} \exp\left[-\frac{1}{2}(\boldsymbol{x}-\boldsymbol{\mu}_i)^{\mathrm{T}}\boldsymbol{\Sigma}_i^{-1}(\boldsymbol{x}-\boldsymbol{\mu}_i)\right] \qquad (8\text{-}41)$$

此时，分类器的设计转化为该模型未知参数的估计问题，这里的参数 $\boldsymbol{\mu}_i$ 为 ω_i 类的均值矢量、$\boldsymbol{\Sigma}_i$ 为对应的方差矩阵，它们都由训练样本获得。一旦参数均值 $\boldsymbol{\mu}_i$ 和方差矩阵 $\boldsymbol{\Sigma}_i$ 根据已知样本估计完成（所谓的训练），分类器的设计就完成或者称为建立了分类模型。这样，对于给定一个未知类别的像素，即可根据各个类别的概率密度函数计算其属于某个类别的后验概率 $p(\boldsymbol{x}/\omega_i)$，并根据判别准则将其划入概率最大的相应类别。

2. 基于贝叶斯准则判别函数

在最大似然概率模型下，为了计算方便，可以定义等效的贝叶斯准则判别函数为

$$d_i(\boldsymbol{x}) = \ln\left\{p(\boldsymbol{x}/\omega_i)p(\omega_i)\right\} = \ln p(\boldsymbol{x}/\omega_i) + \ln p(\omega_i) \qquad (8\text{-}42)$$

代入贝叶斯准则式（8-40），可进一步等效为

$$\boldsymbol{x} \in \omega_i, \quad d_i(\boldsymbol{x}) > d_l(\boldsymbol{x}), \quad l \neq i \qquad (8\text{-}43)$$

如果式（8-41）的高斯分布假设成立，判别函数式（8-42）可以再进一步简化。

此时，将式（8-41）代入式（8-42）中，则有决策函数：

$$d_k(\boldsymbol{x}) = -\frac{k}{2}\ln(2\pi) - \frac{1}{2}\ln|\boldsymbol{\Sigma}_i| - \frac{1}{2}(\boldsymbol{x} - \boldsymbol{\mu}_i)^{\mathrm{T}}\boldsymbol{\Sigma}_i^{-1}(\boldsymbol{x} - \boldsymbol{\mu}_i) + \ln p(\omega_i) \qquad (8\text{-}44)$$

贝叶斯准则的最大似然分类器就是根据式（8-44）判决准则进行分类，其典型遥感图像分类范例如图 8-7 所示。该图像来源于美国普度大学遥感图像处理实验室，1992 年 6 月拍摄于美国印第安纳州西北部印第安农林高光谱遥感试验区。其中，图 8-7（a）所示为由 3 个波段（50、27、17 波段）假彩色合成的原始图像，图 8-7（b）所示为以假彩色形式显示的对应图像的真实地物图，图 8-7（c）所示为采用最大似然分类方法的分类制图结果。在图 8-7 所示的分类图像中，共 6 类地物目标（玉米、大豆、草、林地、干草和小麦）被分类。对应分类混淆矩阵如表 8-1 所示，各个类别的分类精度如表 8-2 所示。如表 8-2 所示，玉米和大豆的分类精度较低，并且主要的错分类也都是由这两类地物造成的。这是由于该图像是 6 月份拍摄的，一些作物处于生长早期，玉米和大豆的光谱特征在这个阶段非常相似（同谱异物）。因此，这也就要求人们研究更具有鲁棒性的分类器。

（a）三波段合成图像

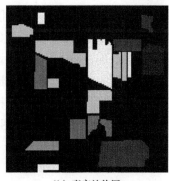

（b）真实地物图

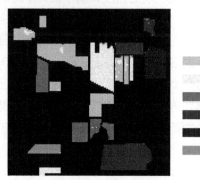

（c）分类制图

玉米
大豆
草
林地
干草
小麦

*图 8-7　基于最大似然分类器的高光谱图像分类

表 8-1　分类混淆矩阵

GT CM	玉米	大豆	草	林地	干草	小麦
玉米	1349	77	8	0	0	0
大豆	77	884	7	0	0	0
草	3	0	741	0	0	0
林地	0	0	14	1279	0	1
干草	0	0	2	0	487	0
小麦	0	1	0	1	0	210

表 8-2　各个类别的分类精度

类别	玉米	大豆	草	林地	干草	小麦
分类精度	94.07%	91.32%	99.20%	98.84%	99.59%	99.06%

8.2.3　基于机器学习的遥感图像分类

随着机器学习理论的不断完善和发展以及应用需求的不断扩大，基于深度学习的遥感图像分类方法不断涌现。这类方法的共同特点是在其网络模型（分类器）设计过程中，除了利用图像本身的特征外，还具有自学习、自组织等特点，可使分类性能达到最佳效果。从是否需要先验信息的角度，基于机器学习的分类方法属于有监督分类范畴，因此我们在这里先做简介性介绍，更详细的相关分类技术将在以后单独介绍。

从网络模型实现的角度，基于机器学习的分类器 C 设计简单，就是建立一个输入数据样本 X 与输出类别标号 Y 之间的关联模型，并通过已知的先验信息 $D=(D_1+D_2)$，利用 D_1 对模型中的参数或特征进行学习，即分类器（模型） C 的训练；在分类器特征参数确定之后，再利用 D_2 对分类器 C 的性能进行验证，该过程通常称为分类器 C 的测试。图 8-8（a）给出了一个典型的基于机器学习的遥感图像分类器训练和测试过程[25]。一旦最优分类器 C 设计完成，就可以基于某种判别准则对未知新数据 X 进行映射，得到其对应的标号 Y 实现图像的分类，如图 8-8（b）所示。

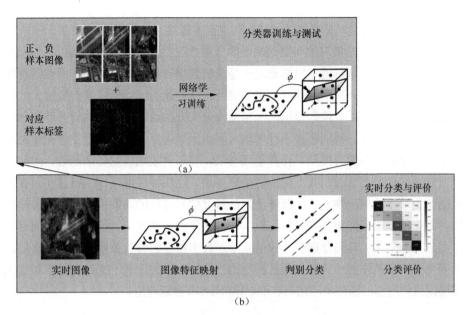

图 8-8　基于机器学习的有监督分类系统框图

1. 基于机器学习的分类器（网络模型）设计

在遥感图像分类的实际应用中，分类器往往都是事先设计好的，通常称为离线设计。基于机器学习的分类器（网络模型）设计一般包括训练和测试两个过程[8]。训练就是根据大量已知带有标号的样本，对分类器（网络模型）的未知参数或特征进行学习确定的过程。如何找到最优的分类器或模型，就是一个最优化问题。从这个角度，基于机器学习的训练过程可以理解为是一种最优化求解过程。一旦分类器参数训练完成，接着就需要用测试样本对分类器的性能进行比较分析与评价，这就是测试过程。值得注意的是，在分类器的优化设计中，无论是训练过程还是测试过程，理论上都必须预先建立带有标号的训练样本集和测试样本集。这通常是一件非常难的事情，不仅费时费力，而且还受一定人为因素的影响。此外，样本的选择方式和数量等因素（特别是小样本、不平衡样本的情况）都会直接影响分类器的性能。

2. 遥感图像实时分类

最佳分类器设计完成之后，就可以根据某种判别准则对任意输入图像进行分类。实际应用中，这种分类系统一般需要实时处理，通常称为在线实时分类。值得注意的是，这里的分类结果除了依赖于分类器的设计以外，还与分类的判别准则及分类结果的评价准则有直接关系。不同的判别准则，可能得到不同的分类结果；不同的评价准则对分类器的性能评估也至关重要，可能得到不同的结论。

目前，基于机器学习的典型遥感图像分类方法主要包括支持向量机、卷积神经网络等。支持向量机的突出特点之一是通过数据变换映射，可使非线性问题线性化，这样线性分离超平面就变得更加灵活，这种超平面的形式具有更强大的分类能力。此外，基于支持向量机的遥感图像分类方法可以在模型的复杂性和学习能力之间达到平衡，特别是在小样本学习问题上取得巨大成功。但支持向量机本质上属于浅层结构学习模型、计算单元有限，难以有效地表达复杂函数，因此在面对复杂的分类问题时，其泛化能力略显不足。卷积神经网络作为机器学习在遥感图像处理领域的一种非常活跃算法，是深度学习方法的典型代表，其学习模型结构是一种多层感知器：卷积层可以实现自动化的遥感图像特征提取，从而避免过多的人为干涉；其局部连接、权值共享等技术特点能够有效地减少网络参数，从而降低网络模型的计算量并提升模型的泛化能力。关于基于支持向量机和卷积神经网络的遥感图像分类应用将在 8.4 节和 8.5 节分别介绍。

|8.3 经典无监督遥感图像分类|

不同于需要已知样本先验信息的有监督分类方法，无监督分类是在用户预先没有先验信息的情况下，根据某种测度准则把遥感图像中每个像素分成某种类别的方法，其分类结果通常是一幅聚类图。无监督分类原理如图 8-9 所示。可见，无监督分类方法同样需要研究两方面问题：分类测度准则和聚类算法。

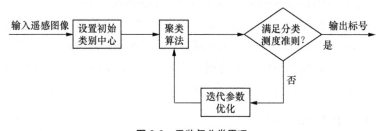

图 8-9 无监督分类原理

8.3.1 分类测度准则

传统的无监督分类方法主要是衡量每个样本间的相似性，通常利用距离度量

来作为分类测度准则。不同的测度准则对应于不同的分类结果，而最常用的分类测度准则是闵可夫斯基距离，其定义为[25]

$$d(\boldsymbol{x},\boldsymbol{y}) = \left[\sum_{i=1}^{N}(x_i - y_i)^m\right]^{1/m} \tag{8-45}$$

式中，$\boldsymbol{x} = [x_1 \quad x_2 \quad \cdots \quad x_N]^{\mathrm{T}}$；$\boldsymbol{y} = [y_1 \quad y_2 \quad \cdots \quad y_N]^{\mathrm{T}}$；$m$ 为闵可夫斯基参数。

作为闵可夫斯基距离的特例，当 $m=1$ 时，$d(\boldsymbol{x},\boldsymbol{y})$ 为绝对距离或曼哈顿距离：

$$d(\boldsymbol{x},\boldsymbol{y}) = \sum_{i=1}^{N}|x_i - y_i| \tag{8-46}$$

当 $m=2$ 时，$d(\boldsymbol{x},\boldsymbol{y})$ 为欧几里得距离（简称欧氏距离）：

$$d(\boldsymbol{x},\boldsymbol{y}) = \|\boldsymbol{x} - \boldsymbol{y}\| = \left[\sum_{i=1}^{N}(x_i - y_i)^2\right]^{1/2} \tag{8-47}$$

相对于式（8-47）的欧几里得距离，式（8-46）的曼哈顿距离有较少的计算量，在实际实时系统中更广泛应用。

8.3.2　聚类算法

最简单的聚类算法就是 k 均值聚类算法，其核心思想是通过迭代使各数据样本 $\boldsymbol{x}$ 与各类别中心值（均值）$\boldsymbol{c}_i(i=1,2,\cdots,k)$ 之间的误差平方和，即

$$J_e = \sum_{i=1}^{k}\sum_{\boldsymbol{x}\in\omega_i}\|\boldsymbol{x} - \boldsymbol{c}_i\|^2 \tag{8-48}$$

局部最小。

式中，$i=1,2,\cdots,k$ 为类别标号。

图 8-10 给出了 k 均值聚类算法的示意，其分类的基本步骤包括：

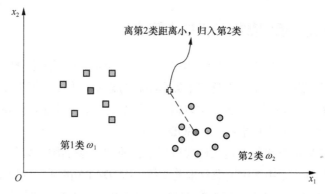

图 8-10　k 均值聚类算法示意

① 选取任意 k 类的初始聚类中心值 $\{c_i^{(r)}\}$。其中，$i = 1, 2, \cdots, k$ 为类别标号，r 为迭代次数标号，初始值 $r = 0$。

② 对于具有 N 个待分类的样本集 $\{x_j\}$（$j = 1, 2, \cdots, N$），将每个样本 x_j 按照最小距离测度准则划分给 k 类中的某一类 $\omega_i^{(r+1)}$，即

如果

$$d_{ji}^{(r)} = \min[d_{ji}^{(r)}], \quad j = 1, 2, \cdots, N \tag{8-49}$$

则

$$x_j \in \omega_i^{(r+1)} \tag{8-50}$$

式（8-49）中 $d_{ji}^{(r)}$ 是根据式（8-48）表示样本 x_j 和类别 $\omega_i^{(r)}$ 中心值 $c_i^{(r)}$ 的距离。于是可以产生新的聚类类别集合 $\omega_i^{(r+1)}$（$i = 1, 2, \cdots, k$）。

③ 计算迭代后新的类别中心值 $\{c_i^{(r+1)}\}$

$$c_i^{(r+1)} = \frac{1}{n_i^{(r+1)}} \sum_{x_j \in \omega_i^{(r+1)}} x_j \tag{8-51}$$

式中，$n_i^{(r+1)}$ 为 $\omega_i^{(r+1)}$ 类中样本的个数。而类别中心 $\{c_i^{(r+1)}\}$ 的实质分别是 k 种类别的均值，故该方法称为 k 均值聚类分类法。

④ 迭代收敛。迭代收敛有两种方式：规定最大迭代次数 r_{max} 的绝对收敛或规定最小允许误差 ε_{min} 的相对收敛。即，如果满足绝对收敛条件

$$r > r_{max} \tag{8-52}$$

或相对收敛条件

$$\left| c_i^{(r+1)} - c_i^{(r)} \right| \leqslant \varepsilon_{min}, \quad i = 1, 2, \cdots, k \tag{8-53}$$

则迭代结束；否则继续聚类迭代②。

8.3.3 迭代自组织数据分析技术算法

k 均值聚类算法的突出特点是方法简单、易于实现。但该方法的最大问题是受限于初始类别数量的规定，以及初始类别中心的选择。为此，基于 k 均值聚类算法，人们进行了一系列的改进方案以避免其不足之处，其中最典型的改进方案就是迭代自组织数据分析技术算法（ISODATA）。

ISODATA 的突出特点是在迭代过程中，通过计算分类样本的类内和类间距离，来自组织地重新组织类别数及相关参数。ISODATA 的基本步骤如下。

① 选取任意 $C^{(0)}$ 类的初始聚类中心 $\{c_i^{(0)}\}$。其中，$i = 1, 2, \cdots, C^{(0)}$ 为初始聚类中心

个数，$C^{(0)}$ 不一定等于最后分类个数 k。r 为迭代次数标号，初始值 $r = 0$、$C^{(r)} = C^{(0)}$。

② 对于具有 N 个待分类的样本集 $\{x_j\}$ ($j = 1, 2, \cdots, N$)，将每个样本 x_j 按照最小距离测度准则划分给 $C^{(r)}$ 类中某一类 ω_i，即

如果

$$d_{ji} = \min \left\| x_j - c_i^{(r)} \right\|, \quad j = 1, 2, \cdots, N \tag{8-54}$$

则

$$x_j \in \omega_i \tag{8-55}$$

式（8-54）中 d_{ji} 是根据式（8-48）表示样本 x_j 和类别 ω_i 的中心 $c_i^{(r)}$ 的距离。于是可以产生新的聚类类别集合 ω_i ($i = 1, 2, \cdots, C^{(r)}$)。

③ 根据预先规定的每类样本所允许的最小样本数 $\text{Th}_{\min\_intra\_num}$，即某类的样本数要大于 $\text{Th}_{\min\_intra\_num}$，来判断该类是否需要合并？

如果类别 ω_k 中的样本个数 $N_i < \text{Th}_{\min\_intra\_num}$，则取消该类的中心 $c_i^{(r)}$，$C^{(r)} = C^{(r)} - 1$，转回②继续迭代；否则继续④。

④ 计算迭代后新的类别的均值和方差

$$m_i = \frac{1}{N_i} \sum_{x_j \in \omega_i} x_j, \quad i = 1, 2, \cdots, C^{(r)} \tag{8-56}$$

$$\sigma_i^2 = \frac{1}{N_i - 1} \sum_{x_j \in \omega_i} (x_j - m_i)^2, \quad i = 1, 2, \cdots, C^{(r)} \tag{8-57}$$

进而形成新的类别中心 $\{c_i^{(r+1)}\}$

$$c_i^{(r+1)} = m_i + \sigma_i^2 \times \left[2\left(\frac{i-1}{C^{(r)} - 1} \right) - 1 \right], \quad i = 1, 2, \cdots, C^{(r)} \tag{8-58}$$

值得注意的是，这里均值 m_i 反映了样值分布的总体趋势，而方差 σ_i^2 体现了每个像素偏离均值 m_i 的程度。

⑤ 同样，迭代结束需要收敛准则，包括式（8-52）绝对收敛和式（8-53）相对收敛。如果满足收敛准则，则迭代结束，形成 $k = C^{(r)}$ 类；否则继续聚类迭代②。

8.3.4　迭代收敛准则

尽管无监督聚类方法是把遥感图像分成了 k 类，但并不知道这 k 类的物理属性，而只是根据遥感图像数据本身特性，通过"物以类聚"的方式形成了 k 类相似的数据集合。由以上介绍的无监督聚类过程可见，这种 k 类相似的数据集合的形成也完全取决于一个关键技术，就是迭代收敛准则的选择。目前广泛应用的收敛准则通常

包括绝对准则和相对误差准则两种，它们将决定分类过程的分类结果以及收敛程度。

在具体实现中，通过收敛测度准则完成无监督分类的迭代结果往往形成所谓的决策树状结构（还有许多其他图像处理技术也具有这种树状结构）：决策树由许多相连的决策节点组成，如图 8-11 所示。原始图像常称为根节点，由根节点通过决策规则可以分裂成中间节点，中间节点是否能再继续分裂取决于收敛测度准则的约束，最后不能再分裂的节点称为终节点。节点与节点之间具有"父子"关系，上一级节点称为"父"节点、下一级节点称为"子"节点。这样，对于包含有 k 种类别的集合 $S = \{\omega_i, i = 1, 2, \cdots, k\}$，$S_{ij} \subset S$ 为子集：① 绝对收敛准则下分类是基于预先规定的分类类别数 k 进行类似于二叉树分类，直到满足 k 类为止，如图 8-11（a）所示。② 相对收敛准则下分类是基于预先规定的允许最小误差 $\varepsilon_{\min}$ 阈值，当上下两次迭代的相对误差满足小于 $\varepsilon_{\min}$ 要求时，则该节点可以分类为终节点，不需要继续迭代；否则该节点需要继续分类，直至满足要求为止，如图 8-11（b）所示。

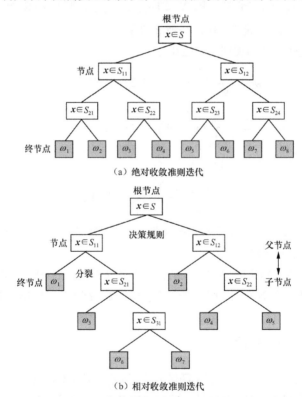

图 8-11　无监督分类的绝对收敛准则和相对收敛准则下的树状结构

图 8-12（b）~（d）分别给出了基于 ISODATA 及相对收敛准则下，2 类、4

类和 7 类的树状分类结果。所用图像为美国佛罗里达州肯尼迪航天中心的遥感高光谱图像：图 8-12（a）所示为原始图像（由波段 31、21、11 合成的假彩色图像）；图 8-12（b）所示为聚类成陆地和水域 2 类的分类结果；在此基础上，陆地进一步聚类成土壤和植被 2 类、水域进一步聚类成深水和浅滩 2 类，共计 4 类，如图 8-12（c）所示；再进一步聚类成 7 类，如图 8-12（d）所示。

（a）原始遥感图像

（b）2 类聚类

（c）4 类聚类

（d）7 类聚类

*图 8-12　基于 ISODATA 的聚类分类结果

8.4　基于支持向量机的高光谱图像分类

高光谱图像应用研究初期，由于处理技术和硬件条件等因素制约，研究者一般直接从多光谱图像处理的思路出发，将多光谱图像处理方法直接推广至高光谱图像进行研究。例如，使用基于统计方法或神经网络方法对高光谱图像进行分类。但是，由于高光谱图像的高维特性，往往难以找到适合描述高光谱图像中样本分布的数学模型，同时统计参数也存在难以计算或计算不准确的情况，因此基于统计方法的应用受到一定程度的阻碍。同时，神经网络由于存在一定的随机性，且要求计算机具有较强的计算能力，在高光谱图像分类中也受到一定的限制。与此同时，以支持向量机为代表的多种浅层机器学习算法得到突飞猛进的发展，在高光谱图像分类中获得了较为理想的结果。相对而言，支持向量机致力于寻找全局最优解，避免了传统神经网络陷入局部最小值的弊端。在许多应用上，支持向量机不仅优于传统的统计学习方法，也优于大多数的机器学习方法，可实现复杂模型和泛化学习能力之间的最佳折中。支持向量机在解决线性不可分问题时具有明显优势，它通过核函数将低维输入空间的数据映射到高维空间，从而将原始低维空间中的线性不可分问题转化为高维空间上的线性可分问题，大大简化了图像的分类过程。此外，支持向量机在解决小样本问题方面也具有突出特点。这里所谓小样本并非指样本的绝对数量少，而是相对于问题复杂度，支持向量机需求的样本相对较少，使支持向量机更适合用于训练样本欠充足的高光谱图像分类等解译应用。为此，本节将单独介绍基于支持向量机的高光谱图像分类技术。

8.4.1　基于支持向量机的高光谱图像分类原理

支持向量机是在统计学习理论基础上发展起来的新一代机器学习理论。支持向量机是一种有监督学习方法，用来处理两类分类问题。类似 8.2 节介绍的最小距离分类器，支持向量机分类的基本原理也是寻找一个分类超平面，使得训练样本中的两类样本点能够被分开，并且距离该平面尽可能地远。

由最小距离分类器设计的基本出发点可知，在寻找合适的分类超平面时，需要考虑的训练样本仅仅是各类中距离超平面最近的，也就是距离两类边界最近的那些样本。这种寻找超平面的方法简单、直接，但不一定是最佳。如果能够找到满足这些像素的超平面，那么距离边界远一些的像素也满足条件，即最佳超平面应该是距离两类边界像素点等距离的超平面，这就是支持向量（support vector，SV）的概念，如图 8-13 所示[1, 29]。此时，分类超平面的最佳位置是使两类样本之间具有最大距离，而分别通过两类最近样本构成的两个与之平行的超平面，称为边缘（margin）超平面。这样，对于两个边缘超平面两侧的样本有

第 1 类像素：

$$w^T x + b \geqslant 1 \tag{8-59}$$

第 2 类像素：

$$w^T x + b \leqslant -1 \tag{8-60}$$

其中，在两个边缘超平面上取"="号时，其两类间隔 D 为

$$D = 2/\|\boldsymbol{w}\| \tag{8-61}$$

即分类超平面的最佳位置应该是使分类间隔 $D = 2/\|\boldsymbol{w}\|$ 达到最大，或者等效为权向量的范数 $\|\boldsymbol{w}\|$ 最小。支持向量机主要是针对两类分类问题提出来的，在遥感高光谱图像多类分类应用中，通常是将多类分类问题转化为多个两类分类问题。因此，这里还是从介绍两类分类的原理为出发点[30]。

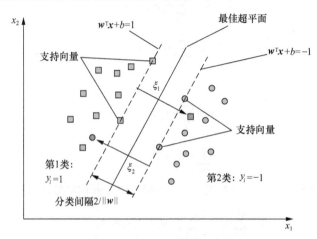

图 8-13　支持向量及最佳超平面

对于基于支持向量机的高光谱图像分类，如果已知输入样本集 $\{(\boldsymbol{x}_i, y_i), i = 1, 2, \cdots, N\}$。其中，$\boldsymbol{x}_i$ 是高光谱图像中一个光谱向量，$y_i \in \{-1, +1\}$ 是对应的类别标签，N 是训练样本总数。现在的分类问题就是寻找一个最大间隔的分类超平面

$$\boldsymbol{w}^{\mathrm{T}} \boldsymbol{x}_i + b = 0 \tag{8-62}$$

等效为使之满足

$$y_i(\boldsymbol{w}^{\mathrm{T}} \boldsymbol{x}_i + b) \geqslant 1 \tag{8-63}$$

的优化问题，即如何寻找式（8-61）权向量的最小范数 $\|\boldsymbol{w}\|$ 问题。

为了寻找最小化的 $\|\boldsymbol{w}\|$，对于每一个样本，必须遵守式（8-63）的约束条件。通常情况下，这类问题大多都借用拉格朗日乘子（Lagrange multiplier）法进行有约束优化求解。这时需要建立一个优化目标函数，称为拉格朗日函数 L，需要包含最小化的 $\|\boldsymbol{w}\|$，再减去加权的每个约束条件，即

$$\min \frac{1}{2}\|\boldsymbol{w}\| = \min \frac{1}{2} \boldsymbol{w}^{\mathrm{T}} \boldsymbol{w} \tag{8-64}$$

$$\text{s.t. } y_i(\boldsymbol{w}^\mathrm{T}\boldsymbol{x}_i + b) \geqslant 1, i = 1, 2, \cdots, N$$

这样将其应用在支持向量机分类器中，构造拉格朗日乘子式为

$$L = \frac{1}{2}\boldsymbol{w}^\mathrm{T}\boldsymbol{w} - \sum_{i=1}^{N}\alpha_i\{y_i(\boldsymbol{w}^\mathrm{T}\boldsymbol{x}_i + b) - 1\} \qquad (8\text{-}65)$$

式中，$\boldsymbol{\alpha} = (\alpha_i : i = 1, 2, \cdots, N)$ 称为拉格朗日乘子，其值为非负 $\alpha_i \geqslant 0$。

考虑参数 $\boldsymbol{w}$ 和 b，并使 L 最小，则需要对式（8-65）进行求导并令其为零，即

$$\frac{\partial L}{\partial \boldsymbol{w}} = \boldsymbol{w} - \sum_{i=1}^{N}\alpha_i y_i \boldsymbol{x}_i = 0 \qquad (8\text{-}66)$$

$$\frac{\partial L}{\partial b} = -\sum_{i=1}^{N}y_i\alpha_i = 0 \qquad (8\text{-}67)$$

可得

$$\boldsymbol{w} = \sum_{i=1}^{N}\alpha_i y_i \boldsymbol{x}_i \qquad (8\text{-}68)$$

$$\sum_{i=1}^{N}y_i\alpha_i = 0 \qquad (8\text{-}69)$$

将式（8-68）、式（8-69）代入式（8-65）中，并简化处理可得

$$L = \sum_{i=1}^{N}\alpha_i - \frac{1}{2}\sum_{i=1}^{N}\sum_{j=1}^{N}\alpha_i\alpha_j y_i y_j \boldsymbol{x}_i^\mathrm{T}\boldsymbol{x}_j \qquad (8\text{-}70)$$

为了对式（8-70）求解，除了要求 $\boldsymbol{\alpha} = (\alpha_i : i = 1, 2, \cdots, N)$ 满足式（8-70）和 $\alpha_i \geqslant 0$（$\boldsymbol{\alpha}$ 中的每个成分 α_i 均大于或等于 0）两个条件外，还需要另一个广义约束条件，即称为卡鲁什·库恩·塔克（Karush Kuhn Tucker, KKT）互补松弛条件

$$\alpha_i\{y_i(\boldsymbol{w}^\mathrm{T}\boldsymbol{x}_i + b) - 1\} = 0 \qquad (8\text{-}71)$$

此时，为了使式（8-71）成立，要求要么 $\alpha_i = 0$，要么 $y_i(\boldsymbol{w}^\mathrm{T}\boldsymbol{x}_i + b) - 1 = 0$。根据式（8-63），只有当训练样本位于分界面上时，后者才能成立。此时，称这些训练样本为支持向量，进而式（8-68）可以表示为

$$\boldsymbol{w}_{\mathrm{sv}} = \sum_{i=1}^{N_{\mathrm{sv}}}\alpha_i y_i \boldsymbol{x}_i \qquad (8\text{-}72)$$

即 $\boldsymbol{w}_{\mathrm{sv}}$ 是个数为 N_{sv} 集合 S 中距离最优分类超平面最近的样本点的线性组合，这些支持向量也是用来确定最优分类超平面所需要的训练样本点。

如果给出支持向量 $\boldsymbol{w}_{\mathrm{sv}}$，参数 b_{sv} 的值也可以通过 KKT 互补松弛条件进行确定，即

$$b_{\mathrm{sv}} = \frac{1}{N_{\mathrm{sv}}}\sum_{\boldsymbol{x}\in S}\left\{y_{\boldsymbol{x}} - \sum_{i\in S}\alpha_i y_i \boldsymbol{x}_i^\mathrm{T}\boldsymbol{x}\right\} \qquad (8\text{-}73)$$

一旦支持向量 $\boldsymbol{w}_{sv}$ 及对应的参数 b_{sv} 确定，相应的分类模型就训练或学习完成：

$$y = \boldsymbol{w}_{sv}^{T}\boldsymbol{x} + b_{sv} \qquad (8\text{-}74)$$

由以上介绍可见，基于支持向量机的高光谱图像分类的基本出发点为寻找一个最优分类超平面：假设存在一个数据集合 S，集合中的样本 $\boldsymbol{x}_i \in \mathbb{R}^n$ $(i = 1, 2, \cdots, N)$，这些样本点可以分成两类，即每个样本 $\boldsymbol{x}_i$ 属于且仅属于其中一类，分别被赋予一个标签 $y_i \in \{-1, 1\}$。超平面的目的就是构建一个等式，使集合 S 中属于同一类的样本点均分布在该超平面两侧，且类别与超平面之间的距离达到最大化。

这样，对于待分类的输入样本 $\boldsymbol{x}$，通过式（8-74）即可进行分类标号：

$$y = \mathrm{sgn}\{\boldsymbol{w}_{sv}^{T}\boldsymbol{x} + b_{sv}\} = \mathrm{sgn}\left\{\sum_{i \in S}\alpha_i y_i \boldsymbol{x}_i^{T}\boldsymbol{x} + b_{sv}\right\} \qquad (8\text{-}75)$$

值得注意的是，在实际应用中，很多情况会存在类别重叠问题，不可能把两大类地物目标完全分开。也就是说，支持向量机分类方法不能解决这种类别重叠问题，需要进一步改进。通常是在训练过程中，引入一个"松弛因子（slack factor）" ξ_i，来放松寻找最大分类间隔的分类方法。此时，式（8-63）的约束条件改进为

$$y_i(\boldsymbol{w}^{T}\boldsymbol{x}_i + b) \geqslant 1 - \xi_i \qquad (8\text{-}76)$$

这样，在要求最小化错分的同时，还要通过最小化 $\|\boldsymbol{w}\|$ 来最大化分类间隔。此时，式（8-64）的约束条件变为

$$\min\left\{\frac{1}{2}\|\boldsymbol{w}\| + C\sum_i \xi_i\right\} \qquad (8\text{-}77)$$

式中，加权系数 C 称为规则化系数（regularization parameter），用于调整间隔和错分误差二者的相对重要性[30]。

8.4.2　支持向量机的等效核函数映射

在 8.4.1 节的介绍中，主要是支持向量机解决线性可分的两类分类问题。根据式（8-73）和式（8-75），其核心是输入像素向量进行点积运算 $\boldsymbol{x}_i^{T}\boldsymbol{x} = \boldsymbol{x}_i \cdot \boldsymbol{x}$。而在实际应用中，被分类的数据并不总是线性可分的。如图 8-14 所示，两类目标 ω_1 和 ω_2 显然无法利用线性函数分开，即线性不可分[25]。此时，如果我们用一个通过两类交叉点 a 和 b 的二次非线性函数

$$d(x) = c_2 x^2 + c_1 x + c_0 \tag{8-78}$$

进行映射变换，即设

$$y_1 = x^2 , \quad y_2 = x \tag{8-79}$$

则

$$d(y) = c_2 y_1 + c_1 y_2 + c_0 \tag{8-80}$$

显然 $d(y)$ 是二维线性可分的，即把一维线性不可分的映射成线性可分的。此时，如果 $d(y) > 0$，则 $y \in \omega_1$；如果 $d(y) < 0$，则 $y \in \omega_2$。

同理，我们可以构造出高维空间中的线性分类器来解决低维空间线性不可分的问题，即低维线性不可分向高维线性可分映射。支持向量机根据这种思想，引入核函数（kernel function）映射来解决非线性问题，其基本形式为

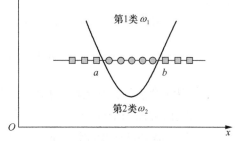

图 8-14　线性不可分的两类目标

$$k(\boldsymbol{x}_i, \boldsymbol{x}) = \phi(\boldsymbol{x}_i) \cdot \phi(\boldsymbol{x}) = \phi(\boldsymbol{x}_i)^{\mathrm{T}} \phi(\boldsymbol{x}) \tag{8-81}$$

这是一个映射函数 ϕ 的点积，其值是一个标量值，并与映射函数 ϕ 的形式无关，进而可以转化为如何选择适当的核函数 $k(\boldsymbol{x}_i, \boldsymbol{x})$，使之与函数点积等价的问题。

特别需要指出，核函数的选择需要满足 Mercer 条件：对于任意对称函数 $k(\boldsymbol{x}_i, \boldsymbol{x})$，它是某个特征空间中内积运算的充分必要条件是：对于任意 $\phi(\boldsymbol{x}) \neq 0$ 且 $\int \phi^2(\boldsymbol{x}) \mathrm{d}\boldsymbol{x} < \infty$，有

$$\iint k(\boldsymbol{x}_i, \boldsymbol{x}) \phi(\boldsymbol{x}) \phi(\boldsymbol{x}_i) \mathrm{d}\boldsymbol{x} \mathrm{d}\boldsymbol{x}_i > 0 \tag{8-82}$$

这样的对称函数 $k(\boldsymbol{x}_i, \boldsymbol{x})$ 就可以作为核函数。此时，等效核函数的支持向量机优化函数式（8-70）变为

$$L(\alpha) = \sum_{i=1}^{N} \alpha_i - \frac{1}{2} \sum_{i=1}^{N} \sum_{j=1}^{N} \alpha_i \alpha_j y_i y_j k(\boldsymbol{x}_i, \boldsymbol{x}) \tag{8-83}$$

相应的判别函数（8-75）变为

$$y = \mathrm{sgn} \left\{ \sum_{i \in S} \alpha_i y_i k(\boldsymbol{x}_i, \boldsymbol{x}) + b_{\mathrm{sv}} \right\} \tag{8-84}$$

在具体应用中，核函数的选择对核机器学习算法的性能非常重要，不同的核函数可构成不同的支持向量机。核函数选择包括核函数形式确定以及相应参数确

定两个方面，它的性能直接影响机器学习的泛化能力。表 8-3 所示为常用的典型核函数，其中多项式核（polynomial kernel）和高斯核（Gaussian kernel）是目前应用最广泛的两个核函数。

表 8-3 典型核函数及其表达式

典型核函数	表达式
线性核	$k(x, y) = x^\mathrm{T} y + c$
多项式核	$k(x, y) = [\alpha(x \cdot y) + c]^d$
高斯核	$k(x, y) = \exp[-\lVert x - y \rVert^2 / 2\sigma^2]$
指数核	$k(x, y) = \exp[-\lVert x - y \rVert / 2\sigma^2]$
有理二次核	$k(x, y) = 1 - (\lVert x - y \rVert^2) / (\lVert x - y \rVert^2 + c)$
多重二次核	$k(x, y) = \sqrt{\lVert x - y \rVert^2 + c^2}$
反多重二次核	$k(x, y) = 1 / \sqrt{\lVert x - y \rVert^2 + c^2}$
能量核	$k(x, y) = -\lVert x - y \rVert^d$
对数核	$k(x, y) = -\log(\lVert x - y \rVert^d + 1)$

8.4.3 面向多类的高光谱图像分类

由于经典支持向量机分类器只能对两类问题进行分类，而对于实际应用中的多类分类问题，需要寻找更加有效的能够处理多类高光谱图像的分类方法。目前，最为常用的多类分类器结构有两种。① 一对一（one-against-one，1-a-1）支持向量机多类分类器，如图 8-15（a）所示。该类支持向量机分类方法是将 K 种类别中的每两种类别分别构造一个子分类器，共需要构造 $K(K-1)/2$ 个子分类器，并由这些子分类器形成分类器组，最后利用投票方法来确定分类结果；② 一对多（one-against-others，1-a-o）支持向量机多类分类器，如图 8-15（b）所示。该类支持向量机分类方法是构造 K 种两类目标子分类器。其中，第 k 个子分类器是利用第 k 种类别的训练样木作为正训练样木，其余类别作为负训练样本来设计和训练分类器的。

图 8-16 所示为基于支持向量机（高斯核）的高光谱图像分类结果，原始遥感图像为 8.2 节中图 8-7 所示，为了便于比较，这里同时也给出了真实地物图。在分类实验验证中，所选取的图像及类别数等均与 8.2 节的最大似然分类方法完全相同，即类别数为 6 类，包括玉米、大豆、草、林地、干草和小麦。表 8-4 所示为对应的分类性能指标。比较表 8-4 和表 8-2 可见，基于支持向量机的分类效果总体要

高于最大似然的分类性能。

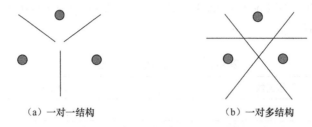

（a）一对一结构 　　　　　　　　（b）一对多结构

图 8-15　两种典型的多类分类器结构

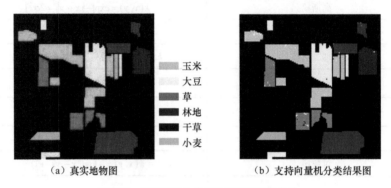

玉米
大豆
草
林地
干草
小麦

（a）真实地物图 　　　　　　　（b）支持向量机分类结果图

图 8-16　基于支持向量机的高光谱图像分类

表 8-4　各类别分类精度

类别	玉米	大豆	草	林地	干草	小麦
分类精度	97.7%	99.0%	96.2%	99.54%	99.59%	99.06%

8.5　基于卷积神经网络的高光谱图像分类

随着科学与技术的不断发展和进步，传统的高光谱图像在地物分类上显现出许多不足，其特征表达能力有限、冗余度高、泛化能力较弱以及分类精度等已无法满足当下要求精细分类的应用需求。随着深度学习的不断发展，卷积神经网络有监督与无监督的学习潜能，可更深层次地处理高光谱图像精细分类等应用问题。卷积神经网络的突出特点是局部感知和参数共享，它通过卷积在低层得到的特征往往是局部的，而层数越高提取的特征越具有全局性。在实现结构上，支持向量机最佳权值的选择是反向传播（back propagation，BP）算法。该算法可以寻找多类间差异来调整网络的权值矩阵，进而学习出相对于当前任务的最好卷积核。从浅层机器学习算法的支持向量机到深度学习算法的卷积神经网络，最直接的进化就是引用了深度全连接层。尽管它们在原理上相类似，但卷积神经网络可以以更精细的方式和具有更好的区分能力来模型化复杂任务[31-33]。为此，本节也单独介绍卷积神经网络在高光谱图像分类中的应用。

8.5.1 基于卷积神经网络的高光谱图像分类原理

作为深度学习的经典算法，卷积神经网络是一种由生物视觉系统引导的深层网络模型，它仿照视觉神经中各类细胞的机理构建模型的组成。卷积神经网络具有表征学习能力，能够按照其阶层结构对输入图像数据进行平移不变分类（shift invariant classification），因此也被称为平移不变人工神经网络（shift invariant artificial neural networks，SIANN）。卷积神经网络的核心在于卷积核（convolution kernel），不同卷积核可实现对图像的不同操作，如边缘检测、图像模糊、图像锐化等。图像卷积过程示意如图 8-17 所示，这里的卷积核函数假设是一个 3×3 的矩阵模板，卷积输出是图像空间位置 (2,2) 为中心的像素。

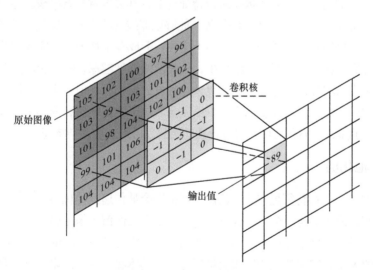

图 8-17 图像与核函数卷积过程

从信号处理的角度，根据卷积定理，空间域的卷积核可以等效成频域的滤波器，而滤波器可以通过对原信号的特征增强进行频率筛选。深层卷积网络训练过程，从空间域的角度可以理解为是寻找一组最优卷积模板来满足信号处理应用，而从频域的角度可以理解为是设计一组最佳滤波器，使得滤波后的信号差异最大化。

卷积神经网络的基本网络结构包括一个输入层、一个输出层以及多个隐层（即卷积层、池化层和全连接层等）。其中，卷积层和池化层为卷积神经网络所特有。每层又包括一个或多个"神经节点"，每个节点代表一种数据处理方法，层与层之间的节点通过不同权重值相连接，数据输入后通过层层传递完成复杂的非线性计算过程，形成完整的网络系统，典型卷积神经网络结构如图 8-18 所示。

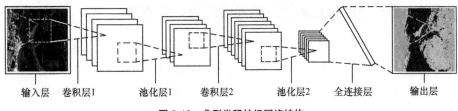

输入层　卷积层1　　池化层1　　卷积层2　　池化层2　　全连接层　　输出层

图 8-18　典型卷积神经网络结构

在图 8-18 中，卷积层、池化层和全连接层可以分别完成不同的功能。

1. 卷积层

卷积层的功能是对输入数据进行特征提取，其关键就是卷积核。卷积核通常是一个 $n \times n$（如 3×3、5×5）的矩阵，能够以非线性的方式提取从底层到高层的图像特征，挖掘其局部关联性和空间不变性，形成多个特征图，完成对输入数据的特征提取。在卷积神经网络结构中，一般网络深度越深，特征图就越多，即随着网络深度的增加，特征变得更加复杂并且被分层构建。但在实际应用中，并不是深度越深越好，网络需要选择多少层完全取决于图像性质和分类等应用要求。需要注意的是，在卷积层中一般包含激励函数以协助表达复杂特征。

2. 池化层

在卷积层进行特征提取后，输出的特征图会被传递至池化层进行特征选择和信息过滤。池化层是一个下采样过程，一般用于在保留图像主要空间特征的同时减少计算量。池化层通过一层神经元簇的输出，组合到下一层的单个神经元来减少数据的大小，实现特征选择和信息筛选。在具体实现中，池化可分为局部池化和全局池化，局部池化通常将 $n \times n$ 范围内的像素进行合并，而全局池化则作用于上一层的所有神经元。组合方法一般包含最大池化（max pooling）和平均池化（average pooling）两种，最大池化使用池化范围 $n \times n$ 内每个神经元的最大值作为输出，平均池化则计算每个神经元的平均值作为输出。

3. 全连接层

全连接层在卷积神经网络的末端。如果说卷积层和池化层能够对输入数据进行特征提取，那么全连接层的作用则是对提取的特征进行非线性组合以得到输出。从结构上看，全连接层将上一层中的每个神经元连接到本层中的每个神经元。全连接层与传统的多层感知机神经网络相同，上一层的输入矩阵经过一个完全连接层被展平成为一个列向量以对图像进行分类等应用。此时，特征图在全连接层中会失去空间拓扑结构，被展开为向量形式并通过激励函数输出。

最后，对于高光谱图像分类而言，输入层根据卷积神经网络结构不同可以与输入图像组织的相应数据结构直接相连接，可以处理多维数据；卷积神经网络的输出层常使用逻辑回归（logistic regression）或归一化指数函数输出分类标签。目前，比较成熟的卷积神经网络模型包括 AlexNet、VGG、GoogleNet、ResNet 等[17]。卷积神经网络的主要问题在于需要大数据量的训练样本集来学习确定各层网络参数。同时，随着网络层数的增加，容易出现局部最优及过拟合。此外，基于卷积神经网络的高光谱图像分类应用与普通视觉图像处理之间具有不同的特征。对于卷积神经网络来说，直接处理高维立方体数据会产生一些问题。普通视觉图像只有 1 个或 3 个波段，可以针对每个波段使用单独的卷积核进行卷积处理。但是，如果分别处理高光谱图像中的数百个波段，则需要上百个不同的卷积核。因此，在许多应用卷积神经网络方法中，往往需要对原始高光谱图像数据进行主成分分析变换等预处理，并仅选择前几个主成分实现降维，再应用到卷积神经网络中。但对于高光谱图像分类而言，其光谱信息是不可或缺的，仅通过主成分分析等对高光谱图像降维将会丢失部分重要的光谱信息，仅保留部分空间上下文信息。此外，在高光谱图像上获得训练样本的成本远高于标记普通视觉图像。在计算机视觉领域，人们通常可以使用数以万计的样本训练卷积神经网络分类器，而在高光谱图像分类中，往往只有有限数样本可供训练使用。因此，用于高光谱图像分类等应用的卷积神经网络应该以全部波段的高光谱图像数据作为输入，并尽可能地减少卷积神经网络的参数数量以适应小样本限制。

8.5.2 面向高光谱图像分类的卷积神经网络模型

传统上，高光谱图像分类方法基本遵循"特征提取→分类器训练→实时分类"等步骤设计与实现。基于深度学习的特征提取通常可以分成 3 个阶段[31]：① 建立模型；② 优化模型；③ 执行推理。根据不同数据集和应用需求，高光谱图像分类一般要考虑以下准则来选择学习模型。①如果数据集是具有空间相关性的图像，大多数情况下二维空间方法要优于一维像素分类器。对于高光谱图像，三维卷积神经网络将能够更充分利用三维数据的相关性。②利用更复杂的网络模型意味着要有更多的参数需要优化，进而要求更多的训练样本。③大尺度的卷积核往往会更慢，特别是在三维数据中，而大多数的卷积神经网络是对小尺度二维核是最优的。④全连接网络（fully connected network，FCN）是最有效的，因为它们可以实时预测某些像素。⑤非饱和激活函数能减缓消失梯度，有利于建立更深网络，同时具有更快的计算速度。

鉴于高光谱图像的突出特点是"图谱合一"，具有三维立方体数据结构。为此，面向高光谱图像分类的卷积神经网络模型设计也相应地需要从 3 个方面考虑，分别为一维（1-dimensional，1D）卷积神经网络（1D-CNN）、二维卷积神经网络（2D-CNN）和三维卷积神经网络（3D-CNN）。在 1D-CNN 中，卷积核沿一个方向移动，在 2D-CNN 中，卷积核在两个方向上移动，而 3D-CNN 中，卷积核是在 3 个方向移动[31-33]，下面将分别介绍。

1. 1D–CNN 模型

1D-CNN 模型主要是基于高光谱图像的光谱信息来进行特征提取与分类，其典型模型结构如图 8-19 所示。对一个像素（样本）而言，该模型的输入是该像素的光谱向量，输出是该像素的所分类别标签。在该例的卷积神经网络结构中，包含两个卷积层和两个池化层，两个卷积层分别包含 3 个和 6 个特征图。在经过这种卷积、池化、再卷积、再池化的过程之后，输入像素的光谱向量被转化成一个基于光谱信息的一维特征向量。最后再采用经典的逻辑回归分类方法实现高光谱图像分类，并输出对应类别的标签。

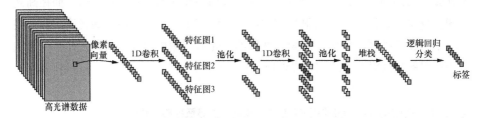

图 8-19 基于光谱信息的典型 1D-CNN 模型结构

2. 2D–CNN 模型

2D-CNN 模型主要是基于图像空间信息的高光谱数据分类，其典型的模型结构如图 8-20 所示。这里选取图像一个像素相邻区域,作为 2D-CNN 模型处理的空间信息输入数据。值得注意的是,由于 2D-CNN 模型最初是基于视觉图像 RGB 三通道图像提出和设计的。为了适应高光谱图像的高维立方体数据,通常首先要进行主成分分析等降维预处理,选择第 1 或前 3 个主成分形成的图像空间,再在该空间图像上进行图像分类。

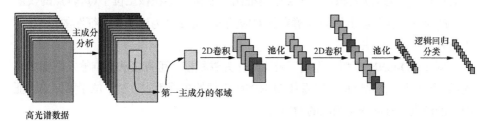

图 8-20　基于空间信息的典型 2D-CNN 模型结构

3. 3D–CNN 模型

3D-CNN 模型主要是基于光谱–空间信息的高光谱图像分类,可以直接提取具有"空谱合一"的高光谱图像的空谱特征,图 8-21 所示为典型 3D-CNN 模型的基本框架。目前基于卷积神经网络的高光谱分类技术对二维空间特征和一维光谱特征的利用大多都采用堆栈方式和混合核方式,这两种方式都要对空间和光谱信息进行组合,不仅增加了数据处理的复杂性,还破坏了原有的数据结构,使原有特征不能得到充分的利用。3D-CNN 直接选取以某一像素点为中心的相邻区域,并与其光谱维数据组成一个新的数据立方体,将小数据立方体作为 3D-CNN 模型的输入,实现高光谱图像的特征提取与分类。

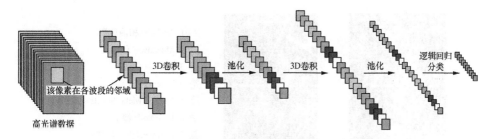

图 8-21　基于空间-光谱信息的典型 3D-CNN 模型结构

8.5.3　3D-CNN 模型在高光谱图像分类中的应用

在通常的 2D-CNN 模型中,输入图像将通过一组二维内核进行卷积

$$u^{l+1}_{(x,y),m} = f\left(\sum_{k=1}^{K}\sum_{p=-(H-1)/2}^{(H-1)/2}\sum_{q=-(H-1)/2}^{(H-1)/2} w^{l}_{(p,q),k,m} v_{(x+p,y+q),k} + b^{l}_{m}\right) \qquad （8-85）$$

式中，$u^{l+1}_{(x,y),m}$ 为对于输入图像 (x,y) 位置的像素所对应的第 l 卷积层中、对应第 m 个卷积核的输出；$v_{(x+p,y+q),k}$ 为 $(x+p,y+q)$ 位置上的输入图像在第 k 个特征图上的输入值；$w^{l}_{(p,q),k,m}$ 为第 l 卷积层中第 k 个特征图、第 m 个卷积核上位于 (p,q) 点的权重值；b^{l}_{m} 为第 l 卷积层上第 m 个卷积核对应的偏移值；K 为该层中特征图的总数；H 为该卷积核的大小尺寸。

对于 3D-CNN 模型，需要三维矩阵作为卷积核，可直接从三维输入图像计算光谱-空间特征，此过程可以看作 2D-CNN 模型的扩展版本。对于位于第 k 个特征图中的像素，3D-CNN 相应的输出为

$$u^{l+1}_{(x,y,z),m} = f\left(\sum_{k=1}^{K}\sum_{r=1}^{R}\sum_{p=-(H-1)/2}^{(H-1)/2}\sum_{q=-(H-1)/2}^{(H-1)/2} w^{l}_{(p,q,r),k,m} v_{(x+p,y+q,z+r),k} + b^{l}_{m}\right) \qquad （8-86）$$

式中，$w^{l}_{(p,q,r),k,m}$ 为第 m 个卷积核上的第 (p,q,r) 个权值；R 为第 l 层上的光谱维度。

无论是 2D-CNN 模型、还是 3D-CNN 模型，经过几层卷积和池化后，输入图像都可表示为由一组特征组成的一维向量，通过激活函数 $f(\bullet)$ 实现高光谱图像的分类。

图 8-22（a）所示为实验采用的意大利帕维亚大学高光谱图像数据集。该图像由反射光学系统成像光谱仪（reflective optics system imaging spectrometer, ROSIS）传感器成像，图像尺寸为 610 像素×340 像素，波段数为 115，空间分辨率为 1.3 m，光谱波段范围为 0.43～0.86 μm，光谱分辨率 4 nm。该图像中包含 9 种类别（其他为背景），内容为典型的城镇类型地物，如沥青，树木，土壤，砖块等，对应图 8-22（a）类别的真值图和标签分别如图 8-22（b）、（c）所示，各个类别对应的样本个数如表 8-5 所示。

（a）假彩色图　　　　　　（b）真值图　　　　　　（c）类别标签

1. Asphalt（柏油马路）
2. Meadows（草地）
3. Gravel（砂砾）
4. Trees（树木）
5. Painted Metal Sheets（金属板）
6. Bare Soil（裸土）
7. Bitumen（沥青屋顶）
8. Self-Blocking Bricks（地砖）
9. Shadows（阴影）
10. BKG（未标注背景）

*图 8-22　帕维亚大学高光谱图像数据集

表 8-6 所示为基于 3D-CNN 模型的特征提取，并采用逻辑回归分类器实现高光谱图像分类的总体精度（overall accuracy，OA）、平均精度（average accuracy，AA）和 Kappa 系数等性能特性。图 8-23 所示为 3D-CNN 分类结果的混淆矩阵，可见帕维亚大学高光谱图像数据集中错分样本最多的类别为草地，分类器仅仅将其错分为少量的树木和裸土。

表 8-5　帕维亚大学高光谱图像数据集中包含的类别及各类样本数

类别号	类别名称	样本数	类别号	类别名称	样本数
1	Asphalt（柏油马路）	6631	6	Bare Soil（裸土）	5029
2	Meadows（草地）	18 649	7	Bitumen（沥青屋顶）	1330
3	Gravel（砂砾）	2099	8	Self-Blocking Bricks（地砖）	3682
4	Trees（树木）	3064	9	Shadows（阴影）	947
5	Painted Metal Sheets（金属板）	1345	10	BKG（未标注背景）	164 624

表 8-6　帕维亚大学高光谱图像数据集空-谱特征提取后的分类结果

类别	柏油	草地	砂砾	树木	金属板	裸土	沥青	地砖	阴影
精度/%	100.00	99.36	99.69	99.63	99.95	99.96	99.36	99.65	99.38
OA/%	99.54±0.11								
AA/%	99.66±0.11								
Kappa	99.41±0.15								

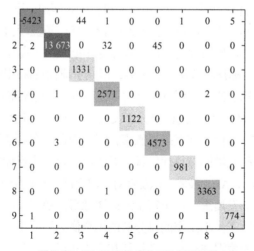

图 8-23　3D-CNN 分类结果的混淆矩阵

第 9 章

遥感图像目标检测与识别

　　遥感图像目标检测与识别是遥感图像解译的典型应用技术。它们的共同任务都是要将一个或多个感兴趣的特定目标与一个或多个其他目标区分开来。目标检测的主要目的是了解目标形态，并从图像中判断目标是否存在，即发现目标；目标识别的主要目的则是了解目标细节，并能够进一步辨识目标种类。目标检测通常包括有预先知识（with prior knowledge）和无预先知识（without prior knowledge）两大类检测方法。如果检测算法具有预先知识，此时的目标检测也可以理解为是一种目标识别。值得注意的是，不同于第 8 章介绍的遥感图像分类，目标识别更强调相似目标之间的精细区分。基于目标分类的识别方法也是目标识别的一个重要组成部分，但它要求提取特征具有更完备的描述能力、分类器具有更好的性能。早期的目标识别技术大多基于经典统计模式识别算法。为了目标的准确识别，首先要有相应的目标模型数据库作为对比标准，这些目标模型具有明确类别标签，然后将通过遥感观测获得的目标信息与目标标准模型进行比较匹配，进而确定各个被观测目标的类别归属，即在实现上采用的是有监督分类方法。随着人工智能技术在图像处理领域的广泛应用，遥感图像目标识别技术也不断发展，基于神经网络、支持向量机等机器学习的目标识别方法层出不穷，形成了现代目标识别的新趋势。

　　就遥感图像目标检测与识别所涉及的目标而言，特别像高光谱图像中的目标，不仅可能包含由众多像素组成的面目标（较大目标），而且还可能包含仅由几个像素组成的小目标、点目标，甚至是子像素目标。为此，在遥感图像目标检测与识别技术的基础上，高光谱图像处理领域又派生出了针对小目标或点目标的异常检测（anomaly detection，AD）技术，以及针对子像素目标的混合像素解混（unmixing）技术等。这些技术的发展进一步丰富了遥感图像目标解译及应用的内容和内涵。例如，子像素目标除了大小比空间可分辨的单个像素还要小、表现为异常点，通常还与纹理背景和噪声混在一起，其特征在大小和形状上变化较大，用通常的遥感图像处理技术很难检测或识别，为此又发展了处理高光谱图像目标的独特技术。

此外，在许多遥感图像解译及应用中，把遥感图像中的面目标从背景中分离出来，也是进一步目标检测与识别的关键环节，这种目标分离过程实质就是遥感图像目标区域分割。遥感图像目标区域分割也可以理解为是一种图像目标区域提取过程，其目标区域分割效果也会直接影响进一步的应用处理性能。因此，本章把异常检测技术、混合像素解混技术、图像目标区域分割技术等和图像目标检测与识别技术放在一起介绍。

|9.1 遥感图像目标检测|

遥感图像目标检测就是把遥感图像中可能的疑似目标从背景中分离出来的技术，其设计处理方法的基本出发点主要针对遥感图像中的两个部分：背景区域和嵌入背景中的目标。背景区域是指在遥感图像中占有大部分像素的所有非目标区域的集合，通常占据遥感图像较大面积。相对于背景，目标往往是人们关心的信息所在，在遥感图像中像素数量较少，出现的概率也比较低，往往呈现稀疏特性。从算法模型角度，当目标和背景两类的概率密度模型确定后，检测和分类具有较大的相似性，目标检测过程可以看作一种两类分类问题。但由于目标类别的像素数量一般相对背景要少得多，使得目标检测中模型参数的估计相当困难，这种限制也就是为什么把目标检测和分类算法分开研究的主要原因。图 9-1 所示为遥感图像目标检测与分类的模型差异[7]。

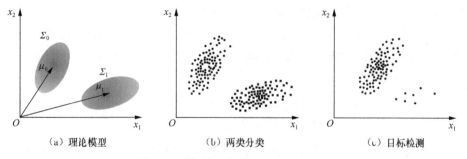

（a）理论模型　　　　　　　（b）两类分类　　　　　　　（c）目标检测

*图 9-1　遥感图像目标检测与分类的模型差异

在具体实现中，目标检测算法通常通过比较待检测像素与其邻域背景像素的差异大小，并基于似然比（likelihood ratio，LR）检测来判断该像素是属于目标还是属于背景区域。也就是说，目标检测方法主要涉及检测似然比构造和背景模型选择两方面的内容，一旦这两项技术得以确定就可以实现目标检测[7, 34]。根据是否有预先已知信息[35]，基于似然比的目标检测算法又可分为两大类：① 对于没有先验信息的目标检测，主要是针对目标和背景之间统计关系的非一致性，把目标从背景中分离出来；② 对于具有先验信息的目标检测，通常基于已知目标光谱信息进行所谓的匹配滤波（matched filtering，MF）等技术实现目标检测，这类技术的实质也是目标匹配识别。

9.1.1 似然比检验

似然比检验（likelihood ratio test，LRT）是利用似然函数来检测某种假设是否有效的一种检验方法。似然性是与概率相对应的概念，通常用于在已知某些参数或某种观测状态时，对相关事物性质或观测状态进行预测及参数估计。似然比检验的主要优势在于：① 使得不正确决策的风险最小化；② 在目标与背景的可分性最大化方面是最优的。

在已观测到的状态值 $\boldsymbol{x} = (x_1, x_2, \cdots, x_n)$ 和要估计的参数 θ 之间就可以构造一个函数，即似然函数

$$L(\boldsymbol{x} \mid \theta) = P(X = \boldsymbol{x} \mid \theta) = \prod_{i=1}^{n} p(x_i \mid \theta) \qquad (9\text{-}1)$$

似然函数 $L(\boldsymbol{x} \mid \theta)$ 是在数值上表示给定参数 θ，变量 X 整体观测状态的概率分布。如果已知变量 X 的某种分布形式，那么对应的每个状态值 $\boldsymbol{x}$ 所代表事物发生的概率就可以通过条件概率密度函数得到，这就是似然函数的概念。似然参数估计 $\hat{\theta}$ 是指在观测状态值 $\boldsymbol{x}$ 的概率最大化时，对应参数 θ 的最佳估计值。

在遥感图像目标检测中，通常在检测的判决过程中需要根据似然比进行统计决策图像中是否有目标存在。此时，需要建立二元假设：H_0 表示目标不存在（背景）、H_1 表示目标存在，即

$$\begin{cases} H_0 = 目标不存在 \\ H_1 = 目标存在 \end{cases} \qquad (9\text{-}2)$$

基于这种二元假设，如果 $L(\boldsymbol{x} \mid H_1)$ 和 $L(\boldsymbol{x} \mid H_0)$ 分别是状态值 $\boldsymbol{x}$ 对应目标和背景的概率分布，则似然比检验定义为[7,35]

$$D(\boldsymbol{x}) = \frac{L(\boldsymbol{x} \mid H_1)}{L(\boldsymbol{x} \mid H_0)} \qquad (9\text{-}3)$$

如果似然函数比值 $D(\boldsymbol{x})$ 越大，说明目标存在时对应的似然性要比目标不存在

对应的似然性大。因此，判别结果倾向于目标 H_1 存在。如果 $D(x)$ 越小，说明目标不存在时对应的似然性要比目标存在时的似然性大，判别结果倾向于目标 H_0 不存在，即背景。这样，在目标检测决策中，必须预先规定某个阈值 Th。如果 $D(x)$ 大于规定的阈值 Th，则目标存在；否则，目标不存在。整个目标检测过程如图 9-2 所示。需要特别注意的是，基于似然函数比值 $D(x)$ 的目标检测性能好坏，也完全依赖于阈值 Th 的选择。最佳阈值的选择原则应该是使正确检测率最大化，错误检测率最小化。这就是广泛应用的恒虚警率（constant false alarm rate，CFAR）检测，其算法提供的检测阈值相对来说可以免除背景噪声影响，且目标检测结果具有恒定的虚警概率。

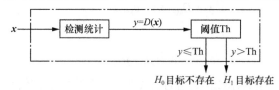

图 9-2　整个目标检测过程

9.1.2　最大似然估计模型

在大多数实际应用中，似然比检验中的条件概率参数确定完全依赖于未知目标和背景参数。在参数未知情况下，通常采用最大似然估计来代替似然比检验中的未知参数，这时得到的似然检测定义为广义似然比检验（generalized likelihood ratio test，GLRT）。此时，假设像素的光谱向量 x 服从均值向量 $\mu \equiv E\{x\}$，协方差矩阵 $\Sigma \equiv E\{(x - \mu)(x - \mu)^{\mathrm{T}}\}$ 的多元高斯分布（multivariate Gaussian distribution，MGD），其概率密度函数模型为[36]

$$p(x) = \frac{1}{(2\pi)^{L/2} \cdot |\Sigma|^{1/2}} e^{-\frac{1}{2}(x-\mu)^{\mathrm{T}} \Sigma^{-1}(x-\mu)} \tag{9-4}$$

式中，L 为 x 的维数。

如果遥感图像像素只分为目标像素和背景像素两种状态，并假设

$$\begin{cases} H_0 : x \sim \mathrm{N}(\mu_0, \Sigma_0), & \text{目标不存在} \\ H_1 : x \sim \mathrm{N}(\mu_1, \Sigma_1), & \text{目标存在} \end{cases} \tag{9-5}$$

式中，$x \sim \mathrm{N}(\mu, \Sigma)$ 表示像素 x 服从均值为 μ、方差为 Σ 的高斯分布。在假设 H_0 中，目标不存在，此时背景像素 x 服从均值为 μ_0、方差为 Σ_0 的高斯分布；在假设 H_1 中，目标存在，目标像素 x 服从均值为 μ_1、方差为 Σ_1 的高斯分布。

如果上面两种假设的条件概率密度函数 $L(x|H_0)$ 和 $L(x|H_1)$ 是满足式（9-4）

的多元高斯分布，并对判别式（9-3）定义的似然比检验函数取自然对数，则可以获得等效的广义似然比检验为[7]

$$y = D(x) = (x - \mu_0)^T \Sigma_0^{-1}(x - \mu_0) - (x - \mu_1)^T \Sigma_1^{-1}(x - \mu_1) \tag{9-6}$$

在这种假设条件下构造广义似然比检验，并预先设定阈值 Th，就可以对输入像素 x 进行目标判别检测。

作为应用特例，如果进一步假设目标和背景具有相同的协方差，即 $\Sigma_0 = \Sigma_1 \equiv \Sigma$，则式（9-6）中的二次项可以去掉，此时的似然比函数具有线性特性，即

$$y = D_{MF}(x) = c_{MF}^T x \tag{9-7}$$

式中，

$$c_{MF} = k\Sigma^{-1}(\mu_1 - \mu_0) \tag{9-8}$$

这就是著名的费舍尔线性可分性，k 为归一化常数。在信号处理领域，该检测算子通常称为匹配滤波器。图 9-3 所示为基于匹配滤波器的目标检测，其中第一部分是用于计算每个像素统计特性的匹配滤波器，第二部分则是通过比较统计值与预先规定阈值 Th 的关系来决定目标是否存在。

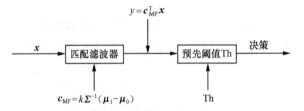

图 9-3　基于匹配滤波器的目标检测

如果 x 是具有等方差的两个互不相关分量，则式（9-7）可以进一步简化为相关检测器，即比较输入 x 与目标和背景的相关性：

$$y = D(x) = \frac{(x - \mu_0)^T \Sigma^{-1}(\mu_1 - \mu_0)}{(\mu_1 - \mu_0)^T \Sigma^{-1}(\mu_1 - \mu_0)} \tag{9-9}$$

此时，如果 $x = \mu_1$，则输出 $y = D(x) = 1$。

9.1.3　高光谱图像目标检测

高光谱图像作为遥感图像的一个重要组成部分，由于其"图谱合一"的特点，在目标检测和识别中具有重要的意义和应用价值。高光谱图像目标检测涉及的检测目标包括两大类：纯像素（pure pixel）目标和混合像素（mixed pixel）目标，如

图 9-4 所示[7]。

纯像素目标即图像像素中只包含一种地物目标光谱信息，此时的检测算法是针对全像素目标（full pixel target）进行的，其典型检测算法就是实现异常检测的 RX 算法。相对于图像背景，异常目标一般具有一定的尺寸，在高光谱图像各项性能（如均值、标准差、协方差等）统计中，目标

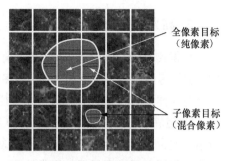

图 9-4 高光谱图像纯像素和混合像素目标示意

的存在不可忽略。混合像素目标即是图像像素中包含两种或两种以上的地物目标光谱信息，此时检测算法是针对所谓的子像素目标进行的，典型检测算法有实现光谱端元提取的 N-FINDR 算法等，此时目标相对于背景而言十分微小，目标的实际尺寸可能仅占有半个像素，甚至更小。关于这两方面的目标检测算法这里只概括性介绍，更加详细的内容将在本章其他节单独介绍。

1. 高光谱图像异常检测

由以上介绍可知，目标检测方法主要基于目标和背景具有的某些先验信息。在实际应用中，这些先验信息往往并不知道，需要进行所谓的"盲检测"。对于高光谱图像目标检测而言，这就是异常检测技术。尽管高光谱图像异常检测不具备先验信息，但这些异常目标往往嵌入在背景杂波中。相对于其邻域背景而言，异常目标对应的光谱曲线往往具有一定的光谱奇异特征。从这个角度，高光谱图像异常检测的实质是光谱异常检测。从检测算法的实现过程来看，异常检测的一个重要环节就是建立同时具有抑制背景和凸显异常目标双重作用的背景邻域数据统计模型，并基于该模型的非对称性来判别异常点目标是否存在。图 9-5 所示为基于高斯分布的高光谱图像异常检测流程，其关键技术还是信号的高斯统计模型和判别测度准则，只是这里的统计模型主要是嵌入了异常点的背景杂波模型。最后通过模型的对称性等特点来判断背景中是否有异常目标存在，即判断不符合背景统计特征数据模型的像素为异常目标，其余像素确定为背景，最终输出检测结果[35,37]。

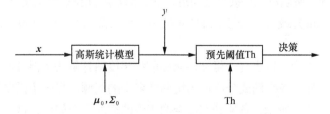

图 9-5 基于高斯分布的高光谱图像异常检测流程

2. 高光谱图像混合像素解混

成像传感器空间分辨率等因素的限制导致高光谱图像中混合像素大量存在，即一幅图像像素中可能会包含一种或多种地物目标类型。图 9-6 所示为一个像素内包含有 3 种光谱混合的示意。3 种地物目标分别具有图 9-6（c）所示的不同光谱曲线，3 种地物目标空间位置如图 9-6（b）所示，实际测得的混合光谱曲线如图 9-6（a）所示。混合像素的存在使得高光谱图像分类、目标检测等应用受到了限制，尤其是对小目标及子像素目标的异常检测，都存在较为严重的影响。在实际应用中，往往需要更为准确的像素信息，包括混合像素内包含哪些类别成分、各成分所占的比例是多少、各成分在混合像素内的空间分布是怎样的位置等。

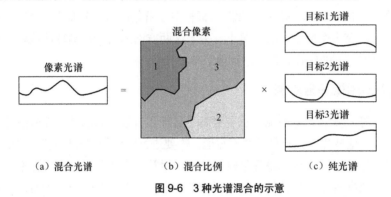

图 9-6 3 种光谱混合的示意

混合像素解混就是对图像中某一像素进行分析，从而判断该像素混合方式的子像素处理技术。通常将构成混合像素的各地物目标称为端元（endmember），即纯光谱（pure spectrum），各个端元在混合像素中的比例成分称为丰度（abundance），即混合像素分解系数（decomposition coefficient）。因此，混合像素解混就是在仅已知混合光谱的情况下，如何从混合光谱中提取光谱端元，并对每个端元的混合比例丰度进行估计的过程，也就是由已知图 9-6（a）所示的混合光谱曲线，处理成图 9-6（c）所示的不同光谱曲线的过程。在混合像素解混过程中，端元和丰度通常都是未知的，所以从求解模型的角度，混合像素解混在数学上是一个"逆问题"（inverse problem），或者从信号处理的角度是一个信源"盲分离"（blend separation）过程。

在实际应用中，以上混合像素端元提取和丰度估计解决了混合像素内都包含了哪些类别成分、各类别成分所占的比例是多少的问题。另一个需要了解的问题就是如图 9-6（b）所示，各成分在混合像素内的空间分布如何，这就是子像素制图。子像素制图在充分利用光谱解混信息和空间相关信息的基础上，能够有效地提高遥感图像的空间分辨率，从而为研究者和决策者提供更可靠的视觉和数量依据，也为遥感图像更高精度的后续应用提供可能。随着遥感技术的不断发展，以及人们对混合像素的不断深入研究，混合像素处理技术越来越被人所重视，其所涉及的主要科学问题及相应的关键技术如图 9-7 所示。

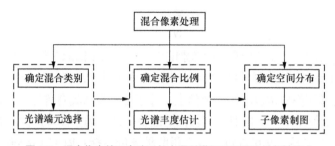

图 9-7 混合像素处理中涉及的主要科学问题及相应的关键技术

9.1.4 目标检测评价准则

根据前面的介绍，遥感图像目标检测可以看作一个二元假设检验问题。其决策过程通常涉及 4 种情况，如图 9-8 所示[38]：① 当背景 H_0 不存在异常目标为真时，判断为背景 H_0；② 当目标 H_1 存在异常目标为真时，判断为目标 H_1；③ 当背景 H_0 不存在异常目标为真时，判断为目标 H_1；④ 当目标 H_1 存在异常目标为真时，判断为背景 H_0。

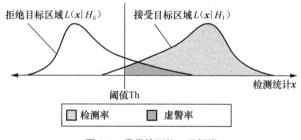

图 9-8 异常检测的二元假设

对于遥感图像目标检测应用，前两种是正确决策，后两种是错误决策。基于此，分别可以定义在某个预先规定的阈值 Th 情况下，算法的检测率（probability of detection，PD）和虚警率（false alarm rate，FAR）分别为

$$P_d(\text{Th}) \triangleq \int_{\text{Th}}^{+\infty} L(x/H_1)\mathrm{d}x = 1 - \int_{-\infty}^{\text{Th}} L(x/H_1)\mathrm{d}x \qquad （9\text{-}10）$$

$$P_f(\text{Th}) \triangleq \int_{\text{Th}}^{+\infty} L(\boldsymbol{x}/H_0)\mathrm{d}\boldsymbol{x} = 1 - \int_{-\infty}^{\text{Th}} L(\boldsymbol{x}/H_0)\mathrm{d}\boldsymbol{x} \tag{9-11}$$

对于数字图像处理而言，可以近似地表示为

$$P_d = \frac{N_{cd}}{N_t} \tag{9-12}$$

$$P_f = \frac{N_{fd}}{N} \tag{9-13}$$

式中，N_{cd} 表示被检测出的异常目标像素的个数；N_t 表示图像中异常目标像素的总个数；N_{fd} 表示错误判定为异常目标像素的背景像素数目；N 表示图像中像素的总数。

在高光谱图像异常检测性能评估上，除了要求算法具有鲁棒性外，通常都要求具有较高的检测率 P_d，同时具有较低的虚警率 P_f。为了体现检测率 P_d 和虚警率 P_f 二者之间的关系，又可以进一步采用两种评价指标：ROC（receiver operating characteristic）曲线和 AUC（area under curve）值。

1. ROC 曲线

ROC 曲线是一种综合定量的目标检测评价方法。它是通过调整阈值 Th 的大小来建立不同阈值条件下的检测率 P_d 和虚警率 P_f 之间的关系。ROC 曲线以虚警率 P_f 为横坐标、检测率 P_d 为纵坐标来绘制曲线图，体现的是检测率 P_d 随虚警率 P_f 的变化情况，如图 9-9（a）所示。显然，检测率 P_d 越高越好，而虚警率 P_f 越低越好。因此，当 ROC 曲线越靠近左上角时，表明该检测方法得到的检测结果虚警率 P_f 较低的同时，检测率 P_d 较高，检测效果越好。这里值得注意的是阈值 Th 的选择，使二者达到最佳折中问题：即保持低的虚警率 P_f，同时具有较高的检测率 P_d。

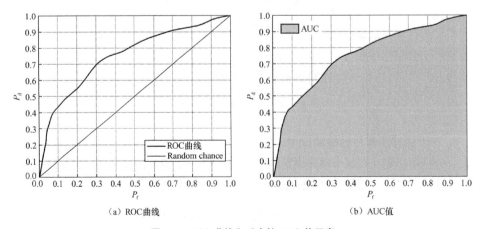

（a）ROC曲线　　　　　　　　　　（b）AUC值

图 9-9　ROC 曲线和对应的 AUC 值示意

2. AUC 值

根据 ROC 曲线可获得 AUC 值，如图 9-9（b）所示。AUC 值是一个定量化评价指标，可以通过计算对应 ROC 曲线下的区域面积获得：

$$\text{AUC} = \int_0^1 \text{ROC}(\boldsymbol{x})\mathrm{d}\boldsymbol{x} \tag{9-14}$$

式中，$\text{ROC}(\boldsymbol{x})$表示 ROC 曲线函数。AUC 值越大，表明算法检测性能越好。

9.2 高光谱图像异常目标检测

高光谱图像异常检测作为目标检测的一种特例，其本身也可以看作一种二分类问题，主要目的是寻找不同于背景的异常目标。高光谱图像异常检测的基本思想是：根据高光谱图像对背景统计特征进行分析，发现并查找异于背景的像素点，也就是"异常"点。由于异常检测过程无需目标的先验光谱信息，因此更适用于复杂背景环境下的目标检测，从而更具有实用性。下面介绍两种典型的高光谱图像异常检测方法 [34]。

9.2.1 基于 RX 算法的高光谱图像异常目标检测

近年来，高光谱图像异常目标检测算法发展迅速，其源于 Reed 和 Yu 两人提出，并命名的 RX 算法。该算法是最经典和常用的异常检测算法。RX 算法是利用最大似然检测得到的恒虚警局部异常点检测算子，其目标检测流程如图 9-10 所示[7]。RX 算法的核心还是假设高光谱图像数据服从理想的高斯分布，并进一步假设背景和目标具有相同的协方差矩阵 $\boldsymbol{\Sigma}$，在这种条件下来构造广义似然比检验算子[7, 39]。

设在具有 L 波段的高光谱图像中，待检测图像像素光谱向量 $\boldsymbol{x} = [x_1, x_2, \cdots, x_L]^{\mathrm{T}}$，并满足式（9-4）高斯分布的概率密度函数。根据检测理论建立二元假设：

$$H_0 : \boldsymbol{x} = \boldsymbol{b} \text{（目标不存在）} \tag{9-15}$$

$$H_1 : \boldsymbol{x} = D\boldsymbol{\alpha} + \boldsymbol{b} \text{（目标存在）} \tag{9-16}$$

式中，$\boldsymbol{b}$ 是背景杂波；$\boldsymbol{\alpha}$ 为异常目标信号光谱；D 表示强度系数。当 H_0 成立时（$D=0$），$\boldsymbol{x} \sim N(\boldsymbol{\mu}_0, \boldsymbol{\Sigma}_0)$ 表示待检测图像像素中并不包含目标、只有背景杂波；当 H_1 成立时（$D>0$），$\boldsymbol{x} \sim N(D\boldsymbol{\alpha} + \boldsymbol{\mu}_0, \boldsymbol{\Sigma}_0)$ 表示待检测图像像素中存在异常目标与背景杂波相混合。

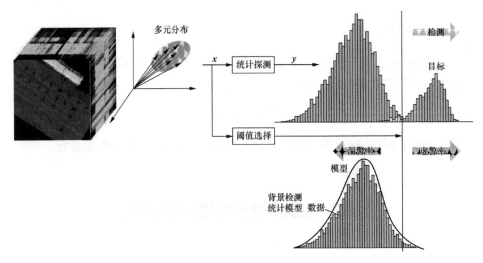

图 9-10　RX 算法目标检测流程

基于信号检测理论中广义似然比，此时可以获得异常检测算子判决式为

$$y = D_{AD}(\boldsymbol{x}) = (\boldsymbol{x} - \boldsymbol{\mu})^T \boldsymbol{\Sigma}^{-1}(\boldsymbol{x} - \boldsymbol{\mu}) \tag{9-17}$$

式中，$\boldsymbol{\mu}$ 是均值；$\boldsymbol{\Sigma}$ 是协方差矩阵。这样，基于构造统计似然比形成的决策判别函数，并与预先设定的阈值 Th 比较，即可对输入像素 $\boldsymbol{x}$ 进行是否为异常点的判别检测。

在具体实现应用中，RX 算法主要是通过统计处理窗口 W_N 内部的均值和方差来获取 RX 算法参数，即所谓的局部 LRX（local RX）检测，得到的检测结果作为判断窗口中心点是否存在目标的依据[37]。LRX 检测的基本过程是把待检测像素周围的局部邻域像素作为背景来估计协方差和均值等参数，通过该窗口在整幅图像的遍历滑动，可以实现整幅图像的异常检测。

典型的 LRX 检测算法选择如图 9-11 所示的双窗结构[40, 41]，进一步地分为内窗（inner window，IW）和外窗（outer window，OW）：外窗内的像素看作背景，内窗作为保护窗实现待检测像素与背景的分析与比较，窗口大小通常由高光谱图像中异常目标的尺寸决定。此时，式（9-17）的广义似然比中的参数可以根据窗口 W_N 内的数据进行估计

$$\boldsymbol{\mu} = \frac{1}{N}\sum_{i=1}^{N}\boldsymbol{x}_i \tag{9-18}$$

$$\boldsymbol{\Sigma} = \frac{1}{N}\sum_{i=1}^{N}(\boldsymbol{x}_i - \boldsymbol{\mu})(\boldsymbol{x}_i - \boldsymbol{\mu})^T \tag{9-19}$$

式中，N 为待检测像素的邻域窗口 W_N 内的像素个数。

图 9-12 所示为美国加利福尼亚州
圣迭戈某机场的高光谱图像及其基于
RX 算法的异常目标检测结果。其中，
图 9-12（a）所示为原始高光谱图像
第 6 波段灰度图像，图 9-12（b）和
图 9-12（c）所示分别为截取的一个异
常目标区域及其相应真实值分布图，
共包含有 38 个异常目标（小飞机）。

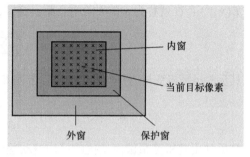

图 9-11　双窗结构

在 RX 算法中，局部检测窗口 W_N 大小设定为 11。图 9-12（d）和图 9-12（e）分
别给出了 RX 算法检测结果和阈值分割结果。需要说明的是，RX 算法利用了主成
分分析特征提取对原始高光谱图像进行了降维预处理。

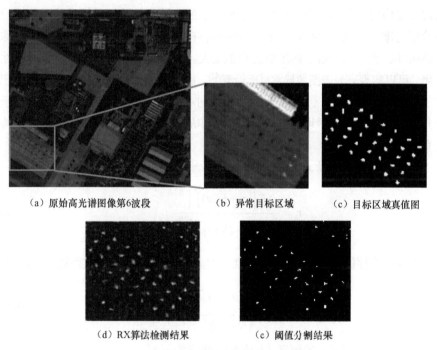

（a）原始高光谱图像第6波段　　　（b）异常目标区域　　　（c）目标区域真值图

（d）RX算法检测结果　　　　（e）阈值分割结果

图 9-12　圣迭戈某机场高光谱图像

9.2.2　基于高阶矩的高光谱图像异常目标检测

在统计学中，矩（moment）是表征随机量分布的特征量。对于给定随机变量 x，

共有 N 个观测量 x_i（$i=1,2,\cdots,N$）。若 $E(x^k)$ 存在就称为 x 的 k 阶矩，若 $E\{[x-E(x)]^k\}$ 存在就称为 x 的 k 阶中心距。这样，均值 $E(x)$（$k=1$）即为一阶原点矩

$$\boldsymbol{\mu} = E(\boldsymbol{x}) = \frac{1}{N}\sum_{i=1}^{N}x_i \tag{9-20}$$

其反映出随机变量的平均变化趋势。方差 $E\{[x-E(x)]^2\}$（$k=2$）定义为二阶中心矩

$$\boldsymbol{\Sigma} = E\{[x-E(x)]^2\} = \frac{1}{N}\sum_{i=1}^{N}(x_i-\mu)^2 \tag{9-21}$$

其反映出随机变量偏离均值的平均波动程度。方差越大，说明波动性越大。经典的 RX 算法是基于图像正态高斯分布假设条件进行异常目标检测的，其统计参数利用的正是均值和方差，也就是所谓的一阶矩和二阶矩。

高阶矩在统计分析中是相对一阶矩和二阶矩而言的，它们是统计量阶数大于二的总称。理论上，对于统计满足高斯正态分布的遥感图像，如果统计局部区域内背景是均匀分布的，则可以只利用统计量的一阶和二阶矩，因为此时其三阶和四阶矩为零。但是如果统计局部区域内部存在奇异点，则高斯分布的这种对称性将被破坏，表现在三阶、四阶矩上模值变大。正是基于高阶矩的这种非对称性的变化，可以实现高光谱图像异常目标检测[42]。目前，广泛应用的高阶矩主要包括扭曲度（skewness）和峭度（kurtosis），它们分别对应三阶和四阶中心矩，可以用于测量分布的不对称性和平坦性，进而可以用作从图像空间角度来描述奇异目标特性的有效度量。

对于给定随机变量 x，其扭曲度（三阶矩）定义为

$$r_3 = \frac{E\left\{[x-E(x)]^3\right\}}{\left(E\left\{[x-E(x)]^2\right\}\right)^{3/2}} \tag{9-22}$$

它是一个评价变量 x 分布的对称性测度。在实际应用中，通常用其估计值计算

$$\hat{r}_3 = \frac{\sum_{i=1}^{N}(x_i-\mu)^3}{(N-1)\Sigma^3} \tag{9-23}$$

同样，随机变量 x 的峭度（四阶矩）定义为

$$r_4 = \frac{E\left\{[x-E(x)]^4\right\}}{\left(E\left\{[x-E(x)]^2\right\}\right)^2} - 3 \tag{9-24}$$

它是一个评价变量 x 分布拖尾大小的测度，其估计值为

$$\hat{r}_4 = \frac{\sum_{i=1}^{N}(x_i - \mu)^4}{(N-1)\Sigma^4} - 3 \tag{9-25}$$

在高光谱遥感图像异常目标检测中，扭曲度 r_3 和峭度 r_4 可以分别用统计直方图的分布特性来描述其对称性和尖锐度。扭曲度 r_3 表现为相对于高斯分布的对称分布和非对称分布。对于统计对称分布，此时扭曲度 $r_3 = 0$，表明数据统计分布是高斯正态分布。如果 r_3 值偏大，说明图像统计分布具有较长的拖尾现象，意味着图像中相对于对称的背景杂波，出现了异常目标。$r_3 > 0$ 和 $r_3 < 0$，则分别表示是右偏和左偏的拖尾现象，如图 9-13 所示。峭度 r_4 表示与高斯分布相比，其顶点峰值的尖锐程度。对于高斯分布，$r_4 = 0$。如果统计量具有正值（$r_4 > 0$），则尖峰要比高斯分布尖锐；负值（$r_4 < 0$）意味着尖峰不如高斯分布的尖锐，如图 9-14 所示。

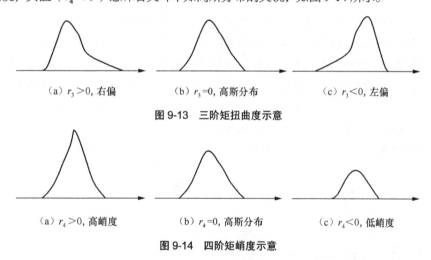

（a）$r_3 > 0$, 右偏 （b）$r_3 = 0$, 高斯分布 （c）$r_3 < 0$, 左偏

图 9-13 三阶矩扭曲度示意

（a）$r_4 > 0$, 高峭度 （b）$r_4 = 0$, 高斯分布 （c）$r_4 < 0$, 低峭度

图 9-14 四阶矩峭度示意

基于此，图 9-15 给出了与图 9-12 对应的高光谱图像异常目标检测结果。结果表明，在某种情况下高阶矩确实能够提高检测器的异常目标检测能力，这完全得益于三阶矩与四阶矩对非高斯分布的数据较为敏感，从而能够发现异常，达到较高的检测率。

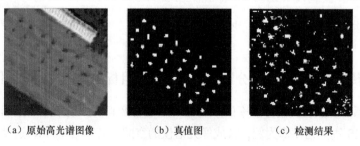

（a）原始高光谱图像 （b）真值图 （c）检测结果

图 9-15 基于高阶矩高光谱图像异常目标检测

| 9.3　高光谱图像解混及子像素目标识别 |

严格地讲，高光谱图像混合像素解混其实质是图像的混合光谱解混。根据 9.1 节所述，该技术旨在解决两方面的问题：① 判断混合像素为几种地物目标混合，即端元提取；② 估计每种地物目标的混合比例，即丰度估计。

9.3.1　高光谱图像混合像素及混合模型

为了进行高光谱图像混合像素解混，首先必须要建立混合像素模型，这也是像素解混技术的难点之一。高光谱图像像素混合模型总体可分为线性混合模型和非线性混合模型两大类。为了更好地理解这些模型，有必要先来分析造成这种图像像素混合的物理因素。实际上，造成混合像素的原因较为复杂，但概括起来可以归纳为 3 方面的原因：传感器较低的空间分辨率、光传播的多次散射、地物目标不均匀的紧密性混合[40]，如图 9-16 所示。

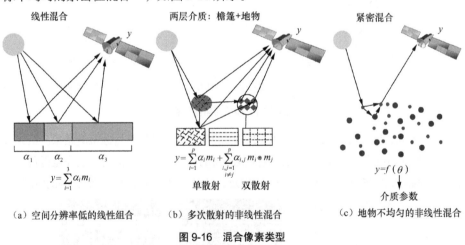

图 9-16　混合像素类型

1. 传感器较低的空间分辨率限制了地物目标采样距离造成的像素混合

传感器较低的空间分辨率的限制通常是混合像素产生的最主要原因。以典型的 AVIRIS 高光谱图像为例，其成像光谱仪的空间分辨率为 20 m，这就意味着在图像中每个像素覆盖的地物空间范围为 20 m×20 m。这样在每个像素中不可避免地会包含多种地物目标类型，进而导致图 9-16（a）所示的混合现象。此时，传感器输出所记录的光谱为几种（这里为 3 种）不同地物混合形成的混合光谱曲线。本质上，这种混合光谱是一种线性混合。

2. 来自地面相邻瞬时视场的反射能量在传播过程中多次散射造成的混合效应

漫反射在自然界中普遍存在，是入射光投射到粗糙表面无方向选择的反射现象。在平坦的地面区域，物体很难受到漫反射的干扰。然而，交错分布的地物则很容易受到漫反射的干扰，使入射辐射能包括除太阳辐射能以外的交互漫反射能量，如图 9-16（b）所示。此时，在不同层上散射体之间具有多种相互交叉，最终表现为在同一幅图像像素中的同种地物具有不同的光谱（同物异谱）。通常这种干扰是乘性的，与周围相邻的地物有关。如果周围相邻地物的反射率高，受到的干扰就大；反之，则小。这种干扰造成的像素混合无法用线性混合模型来表示，必须采用非线性模型来描述。

3. 不同地物目标本身的空间结构分布具有不均匀特性造成的像素混合

实际环境中，由于地物目标的复杂性，单个像素的光谱往往是几种不同物质的混合光谱，这种复杂性不仅包括地物本身的复杂性（如矿物区采集光谱时，对应像素光谱为矿物质与土壤光谱的紧密混合），也包括场景的多层复杂性（如森林中采集的树叶光谱，可能为不同类树叶和土壤的混合光谱），如图 9-16（c）所示。其中，$f(\alpha,\theta)$ 为正向算子，θ 为场景参数，共同描述观测像素。这种微观混合发生在两种地物同质地混合，此时相互作用由一种地物分子发射的光子被另一种地物分子所吸收，反过来它们又可能发射更多的光子，这就意味着两种地物关联非常紧密。

在分析了造成混合像素的因素基础上，就可以根据成像的物理过程来建立混合像素模型。一般混合像素模型可分为线性混合和非线性混合两种，如图 9-16 所示，前一种传感器造成的混合为线性混合，后两种混合为非线性混合。① 线性混合模型建立在像素内相同地物都具有相同的光谱特征以及光谱线性可加性基础上，同时忽略了多次散射过程，即到达成像传感器的光子与唯一地物目标发生作用、不同地物间没有多次散射，通常主要出现在宏观的（macroscopic）混合尺度情况，其主要原因是仪器的分辨率不够精细。线性混合模型将是本节重点介绍的内容。② 非线性混合模型考虑了由于光线在被传感器接收之前发生多次折射，或由于地面邻近的瞬时视场的反射能量在传输过程中造成混叠等。非线性混合模型的建立通常非常复杂，主要是在场景中多种地物散射的光之间会在物理上相互作用，这种相互作用更多地体现在微观（microscopic）层面上，需要获取地物的详细散射参数，而这些参数往往会对最后的参数反演结果有着相当大的影响，在实际中通常很难获得[43-44]。因此，在具体应用中，大多是对特定混合原因进行有针对性的解混，为此 9.3.5 节将单独介绍一种非线性解混的应用案例。

9.3.2 典型高光谱图像线性光谱解混

在众多的高光谱图像像素光谱混合模型中，线性光谱混合模型（linear spectral mixture model，LSMM）数学建模简单、容易求解，再附加全约束条件，更符合物理意义，是目前应用最为广泛的混合模型。LSMM 表示的是像素光谱向量值相对"纯"物质的端元，以及其在该像素中所占混合比例为权重系数的线性组合。这样，如果具有 L 个谱段的高光谱图像中每个像素包含有 M 个端元，则 LSMM 将测量的光谱分解成一系列端元及其丰度系数的代数和

$$x = \sum_{i=1}^{M} \alpha_i s_i + n = S\alpha + n \qquad (9\text{-}26)$$

式中，x 是高光谱图像中一个观测到的某个像素的 $L \times 1$ 光谱列向量；s_i $(i=1, 2, \cdots, M)$ 是端元，为 $L \times 1$ 列向量，而 S 是高光谱图像中存在的纯地物端元的 $L \times M$ 光谱矢量矩阵，即 $S=[s_1, s_2, \cdots, s_M]$；$\alpha_i$ $(i=1,2,\cdots,M)$ 是丰度系数，对应各个端元在该像素中的混合比例，$\alpha = (\alpha_1, \alpha_2, \cdots, \alpha_M)^{\mathrm{T}}$ 是一个 $M \times 1$ 的列向量；n 是存在于像素各个谱带中的 $L \times 1$ 噪声向量，或者可以看作模型中的误差向量。

高光谱图像线性光谱解混就是要根据已知式（9-26）中的混合光谱 x，基于线性光谱混合物模型来提取其中所包含的纯地物目标端元 S，并且估计其所对应比例面积丰度 α 的过程[43]。

在具体应用中，由于式（9-26）线性混合光谱模型中端元和丰度都是未知的。此时，通常要考虑端元和丰度的非负和归一化两个物理事实来约束，即非负性约束要求求解得到的混合比例系数是非负的，归一化约束要求混合比例系数和为一。这样可以采用有约束最小均方（constrained least squares，CLS）求解方法，具体可以描述为：

① 端元光谱与对应的丰度值都满足非负性：

$$s_i \geqslant 0, \quad \alpha_i \geqslant 0 \qquad (9\text{-}27)$$

② 所有端元对应的丰度值之和为 1：

$$\sum_{i=1}^{M} \alpha_i = 1 \qquad (9\text{-}28)$$

基于以上讨论可见，混合像素光谱解混过程主要包括两个部分：混合像素端元提取和混合像素丰度估计。下面分别介绍其中的典型算法。

1. 混合像素端元提取

混合像素端元提取是提取混合像素中包含纯净地物的光谱信息，如何确定端元类型以及数量是混合像素解混的关键所在。只有能够准确地提取出高光谱图像中所包含的像素端元，才能确保解混的正确性和准确性。

多年来，各种自动、有监督的高光谱图像光谱端元提取方法层出不穷，如像素纯度指数（pixel purity index，PPI）算法、顶点成分分析（vertex component analysis，VCA）算法、迭代误差分析（iterative error analysis，IEA）算法、正交子空间投影（orthogonal subspace projection，OSP）算法等。相比之下，基于凸多面体几何（convex geometry）理论的 N-FINDR 算法因其具有全自动、无参数、选择效果较好等优点而更多地被使用[45]。N-FINDR 算法利用高光谱数据在特征空间中凸面单形体（simplex）的特殊结构，通过在数据集中寻找最大体积单形体而自动获取图像的所有端元。N-FINDR 算法原理来自于这样的假设：高光谱图像数据中各地物类别都存在所对应的纯像素光谱，而每个像素又都是由它们中的一个或多个纯像素光谱混合而成。根据凸多面体几何理论，全部像素在高光谱数据空间中形成一个凸多面体，每个纯像素则对应于凸多面体的一个顶点。在这种情况下，纯像素提取的任务就变为提取数据空间所形成的凸多面体的顶点。由于全部纯像素作为顶点的凸多面体具有最大的体积，因此，该任务又转化为寻求指定数目的像素，使得由它们作为顶点构成的凸多面体具有最大的体积。对于图 9-17 所示的二维空间单形体，其空心点表示光谱矢量，对应混合像素；三角形的三个实心点 a、b、c 表示单晶体的顶点，即为所要求的端元。此时，高光谱图像的端元提取问题就转化为求解单形体的顶点问题了。

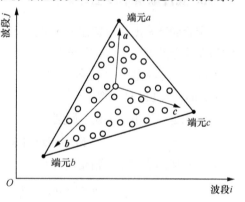

图 9-17　N-FINDER 算法示意图

N-FINDR 算法具体描述如下：设 $x_t\,(t=1,2,\cdots,N)$ 为具有光谱维数 d 的像素数据，$d=M-1$（M 为端元数）。若 $s_i\,(i=1,2,\cdots,d+1)$ 为该空间的全部光谱端元，则 x_t 中每个数据都可以表示为全部光谱端元的线性组合，即

$$x_t = \sum_{i=1}^{d+1} \alpha_i^t s_i + n_t$$

$$\text{s.t.} \sum_{i=1}^{d+1} \alpha_i^t = 1,\ 0 \leqslant \alpha_i^t \leqslant 1;\ t=1,2,\cdots,N$$

（9-29）

式中，α_i^t 为第 t 个像素光谱中第 i 个光谱端元所占的混合比例；n_t 为误差项。

如前所述，光谱端元提取的任务即为寻求指定数目的像素，使得由它们所张成的凸多面体的体积最大。为此，N-FINDR 算法首先随机选择 $d+1$ 个像素作为初始的光谱端元，并相应地计算由它们所张成的凸多面体体积。然后，用每个像素依次替换每个当前选择的光谱端元，如果某个替换能够得到具有更大体积的凸多面体，那么这样的替换就作为有效替换得以保留，否则作为无效替换被淘汰。重复这样的基本过程，直到没有任何替换能够引起凸多面体体积增大为止。此时的凸多面体体积最大，所提取的结果将作为最终光谱端元而被选择确定。

对于 $d+1$ 个像素 $p_1, p_2, \cdots, p_{d+1}$ 所张成的凸多面体的体积为

$$V(\boldsymbol{E}) = \frac{1}{(d+1)!}\mathrm{abs}(|\boldsymbol{E}|) \tag{9-30}$$

这里 $\mathrm{abs}(\bullet)$ 和 $|\bullet|$ 分别为绝对值和行列式算子，而

$$\boldsymbol{E} = \begin{bmatrix} 1 & 1 & \cdots & 1 \\ p_1 & p_2 & \cdots & p_{d+1} \end{bmatrix} \tag{9-31}$$

这样在指定的端元数目 M 下，为了获得具有更大体积的 $\boldsymbol{E}$，就需要对高光谱图像立方体内的所有像素组合进行遍历，进而提取所要求的端元。

2. 混合像素丰度估计

混合像素丰度估计旨在求解出各个端元在混合像素中的比例大小（多少），通常是在给定光谱矢量和确定光谱端元后，通过求解线性光谱混合模型来估计得到。典型的估计方法是全约束最小二乘线性解混（fully constrained least square linear unmixing，FCLSLU）[46]。

首先定义最小二乘误差原则

$$\text{Minimize} \quad \text{LSE} = \boldsymbol{n}^{\mathrm{T}}\boldsymbol{n} \tag{9-32}$$

式中，$\boldsymbol{n}$ 为解混后的误差向量，且

$$\boldsymbol{n} = (n_1, n_2, ..., n_p)^{\mathrm{T}} = \boldsymbol{x} - \boldsymbol{S}\boldsymbol{a} \tag{9-33}$$

针对式（9-26）模型，可以给出 $\boldsymbol{\alpha}$ 在没有式（9-27）非负约束和式（9-28）归一化约束情况下，误差的最小二乘估计 $\hat{\boldsymbol{a}}_{\mathrm{LS}}$ 可表示为

$$\hat{\boldsymbol{a}}_{\mathrm{LS}} = (\boldsymbol{S}^{\mathrm{T}}\boldsymbol{S})^{-1}\boldsymbol{S}^{\mathrm{T}}\hat{\boldsymbol{x}} \tag{9-34}$$

此时，式（9-34）称为非限制性混合像素分解模型，求得的最终最小二乘解 $\boldsymbol{a}_{\mathrm{UCLS}} = \hat{\boldsymbol{a}}$ 可作为 $\boldsymbol{\alpha}$ 的最初估计。在此基础上，也可以再对式（9-27）的丰度模型应用非负性约束 $\boldsymbol{\alpha} \geqslant 0$（$\alpha_j \geqslant 0$，$1 \leqslant j \leqslant p$），构成非负约束下的最小二乘（nonnegatively constrained least square，NCLS）最优化问题，即描述为

$$\text{Minimize} \quad \text{LSE} = (S\boldsymbol{\alpha} - \hat{\boldsymbol{x}})^\text{T}(S\boldsymbol{\alpha} - \hat{\boldsymbol{x}}) \quad \boldsymbol{\alpha} \geqslant 0 \quad （9\text{-}35）$$

由于非负 $\boldsymbol{\alpha} \geqslant 0$ 限制模型是一组不等式，所以该模型不存在解析解。为了解决这个难题，引入一个未知 p 维正的不变向量 $\boldsymbol{c}$ 来代替非负约束，其中 $\boldsymbol{c} = [c_1, c_2, \cdots, c_p]^\text{T}$，$c_j > 0$，$1 \leqslant j \leqslant p$。这时利用 $\boldsymbol{c}$ 构造拉格朗日乘数法函数

$$J(\boldsymbol{\alpha}) = \frac{1}{2}(S\boldsymbol{\alpha} - \hat{\boldsymbol{x}})^\text{T}(S\boldsymbol{\alpha} - \hat{\boldsymbol{x}}) + \lambda(\boldsymbol{\alpha} - \boldsymbol{c}) \quad （9\text{-}36）$$

在 $\boldsymbol{\alpha} = \boldsymbol{c}$ 的前提下，对 $\boldsymbol{\alpha}$ 微分得

$$\frac{\partial J}{\partial \boldsymbol{\alpha}}|_{\hat{\boldsymbol{\alpha}}_{\text{NCLS}}} = 0 \Rightarrow S^\text{T}S\hat{\boldsymbol{\alpha}}_{\text{NCLS}} - S^\text{T}\hat{\boldsymbol{x}} + \boldsymbol{\lambda} = 0 \quad （9\text{-}37）$$

可导出以下两个迭代式

$$\hat{\boldsymbol{\alpha}}_{\text{NCLS}} = (S^\text{T}S)^{-1}S^\text{T}\hat{\boldsymbol{x}} - (S^\text{T}S)^{-1}\boldsymbol{\lambda} = \hat{\boldsymbol{\alpha}}_{\text{LS}} - (S^\text{T}S)^{-1}\boldsymbol{\lambda} \quad （9\text{-}38）$$

$$\boldsymbol{\lambda} = S^\text{T}(\hat{\boldsymbol{x}} - S\hat{\boldsymbol{\alpha}}_{\text{NCLS}}) \quad （9\text{-}39）$$

由式（9-38）和式（9-39）可以通过迭代求出非负约束下的最小二乘的最优解 $\hat{\boldsymbol{\alpha}}_{\text{NCLS}}$ 和拉格朗日乘子 $\boldsymbol{\lambda}$。在 NCLS 算法中，估计分量 $\hat{\boldsymbol{\alpha}}_{\text{LS}}$ 分解成两个索引集，主动集合 R 和被动集合 P。主动集合 R 由对应 $\hat{\boldsymbol{\alpha}}_{\text{LS}}$ 中的负分量组成，被动集合 P 包括 $\hat{\boldsymbol{\alpha}}_{\text{LS}}$ 对应的正分量。当非负约束下的最小二乘找到最优解的时候，拉格朗日乘子向量 $\boldsymbol{\lambda}$ 必须满足

$$\lambda_j = 0, j \in P; \quad \lambda_j < 0, j \in R \quad （9\text{-}40）$$

9.3.3 线性光谱混合模型与线性支持向量机模型的等效

由于线性光谱混合模型在具体应用中的限制，支持向量机在一定条件下可以等效遥感领域发展起来的有约束最小均方线性光谱混合模型，从而为线性混合像素解混提供了更有效的模型。相对线性光谱混合模型，线性支持向量机模型更具有自动选择纯样本的优点，并且在处理线性不可分问题上更为灵活。

根据式（9-26）定义的线性光谱混合模型，并结合式（9-27）和式（9-28）对丰度参数的归一化和非负约束，下面以两类混合（这也是大多数情况）为例来进行介绍。此时考虑到归一化和非负性约束，线性混合模型为

$$\boldsymbol{x} = a_1\boldsymbol{s}_1 + a_2\boldsymbol{s}_2 + \boldsymbol{n} = a\boldsymbol{s}_1 + (1-a)\boldsymbol{s}_2 + \boldsymbol{n} \quad （9\text{-}41）$$

假设 $\boldsymbol{n}$ 为高斯白噪声，此时 $\boldsymbol{x}$ 的最小均方估计为

$$\hat{\boldsymbol{x}} = \hat{a}\boldsymbol{s}_1 + (1-\hat{a})\boldsymbol{s}_2 \quad （9\text{-}42）$$

由支持向量机的定义，其输出可以写为

$$g(x) = \sum_i \alpha_i y_i K(x, x_i) + b \qquad (9\text{-}43)$$

式中，x_i 为支持向量，它位于分类边界附近；y_i 为相应的支持向量 x_i 所属类别，取值+1 或–1；α_i 为拉格朗日乘子；$K(x, x_i)$ 表示输入向量 x 与支持向量 x_i 的核函数输出；b 为偏置。

式（9-43）表明，对于输入向量 x，其支持向量机输出为核函数 $K(x, x_i)$ 的加权和，且这些权值是已知的。在利用支持向量机进行光谱解混的过程中，需要寻找支持向量机输出 $g(x)$ 与所求丰度之间的关系。也就是说，用 x 的最小均方估计 $\hat{x}$ 来代替 x，来寻找 $K(\hat{x}, x_i)$ 与 $\hat{a}$ 的关系。如采用线性核函数时，$K(\hat{x}, x_i)$ 是 $\hat{a}$ 的线性函数

$$K(x, x_i) = (x \cdot x_i) = \left([(s_1 - s_2)\hat{a} + s_2] \cdot x_i\right) = A_i^i \hat{a} + B_i^i \qquad (9\text{-}44)$$

式中，$A_i^i = ((s_1 - s_2) \cdot x_i)$，$B_i^i = (s_2 \cdot x_i)$ 为两个常数，可以看作线性函数的斜率和截距。求出 $K(\hat{x}, x_i)$ 与 $\hat{a}$ 之间关系之后，代入式（9-44）得到 $g(\hat{x})$ 与 $\hat{a}$ 的关系式（9-43），进而可以通过 $g(\hat{x})$ 求出相应的 $\hat{a}$。

图 9-18（a）所示为圣迭戈某机场高光谱图像，其中选取了两个子区域作为解混的原始图像：图 9-18（b）所示为包含小目标及其对应的目标地表真实分布图，图像尺寸为 64 像素×64 像素，包含 3 个（飞机）小目标；图 9-18（c）所示为包含异常目标及其对应的目标地表真实分布图，图像尺寸为 100 像素×100 像素，包含 38 个（小飞机群）异常目标。图 9-19 和图 9-20 所示分别给出了基于最小二乘的光谱解混和基于支持向量机的光谱解混结果。由图可以看出，基于支持向量机的光谱解混可以较好地抑制背景干扰，并标示出大部分目标的位置。

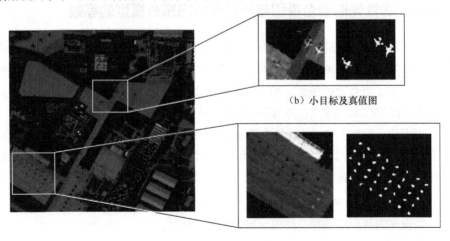

（a）原始图像第6波段　　　　　　　　　　（b）小目标及真值图

（c）异常目标及真值图

图 9-18　圣迭戈某机场高光谱图像

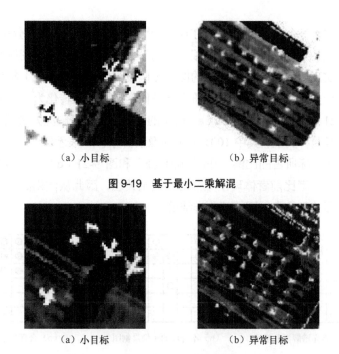

（a）小目标　　　　　　　　　　　（b）异常目标

图 9-19　基于最小二乘解混

（a）小目标　　　　　　　　　　　（b）异常目标

图 9-20　基于支持向量机解混

9.3.4　基于光谱解混的子像素制图技术

由前面几节介绍可知，光谱混合像素解混技术可以使高光谱图像的应用由像素级提高到子像素级。但混合像素解混技术只给出了该像素中包含了几种混合光谱（端元），以及对应每个端元的成分比例（丰度），并没有给出每种端元在图像中的空间位置信息。进一步完成不同端元的空间定位技术，就是所谓的子像素制图（subpixel mapping）。或者也可以反过来说，子像素制图需要对混合像素各个组分的含量的空间位置进行估计，因而需要光谱解混技术来支撑，二者相辅相成。子像素制图作为光谱解混技术的后续应用，在充分利用光谱解混信息和空间相关信息的基础上，能够以更高空间分辨率即更为精确的方式提高图像空间分辨率，从而可以为遥感图像解译提供更为可靠的视觉和定量化理解依据，也为高光谱图像更加精细的子像素目标辨识等后续应用提供可能。

理论上讲，图像在其空间结构上一般都具有较高的空间相关性。因此，在混合像素中，端元类别成分的大概率分布可以由像素内以及像素间的空间相关性决定。高光谱图像子像素制图就是在解混分量图像的基础上，利用这种内容上的局部相关性来估计各个混合类别端元的丰度在混合像素中的空间位置分布。

在具体应用中，基于局部空间相关性的子像素制图就是按照图像空间相关性最大化，来实现原始具有混合像素的图像（假设为低分辨率图像）超分辨为子像素图像（高分辨率图像）的，其实质是把子像素制图问题转化为一个线性优化问题。如图 9-21 所示，对于图 9-21（a）所示的混合像素光谱解混分量图：这里假设了目标和背景两种类别，其中 100%表示纯像素目标、0%表示纯像素背景、75%表示混合像素中目标所占的比例。在图 9-21（b）和图 9-21（c）所示的两种子像素制图结果中，后者比前者体现出更强的空间相关性，因此从优化的角度要选择后者为更加合理的子像素制图的超分辨结果。

50%	100%	75%
0%	50%	0%
0%	0%	0%

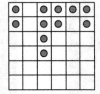

（a）混合像素光谱解混分量图　　（b）不合理的子像素制图　　（c）合理的子像素制图

图 9-21　混合像素光谱解混分量图及其两种可能的子像素制图

这样，如果假设低分辨图像中的像素数目为 N，子像素制图超分辨放大因子为 Z，那么这 N 个像素将被分为 $Z \times N$ 个子像素。再假设分量图的类别数目（即端元数目）为 C，被划分为第 i 类别的像素数目为 C_i，则定义 x_{ij} 为

$$x_{ij} = \begin{cases} 1, & \text{若子像素 } j \text{ 属于类别 } i \\ 0, & \text{其他} \end{cases} \tag{9-45}$$

那么该问题的数学模型可以定义为

$$\max \quad z = \sum_{i=1}^{C} \sum_{j=1}^{Z \times N} x_{ij} \cdot SD_{ij} \tag{9-46}$$

$$\text{s.t.} \quad \sum_{i=1}^{C} x_{ij} = 1, \quad j = 1, 2, \cdots, Z \times N$$

$$\sum_{j=1}^{Z \times N} x_{ij} = Z \times C_i, \quad i = 1, 2, \cdots, C \tag{9-47}$$

式中，SD_{ij} 为 x_{ij} 中第 i 类地物与第 j 个子像素间的相关性量度。若将解混分量值 F_k 置于像素中心（即如同物理学中的质心），则 SD_{ij} 可表示为该子像素的邻域像素关于第 i 类地物的解混分量值的加权线性组合，即

$$SD_{ij} = \sum_{k=1}^{N} w_k \cdot F_k \tag{9-48}$$

这里加权值 w_k 可设为反比于该子像素与其第 l 个邻域像素之间的距离（或距离的平方）。图 9-22 所示为高光谱图像超分辨率子像素制图结果。可见，经过超分辨处理后，图像的分辨率有了明显的改善。

（a）原始低分辨率图像　　　　　　（b）超分辨子像素制图

图 9-22　图像超分辨示意

作为解混后子像素制图的进一步应用，可将所得超分辨处理后的图像进行异常目标检测。此时，通过将 LRX 检测算法与地物相关性协同在一起，即 LRX 检测算法能够在双窗区域内通过统计特征提高异常点的检测丰度，而地物相关性可以结合待测像素邻域的各类地物分布关系，充分利用双窗结构内异常点的特性，有效地抑制背景并突出目标，实现更准确的高光谱异常检测。图 9-23 所示为采用同样异常目标检测方法，分别对混合像素解混处理前后的目标检测结果。其中，图 9-23（a）所示为空间分辨率 7 m 的高光谱原始图像，图 9-23（b）所示为直接利用 LRX 检测算法进行低分辨率目标检测的结果，图 9-23（c）所示为解混子像素制图之后利用 LRX 检测算法进行目标检测的结果。可见，经过解混超分辨后，原先丢失的目标(3 个飞机目标)通过解混子像素制图的超分辨处理可以得到恢复。为了比较分析，图 9-23（d）所示为空间分辨率为 3.5 m 的高光谱原始图像，图 9-23（e）所示为其采用同样的 LRX 检测算法进行目标检测的结果。比较可见，对空间分辨率为 7 m 的高光谱图像经过解混子像素制图之后的目标检测结果［见图 9-23（c）］已经非常接近分辨率为 3.5 m 高光谱图像的目标检测结果［见图 9-23（e）］。

基于子像素制图超分辨处理的异常检测算法在针对小目标或子像素目标的检测应用具有优势，主要在于能够将小目标或子像素目标的自身及周围的空谱信息进行协同深度挖掘，解混过程是提取地物目标光谱信息过程，超分辨过程是通过空间关联性约束实现将地物目标信息合理地分配到图像空间位置的过程。最后的检测过程是基于"图-谱"相结合地对待测像素进行准确的判断，设计的超分辨处理算法能够将空间中小目标或子像素目标实现"放大"的功能。

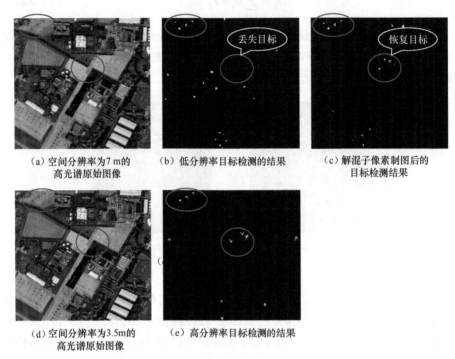

(a) 空间分辨率为7 m的   (b) 低分辨率目标检测的结果   (c) 解混子像素制图后的
高光谱原始图像   目标检测结果

(d) 空间分辨率为3.5m的   (e) 高分辨率目标检测的结果
高光谱原始图像

图 9-23 对混合像素解混处理前后的目标检测结果

9.3.5 广义线性光谱混合模型及解译

由前几节讨论可知，线性光谱混合模型是理想条件下建立的光谱混合模型。而在实际成像系统中，电磁波经过复杂的大气环境和地面环境干扰，到达传感器的光谱就会发生形变，改变原本线性组合的模式。此时，线性光谱混合模型必然要受到众多限制，为此需要考虑所谓的广义线性光谱混合模型（generalized linear spectral mixture model，GLSMM）。在应用中，广义线性光谱混合模型不仅涵盖了线性光谱混合模型，又考虑了大气、地面场景对地物造成的非线性干扰，从而使光谱混合模型更加完善、细致和精确[47]。

广义线性光谱混合模型是在线性光谱混合模型的基础上，引入了针对非线性干扰的非线性因子，以提高光谱混合模型的可信度和准确度。此时

$$x = \sum_{i=1}^{M} \alpha_i s_i + f(c,s) + n \qquad (9-49)$$

式中，$f(c, s)$ 是非线性影响部分。实际应用中，线性和（或）非线性的影响因素很多，这里只介绍以下 3 种影响的案例。

（1）由于地形起伏造成的光谱幅度的线性变化。这种影响并不破坏光谱线性组合的模式，但是不能满足丰度和为 1 的约束。也就是说，对于有地形起伏的像素解混，得到的丰度系数是随着光照强度的变化而变化的。如果强加丰度系数和为 1 的限制，就会破坏丰度的分配，从而无法反映真实的地物分布情况。基于此，基于广义线性光谱混合模型解混的广义约束条件也由一个严格的非负丰度系数 $\alpha_i \geqslant 0$ 和一个可调节的丰度系数和 $\sum_{i=1}^{M} \alpha_i \to 1$ 约束构成。这样线性光谱混合模型将由广义约束的最小二乘法求解，此时增广向量的形式为

$$\begin{bmatrix} x \\ \delta \end{bmatrix} = \sum_{i=1}^{M} \alpha_i \begin{bmatrix} s_i \\ \delta \end{bmatrix} + n \tag{9-50}$$

严格的非负丰度系数 $\alpha_i \geqslant 0$ 约束由非负最小二乘法满足，可调节的丰度系数和为 1 约束在最小平方估计中由常数 δ 控制。δ 越大，丰度系数和越接近于 1。广义约束是一种软约束，它打破了传统全约束条件下最符合物理意义的观念。可以通过放松对丰度和为 1 的限制来容忍光谱幅度的线性变化，因此更适合在复杂的物理环境中应用。此外，由于端元间的相对丰度不变，地物分布的真实丰度系数也可由后归一化处理获得，这样第 i 个端元的丰度可以表示为

$$c_i = \frac{\alpha_i}{\sum_{i=1}^{M} \alpha_i} \tag{9-51}$$

（2）地物间相互漫反射会增加地物的入射辐射能，进而导致不确定的"同物异谱"现象。这也是一种非线性干扰，与周围的地物性质有关

$$R_{\text{measured}} = \frac{E_{\text{ex}}}{E_{\text{solar}}} = \frac{E_{\text{in}}}{E_{\text{solar}}} R_{\text{ideal}} = \frac{E_{\text{solar}} + E_{\text{solar}} R_{\text{others}}}{E_{\text{solar}}} R_{\text{ideal}} \tag{9-52}$$
$$= R_{\text{ideal}} + R_{\text{ideal}} R_{\text{others}}$$

式中，R_{measured} 是测量的反射光谱；R_{ideal} 是理想无干扰的反射光谱；R_{others} 是相互漫反射的组合反射光谱；E_{ex}、E_{solar} 和 E_{in} 分别是测量光谱辐射能、太阳光谱辐射能和地物的入射光谱辐射能，干扰来源于把 E_{solar} 当作了 E_{in}。通常，随着漫反射次数的增加，相互漫反射携带的能量也越来越少，所以一般只有二次漫反射被考虑，即

$$R_{\text{others}} = R_1 + R_2 + \cdots + R_n + R_1 R_1 + R_1 R_2 + \cdots R_1 R_n + \cdots \tag{9-53}$$
$$\approx R_1 + R_2 + \cdots + R_n$$

此时，可以用二次交互项来模拟二次相互漫反射的作用，则广义线性光谱混合模型为

$$x = \sum_{i=1}^{M} \alpha_i s_i + f(\boldsymbol{\beta}, s) + \boldsymbol{n} = \sum_{i=1}^{M} \alpha_i s_i + \sum_{i=1}^{M} \sum_{j=i}^{M} \beta_{ij} s_i s_j + \boldsymbol{n} \tag{9-54}$$

式中，β_{ij} 是第 i 和第 j 个端元交互项 $s_i s_j$ 系数由于 $s_i s_j$ 表示的是两种端元之间的相互漫反射作用，而非真实地物组成的一部分，所以 $s_i s_j$ 是一个虚拟项，对 $\beta_{ij} \neq 0$ 的贡献既不属于第 i 个端元，也不属于第 j 个端元，更不共同属于第 i 和第 j 个端元。人们关心的仍然是丰度 $\alpha_i \geq 0$，也可以经过式（9-51）得到归一化的结果。

（3）大气散射是阴影处地物目标的主要入射能量，由于它与太阳直接辐射光的光谱差异较大，因此会造成阴影下像素光谱的巨大形变。大气散射主要有两种形式：① 瑞利散射是被比波长 λ 小得多的颗粒散射的，它的能量与波长 λ 的 4 次方成反比；② 另一种散射是米氏散射，它是被与波长 λ 差不多的颗粒散射的，它的能量与波长 λ 的 p 次方成反比，p 通常取 1、2、3，与颗粒的大小有关。引入大气散射项后，广义线性光谱混合模型可以描述为

$$x = \sum_{i=1}^{M} \alpha_i s_i + f(\boldsymbol{\gamma}, s) + \boldsymbol{n} = \sum_{i=1}^{M} \alpha_i s_i + \sum_{i=1}^{M} \gamma_i \frac{s_i(\lambda)}{\lambda^p} + \boldsymbol{n}, \qquad p = 1, 2, 3, 4 \tag{9-55}$$

式中，γ_i 为大气散射项 $\dfrac{s_i(\lambda)}{\lambda^p}$ 的系数。由于 $\dfrac{s_i(\lambda)}{\lambda^p}$ 表示的是大气散射光投射到地物目标上的，因此它是一个真实项，且 α_i 和 γ_i 的贡献属于同一种地物。γ_i 所占比例越大，被遮挡的程度越大，反之亦然。后归一化处理可以将两个系数结合起来，此时第 i 个端元的丰度表示为

$$c_i = \frac{\alpha_i + \gamma_i}{\sum_{i=1}^{M} (\alpha_i + \gamma_i)} \tag{9-56}$$

综上所述，在考虑以上 3 种环境干扰情况下，广义线性光谱混合模型可以描述为

$$\begin{aligned} x &= \sum_{i=1}^{M} \alpha_i s_i + f(c, s) + \boldsymbol{n} \\ &= \sum_{i=1}^{M} \alpha_i s_i + \sum_{i=1}^{M} \sum_{j=i}^{M} \beta_{ij} s_i s_j + \sum_{i=1}^{M} \gamma_i \frac{s_i(\lambda)}{\lambda^p} + \boldsymbol{n}, \quad p = 1, 2, 3, 4 \end{aligned} \tag{9-57}$$

从数学表示模型角度来说，广义线性光谱混合模型包括线性光谱混合模型，其中，$\sum_{i=1}^{M} \alpha_i s_i$ 项与线性光谱混合模型完全相同。从物理意义上来说，如果地物间

有相互漫反射作用，$\beta_{ij} > 0$，否则 $\beta_{ij} = 0$。同样，如果有阴影效应，$\gamma_i > 0$，否则，$\gamma_i = 0$。此外，非线性项 $s_i s_j$ 和 $\dfrac{s_i(\lambda)}{\lambda^p}$ 都是端元的变化形式，它们和端元一起可以用一个端元矩阵描述，对应的丰度也可以用一个向量描述，此时测量光谱的形式即 $x = aS + n$，完全与线性光谱混合模型的形式相同。因此，在广义线性光谱混合模型求解时，就可以利用线性光谱混合模型的方法求解。值得注意的是，尽管广义线性光谱混合模型描述形式与线性光谱混合模型形式类似，但广义线性光谱混合模型的建立依然比较复杂，与众多影响因素有关。

图 9-24（a）所示为在圣迭戈某机场高光谱图像中选取的一个包含屋顶区域的原始高光谱图像。由于光照的角度影响，在三角状屋顶的两个面（阴面和阳面）明显出现了"同物异谱"现象。对该区域分别进行线性光谱混合模型解混和广义线性光谱混合模型解混，其解混结果如图 9-24（b）和图 9-24（c）所示。可以看出，相比于线性光谱混合模型把同一种屋顶目标由于光照的影响，解混成两个不同的端元目标，而广义线性光谱混合模型解混能够很好地解决"同物异谱"问题。

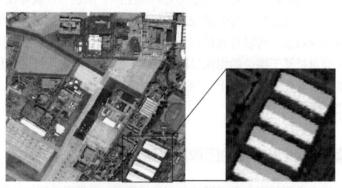

（a）包含屋顶区域的原始高光谱图像

（b）线性光谱混合模型解混　（c）广义线性光谱混合模型解混

*图 9-24　非线性解混结果示意

|9.4 遥感图像目标区域分割|

遥感图像目标区域分割是图像分割应用的一种特例，其主要目的是把图像中的目标从复杂背景中分离出来，即图像目标区域提取，以便目标检测、识别等进一步解译及应用。在算法实现上，目标区域分割可以理解为目标和背景两类的图像分割问题。

经典图像分割方法的最大问题是缺乏对像素空间信息的考虑，造成图像分割质量不理想，且容易产生过分割和欠分割等现象。同时，由于目标是由许多像素构成的区域，而基于像素分割方法对目标区域边界分割精度不够，必然会造成对目标区域的位置不能准确判断。随着图像空间分辨率的提高，目标在图像中不再是过去的几个或几十个像素构成的微小区域，而是具有相对清晰的目标轮廓和丰富细节的区域，针对单一像素点的研究不能满足当今的应用需求，由此也就引出了所谓超像素分割的概念。超像素定义为利用空间、颜色、位置等相关信息将图像划分为多个区域的过程，每个区域内的像素具有相似的特征，以像素区域块为单位作图像处理对象，可以有效提高算法效率、降低计算复杂度。目前，超像素分割算法主要包括基于图论的图像目标区域分割和基于梯度下降的图像目标区域分割等。本节将在介绍传统基于二维直方图的图像目标区域分割基础上，对这两类方法中的典型算法进行介绍。

9.4.1 基于二维直方图的图像目标区域分割

基于二维直方图的图像目标区域分割是最简单、最常用的阈值图像分割方法。它是通过分析图像二维直方图确定合理的阈值 Th 实现图像分割的。

传统的阈值分割方法通常都基于一维灰度直方图。但是一维灰度直方图只反映图像灰度分布，在低信噪比情况下，仅利用一维灰度分布往往不能得到满意的分割效果。因此人们考虑将二维直方图的概念引入图像分割中，这样就可以同时利用图像中各像素的灰度值分布以及其邻域的平均灰度值分布来选择最佳阈值，即同时反映了图像灰度值信息和像素邻域空间信息，以求得到更好的分割效果。

1. Otsu 分割算法

Otsu 分割算法是一种简单基于阈值的图像分割方法，又称为最大类间方差阈值分割算法。该算法不需要其他先验知识，实现过程简单，因此获得广泛应用。Otsu 分割算法的基本原理是通过利用直方图把图像分割成目标和背景两个部分，并计算两个部分的类间方差。类间方差越大，说明两个部分直接的灰度差距越大。这样找到类间方差最大的值，即最佳阈值，此时所获得的分割图像意味着错分概率最小。

设输入图像为 $f(x,y)$，共有 L 个灰度级。如果图像统计灰度直方图为 $h(i)$，则其概率分布 $p(i) = \dfrac{h(i)}{M \times N}$。其中，$i = 0,1,\cdots,L-1$，$M \times N$ 为图像尺寸。此时，$\sum\limits_{i=0}^{L-1} p(i) = 1$。

如果进一步假设图像被分割成目标区域和背景区域的二值图像为 $g(x,y)$，其阈值为 Th：目标区域的灰度值小于阈值 Th，背景区域灰度值大于阈值 Th，则目标和背景两类灰度值出现的概率分别为

$$p_{\text{o}} = \sum_{i=0}^{\text{Th}} p(i) \tag{9-58}$$

$$p_{\text{b}} = \sum_{i=\text{Th}}^{L-1} p(i) \tag{9-59}$$

两类的均值分别为

$$\mu_{\text{o}} = \sum_{i=0}^{\text{Th}} ih(i) \tag{9-60}$$

$$\mu_{\text{b}} = \sum_{i=\text{Th}}^{L-1} ih(i) \tag{9-61}$$

整幅图像均值及方差为

$$\mu = \sum_{i=0}^{L-1} ih(i) = \mu_{\text{o}} p_{\text{o}} + \mu_{\text{b}} p_{\text{b}} \tag{9-62}$$

$$\sigma^2 = p_{\text{o}} \times (\mu - \mu_{\text{o}})^2 + p_{\text{b}} \times (\mu - \mu_{\text{b}})^2 \tag{9-63}$$

将式（9-62）代入式（9-63），可等价为

$$\sigma^2 = p_{\text{o}} \times p_{\text{b}} \times (\mu_{\text{o}} - \mu_{\text{b}})^2 \tag{9-64}$$

类间方差越大，目标与背景区域差别越大。通过迭代遍历 $i = 0,1,\cdots,L-1$，使得类间距方差最大的阈值 Th 即为最佳阈值：

$$\text{Th}_{\text{best}} = \max_{0 \leqslant i < L-1} \{\sigma^2(i)\} \tag{9-65}$$

Otsu 分割算法的最大问题是对噪声和目标大小十分敏感，它仅对类间方差为单峰的图像效果较好。当目标与背景区域的大小比例相对悬殊时，其效果受到一定限制。

2. 图像二维直方图

基于图像二维直方图的目标区域分割方法的前提条件是图像二维直方图生成，其过程如下：

（1）设大小为 $M \times N$ 的数字图像 $f(x,y)$，其灰度级范围为 $\{0,1,\cdots,L-1\}$。如果在图像 $f(x,y)$ 的每个像素点，计算其 $m \times n$ 邻域内的平均灰度值，由此可以形成一幅新的二维图像

$$g(x,y) = \frac{1}{m \times n} \sum_{\Delta x=-m/2}^{m/2} \sum_{\Delta y=-n/2}^{n/2} f(x+\Delta x, y+\Delta y) \qquad （9-66）$$

生成图像 $g(x,y)$ 的每个像素灰度值也在 $\{0,1,\cdots,L-1\}$ 内。

（2）分别将图像 $f(x,y)$ 和 $g(x,y)$ 在 (x,y) 处的像素灰度值定义为 $i=f(x,y)$、$j=g(x,y)$，则可以形成一个灰度值二元组 (i,j)。计算两幅图像的归一化二维直方图，即灰度二元组 (i,j) 的联合概率密度 p_{ij}，且有 $\sum_{i=0}^{L-1}\sum_{j=0}^{L-1} p_{ij}=1$、$p_{ij}>0$。此时，$p_{ij}$ 可以描述为一个大小为 $L \times L$ 的矩形区域，其横坐标是图像 $f(x,y)$ 的灰度值 i、纵坐标是图像 $g(x,y)$ 的灰度值 j。

（3）针对图像二维直方图呈现双峰的特性，若设分割阈值点为 $(\text{Th}_i, \text{Th}_j)$，则通过二维直方图可以将灰度值区域分为 4 类 (C_0, C_1, C_2, C_3)，如图 9-25 所示。

根据图像区域的同态性，目标和背景的灰度值与其邻域内的平均灰度值相当，而在目标和背景分界处的灰度值与其邻域内的平均灰度值相差较大。因此，目标和背景中的像素主要分布在对角线周围，即区域 C_0 和 C_1 分别代表目标和背景，

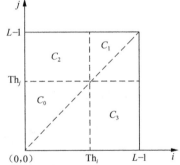

图 9-25　基于二维直方图的图像灰度区域分割示意图

而远离对角线的 C_2 和 C_3 则大部分代表边缘和噪声。此时，目标和背景两类出现的概率分别为

$$\omega_o(\text{Th}_i, \text{Th}_j) = P_o = \sum_{i=0}^{\text{Th}_i-1} \sum_{j=0}^{\text{Th}_j-1} p_{ij} \qquad （9-67）$$

$$\omega_{\mathrm{b}}(\mathrm{Th}_i, \mathrm{Th}_j) = P_{\mathrm{b}} = \sum_{i=\mathrm{Th}_j}^{L-1} \sum_{j=\mathrm{Th}_j}^{L-1} p_{ij} \tag{9-68}$$

在引入二维直方图的概念后，下面介绍两种传统的基于二维直方图的图像目标区域分割算法，即二维 Otsu 分割算法和最大熵法。

3. 基于二维直方图的 Otsu 图像分割

为了克服传统 Otsu 分割算法的弊端，人们提出了基于二维直方图的 Otsu 图像分割算法。此时，基于式（9-67）和式（9-68），可以进一步计算目标和背景两类区域对应的均值向量为

$$\boldsymbol{\mu}_{\mathrm{o}}(\mathrm{Th}_i, \mathrm{Th}_j) = [\mu_{oi}, \mu_{oj}]^{\mathrm{T}}$$

$$= \left[\sum_{i=0}^{\mathrm{Th}_i-1} \sum_{j=0}^{\mathrm{Th}_j-1} ip_{ij} / \omega_{\mathrm{o}}(\mathrm{Th}_i, \mathrm{Th}_j), \sum_{i=0}^{\mathrm{Th}_i-1} \sum_{j=0}^{\mathrm{Th}_j-1} jp_{ij} / \omega_{\mathrm{o}}(\mathrm{Th}_i, \mathrm{Th}_j) \right]^{\mathrm{T}} \tag{9-69}$$

$$\boldsymbol{\mu}_{\mathrm{b}}(\mathrm{Th}_i, \mathrm{Th}_j) = [\mu_{bi}, \mu_{bj}]^{\mathrm{T}}$$

$$= \left[\sum_{i=\mathrm{Th}_i}^{L-1} \sum_{j=\mathrm{Th}_j}^{L-1} ip_{ij} / \omega_{\mathrm{b}}(\mathrm{Th}_i, \mathrm{Th}_j), \sum_{i=\mathrm{Th}_i}^{L-1} \sum_{j=\mathrm{Th}_j}^{L-1} jp_{ij} / \omega_{\mathrm{b}}(\mathrm{Th}_i, \mathrm{Th}_j) \right]^{\mathrm{T}} \tag{9-70}$$

进一步计算图像的总体均值向量 $\boldsymbol{\mu}$：由于远离直方图对角线的概率可忽略不计，则此时 $\omega_{\mathrm{o}} + \omega_{\mathrm{b}} \approx 1$，于是有

$$\boldsymbol{\mu} = (\mu_i, \mu_j)^{\mathrm{T}} = \left[\sum_{i=0}^{L-1} \sum_{j=0}^{L-1} ip_{ij}, \sum_{i=0}^{L-1} \sum_{j=0}^{L-1} jp_{ij} \right]^{\mathrm{T}} = \omega_{\mathrm{o}} \boldsymbol{\mu}_{\mathrm{o}} + \omega_{\mathrm{b}} \boldsymbol{\mu}_{\mathrm{b}} \tag{9-71}$$

再计算目标与背景类间的离散测度矩阵，作为图像分割准则函数

$$\sigma(\mathrm{Th}_i, \mathrm{Th}_j) = \omega_{\mathrm{o}}[(\mu_{oi} - \mu_i)^2 + (\mu_{oj} - \mu_j)^2] + \omega_{\mathrm{b}}[(\mu_{bi} - \mu_i)^2 + (\mu_{bj} - \mu_j)^2] \tag{9-72}$$

最后遍历求 $\sigma(\mathrm{Th}_i, \mathrm{Th}_j)$、$\mathrm{Th}_i, \mathrm{Th}_j = 0, 1, \cdots, L-1$ 的最大值，即为图像分割的最佳阈值。进而可以实现图像目标区域分割。基于二维直方图的 Otsu 分割算法分割图像目标区域结果如图 9-26 所示。其中，图 9-26（a）所示为原始遥感图像，图 9-26（b）所示为其分割结果图像。

4. 基于二维直方图的最大熵图像分割

从信息论的角度，熵是信源信息量的度量。二维直方图的最大熵图像分割也是基于图像二维直方图，如图 9-25 所示，通过阈值 $(\mathrm{Th}_i, \mathrm{Th}_j)$ 把图像灰度值分割成 4 个区域。

（a）原始遥感图像

（b）基于二维直方图的Otsu图像分割　（c）基于二维直方图的最大熵图像分割

图 9-26　图像目标区域分割

根据式（9-67）和式（9-68），可以进一步计算区域 C_0 和 C_1 的二维信息熵

$$H(C_0) = -\sum_{i=0}^{\text{Th}_i-1}\sum_{j=0}^{\text{Th}_j-1}(p_{ij}/\omega_o)\ln(p_{ij}/\omega_o) = \ln\omega_o + H_o/\omega_o \tag{9-73}$$

$$H(C_1) = -\sum_{i=\text{Th}_i}^{L-1}\sum_{j=\text{Th}_j}^{L-1}(p_{ij}/\omega_b)\ln(p_{ij}/\omega_b) = \ln\omega_b + H_b/\omega_b \tag{9-74}$$

式中，$H_o = -\sum_{i=0}^{\text{Th}_i-1}\sum_{j=0}^{\text{Th}_j-1}p_{ij}\ln p_{ij}$；$H_b = -\sum_{i=\text{Th}_i}^{L-1}\sum_{j=\text{Th}_j}^{L-1}p_{ij}\ln p_{ij}$。

再定义图像分割准则函数：

$$H(\text{Th}_i,\text{Th}_j) = H(C_0) + H(C_1) \tag{9-75}$$

同样，远离直方图的对角线的概率可忽略不计，有

$$\omega_o + \omega_b \approx 1 \text{、} \quad H_o + H_b \approx H_L \tag{9-76}$$

式中，$H_L = -\sum_{i=0}^{L-1}\sum_{j=0}^{L-1}p_{ij}\ln p_{ij}$，则有

$$H(C_1) = \ln(1-\omega_0) + (H_L - H_0)/(1-\omega_0) \tag{9-77}$$

于是有

$$H(\mathrm{Th}_i, \mathrm{Th}_j) = \ln\left[\omega_o(1-\omega_o)\right] + H_o/\omega_o + (H_L - H_o)/(1-\omega_o) \tag{9-78}$$

同样遍历求 $H(\mathrm{Th}_i, \mathrm{Th}_j)$、$\mathrm{Th}_i, \mathrm{Th}_j = 0,1,\cdots,L-1$ 的最大值，即可得到最佳阈值点。进而可以实现图像目标区域的分割。采用该方法对图 9-26（a）所示的原始遥感图像进行区域分割，分割结果如图 9-26（c）所示。

9.4.2　基于图论的图像目标区域分割

图论（graph theory）是数学的一个分支，它以图（graph, G）为研究对象。图论中的图是由若干个给定的顶点集（vertices, V）及连接顶点的边集（edges, E）所构成的一种拓扑关系，即带有权值的加权图 $G=(V,E)$。基于图论的图像分割方法是一种自顶向下的全局分割方法，图像中每个像素点可以视为是图 G 中对应的顶点 $v \in V$，两个像素之间的相邻关系视为图 G 中的边 $(v_i, v_j) \in E$，两个像素特征之间的相似性或差异性表示为图 G 中边的权值 $w(v_i, v_j)$ 大小，代表了图像中两个像素的关联程度。这种基于图论分割算法的主要思想是将一幅图像映射到一个加权图中，并应用经典算法对基于图像内容构建的加权图进行某种属性的判定与划分，最终映射回图像并进行相关的运算与操作，从而实现图像分割。目前，基于图论的经典算法主要包括基于最小切割（minimum cut）算法、基于最小生成树（minimum spanning tree）算法等。下面对这些算法进行简单介绍。

1. 基于最小切割算法

最小切割算法采用最小分割准则实现图像分割，相当于将图像分割成最大相似子图或寻找最小分割集合的过程。由于图像分割过程是根据像素点之间的相似程度来确定不同目标区域，而相邻像素点之间的相似程度为边，即相似程度越高，其边的权值就越大。另外，不同目标区域之间的差异性相对较大，也就是相似程度较低，其相邻目标区域之间接合边的权值也就相对较小。因此，在求解最优解过程中，如何优化能够找到权值之和最小的边集，就相当于确定了目标区域的边界，进而可实现图像目标区域分割。

最小切割算法的基本原理如下：假设 $G=(V,E)$ 表示一幅带权值的无向图，若存在边集 E，将点集 V 分为两个子点集 V_o 和 V_b，且满足 $V_o \cup V_b = V$、$V_o \cap V_b = \varnothing$，$E$ 中任何一条边的两个端点分别属于 V_o 和 V_b，则 $E=(V_o, V_b)$ 就是图 G 的一个切割。这样，$G=(V,E)$ 的最小切割就是使其顶点集中，满足在 V_o 和 V_b 中边权值之和最小的切割集。

这样，如果设最小切割目标函数为 $\mathrm{cut}(V_o,V_b)$，加权图 $G=(V,E)$ 中连接边 (v_i,v_j) 的权值表示为 $w(v_i,v_j)$，那么寻找最小切割问题就是最小化

$$\mathrm{cut}(V_o,V_b)=\sum_{v_i\in V_o,v_j\in V_b,(v_i,v_j)\in E}w(v_i,v_j)\qquad(9\text{-}79)$$

图 9-27 所示为基于最小切割集的图像分割示意。其中，虚线表示图像被分割成目标和背景两个区域。细线表示像素之间相似性低，意味着不同区域像素的边界权重小（1 或 2）；图中粗线代表像素之间相似性高，意味着同一区域像素的边界权重大。基于最小切割集的分割方法就是利用像素之间权重值大小或高低，通过删除最小的边集合而实现两个子区域的划分。

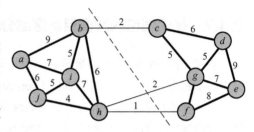

图 9-27　基于最小切割集的图像分割示意

最小切割算法的分割结果相对比较紧凑。但最小切割算法的最大问题是仅考虑两个子图之间的切割最小，可能会造成分割收敛到单个或一小簇顶点，而不是最佳分割点。为此，一种改进的基于两组之间不相关的度量准则被人们提出，这就是归一化切割（normalized cuts，Ncuts）

$$\mathrm{Ncut}(V_o,V_b)=\frac{\mathrm{cut}(V_o,V_b)}{\mathrm{assoc}(V_o,V)}+\frac{\mathrm{cut}(V_o,V_b)}{\mathrm{assoc}(V_b,V)}\qquad(9\text{-}80)$$

式中，$\mathrm{assoc}(V_o,V)=\sum_{v_i\in V_o,v_k\in V}w(v_i,v_k)$、$\mathrm{assoc}(V_b,V)=\sum_{v_j\in V_b,v_k\in V}w(v_j,v_k)$ 分别是 V_o、V_b 中顶点与图中所有节点 V 的连接总和。

2. 基于最小生成树算法

最小生成树算法就是给定需要连接的顶点，选择边权值之和最小的树结构。此时，类内像素高度相似、类间像素差异最大，进而对图中节点进行聚类以达到分割图像的目的。在具体实现过程中，加权图 G 中节点重复的边通常可以称为圈（acyclic），而不含圈的连通图称为树（tree）。若连通图 G 的生成子图是一个树结构，则生成子图是图 G 的一个生成树。最小生成树就是连接所有节点的边中权值最小的树。

设 T 为加权图 G 的生成子树，G 中权值最小的生成树 $T_{\min}$ 则被定义为

$$w(T_{\min})=\min\{w(T)\,|\,T\in G\}\qquad(9\text{-}81)$$

式中，

$$w(T) = \sum_{e \in E(T)} w(e) \tag{9-82}$$

最小生成树 $T_{\min}$ 包含边集合为权值图 G 所包含边集合的子集，且在所有生成树中最小，即图中连接所有节点边中权值最小的树。如图 9-28 所示，粗线段表示权值图 G 中的最小生成树，图中小写字母代表权值图 G 的节点，连接两个节点之间数字表示每条边的权重值。

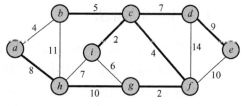

图 9-28 基于最小生成树的图像分割

值得注意的是，同一个权值图可以有不同的生成树，但是 n 个顶点连通图的生成树必定含有 $n-1$ 条边。可以说，基于最小生成树算法的图像分割就是将分割问题转化为分离最小生成树子树的过程。通过一个连通的顶点集合表示图中每一个最小生成树，也就代表图像中的一个同质区域，采用加权无向图边的权值排序且不依赖于具体的权值来达到图像分割的目的。具体实现步骤如下。

① 计算每个像素与其八邻域或四邻域的不相似度（差异性），即它们之间的权值。

② 按照从小到大的顺序排列 $e_n (n = 1, 2, \cdots, N)$，选择最小的边 e_1。

③ 对所选择的边 e_n 进行合并判断：设其所连接的两个顶点为 (v_i, v_j)，如果满足合并条件，则执行步骤④，否则执行步骤⑤。

④ 更新该类的不相似度阈值及类标号。

⑤ 如果 $n \leqslant N$，则按照排好的顺序，选择下一条边继续执行步骤③，否则迭代结束。

最小生成树的形成过程与区域增长过程类似，具有算法结构简单清晰、计算高效等优点。但是当图像尺寸较大时，由于需要遍历大量节点，所以计算速度慢、计算复杂度高。

9.4.3 基于梯度下降的图像目标区域分割

基于梯度下降的图像目标区域分割的基本原理：首先对图像进行初始化区域聚类，然后采用梯度下降算法更新迭代初始区域直到满足收敛条件，输出图像即为分割区域结果。典型的基于梯度下降的图像目标区域分割算法有两种：一种是分水岭分割算法，该算法基于拓扑理论的数学形态学，利用浸没原理实现图像目标区域分割。该方法的缺点是容易导致分割形状、大小不一及过分割；另一种是简单线性迭代聚类（simple linear iterative clustering，SLIC）分割算法，该算法利用颜色、空间距离约束，只需设置一个分割参数就可以获得较好的分割结果，且生成的区域较为紧凑、整齐，可以对彩色和灰度图像进行分割，是当前综合性能较为优异的分割算法。

1. 分水岭分割算法

分水岭分割算法是一种基于拓扑理论的数学形态学的图像分割方法，其基本思想是将图像比喻为地形学上的拓扑地貌。图像中的每个像素灰度值类似于地貌中该点的海拔高度、图像中局部灰度极小值类似于地貌中的集水盆地（catchment basin），而集水盆地的边界即形成分水岭。分水岭分割算法同样是基于待分割图像目标区域和背景区域内部的一致性和其边界的差异性，其基本出发点是水面从极小值的一致性区域开始上升，从低到高淹没整个地形。当处在不同集水盆地的水面不断上升到将要汇合在一起（目标区域边界）时，区域堤坝将阻止继续聚合，此时对应这些堤坝的边界即为分水岭的分割线。

基于分水岭图像分割算法的基本原理：设 $M_1, M_2, \cdots, M_K$ 为表示梯度图像 $g(x,y)$ 局部最小值点坐标的集合。此时，图像 $g(x,y)$ 灰度空间可以看作地球表面的整个地理结构，其每个像素的灰度值代表地形高度 h。其中，$h_{\min}$ 和 $h_{\max}$ 代表最小值和最大值。

如果令 $T[h]$ 表示坐标 (s,t) 的集合，其中 $g(s,t) < h$，即

$$T[h] = \{(s,t)|g(s,t) < h\} \tag{9-83}$$

则随着水位以整数量从 $h = h_{\min} + 1$ 到 $h = h_{\max} + 1$ 不断增加，当水平面上升到一定高度时，图像中的地形会被水漫过。在水位漫过地形过程中的每一阶段，算法都需要计算处在该水位 $g(x,y) = h$ 之下点的数目 $T[h]$。此时，如果 $T[h]$ 中的坐标处在 $g(x,y) = h$ 平面之下，被标记为黑色或不同"颜色"，而所有其他坐标被标记为白色。这样，当水位以任意增量 h 增加时，从上向下观察 (x,y) 平面，就会形成一幅二值图像，其截面如图 9-29 所示。图像中黑色或不同"颜色"点对应于函数中低于水平面 $g(x,y) = h$ 的点，而二者的分水岭线就是其两个区域的分割线，这样基于分割线就可以实现对图像的分割。

由以上讨论可见，分水岭分割算法实现的本质是在边缘检测（梯度）的基础上，再通过区域生长来实现目标区域的分割，即边缘检测与区域生长合二为一。该算法结合了边缘检测与区域生长算法的优点，能够得到连通、封闭、并且位置精准的目标区域轮廓。此时，梯度检测算子的选择极其关键，它会直接影响图像目标区域分割的性能。理论上讲，第 7 章介绍的边缘检测算子，如 Sobel 算子、Laplacian 算子等这里都可以利用。但基于分水岭分割算法的最大问题还是梯度图像中的噪声问题，它们往往会直接影响极小值点的数目，造成图像的过分割。因此，在实际应用中，

往往需要事先确定图像中目标的标记点或种子点，然后再进行区域生长，并且生长过程中利用仅具有不同标记点的堤坝来产生分水线。基于分水岭分割算法实现遥感图像区域分割的示例如图 9-30（b）所示，其中图 9-30（a）所示为原始遥感图像。

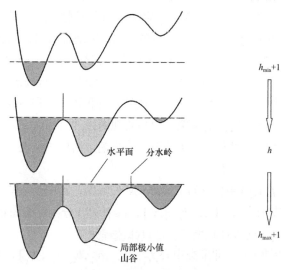

图 9-29　分水岭分割算法示意

（a）原始遥感图像

（b）分水岭算法分割结果

（c）SLIC 分割结果

图 9-30　基于图论的遥感图像分割

2. 简单线性迭代聚类分割算法

简单线性迭代聚类分割算法的基本原理：首先将 RGB 彩色图像转化为 LAB 颜色空间。其中，L 代表图像亮度，A 表示从深绿色到品红色的颜色范围，B 表示从深蓝色到柳黄色的颜色范围；这样处理的主要原因是 LAB 图像拥有更高的色域，更加接近于人类的视觉感知。然后，LAB 空间和 XY 坐标空间一起构成 5 维特征向量，并对 5 维特征向量构造距离度量标准，对图像像素进行局部聚类。本质上讲，简单线性迭代聚类算法是 K 均值聚类算法的改进和拓展，利用像素点具有一定相似性的度量准则，通过迭代更新聚类中心实现图像的目标区域划分，且只需设置一个分割参数即可实现对彩色和灰度图像的分割。简单线性迭代聚类算法的突出特点是原理简单、实现方便。

设原始图像 $f(x,y)$ 中包含有 $P = M \times N$ 个像素，其中 $M \times N$ 代表图像的小，则每个像素可以表示为 $f_i = [l_i, a_i, b_i, x_i, y_i]$，$i \in [1,P]$；分割后图像 $g(x,y)$ 包含有 K 个不同区域，则简单线性迭代聚类算法具体流程如下。

① 设置初始种子点，即聚类中心 $f_{C_k} = [l_{C_k}, a_{C_k}, b_{C_k}, x_{C_k}, y_{C_k}]$，$k \in [1,K]$。一般初始种子点的选择要在图像内均匀分布。

② 为了避免初始种子点落在梯度较大的噪声或轮廓边界上，影响后续聚类效果。通常在种子点的 $s \times s$ 邻域内（一般为 3×3），计算该邻域内所有像素点的梯度值，且将最小梯度坐标设定为新的初始聚类中心，并对每个像素分配标签。

③ 计算 $2s \times 2s$ 邻域内（注意不是 $s \times s$ 邻域内）所有像素点与聚类中心的距离。与标准 k 均值聚类方法在整幅图中搜索不同，简单线性迭代聚类算法的搜索范围限制为 $2s \times 2s$ 局部区域，如图 9-31 所示，这样可以加速算法收敛。

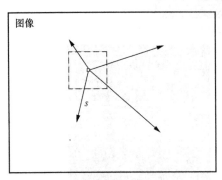

（a）k均值搜索

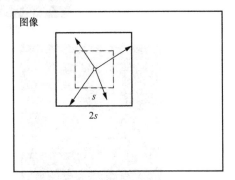

（b）SLIC窗口搜索

图 9-31　迭代搜索范围示意

④ 将符合距离约束条件的像素点，添加到相对应的分割区域。简单线性迭代聚类算法距离约束条件包括颜色距离和空间距离，定义为

$$d_c(i,C_k) = \sqrt{(l_i - l_{C_k})^2 + (a_i - a_{C_k})^2 + (b_i - b_{C_k})^2} \tag{9-84}$$

$$d_s(i,C_k) = \sqrt{(x_i - x_{C_k})^2 + (y_i - y_{C_k})^2} \tag{9-85}$$

$$D(i,C_k) = \sqrt{\left(\frac{d_c(i,C_k)}{N_c}\right)^2 + \left(\frac{d_s(i,C_k)}{N_s}\right)^2} \tag{9-86}$$

式中，$d_c(i,C_k)$、$d_s(i,C_k)$ 分别表示图像像素间的颜色距离和空间距离；$D(i,C_k)$ 表示像素间相似程度；N_c 为最大的颜色距离；N_s 为类内最大空间距离。需要注意的是，由于每个像素点都可能被多个种子点搜索到，所以每个像素点都会有一个与周围种子点的距离，最后选取最小值对应的种子点作为该像素点聚类中心。

⑤ 更新每个像素聚类中心坐标，并迭代步骤③④⑤，直到满足预定收敛的终止条件，此时可以理解为每个像素点聚类中心不再发生变化。

⑥ 对孤立点进行计算合并，主要解决上述聚类后图像中出现的异常点问题。

基于简单线性迭代聚类分割算法实现图 9-30（a）所示遥感图像区域分割的示例，如图 9-30（c）所示。

9.5　高光谱图像目标识别

高光谱图像目标识别的主要任务是将一个或多个同类感兴趣的特定目标与一个或多个其他目标区分开来的过程，属于更精细的图像解译及应用范畴。从广义分类而言，目标识别属于两类分类问题，即识别结果可以分为目标和背景两类。但不同于一般的遥感图像分类，目标识别要求的信息和方法更加苛刻，得到的结果也更为精确，更强调相似目标之间的精细区分。一方面要求特征具有较好的描述能力，另一方面需要分类器具有更好的性能。传统上，为了实现目标的准确识别，必须要有相应的目标模型数据库作为标准，这些目标模型是有明确类别标签的，再将通过遥感观测获得的目标信息与目标标准模型进行比较分析，进而确定各个被观测目标的类别归属，即在方法上采用有监督分类方法。另外值得注意的概念就是目标识别与目标检测的异同。在不严格区分时，目标检测和目标识别的概念没有明显的区分。严格上来区分，识别得到的结果是确定的，检测通常得到

的结果是图像中存在"异常"，但是并不能确定"异常"是何物，它可以是目标也可能不是目标，具有不确定性。为此，本节在遥感图像分类、目标检测的基础上，重点介绍遥感图像，特别是高光谱图像的目标识别技术。

9.5.1 基于空间特征的图像目标识别

在遥感图像应用中，通用的信息就是图像的二维空间信息。因此可以利用空间形状信息进行目标识别，图 9-32 所示为基于空间特征的图像目标识别方法实现基本框图，其中匹配识别是整个识别过程的重点和难点。

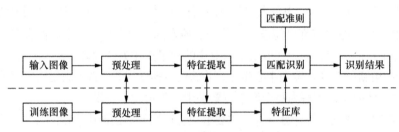

图 9-32 基于空间特征的图像目标识别方法实现基本框图

传统的匹配识别方法大致可分为像素级模板匹配和特征级模板匹配两大类，它们的共同特点都是通过已知模板在待测图像上进行全方位、全角度搜索，并基于匹配相似度来实现目标识别。像素级模板直接采用图像的颜色或灰度等作为特征，进行逐像素点匹配识别；特征级模板采用图像统计或纹理轮廓等作为特征向量，进行相关匹配识别。

像素级模板匹配是一种简单有效、实用性很强的目标识别方法。该方法直接利用已知图像目标的灰度矩阵作为模板，然后将其与输入图像在某种测度准则下进行匹配识别，如图 9-33 所示。其中，图 9-33（a）所示为包含待识别目标的原始图像，图 9-33（b）所示为预先规定的图像目标模板。实现的基本原理：模板 $Tp(m,n)$ 在图像 $f(x,y)$ 中逐点滑动搜索，并与模板下的子图像 $f_{M\times N}(m,n)$ 计算相似程度，使

$$D(x,y) = \sum_{m=1}^{M} \sum_{n=1}^{N} \left[f_{M\times N}(m,n) - Tp(m,n) \right]^2 \qquad （9-87）$$

误差最小者达到最佳匹配，即实现目标识别。

尽管像素级模板匹配法简单方便，但是由于噪声的影响以及实际图像结构的千变万化，该方法在较为复杂情况下往往得不到理想的效果。与像素级模板匹配

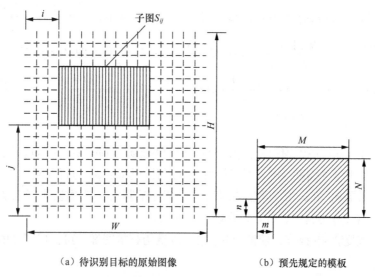

（a）待识别目标的原始图像　　　（b）预先规定的模板

图 9-33　基于模板匹配的目标识别

不同，特征级模板匹配以某些特征作为匹配基准，这些特征通常由定义的描述子获得。描述子要求具有某种旋转、尺度、平移等变换不变性，可分为结构描述子、统计描述子和混合描述子等。在结构描述子中，比较典型的有图、树、有约束网络等。尽管这些描述子在尺度和旋转变换中具有不变性，而且鲁棒性较好，但是在识别过程中，噪声和图像降质将对识别结果造成较大影响。在统计描述子中，较典型的特征包括傅里叶描述子、不变矩、形状上下文等，它们从目标所包含的像素中提取统计特征。尽管统计描述子都具有仿射不变性，但是相应地也有一些缺点：傅里叶描述子和不变矩对于复杂目标的描述能力比较有限；形状上下文在匹配之前，需要对两个目标进行点对点的配准。在混合描述子方法中，通常采用在目标结构描述基础上，提取统计特征的方式，最典型的方法之一就是向量特征。在具体应用中，无论是基于像素级模板匹配、还是基于特征级模板匹配，其实现过程大致是相同的，唯一的差别是匹配模板的具体内容不同。

　　设原始图像 $f(x,y)$ 大小为 $H \times W$。其中，$x = 1, 2, \cdots, H$；$y = 1, 2, \cdots, W$；模板图像 $\mathrm{Tp}(m,n)$ 大小为 $M \times N$。其中，$m = 1, 2, \cdots, M$；$n = 1, 2, \cdots, N$。通常 M、N 选择为奇数，且远远小于 H、W。为了在图像 $f(x,y)$ 中与模板 $\mathrm{Tp}(m,n)$ 进行匹配识别，需要完成以下几个步骤（以特征级匹配为例）。

　　① 计算模板 $\mathrm{Tp}(m,n)$ 的不变特征，如 L 个特征 $\boldsymbol{\varphi}_{\mathrm{Tp}} = (\varphi_{\mathrm{Tp}1}, \varphi_{\mathrm{Tp}2}, \cdots, \varphi_{\mathrm{Tp}L})^{\mathrm{T}}$，并在图像 $f(x,y)$ 中设置以某像素位置 (m,n) 为中心的 $M \times N$ 大小窗口 $W(m,n)$。

② 以像素 (m,n) 为中心，遍历图像 $f(x,y)$ 。其中， $m = \dfrac{M+1}{2}, \dfrac{M+1}{2}+1,\cdots,$ $H-\dfrac{M+1}{2}$ ， $n=\dfrac{N+1}{2}, \dfrac{N+1}{2}+1,\cdots,W-\dfrac{N+1}{2}$ ，对应于图像 $f(x,y)$ 的窗口记为 $W_{(m,n)}(x,y)$ 。其中， $x=m-\dfrac{M+1}{2}+1, m-\dfrac{M+1}{2}+2,\cdots,m+\dfrac{M+1}{2}$ ， $y=n-\dfrac{N+1}{2}+1,$ $n-\dfrac{N+1}{2}+2,\cdots,n+\dfrac{N+1}{2}$ 。

③ 计算对应图像窗口 $W_{(m,n)}(x,y)$ 的不变特征 $\boldsymbol{\varphi}_W = (\varphi_{W1}, \varphi_{W2}, \cdots, \varphi_{WL})^{\mathrm{T}}$ 。

④ 基于某种测度准则，对图像特征 $\boldsymbol{\varphi}_W$ 与模板特征 $\boldsymbol{\varphi}_{\mathrm{Tp}}$ 进行匹配。

⑤ 如果 $\boldsymbol{\varphi}_W$ 和 $\boldsymbol{\varphi}_{\mathrm{Tp}}$ 的匹配结果满足预先设定的判别准则阈值,则图像 $f(x,y)$ 中窗口 $W_{(m,n)}(x,y)$ 为目标，否则为背景（非目标）。

⑥ 重复③~⑤操作，使窗口 $W_{(m,n)}(x,y)$ 遍历整幅图像，可实现图像的目标匹配识别。

图 9-34 所示为基于不变矩特征（参见 7.1.2 节）的飞机目标匹配识别结果，其中图 9-34（a）为原始高光谱图像中的一个波段，图 9-34（b）所示为在经过预处理后的匹配识别结果图像。

（a）原始高光谱图像　　　　　　　　　（b）匹配识别结果

图 9-34　基于不变矩的飞机目标匹配识别

9.5.2　基于光谱波形匹配的高光谱图像目标识别

在高光谱图像中，最为丰富的是光谱信息。对于高光谱图像的目标识别来说，除了可以利用前面介绍的空间特征识别，基于光谱信息的识别技术，以及空-谱联合信息进行目标识别十分重要。与高光谱图像目标检测几乎不需要已知图像的某些先验知识不同，高光谱图像目标识别却需要已知一个包含目标向量的参考光谱库，其中最典型的高光谱图像目标识别方法就是基于光谱波形匹配的高光谱图像目标识别。

所谓基于光谱波形匹配的高光谱图像目标识别就是通过计算两个光谱曲线的相似度来判断地物目标的归属类别，其基本原理是：把待识别高光谱图像数据的光谱向量与已知光谱向量进行对比分析，并采用统计决策来实现像素地物目标的识别。目前，基于光谱波形匹配的高光谱图像目标识别方法众多，最典型方法包括光谱角制图（spectral angle mapping，SAM）法、有约束能量最小化（constrained energy minimization，CEM）法、光谱匹配滤波（spectral matched filter，SMF）法，以及自适应相干估计器（adaptive coherence/cosine estimator，ACE）法等[11]，分别描述如下。

（1）光谱角制图法是一种基本的高光谱图像目标识别算法。该方法通过计算光谱向量之间的夹角大小来判断待识别像素光谱与已知目标光谱之间的相似程度，从而判定该像素是否为目标像素。

设在 K 个波段的高光谱图像中，已知目标光谱向量 $\boldsymbol{s} = (s_1, s_2, \cdots, s_K)^{\mathrm{T}}$，待识别像素的光谱向量 $\boldsymbol{x} = (x_1, x_2, \cdots, x_K)^{\mathrm{T}}$。光谱角制图法采用二者夹角的余弦作为判别的准则，目标像素 $\boldsymbol{x}$ 与已知目标光谱 $\boldsymbol{s}$ 夹角为

$$\alpha = \arccos\left[\frac{\sum_{k=1}^{K} x_k s_k}{\left(\sum_{k=1}^{K} x_k^2\right)^{\frac{1}{2}} \left(\sum_{k=1}^{K} s_k^2\right)^{\frac{1}{2}}} \right] \tag{9-88}$$

图 9-35 所示为以两个波段（ $K = 2$ ）为例来说明参考光谱（已知光谱）和测试光谱（待识别光谱）的关系。它们的位置可以是二维空间中的两个光谱点。可见，光谱角 α 越小，二者相似度越高，就越接近已知目标光谱。此时，目标识别算子以向量形式可写成

$$y = D_{\mathrm{SAM}}(\boldsymbol{x}) = \frac{\boldsymbol{s}^{\mathrm{T}} \boldsymbol{x}}{\|\boldsymbol{s}\| \cdot \|\boldsymbol{x}\|} \tag{9-89}$$

值 $D_{\mathrm{SAM}}(\boldsymbol{x})$ 表示输入像素向量 $\boldsymbol{x}$ 与已知目标光谱向量 $\boldsymbol{s}$ 的匹配结果，其范围为从 0 到 1。这样根据识别算子的输出 y，在设定某个阈值的情况下，即可进行像素目标识别[11]。

图 9-36 （a）所示为针对图 9-34 （a）所示的高光谱图像数据，基于光谱角匹配的飞机目标匹

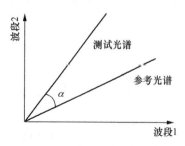

图 9-35　参考光谱和测试光谱在二维空间里光谱角关系示意

配识别的结果。

（a）基于光谱角匹配法的识别结果　　（b）基于有约束能量最小化法的识别结果

图 9-36　基于光谱匹配的飞机目标识别

（2）有约束能量最小化法也是一种简单有效的目标识别算法。该方法通过构造一个有限冲激响应（finite impulse response，FIR）滤波器，在输出能量最小的条件下求出最佳权值，使得目标像素输出为 1，背景像素输出为 0。有限冲激响应滤波器可写为

$$y = \boldsymbol{w}^{\mathrm{T}} \boldsymbol{x} \tag{9-90}$$

此时，有约束能量最小化问题可以写作

$$\min_{\boldsymbol{w}} \left(E = \frac{1}{K} \sum_{k=1}^{K} y_k^2 \right) \quad \text{s.t.} \quad \boldsymbol{w}^{\mathrm{T}} \boldsymbol{s} = 1 \tag{9-91}$$

将式（9-90）代入式（9-91），并进一步化简得到

$$\tag{9-92}$$
$$\sum_{k=1}^{K} y_k^2 = \sum_{k=1}^{K} (\boldsymbol{w}^{\mathrm{T}} \boldsymbol{x})^{\mathrm{T}} (\boldsymbol{w}^{\mathrm{T}} \boldsymbol{x}) = \boldsymbol{w}^{\mathrm{T}} \left(\sum_{k=1}^{K} \boldsymbol{x} \boldsymbol{x}^{\mathrm{T}} \right) \boldsymbol{w} = K \cdot \boldsymbol{w}^{\mathrm{T}} \boldsymbol{R} \boldsymbol{w}$$

式中，$\boldsymbol{R} = \dfrac{1}{K} \sum_{k=1}^{K} \boldsymbol{x} \boldsymbol{x}^{\mathrm{T}}$ 为相关矩阵。利用拉格朗日乘子法，得到

$$L(\boldsymbol{w}, \lambda) = \boldsymbol{w}^{\mathrm{T}} \boldsymbol{R} \boldsymbol{w} - \lambda (\boldsymbol{w}^{\mathrm{T}} \boldsymbol{s} - 1) \tag{9-93}$$

解得最佳权值 $\boldsymbol{w}^* = \dfrac{\boldsymbol{R}^{-1} \boldsymbol{s}}{\boldsymbol{s}^{\mathrm{T}} \boldsymbol{R}^{-1} \boldsymbol{s}}$，因此有约束能量最小化识别算子可以写作

$$y = D_{\mathrm{CEM}}(\boldsymbol{x}) = (\boldsymbol{w}^*)^{\mathrm{T}} \boldsymbol{x} = \frac{\boldsymbol{s}^{\mathrm{T}} \boldsymbol{R}^{-1} \boldsymbol{x}}{\boldsymbol{s}^{\mathrm{T}} \boldsymbol{R}^{-1} \boldsymbol{s}} \tag{9-94}$$

图 9-36（b）所示为基于有约束能量最小化的飞机目标匹配识别的结果。

（3）光谱匹配滤波法是经典的目标识别算法。该方法是在已知目标光谱信息情况下的广义似然比检验算子，其识别算子形式为

$$y = D_{\mathrm{SMF}}(\boldsymbol{x}) = \frac{(\boldsymbol{s}-\boldsymbol{\mu})^{\mathrm{T}} \boldsymbol{\Sigma}_{\mathrm{b}}^{-1} (\boldsymbol{x}-\boldsymbol{\mu})}{(\boldsymbol{s}-\boldsymbol{\mu})^{\mathrm{T}} \boldsymbol{\Sigma}_{\mathrm{b}}^{-1} (\boldsymbol{s}-\boldsymbol{\mu})} \tag{9-95}$$

在实际应用中，由于目标像素通常是较少的，常使用全部像素对其进行估计

$$\boldsymbol{\mu} = \frac{1}{K} \sum_{k=1}^{K} \boldsymbol{x}(k) \cong \boldsymbol{\mu}_{\mathrm{b}} \tag{9-96}$$

$$\boldsymbol{\Sigma} = \frac{1}{K} \sum_{k=1}^{K} [\boldsymbol{x}(k) - \boldsymbol{\mu}][\boldsymbol{x}(k) - \boldsymbol{\mu}]^{\mathrm{T}} \cong \boldsymbol{\Sigma}_{\mathrm{b}} \tag{9-97}$$

光谱匹配滤波法类似于有约束能量最小化法，不同点在于光谱匹配滤波法利用了协方差矩阵 $\boldsymbol{\Sigma}$，并且从目标和背景中减去图像均值 $\boldsymbol{\mu}$。当背景均值 $\boldsymbol{\mu}_{\mathrm{b}} = 0$ 时，协方差矩阵 $\boldsymbol{\Sigma}_{\mathrm{b}}$ 与有约束能量最小化法中的相关矩阵 $\boldsymbol{R}$ 是相同的。比较式（9-94）和式（9-95），此时有约束能量最小化法与光谱匹配滤波法二者是相同的。在具体实现中，如果首先去除图像均值，那么有约束能量最小化法与光谱匹配滤波法二者的识别结果没有差别。

（4）自适应相干估计器法来源于广义似然比的非线性识别算子，可描述为

$$y = D_{\mathrm{ACE}}(\boldsymbol{x}) = \frac{[(\boldsymbol{s}-\boldsymbol{\mu})^{\mathrm{T}} \boldsymbol{\Sigma}^{-1} (\boldsymbol{x}-\boldsymbol{\mu})]^2}{[(\boldsymbol{s}-\boldsymbol{\mu})^{\mathrm{T}} \boldsymbol{\Sigma}^{-1} (\boldsymbol{s}-\boldsymbol{\mu})][(\boldsymbol{x}-\boldsymbol{\mu})^{\mathrm{T}} \boldsymbol{\Sigma}^{-1} (\boldsymbol{x}-\boldsymbol{\mu})]} \tag{9-98}$$

该识别算子的分子是减去均值像素与减去均值目标矢量间的马氏距离平方。值得注意的是，光谱匹配滤波和自适应相干估计器法都利用了该距离，但分母的作用产生完全不同的解释：光谱匹配滤波法表示图像像素向量和目标子空间的距离，而自适应相干估计器法可以认为是它们之间的夹角。

9.5.3　基于空谱联合的高光谱图像目标识别

由前面介绍可知，在高光谱图像处理及应用中，通常假设图像像素光谱向量 $\boldsymbol{x}$ 服从均值为 $\boldsymbol{\mu}$、方差为 $\boldsymbol{\Sigma}$ 的多元高斯分布，其概率密度函数可以描述为

$$p(\boldsymbol{x}) = \frac{1}{(2\pi)^{L/2} \cdot |\boldsymbol{\Sigma}|^{1/2}} \mathrm{e}^{-\frac{1}{2}(\boldsymbol{x}-\boldsymbol{\mu})^{\mathrm{T}} \boldsymbol{\Sigma}^{-1} (\boldsymbol{x}-\boldsymbol{\mu})} \tag{9-99}$$

在纯像素目标识别算法中，通常假设像素被分为目标像素与背景像素两

类。背景像素被设定为零均值的正态分布，目标像素则设为均值不为零的正态分布，即

$$\begin{cases} H_0 : \boldsymbol{x} \sim N(\boldsymbol{\mu}_\mathrm{b}, \boldsymbol{\Sigma}_\mathrm{b}) \\ H_1 : \boldsymbol{x} \sim N(\boldsymbol{\mu}_\mathrm{t}, \boldsymbol{\Sigma}_\mathrm{t}) \end{cases} \tag{9-100}$$

式中，H_0 表示目标不存在，像素 $\boldsymbol{x}$ 服从均值为 $\boldsymbol{\mu}_\mathrm{b}=0$、方差为 $\boldsymbol{\Sigma}_\mathrm{b}$ 的正态分布；H_1 表示目标存在，像素 $\boldsymbol{x}$ 服从均值为 $\boldsymbol{\mu}_\mathrm{t}$，方差为 $\boldsymbol{\Sigma}_\mathrm{t}$ 的正态分布。这样，基于高光谱图像"图谱合一"特性，其纯像素目标识别算法可分别采用统计决策，来实现图像"立方体数据"的空谱联合目标识别。

我们知道，为了实现二维图像空间目标识别，需要获得每个类别 ω_i 的类别条件概率分布密度函数 $p(\boldsymbol{x}|\omega_i)$ 和先验概率 $P(\omega_i)$。然而，对于高光谱图像目标识别而言，每个像素 $\boldsymbol{x}$ 的类别条件概率分布密度函数 $p(\boldsymbol{x}|\omega_i)$ 不仅包含空间信息，而且也包含光谱信息。在其目标识别过程中，有必要协同利用空-谱这两种信息。为此，可定义二维向量 $(y_\mathrm{spe}, y_\mathrm{spa})$ 为"空谱联合特征"，y_spe 和 y_spa 分别表示基于光谱信息和基于空间信息的目标识别结果，它们可以更加完备地描述像素 $\boldsymbol{x}$，这样 $p(\boldsymbol{x}|\omega_i)$ 也可描述为 $p((y_\mathrm{spe}, y_\mathrm{spa})|\omega_i)$。

为了求得空谱联合特征 $(y_\mathrm{spe}, y_\mathrm{spa})$ 的分布 $p((y_\mathrm{spe}, y_\mathrm{spa})|\omega_i)$，首先要分别讨论 y_spe 和 y_spa 的分布。根据式（9-100），y_spe 在"目标存在"和"目标不存在"的情况下分别服从高斯分布，其概率密度函数表示为

$$p(y_\mathrm{spe}|光谱识别目标存在) = \frac{1}{\sqrt{2\pi}\sigma_\mathrm{spe}} \mathrm{e}^{-\frac{(y_\mathrm{spe}-1)^2}{2\sigma_\mathrm{spe}^2}} \tag{9-101}$$

$$p(y_\mathrm{spe}|光谱识别目标不存在) = \frac{1}{\sqrt{2\pi}\sigma_\mathrm{spe}} \mathrm{e}^{-\frac{y_\mathrm{spe}^2}{2\sigma_\mathrm{spe}^2}} \tag{9-102}$$

式中，$\sigma_\mathrm{spe} = (\boldsymbol{s}^\mathrm{T}\boldsymbol{\sigma}_\mathrm{b}^{-1}\boldsymbol{s})^{-1}$。

类似地，y_spa 的概率密度函数可以表示为

$$p(y_\mathrm{spa}|空间识别目标存在) = \frac{1}{\sqrt{2\pi}\sigma_\mathrm{spa\_t}} \mathrm{e}^{-\frac{(y_\mathrm{spa}-\mu_\mathrm{spa\_t})^2}{2\sigma_\mathrm{spa\_t}^2}} \tag{9-103}$$

$$p(y_\mathrm{spa}|空间识别目标不存在) = \frac{1}{\sqrt{2\pi}\sigma_\mathrm{spa\_b}} \mathrm{e}^{-\frac{(y_\mathrm{spa}-\mu_\mathrm{spa\_b})^2}{2\sigma_\mathrm{spa\_b}^2}} \tag{9-104}$$

式中，$\mu_\mathrm{spa\_t}$、$\mu_\mathrm{spa\_b}$、$\sigma_\mathrm{spa\_t}$ 和 $\sigma_\mathrm{spa\_b}$ 为待定参数。

由于 $p(\boldsymbol{x}|\omega_i)$ 既包含光谱信息，又包含空间信息。如果假设光谱识别结果与空间识别结果是相互独立的，则有

$$p(\boldsymbol{x}|\omega_i) = p((y_{\mathrm{spe}}, y_{\mathrm{spa}})|\omega_i) = p(y_{\mathrm{spe}}|\text{光谱识别}) \bullet p(y_{\mathrm{spa}}|\text{空间识别}) \qquad (9\text{-}105)$$

式中，$p(y_{\mathrm{spe}}|\text{光谱识别})$ 为光谱识别结果的概率密度函数，可以为式（9-101）或式（9-102）；$p(y_{\mathrm{spa}}|\text{空间识别})$ 为空间识别结果的概率密度函数，可以为式（9-103）或式（9-104）。这样，各个类别的类条件概率密度函数可以写成

$$p(\boldsymbol{x}|\omega_1) = p(y_{\mathrm{spe}}|\text{光谱识别目标存在}) \bullet p(y_{\mathrm{spa}}|\text{空间识别目标存在})$$
$$= \frac{1}{2\pi\sigma_{\mathrm{spe}}\sigma_{\mathrm{spa\_t}}} e^{-\frac{1}{2}\left\{\frac{(y_{\mathrm{spe}}-1)^2}{\sigma_{\mathrm{spe}}^2} + \frac{(y_{\mathrm{spa}}-\mu_{\mathrm{spa\_t}})^2}{\sigma_{\mathrm{spa\_t}}^2}\right\}} \qquad (9\text{-}106)$$

$$p(\boldsymbol{x}|\omega_2) = p(y_{\mathrm{spe}}|\text{光谱识别目标存在}) \bullet p(y_{\mathrm{spa}}|\text{空间识别目标不存在})$$
$$= \frac{1}{2\pi\sigma_{\mathrm{spe}}\sigma_{\mathrm{spa\_b}}} e^{-\frac{1}{2}\left\{\frac{(y_{\mathrm{spe}}-1)^2}{\sigma_{\mathrm{spe}}^2} + \frac{(y_{\mathrm{spa}}-\mu_{\mathrm{spa\_t}})^2}{\sigma_{\mathrm{spa\_b}}^2}\right\}} \qquad (9\text{-}107)$$

$$p(\boldsymbol{x}|\omega_3) = p(y_{\mathrm{spe}}|\text{光谱识别目标不存在}) \bullet p(y_{\mathrm{spa}}|\text{空间识别目标存在})$$
$$= \frac{1}{2\pi\sigma_{\mathrm{spe}}\sigma_{\mathrm{spa\_t}}} e^{-\frac{1}{2}\left\{\frac{y_{\mathrm{spe}}^2}{\sigma_{\mathrm{spe}}^2} + \frac{(y_{\mathrm{spa}}-\mu_{\mathrm{spa\_t}})^2}{\sigma_{\mathrm{spa\_t}}^2}\right\}} \qquad (9\text{-}108)$$

$$p(\boldsymbol{x}|\omega_4) = p(y_{\mathrm{spe}}|\text{光谱识别目标不存在}) \bullet p(y_{\mathrm{spa}}|\text{空间识别目标不存在})$$
$$= \frac{1}{2\pi\sigma_{\mathrm{spe}}\sigma_{\mathrm{spa\_b}}} e^{-\frac{1}{2}\left\{\frac{y_{\mathrm{spe}}^2}{\sigma_{\mathrm{spe}}^2} + \frac{(y_{\mathrm{spa}}-\mu_{\mathrm{spa\_b}})^2}{\sigma_{\mathrm{spa\_b}}^2}\right\}} \qquad (9\text{-}109)$$

式（9-106）~式（9-109）表明，对于每个类别来说，其类别条件概率密度函数都服从二维高斯分布，其分布的两个方向分别体现了空谱联合特征的光谱信息和空间信息。图 9-37 所示为空谱联合特征分布示意。

图 9-38 所示为仿真模拟图像。其中，图 9-38（a）所示为在 0.63~0.9 μm 的波长范围内由 38 个波段合成模拟的全色图像，图像尺寸为 400 像素×100 像素，地面分辨率为 3.5 m；图 9-38（b）所示为模拟的高光谱图像一个波段，其空间分辨率为 7 m。

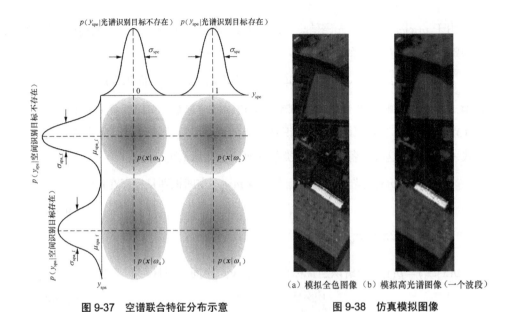

（a）模拟全色图像 （b）模拟高光谱图像（一个波段）

图 9-37　空谱联合特征分布示意　　　　　　　　图 9-38　仿真模拟图像

在图 9-38 所示的图像上部，存在 3 架飞机目标，下半部存在多个排列整齐、材质与上述飞机目标相似的异常目标，图像中部是模拟飞机虚假目标（不同材质）。图 9-39（a）、（b）分别给出了经过处理的仿真全色图像和目标地面分布真实图。

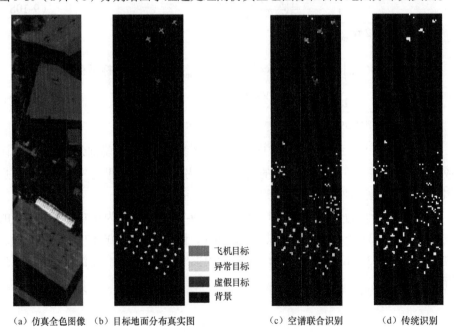

飞机目标
异常目标
虚假目标
背景

（a）仿真全色图像 （b）目标地面分布真实图　　　　　　（c）空谱联合识别　　　　（d）传统识别

*图 9-39　仿真全色图像和目标地面分布真实图

在光谱目标识别结果分布的参数 $\sigma_{\text{spe}} = (\mathbf{s}^{\mathrm{T}}\boldsymbol{\sigma}_b^{-1}\mathbf{s})^{-1} \approx 0.1$，空间目标识别结果分布的参数 $\mu_{\text{spa\_b}} = 0.3$、$\sigma_{\text{spa\_b}} = 0.1$、$\mu_{\text{spa\_t}} = 0.8$、$\sigma_{\text{spa\_t}} = 0.2$ 的情况下，根据图像中目标分布的稀疏性，假设先验概率 $p(\omega_1) = 0.05$、$p(\omega_2) = 0.04$、$p(\omega_3) = 0.01$、$p(\omega_4) = 0.9$，图 9-40 所示为该条件下的空谱联合特征的分布。基于空谱联合特征，并根据贝叶斯判别准则，可获得图 9-39（c）所示的目标识别结果，此时每个像素将被划分为以下 4 个类别之一。① ω_1："飞机目标"。这类像素光谱识别结果为"目标存在"，空间识别结果也为"目标存在"。② ω_2："异常目标"。这类像素光谱识别结果为"目标存在"，空间识别结果为"目标不存在"。③ ω_3："虚假目标"。这类像素光谱识别结果为"目标不存在"，空间识别结果为"目标存在"。④ ω_4："背景"。这类像素光谱识别结果为"目标不存在"，空间识别结果也为"目标不存在"。为了便于比较分析，图 9-39（d）所示给出了相同虚警率下传统目标识别结果。可见，在空间上难以区分的目标，通过空谱联合识别可以达到精细辨识的目的。

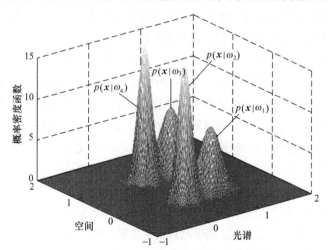

图 9-40 空谱联合特征分布

第 10 章

多源遥感图像解译及应用

随着遥感技术飞速发展和新型传感器的不断涌现，人们获取遥感图像数据的能力不断提高，从全色遥感到多光谱遥感以及高光谱遥感，从可见光遥感到红外遥感以及微波遥感，人类获取信息的手段空前丰富。由相同/不同物理特性传感器获得的遥感图像数据不断增多，同一地区也往往可以获得大量不同尺度、不同光谱、不同时相的多源遥感图像数据。多源可以理解为来自多传感器、多平台、多时相、多角度、多波段等多个维度的遥感图像数据源，即遥感图像处理的对象是来源于多个维度的数据。多源遥感图像数据在时间、空间和光谱等方面的差异很大、并各有特点，其探测手段的多样化给后续遥感图像解译及应用带来了更多可能性，促使原来在应用中众多悬而未决的问题现在得以解决。为此，如何从这些多源数据中挖掘更深层次信息，以及通过图像融合或协同处理等技术，解译出更加丰富、更有价值、更可靠的信息，使之更好地服务于人类，是信号与信息处理领域急切需要解决的课题。

遥感图像解译就是根据单源或多源遥感图像所提供的目标几何特征和/或物理特性，通过对其特征信息进行分析、推理与判断，来揭示其物理属性和定量化特征以及它们之间的相互关系等，进而研究其发生发展过程和分布规律。从数学的角度，遥感图像解译可以看作遥感成像过程的逆过程。一般而言，多源遥感图像解译以某种应用为目的，也就是说应用需求是约束解译算法选择和设计的前提，解译算法的好坏也会直接影响进一步解译的性能。反过来，图像应用的性能指标也是验证解译算法好坏的测度准则，二者相辅相成，互相制约。为此，本章把二者放在一起进行介绍。

从应用的角度，多源遥感图像解译技术的关键在于：① 充分认识多源遥感图像的物理属性及地学规律；② 深入分析多源遥感图像数据间波谱信息相互关联引起的有效信息增量和混淆噪声的影响；③ 解决多源遥感图像几何上的奇异性问题，使多源遥感图像在空间位置上能够精确一致；④ 选择适合进一步应用的解译算法，最大限度地利用多源遥感图像中的有效信息，提高系统应用性能。只有对以上四者有深刻的认识，并把它们有机结合起来，多源遥感图像应用才能达到最佳效果[40]。

关于遥感图像目标解译大致分为 4 个级别：① 目标检测——主要目的是大致了解目标形态，从图像中判断目标是否存在，即发现目标；② 目标识别——主要目的是了解目标细节，能够辨识目标种类；③ 目标确认——主要目的是能够较为详细地区分目标，从同一类目标中指出其所属类型；④ 目标描述——主要目的是能够史为细致地了解目标具体形状，辨识目标的特征和细节。

从遥感图像解译及应用的角度，随着可见光、高光谱、热红外、合成孔径雷达等探测信号方式的多样化，多源遥感图像所描述的内容更加丰富，对遥感图像解译的要求更加严格，特别是人工智能等机器学习技术的不断发展，更加促进了遥感图像解译技术朝着精确化、智能化和自动化方向快速迈进。与此同时，遥感图像解译在概念理解上、信息挖掘上，以及应用潜能上都出现新问题、面临新挑战。例如，① 在对解译目标的理解上，不仅包括传统可见光图像中的可视目标、小目标，还包括高光谱、热红外、合成孔径雷达图像中的弱视目标，甚至是不可视目标，打破传统目标解译理念下过多依赖视觉及空间信息的局限性。② 从智能化信息挖掘上，如何在不同信源间建立相互关联，并对多源遥感图像信息进行统一描述，通过深度学习等新技术深入挖掘多源遥感图像的互补性与差异性，实现多源信息的取长补短，为目标的精细化解译提供更全面的信息。③ 从目标解译应用潜能上，如何通过对高光谱、热红外、合成孔径雷达图像等物化参数反演和精细化分析，充分利用它们的本质特征，突破其过多地依赖于"图（类似视觉信息）"，而忽视"谱（类似嗅觉信息）"或"温（类似触觉信息）"等的限制，实现多源遥感图像解译的深层次应用。基于此，本章主要对以上这些内容进行引领性介绍。可以说，本章是在前序各章内容基础上的进一步深入研究和应用，主要涉及内容的相互关系如图 10-1 所示。

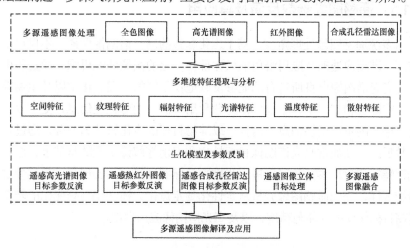

图 10-1　本章主要涉及内容的相互关系

|10.1 遥感高光谱图像目标参数反演|

　　遥感高光谱图像的突出特点是"图谱合一"，不仅包含了地物目标的宏观形态特征，同时也可以反映地物目标的微观物化成分特征。高光谱遥感的核心问题是表征一幅场景的物质成分，完成这种任务的是基于物质光谱响应所展现出的针对不同物理因素所体现的不同变化。这些物理因素主要涉及：① 依赖于物质成分或形态的内在因素；② 依赖于目标大小或物质浓度的外在因素；③ 亮度、大气失真等影响的环境因素。遥感应用都需要确定某个场景内的特定目标或物质，并对其参数进行估计和分析，这就是遥感高光谱图像目标参数反演[48]。

　　从遥感图像解译及应用角度，高光谱图像目标参数反演属于定量化遥感，其典型应用就是遥感图像精细分类。传统的高光谱图像分类大多数面向的是类间分类，高光谱图像精细分类主要完成的是每类目标的类内分类，其分类类别更加精细，精细分类实现的一个关键环节就是其光谱生化参数反演。可以说，高光谱图像生化参数反演是精细分类的基础，反过来精细分类是光谱生化参数反演的应用。只有在完成光谱生化参数反演之后，才能利用同类或异类地物的光谱诊断性特性进行精细分类，二者相辅相成、密不可分。为此，本节将二者放在一起介绍。

10.1.1 遥感图像参数反演及其应用

　　从多源遥感图像处理角度，基于生化参数的高光谱图像解译，不仅可以打破目前高光谱图像处理及应用沿用的仅体现在图上的图像处理思维，而且还可以充分结合高光谱图像自身所特有的能够反映地物目标的物理、化学以及生物等本质属性。在处理和应用中，不仅可以充分利用"图"的可见性信息，更可以充分利用其"谱"的不可见性信息。这样，以地物目标的生化属性为基础，通过目标生化参数反演，在通常高光谱图像目标检测和识别等解译手段的基础上，注入诊断性光谱特征和生化参数，可以进一步挖掘目标解译潜能，实现基于生化参数反演的精细解译，完成遥感图像分析从定性化到定量化、精细化与智能化的转变，进而提高目标解译的性能与精度，以及高光谱图像应用层次。

1. 遥感图像参数反演模型

在遥感成像过程中，表达陆地（表面温度、生物量、叶区域覆盖）、水域（海水溶解的有机物、海洋颜色、悬浮物）、大气（不同高度的温度和湿度概况）等物理参数往往具有"不确定性"，只能通过某种模型，如辐射传输模型（radiative transfer model，RTM）的最优化估计来完成。遥感图像解译模型分为正问题和逆问题，如图 10-2 所示[40, 49]。正问题就是通过输入相关参数模拟成像模型，并进一步进行处理的过程，即确定遥感正向模型；逆问题则是根据成像物理模型，采用某种最优准则求取模型参数的处理过程，即确定遥感逆向模型。从数学角度，模型参数反演属于逆问题。相对于遥感图像的正向分析，遥感图像反演的逆问题在实现上要复杂得多。

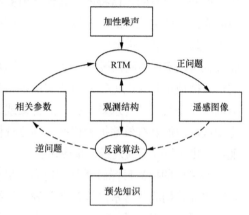

图 10-2 遥感图像解译模型

遥感正向模型可以表示为

$$y = f(x, \theta) + n \tag{10-1}$$

式中，y 是一组希望的辐射测量值；x 是描述系统的状态向量（如温度、湿度等参数）；θ 为包括一组可控的测量条件（如波长、观测方向、时间、太阳位置、极化等不同组合条件）；n 是加性噪声；$f(\cdot)$ 是连接 x 和 y 的一个复杂非线性函数。

遥感逆向模型可以定义为

$$\hat{x} = g(y, w) \tag{10-2}$$

这里 $g(\cdot)$ 是一个由权值 w 参数化的非线性函数，用一组观测 y 作为输入来近似估计 x。

在高光谱图像生化参数反演中，最重要过程就是光谱诊断性特征的提取。生化参数反演研究过程本质是在目标物体的光谱与其某种生化状态之间建立一种映射关系。其中，生化状态用定量化结果进行表征，诊断性特征则是维系这种映射的关键变量。这种映射关系即可描述为从光谱曲线中提取诊断性特征，并通过诊断性特征变换得到目标生化状态的定量化表征。需要注意的是，在求逆的最佳估计过程中，感兴趣变量的预先信息必须已知，如地表类型、地理位置、获取时间等。所谓最佳也只是在这种预先知识已知的前提下，由这种先验信息约束下的最佳估计。

2. 植被光谱特性及参数反演

植被作为地表最典型的地物目标，其覆盖度通常较高，种类也十分丰富，包含树林、丛林、作物、杂草等不同类别。尽管它们的反射光谱特征极为相似，但每种植被类别的含水量等生化特征各不相同，因而其光谱曲线也会产生不同的变化。此外，植被的光谱特征与其他非植被地物相比，还具有非常鲜明的特点。利用高光谱图像中植被的这些特点，通过植被光谱曲线反演出不同植被的含水量等生化参数，在进行定量化分析的基础上，不但可以提高与非植被目标的分类精度，而且也可以实现不同植被状态等的精细分类。例如，在智慧农业或精准农业领域，需要对植被生长状况进行监视或病虫害防治，此时同一场景中的地物往往是同种类别，只是其叶片含水量、氮元素含量或者病虫害等生化特征不同，基于光谱生化参数反演能够有效地扩大这种类别可分性，对同种地物进行微观分析，进而实现目标生化特性反演及进一步应用。

在具体的植被目标解译及应用中，尽管植被种类不同或所处环境不同而导致其组成成分构成及含水量等存在差异，但植被总体仍由叶绿素、叶黄素、胡萝卜素、木质素、蛋白质、淀粉、纤维素、水分和蜡等成分组成。这些组成成分的变化最终都会呈现在植被光谱上。此时，在不同波长范围内，影响植被光谱诊断性特征提取的主要因素也有所不同[2, 10]。

（1）光谱 $0.4 \sim 0.7 \ \mu m$ 波段是植被叶片的强吸收波段，反射和透射都很低，细胞色素对能量的吸收占据主要地位，包括叶绿素、叶黄素及胡萝卜素。此时，形成两个吸收谷（ $0.45 \ \mu m$ 蓝光和 $0.66 \ \mu m$ 红光附近）和一个反射峰（ $0.55 \ \mu m$ 绿光处），呈现出独特的光谱特征，即"蓝边""绿峰""黄边"和"红谷"等。这种绿色植被的反射光谱曲线明显不同于其他非绿色物体，这些特征成为被用来区分绿色植物与土壤、水体、山石等非绿色物体的客观依据。此外，当植被发生某种状态变化时，植被体内的胡萝卜素与叶绿素等含量的比例也会发生变化，导致叶片对光谱的吸收与反射率发生改变，从而也可以利用这些特征判断植被的生长发育或健康状态。

（2）光谱 $0.7 \sim 0.78 \ \mu m$ 波段是叶绿素在红波段的强吸收到近红外波段多次散射形成高反射平台（又称反射率红肩）的过渡阶段，称为植被反射率的"红边"。红边是植被营养、长势、水分、叶面积等的指示性特征，得到了广泛的应用与验证。当植被生物量大、色素含量高、生长旺盛时，红边会向长波方向移动（红移）；当植被遇到病虫害、污染、叶片老化等因素发生时，红边则会向短波方向移动（蓝移）。

（3）光谱 0.78～1.35 μm 波段是与叶片内部结构有关的光谱波段，该波段能解释叶片结构光谱反射率特性。由于色素和纤维素在该波段的吸收小于 10%，且叶片含水量也只是在 0.97 μm、1.2 μm 附近有两个微弱的吸收特征，所以光线在叶片内部多次散射的结果便是近 50%的光线被反射、近 50%的光线被透射。该波段反射率平台的光谱反射率强度取决于叶片内部结构，特别是叶肉与细胞空隙的相对厚度。叶片内部结构影响叶片光谱反射率的机理比较复杂，已有研究表明，当细胞层越多，光谱反射率越高；细胞形状、成分的各向异性及差异越明显，光谱反射率也越高。

（4）光谱 1.35～2.5 μm 波段是叶片水分吸收及大气水汽主导的波段。由于水分在 1.45 μm 及 1.94 μm 的强吸收特征，在这个波段形成 2 个主要反射峰，位于 1.65 μm 和 2.2 μm 附近。因此，通过光谱曲线的奇异化特征，反演出不同植被的含水量，再进一步根据植被含水量反演模型，即可反演出其他非植被地物目标相对于植被的含水量，并根据应用需求对相对含水量完成等级划分具有重要的实际应用价值。

3. 高光谱图像植被参数反演及应用潜能

根据求逆方法的不同，高光谱图像植被参数反演模型大致可分为经验模型、网络模型以及二者组合模型。① 经验模型主要依赖于问题的物理知识，建立精确的参数化表达式，它们通常与一些感兴趣的生物、地球物理参数的几个光谱通道密切相关。例如，不同的窄带植被指数（vegetation index，VI）已用于研究植被状态（通过估计叶绿素成分和其他叶子色素），以及叶子面积指数（leaf area index，LAI）和部分植被覆盖（fractional vegetation cover，FVC）等植被密度参数。这些指数参数计算简单，使得快速获得植被特性的合理制图成为可能。但这种基于统计求逆的经验模型方法，最大问题就是对新的地理区域缺乏可移植性、泛化性或鲁棒性。② 网络模型属于非参数模型，主要通过利用大量输入/输出训练数据样本来估计感兴趣的网络参数变量。这些训练数据样本来源于已知参数及其对应反射/辐射观测的同时测量值。传统的拟合模型以及目前广泛应用的神经网络、支撑向量机等模型都可以作为这类非参数模型。在具体应用中，经验模型一般都具有明确的数学模型表达式，通常也被称为显式反演算法；网络模型往往没有明确的数学模型，通常被称为隐式反演算法。

在基于高光谱图像光谱曲线的植被参数反演及其相对含水量估计过程中，无论是基于光谱曲线拟合的参数反演算法，还是基于光谱指数法的参数反演算法，都需要从光谱曲线中提取出一些适合于反演的诊断性特征值，然后对这些特征值与已知的相对含水量等信息进行匹配，进而实现反演值的进一步应用。这种基于光谱曲线的反演算法都存在一些明显的不足，即在从光谱曲线提取特征值等环节必然会存在一定误差，所得到的特征值不一定能够精准地表征含水量等特征，进而使得反演模型的适用性和精度都受到一定限制。针对这些问题，基于网络学习的高光谱图像参数反演模型得到了极大发展。与传统基于光谱曲线的反演算法的最大不同在于，这类基于网络学习的反演算法不需要提取光谱特征值再进行拟合回归，而是通过端到端的反演网络架构，直接建立光谱特性与相对含水量等参数之间的映射关系，减少了人为经验主义或随机性的误差，可以提高反演精度与模型的泛化能力[40,50]。

高光谱图像生化参数反演的典型应用就是地物目标的精细分类。所谓精细分类就是在传统高光谱图像分类的基础上，结合光谱诊断特征，即光谱变化矢量（spectral change vector，SCV）对地物光谱实现精细化分析的过程，其目的是同时解决高光谱图像的类间和类内差异问题。精细分类主要涉及两方面的应用潜能：① 进一步提高类间可分性，解决目前分类中具有典型物化区分度的不同类别地物目标错分问题。② 扩大类内可分性，解决同类地物目标之间不同微观变化难以区分的"同物异谱""同谱异物"等问题。例如，对于光谱特征所体现不同或相类似的地物目标，它们可能具有完全不同的化学元素含量（叶绿素含量、含水量等）以及不同的物理结构（叶片层叠结构等）特征，通过光谱物化参数反演可以扩大类间或类内可分性，进而可以进一步提高分类精度或类别细粒度，其原理如图 10-3 所示[51]。图 10-3（a）所示表示要分类的两类目标 C_1 和 C_2，以及其他类目标 ω_n，显然两类之间存在着较大的类间距离；图 10-3（b）在两类目标 C_1 和 C_2 内，分别存在着子类 $C_{1,1}$、$C_{1,2}$ 和 $C_{2,1}$、$C_{2,2}$，精细分类的目的就是对它们进行内类分类。

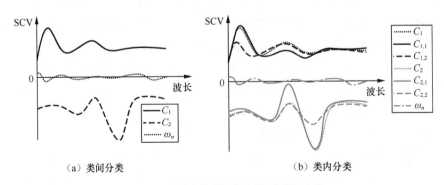

（a）类间分类　　　　　（b）类内分类

图 10-3　基于参数反演的遥感图像精细分类

10.1.2 基于光谱指数的高光谱图像植被参数反演

尽管高光谱图像具有上百个波段，但并不是所有的波段都与植被含水量等参数相关。过多的波段数量也会造成信息冗余，增加高光谱图像分析的难度。为此，寻找高光谱图像众多波段中与植被含水量等参数高度相关的波段子集，用来对植被含水量等参数进行反演是一种较为简洁和实用的途径。

植被光谱指数是一组对特定植被理化成分敏感的光谱波段集合，由不同波段间的简单运算（如加减运算、比值运算、归一化运算等）组合构建而成。基于光谱指数参数反演的最大特点就是物理意义明确，实现相对简单，性能比较稳定，已被广泛应用于植被相对含水量反演。基于光谱指数参数反演的关键是波段选择，目前主要还是以经验为主，其选择的基本准则是植被目标生化因子敏感度最大化，而干扰因子敏感度最小化。典型的光谱指数由 2~3 个波段组合而成，一般选择一个敏感反应植被目标参量变化的波段，而另外的波段要满足其光谱反射率在目标因子变化时保持相对平稳的波段，以达到突出植被目标生化因子对光谱影响的目的。

由于植被光谱指数通常不具备通用性，因此针对不同的应用需求，往往需要构建特定的植被光谱指数。针对植被含水量的反演应用问题，常用的含水量反演光谱指数包括：含水量指数（water index，WI）、红边归一化差分植被指数（red edge normalized difference vegetation index，$NDVI_{750}$）、改进的红边简化比值指数（modified red edge simple ratio index，$MSRI_{750}$）、光谱吸收指数（spectral absorption index，SAI_{650}）和红边斜率指数（red edge slope，RES）等。它们的模型可分别表示为

$$WI = \frac{R_{900}}{R_{970}} \tag{10-3}$$

$$NDVI_{750} = \frac{R_{750} - R_{705}}{R_{750} + R_{705}} \tag{10-4}$$

$$MSRI_{750} = \frac{R_{750} - R_{445}}{R_{750} + R_{445}} \tag{10-5}$$

$$SAI_{650} = \frac{(\lambda_{760} - \lambda_{650})R_{540} + (\lambda_{650} - \lambda_{540})R_{705}}{(\lambda_{760} - \lambda_{540})R_{650}} \tag{10-6}$$

$$\text{RES} = 2\sin\left[\frac{\Delta R_{760,650}}{\Delta\lambda_{760,650}}\right] = 2\sin\left[\frac{R_{760} - R_{650}}{\lambda_{760} - \lambda_{650}}\right] \qquad (10\text{-}7)$$

式中，R 和 λ 分别代表光谱反射率与光谱波长，其角标表示对应的中心波长位置。

图 10-4（a）所示为美国 EO-1 卫星平台获得的遥感高光谱图像（三波段合成的伪彩色图像）。图像空间分辨率为 30 m、波长范围为 355.59～2577.08 nm，共包括 242 个波段。其中，可见光 35 个波段、近红外 35 个波段、短波红外 172 个波段，光谱分辨率为 10 nm。图像中主要包括植被、河流以及建筑物等。图 10-4（b）所示为基于式（10-4）的红边归一化差分植被指数，针对图 10-4（a）所示高光谱图像反演所有像素的 NDVI 值示意。可以看出，植被区域的 NDVI 值较高（深红色）、接近于 1，经过该区域的河流 NDVI 值较低（深蓝色），几乎接近于 0，而位于农田附近的村庄、城市等建筑区域 NDVI 值也都偏低。

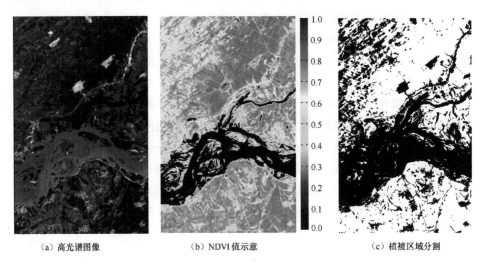

　（a）高光谱图像　　　　　　（b）NDVI 值示意　　　　　　（c）植被区域分割

*图 10-4　EO-1 卫星平台获得的遥感高光谱图像

作为植被参数反演的图像解译应用，如果根据先验知识，设定某个最佳分割阈值 Th，则根据阈值 Th 就可以实现图像植被区域的分割，即 NDVI 值大于阈值 Th 即判定为植被区域，反之判定为非植被区域。在图 10-4（b）图中，非植被地物（如河流和建筑物等）具有较低的 NDVI 值，河流的值大多接近 0，而建筑物等均处于 0.4 左右。如果选择阈值 Th=0.65，则植被区域的图像分割结果如图 10-4（c）所示。其中，白色部分代表植被，黑色代表非植被，进而可以对分割的图像实现进一步的解译及应用。

10.1.3 基于光谱曲线拟合的高光谱图像植被相对含水量参数反演

基于光谱曲线拟合的参数反演通常将具有诊断性特征的光谱采用数学模型进行光谱曲线拟合，并根据拟合的光谱曲线提取光谱特征，如曲线的对称度、深度以及面积等[52]。对于植被含水量参数反演，通常是根据与植被含水量密切相关的若干波段的光谱反射率或者其变换形式（导数光谱、对数光谱等），构建光谱曲线的统计回归模型，再利用该模型对未知样本的参量进行预测和估算，得到该特征参数与植被含水量之间的关系，建立植被含水量反演方程，并估计预测植被含水量。这里的相对含水量就是以某一状态下植被含水量为基准，其他状态含水量与之相比较的参数反演过程。

典型的高光谱图像光谱曲线统计回归模型就是双倒高斯函数模型，它是通过两个均值和幅度相同，但方差不同的倒高斯函数，对具有相似形状吸收峰进行拟合以及特征参数提取表达的函数模型。之所以用双倒高斯模型是因为光谱中吸收峰是由物质中电子跃迁和振荡引起的，对这种呈随机分布的能量，通常可以用高斯分布模型描述：

$$g(x) = A \exp\left\{ \frac{-(x-\mu)^2}{2\sigma^2} \right\} \tag{10-8}$$

式中，x 表示能量；A 为幅值；μ 为均值；σ 为标准差。但是由于电子跃迁引起的随机变量并不是吸收能量而是平均键长，光谱吸收峰并不是一个标准的高斯分布函数，而是一个不对称的形状。双倒高斯函数模型的特点与优势就在于该模型具有与实际吸收峰形状相符的形状不对称性，并且对数据参数提取具有较好的鲁棒性。当光谱数据由于设备或者大气吸收等原因部分缺失或失真时，仍可以通过该模型推算出光谱吸收峰的诊断性特征参数。

对于归一化后的光谱 x，双倒高斯函数模型定义为

$$f(x) = \begin{cases} 1 - A_1 \exp\left(\dfrac{-(x-\mu_1)^2}{\sigma_1^2} \right), & x < P \\[3mm] 1 - A_2 \exp\left(\dfrac{-(x-\mu_2)^2}{\sigma_2^2} \right), & x \geqslant P \end{cases} \tag{10-9}$$

式中，P 表示在植被光谱吸收峰附近寻找吸收峰峰值位置。如果双倒高斯模型中吸收峰左右部分的位置和深度相同，则 $\mu = \mu_1 = \mu_2$、$A = A_1 = A_2$。图 10-5 所示

为双倒高斯函数模型及特征参数，可以更为直观地显示模型的形状。图中，H 为吸收峰深度；W 为吸收峰宽度；S 为吸收峰对称度。

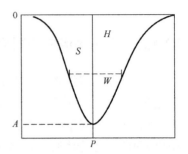

图 10-6 所示为利用双倒高斯函数模型拟合光谱曲线的结果。其中，实线为实际光谱曲线，而虚线为拟合的光谱曲线。为了比较分析，图 10-6 中也给出了二次多项式、三次多项式和双高斯函数的拟合结果。它们分别定义为

图 10-5 双倒高斯函数模型及特征参数

$$f(x) = ax^2 + bx + c \qquad (10\text{-}10)$$

$$f(x) = ax^3 + bx^2 + cx + d \qquad (10\text{-}11)$$

$$f(x) = A_1 \exp\left(\frac{-(x-\mu_1)^2}{\sigma_1^2}\right) + A_2 \exp\left(\frac{-(x-\mu_2)^2}{\sigma_2^2}\right) \qquad (10\text{-}12)$$

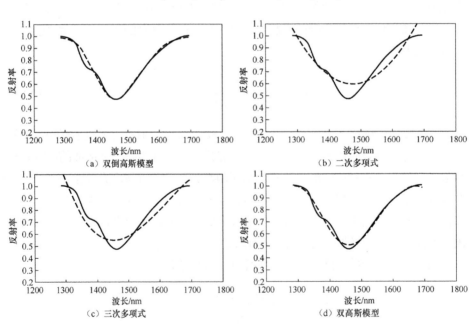

图 10-6 拟合的吸收峰光谱曲线

由以上讨论可见，双倒高斯函数模型并不以峰值点 P 位置的垂直线呈左右对称形状，更加符合地物内在物质吸收所产生的吸收峰形状，这也正是双倒高斯模型拟合的优点所在。双倒高斯模型仅用均值、方差等 4 个参数变量就可以精确地

表达出目标吸收峰的光谱形状曲线。一旦获得这样拟合的光谱曲线，就可以基于光谱曲线提取高光谱图像诊断性光谱特征参数，如吸收峰位置 P、吸收峰宽度 W、吸收峰深度 H、吸收峰对称度 S 等。由于不同植被的含水量不同，其光谱反射率、吸收峰深度、吸收峰对称度等光谱特征间必然存在细微的差别，如图 10-7 所示。基于这些微小差异就可以进一步反演出植被的相对含水量。

　　针对图像植被含水量参数反演中实际使用的含水量值，目前广泛应用的方法之一就是测量叶片的等价水厚度（equivalent water thickness，EWT），定义为

$$EWT = \frac{FW - DW}{A} \times 100\% \tag{10-13}$$

式中，FW 为新鲜叶片质量；DW 为烘干叶片质量；A 为叶片面积。EWT 的物理含义是单位面积叶片上的水的质量。

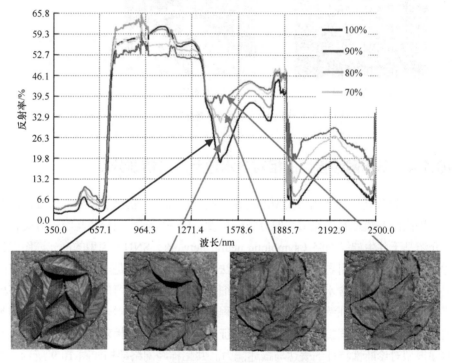

图 10-7　植被光谱吸收峰形状与含水量关系

　　至于基于植被参数反演的植被含水量相对等级估计应用，可以采用间接的估计方法，即建立反演植被参数与等价水厚度之间的映射关系。例如，分别将植被光谱吸收峰深度 H 和等价水厚度 EWT 划分为 5 个等效等级，分别对应图像中植被含水量的 5 种状态：低、较低、一般、较高、高，这样即可间接地反演出图像中

植被的相对含水量。图 10-8 所示为对图 10-4（a）所示高光谱图像中的植被像素点进行相对含水量反演制图，其中绿色代表含水量高，淡绿色代表含水量较高，黄色代表含水量一般，橙色代表含水量较低，而红色代表含水量低，黑色区域为非植被区域。

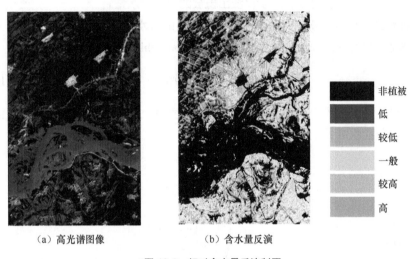

（a）高光谱图像　　　　　　　（b）含水量反演

*图 10-8　相对含水量反演制图

10.1.4　基于网络模型的相对含水量反演及精细分类

为了充分利用基于网络模型的高光谱图像"图谱"物化层诊断性特征协同提取，提高网络模型对高光谱图像分类的精度，同时实现类间分类与类内分类，本节介绍基于共生神经网络（symbiotic neural network，SNN）模型的高光谱图像相对含水量反演及其引导下的精细分类方法。共生神经网络是一种时序迭代网络模型，这里包含相对含水量反演与地物精细分类两个监督学习任务，通过构建多标签数据集实现模型训练。在模型训练过程中，使用地物相对含水量信息与地物类别信息实现特征协同提取，使提取的特征融合空谱信息与相对含水量信息，从而增强模型对诊断性特征的表达与描述能力。共生神经网络架构如图 10-9 所示。共生神经网络的输入层与输出层之间共有 4 个主要功能模块。① 第一个模块是输入数据模块：从高光谱图像 $C \in \mathbb{R}^{H \times W \times N}$ 中选择一块子立方体数据 $X \in \mathbb{R}^{M \times M \times N}$ 作为输入。其中，H、W 和 N 分别代表高光谱图像数据的高、宽和波段个数，$M \times M$ 则代表从高光谱图像数据中选择的子空间块大小，即像素个数，每个像素对应一条光谱曲线。② 根据任务的迭代顺序，共生神经网络第二个模块是通道选择模块，实现对输入数据流向的选择与标记，并将其输入到共生神经网络下一个模块。③第三个模块是变维特征提取模块，主要完成数据降维和空谱联合信息的协同提取与融合，同时保障模块具有较少的计算量与较低的模型复杂度。④ 共生神经网络最后一个模块则是 Softmax 分类器和输出模块，完成特征图到输出的映射，并得到最终的分类结果。

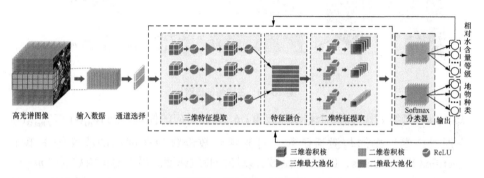

图 10-9 共生神经网络架构

需要注意的是，变维特征提取模块是为适用高光谱数据而设计的深度网络特征提取模块，其基本单元与卷积神经网络类似，为卷积核与池化函数构成的层叠特征提取结构。变维特征提取的核心是通过维度变化使得流动在网络中的特征图保留最大的信息，按特征提取顺序又分为 3 个阶段：第一阶段为三维特征提取，使用多个三维卷积核与最大池化函数组合的特征提取单元对输入数据块中空谱联合信息提取，生成一系列的一维特征向量；第二阶段将第一阶段提取的所有一维特征向量融合成一个包含空谱信息的二维特征集；第三阶段则对第二阶段生成的特征图进行二维特征提取，其过程与单通道图像特征提取过程相似，由多个二维卷积核与最大池化函数构建的基本单元进行特征提取，最后生成一维特征向量作为变维特征提取模块的输出特征图。可见，变维特征提取主要包括三维特征提取与二维特征提取两个过程，其中三维特征提取过程如图 10-10所示。

在三维特征提取单元中，每个特征提取层由若干个三维卷积核、激活函数和最大池化函数共同构成。设当前特征提取层为第 l 层，其输入特征图为 $m_{(l-1)}$，经特征提取后生成若干特征图 m_l。下一层特征提取层为 $l+1$ 层，生成的若干特征图为 $m_{(l+1)}$。第 l 层的特征提取过程为

$$m_{l,i} = f_{\text{ReLU}} \left(\text{Conv}_{3D}(m_{(l-1)}, w_{l,i}) + b_{l,i} \right) \qquad (10\text{-}14)$$

$$n_{l,i} = \text{Maxpooling}(\boldsymbol{m}_{l,i}) \tag{10-15}$$

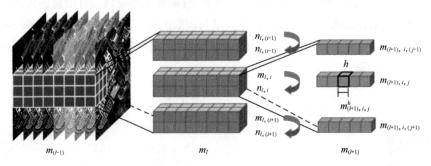

图 10-10 三维特征提取

式中，$\boldsymbol{w}_{l,i}$ 是第 l 层的第 i 个卷积核权重；$\boldsymbol{b}_{l,i}$ 为其对应的偏置。$\text{Conv}_{3D}(\bullet)$ 与 $f_{\text{ReLU}}(\bullet)$ 分别对应卷积操作与激活函数，且激活函数设置为非饱和的线性修正单元（rectified linear unites，ReLU）函数，以加快收敛速度。最大池化函数则以 $\boldsymbol{m}_{l,i}$ 作为函数输入，实现特征图降维与进一步的特征提取，得到本层输入特征图 $\boldsymbol{m}_{(l-1)}$ 对应的输出特征图 $\boldsymbol{n}_{l,i}$。三维特征提取单元下一个特征提取层则只包括卷积与激活操作，而无池化操作，其基本过程同式（10-14）。

变维特征提取模块的二维特征提取过程与一般卷积神经网络处理二维图像过程基本一致，每层都有多个卷积核，且卷积核个数随着层数的加深而增多。与一般二维图像不同的是，处理的二维数据则是由包含空谱联合特征的若干一维特征向量构建而成。二维特征提取时的池化过程与三维特征提取时一致，其卷积过程可描述为

$$\boldsymbol{m}_{l,i} = f_{\text{ReLU}}\left(\text{Conv}_{2D}(\boldsymbol{m}_{(l-1)}, \boldsymbol{w}_{l,i}) + \boldsymbol{b}_{l,i}\right) \tag{10-16}$$

式中，l 和 i 仍表示执行特征提取的当前层与其对应的卷积核序号；$\text{Conv}_{2D}(\bullet)$ 则表示二维卷积核。

在具体应用中，高光谱图像精细分类首先基于相对含水量反演及等级划分，其目的是获取描述地物种类的精细化标签，进而完成相对含水量标签与地物真值标签一起构成的多标签训练数据集。在此基础上，利用多标签数据集对共生神经网络模型参数进行训练，进而可以实现高光谱图像的精细分类。图 10-11（a）所示为意大利帕维亚大学高光谱图像数据集，其图像尺寸为 610 像素×340 像素、103个波段，图像空间分辨率为 1.3 m、波长范围为 430～860 nm。数据集上共包含 9类地物，其对应的真值图如图 10-11（b）所示、地物种类属性及相应样本个数如表 10-1 所示。利用式（10-7）的 RES 和式（10-13）的等价水厚度，对帕维亚大学

高光谱图像数据集进行相对含水量反演与自适应分级，9 类地物含水量共划分为高、中、低 3 个等级，如图 10-11（c）和表 10-1 所示。可见，草甸和树木的相对含水量为高；裸土和阴影的相对含水量次之，等级为中；其余的沥青、砾石、金属板、柏油和砖几类地物的相对含水量最低，等级为低。

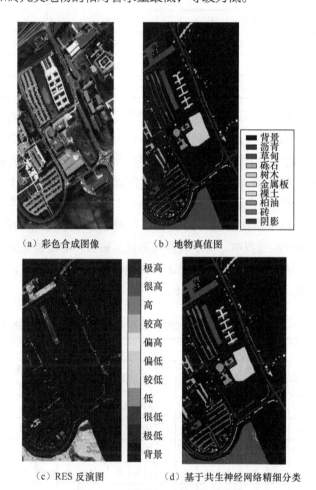

（a）彩色合成图像　　（b）地物真值图

（c）RES 反演图　　（d）基于共生神经网络精细分类

*图 10-11　帕维亚大学高光谱图像精细分类

表 10-1　帕维亚大学数据集地物属性及相应样本个数

序号	地物	训练样本个数	相对含水量等级
1	沥青	995	低
2	草甸	2797	高
3	砾石	315	低

续表

序号	地物	训练样本个数	相对含水量等级
4	树木	460	高
5	金属板	202	低
6	裸土	754	中
7	柏油	200	低
8	砖	552	低
9	阴影	142	中

根据高光谱图像中各地物对应的所有像素光谱指数反演的相对含水量等级，与原数据集标签一起形成多标签数据集，并作为共生神经网络模型的样本集，进而实现基于相对含水量反演引导的精细分类。图 10-11（d）所示为基于共生神经网络的精细分类结果，表 10-2 所示为相应的分类混淆矩阵。为了比较分析，表 10-2 中也同时给出了无相对含水量反演引导的分类结果。表 10-3 所示为总体分类精度 OA 和 Kappa 系数 κ 的性能比较。由表 10-2 和表 10-3 所示可知，在利用相对含水量反演引导精细分类过程中，对于植被与植被、植被与非植被之间区分度的提高更为显著，有效地通过扩大不同相对含水量地物之间的类内距离，可实现总体分类（类间）性能，提高分类精度（类内）。

表 10-2　帕维亚大学有无相对含水量反演引导的分类混淆矩阵

	无引导									有引导								
	沥青	草甸	砾石	树木	金属板	裸土	柏油	砖	阴影	沥青	草甸	砾石	树木	金属板	裸土	柏油	砖	阴影
沥青	6611	0	8	0	0	1	0	10	1	沥青	6621	0	4	0	0	0	1	5	0
草甸	0	18 637	0	10	0	0	0	2	0	草甸	1	18 648	0	0	0	0	0	0	0
砾石	0	0	2086	0	0	0	0	13	0	砾石	0	1	2085	0	0	0	0	13	0
树木	6	2	0	3054	0	0	0	0	2	树木	0	3	0	3060	0	1	0	0	0
金属板	0	0	0	0	1344	0	1	0	0	金属板	0	0	0	0	1345	0	0	0	0
裸土	1	8	0	2	0	5017	0	0	1	裸土	0	0	0	0	0	5029	0	0	0
柏油	17	0	0	0	0	1312	0	1	柏油	4	0	0	0	0	0	1326	0	0
砖	32	10	19	8	0	3	0	3610	0	砖	9	5	1	1	0	0	0	3666	0
阴影	3	2	1	8	1	1	1	0	930	阴影	0	2	1	3	0	0	0	0	939

表 10-3　相对含水量反演引导与否的平均分类性能

数据集	是否引导	OA	κ
帕维亚大学	否	99.52%	0.9936
	是	99.67%	0.9956

|10.2　遥感热红外图像目标参数反演|

由第 1 章可知，遥感热红外图像，也称长波红外图像，是指工作在 8～14 μm 波段的传感器所获得的图像，其成像方式主要依赖于地物目标向外辐射的能量，而其能量强度和波谱分布位置是目标类型和温度的函数。相对于可见光-近红外利用目标的反射特性进行遥感图像目标解译，利用目标热辐射特性进行遥感图像目标解译的中波红外、长波红外图像，在其应用中有着特殊的研究价值。图 10-12 所示为不同谱段范围的成像方式及其主要应用方向[8]。可见，对目标的检测和识别，伪装、隐藏和欺骗检测（CCD 检测），目标状态估计，异常检测等应用而言，图 10-12 所示成像方式都有各自的应用特点以及其局限性。如何基于它们的成像特点，特别是如何利用热红外图像的热辐射特征，从物化参数反演的角度提高其单源解译或多源融合解译能力是极其必要的，也是定量化遥感的重要发展方向。

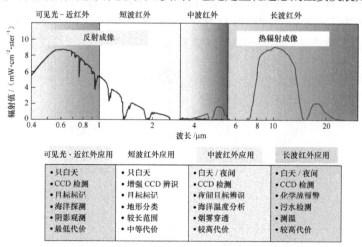

图 10-12　不同谱段范围的成像方式及其主要应用

在遥感热红外图像解译应用中，发射率和温度特征作为探测目标最为关键的物化属性，其反演技术更是遥感热红外图像处理的核心。热红外图像温度反演技术的目的是根据热红外波段遥感图像所包含的温度特征，依据热红外成像基本理论，对地面目标温度、发射率等参数进行估计，从而完成发射率和温度等物化参数中关键信息的深度挖掘。因此，本节主要针对遥感热红外图像目标参数反演及其应用需求，重点介绍发射率与温度反演等相关内容。

10.2.1　遥感热红外波段大气辐射传输模型

遥感热红外图像目标参数反演的理论基础是热红外成像模型。由第 1 章介绍的遥感图像成像链可知，遥感成像系统所需能量主要来源于太阳、大气以及地物目标。由图 1-15 所示可见，太阳辐射能量主要集中在可见光-近红外波段（短波波段），在热红外波段（长波波段）相对很小。太阳辐射作为万物之源，是地物辐射能量的主要来源。地物目标吸收太阳短波能量开始升温，并将部分太阳能转换为热能，然后再向外辐射较长波段的热红外辐射能量。此外，由于大气层的存在，太阳及地物目标辐射能在传输过程中同时也会出现折射、散射等自然现象，从而导致大气能量传输过程的复杂性[8, 53-54]。因此，研究地面目标热红外辐射图像及解译，必须了解热辐射成像的物理本质。

辐射传输模型作为热红外遥感成像的基础，对温度、发射率等物化特征提取有着极为重要的意义。为此，有必要对热红外遥感成像中的基本概念以及辐射传输模型进行简要介绍，进而建立热红外波段大气辐射传输模型[10]。对于遥感星载传感器而言，典型的大气辐射传输模型如图 10-13 所示，其测得的成像辐射值是地物反射与大气不同项的耦合。传感器成像辐射能量的来源包含三部分：太阳、大气以及地物目标。

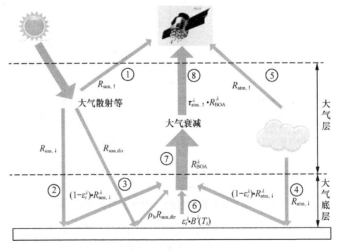

图 10-13　大气辐射传输模型

（1）对于辐射源太阳来说，其辐射能量在穿过大气层过程中会经过大气的散射作用。虽然散射是多方向的，但是在成像过程中仅仅垂直地面方向上的大气散射会对传感器成像造成影响。因而，可以分别用① $R_{\mathrm{sun},\uparrow}$ 和② $R_{\mathrm{sun},\downarrow}$ 表示经由大气散射后，太阳向上散射以及向下散射的辐射能量。除此之外，还有部分太阳能量直接辐射到地面，用③ $R_{\mathrm{sun,dir}}$ 表示。此时

$$R_{\mathrm{sun,dir}} = E_{\mathrm{sum}} \cos(\theta_{\mathrm{s}})\tau(\theta) \tag{10-17}$$

式中，E_{sum} 为太阳在某一波段下的总辐射能量；τ 为太阳在某一波段下经过大气的大气透过率；θ_{s} 为天顶角；θ 为观测角。

（2）对于大气来说，由于大气同样具有热辐射效应，在垂直地面方向上同样会对遥感成像造成影响。可以分别用⑤ $R_{\mathrm{atm},\uparrow}$ 以及④ $R_{\mathrm{atm},\downarrow}$ 表示大气上行辐射以及大气下行辐射的能量。

（3）对于地面目标来说，根据基尔霍夫定律以及普朗克定律，其目标本身同样会辐射能量。若用 $B(T)$ 表示目标在温度 T 下的普朗克辐射值（黑体辐射值），ε 表示辐射率，则地面目标的辐射能即为⑥ $\varepsilon B(T)$［参见式（1-18）］。

在具体应用中，若成像传感器位于大气以下的地表，则传感器接收到地面目标某一波段 λ 的大气底层（bottom of atmosphere，BOA）辐射值⑦ $R_{\mathrm{BOA}}^{\lambda}$ 由 4 部分组成：地表目标自身发射的能量⑥、大气下行辐射经地表反射后的能量④、太阳能量经大气向下散射到达地面后再经地表反射的能量②、太阳能量直射地面被地表反射的能量③，即

$$R_{\mathrm{BOA}}^{\lambda} = \varepsilon_i^{\lambda} \cdot B^{\lambda}(T_i) + (1-\varepsilon_i^{\lambda}) \cdot R_{\mathrm{atm},\downarrow}^{\lambda} + (1-\varepsilon_i^{\lambda}) \cdot R_{\mathrm{sun},\downarrow}^{\lambda} + \rho_b E_{\lambda} \cos(\theta_{\mathrm{s}})\tau(\theta) \tag{10-18}$$

式中，ρ_b 为在天顶角 θ_{s} 以及观测角 θ 下的地表波谱双向反射率；i 为目标种类；T 为目标温度。由于大气下行辐射能量④与太阳下行辐射能量②需经过反射后才能被传感器接收，因此它们需与代表目标反射率的系数 $\rho_i^{\lambda} = (1-\varepsilon_i^{\lambda})$［参见式（1-21）］相乘。

对于大气层以外的星载传感器，目标大气底层辐射能量并不能全部到达传感器，而是经过了大气衰减，并且大气上行辐射能⑤与太阳上行辐射能①同样会被传感器接收。如果假设某一波段的大气能量透过率为 $\tau_{\mathrm{atm},\uparrow}^{\lambda}$，则传感器最终测量的辐射值⑧ $R_{\mathrm{sens}}^{\lambda}$ 为

$$R_{\mathrm{sens}}^{\lambda} = \tau_{\mathrm{atm},\uparrow}^{\lambda} \cdot R_{\mathrm{BOA}}^{\lambda} + R_{\mathrm{atm},\uparrow}^{\lambda} + R_{\mathrm{sun},\uparrow}^{\lambda} + n^{\lambda} \tag{10-19}$$

式中，n^{λ} 表示在辐射能量传输过程中的各种噪声。式（10-19）即为完整的成像链路辐射传输方程。

最后，对波长为 8 ~ 14 μm 的热红外波段传感器而言，来自太阳辐射能对成像的贡献相对目标热辐射贡献可以忽略不计，因此遥感热红外图像 (x, y) 处像素的大气底层辐射值及传感器观测值分别可以近似为

$$R_{\text{BOA}}^{\lambda;x,y} = \varepsilon_i^\lambda \cdot B^\lambda(T_i^{x,y}) + (1-\varepsilon_i^\lambda) \cdot R_{\text{atm},\downarrow}^\lambda \tag{10-20}$$

$$R_{\text{sens}}^{\lambda;x,y} = \tau_{\text{atm},\uparrow}^{\lambda;x,y} \cdot R_{\text{BOA}}^{\lambda;x,y} + R_{\text{atm},\uparrow}^{\lambda;x,y} + n^{\lambda;x,y} \tag{10-21}$$

式中，i 为地物目标种类；$T_i^{x,y}$ 为像素 (x, y) 处地物温度；ε_i^λ 为地物在波长 λ 下的发射率。

综上所述，热红外成像传感器所接收到的辐射值是大气、温度以及发射率三者之间经过复杂耦合形成的，相比于可见光图像要复杂得多。因此，热辐射谱段图像处理的重要方向之一就是通过合理手段实现三者之间的准确分离，从而为进一步图像解译奠定基础。

10.2.2　遥感热红外波段温度和发射率特征

与可见光波段传感器反射成像不同，热红外波段传感器主要依靠地物自身发射的能量进行成像，且其发射能量与地物目标自身发射率以及温度密切相关，其热传感器测得的辐射值是温度和发射率的函数。在遥感热红外图像解译及应用中，温度和发射率是描述地物目标特征的两个关键参数。为此，针对热红外遥感图像目标参数反演，其温度和发射率分离是一个重要环节。在实际具体参数估计解算中，通常也就把热红外遥感图像参数反演理解为发射率与温度参数反演，或简单理解为温度发射率分离（temperature emissivity separation，TES）技术。

温度发射率分离的目的就是根据热红外波段遥感图像所包含的辐射特征，依据热红外成像基本理论，在进行大气校正的基础上，将发射率和温度从耦合状态中分离出来，对地面目标温度、发射率等参数信息进行反演，从而实现目标"诊断性"特征的提取与挖掘。在具体反演算法实现上，温度发射率分离是一个"欠定"求解问题，即对于一幅具有 N 个波段的遥感热红外图像而言，除了求解地物目标每一波段发射率，还需要同时求解其温度，共有 $N+1$ 个未知量，此时并没有唯一解。因此，为了求解这些病态方程，必须通过引入具体假设或对发射率进行一定约束，来解决数学上的"欠定"问题，从而得到特定边界条件下的唯一解。表 10-4 所示为不同地物目标的典型发射率[10]，在具体应用中可以借此来实现相应温度参数估计。

由以上分析和讨论可见，发射率和温度特征作为热红外图像最为关键的物化属性，其反演技术更是热红外遥感图像处理的核心。由于发射率、温度以及大气

环境以复杂的方式相耦合，因此对它们进行准确反演是非常困难的。但从热红外成像模型实现的角度，目标温度和发射率二者又相互关联、相辅相成，在其反演估计中，求得其一必得其二。因此，在具体温度发射率分离实现过程中，通常通过大气补偿使在传感器观测值 $R_{\mathrm{sens}}^{\lambda;x,y}$ 的基础上，去除大气窗口 $\tau_{\mathrm{atm,\uparrow}}^{\lambda;x,y}$ 以及大气上行辐射 $R_{\mathrm{atm,\uparrow}}^{\lambda;x,y}$ 值的影响，并在大气底层的辐射值 $R_{\mathrm{BOA}}^{\lambda;x,y}$ 上进行，即以大气底层辐射值 $R_{\mathrm{BOA}}^{\lambda;x,y}$ 作为输入来进行进一步反演操作。这样，由式（10-20）可以得到目标发射率反演的关键表达模型

$$\varepsilon_i^\lambda = \frac{R_{\mathrm{BOA}}^{\lambda;x,y} - R_{\mathrm{atm,\downarrow}}^\lambda}{B^\lambda(T_i^{x,y}) - R_{\mathrm{atm,\downarrow}}^\lambda} \tag{10-22}$$

由式（10-22）可见，即使已知下行辐射能 $R_{\mathrm{atm,\downarrow}}^\lambda$，由于 $T_i^{x,y}$ 未知，也不能求解出目标的发射率 ε_i^λ。此时只能在某些假设或限定条件下，对它们进行估计[8,55]。

表 10-4　常用物质的典型发射率

物质	平均发射率	物质	平均发射率
清澈的水	0.98～0.99	波特兰水泥混凝土	0.92～0.94
湿的雪	0.98～0.99	油漆	0.90～0.96
人体皮肤	0.97～0.99	干的植物	0.88～0.94
粗糙的冰	0.97～0.98	干的雪	0.85～0.90
健康的绿色植被	0.96～0.99	花岗岩	0.83～0.97
潮湿土壤	0.95～0.98	玻璃	0.77～0.81
柏油混凝土	0.94～0.97	薄铁板（生锈的）	0.63～0.70
砖	0.93～0.94	抛光的金属	0.16～0.21
木头	0.93～0.94	铝箔（薄片）	0.03～0.07
玄武岩	0.92～0.96	高光泽的金属	0.02～0.03
干矿物油	0.92～0.94	—	—

根据应用需求不同，目前经典的遥感热红外图像反演方法主要包括：单通道法、分裂窗法（又称多通道法）、单通道多角度法和多通道多角度法等[6]。① 顾名思义，单通道法就是利用一个热红外波段的图像来实现地物温度反演，该类方法主要适用于单个波段的热红外传感器。② 分裂窗法主要利用两个相邻波段窗口具有不同的吸收特性，并通过两个通道辐射亮温的某种组合来实现温度反演。③ 单通道多角度法依据同一物体从不同角度观测时，所经过的大气路径不同，产生的大气吸收也不同，大气的作用可以通过单通道在不同角度观察下所获得亮温的线

性组合来消除的方法。④ 多通道多角度法是多通道法和多角度法的结合。它的依据在于无论是多通道、还是多角度分窗法，地物真实温度是一致的，从而可以利用不同通道、不同角度对大气效应的不同反应来消除大气影响，反演地物温度。

10.2.3　遥感热红外图像 ASTER-TES 算法

由前两节介绍可知，温度发射率分离算法求解的核心问题是病态方程。为了求解这个病态方程，必需其他限制条件，这也就形成了不同种类的温度发射率分离反演算法。图 10-14 所示为针对先进星载热发射和反射辐射计（advanced spaceborne thermal emission and reflection radiometer，ASTER）遥感热红外图像的温度发射率同步分离算法——ASTER-TES 算法的流程[56]。该算法被 ASTER 传感器团队采纳为官方算法，同时该算法不断被学者改进和完善，并在其他热红外传感器上得到了推广和应用[55-56]。

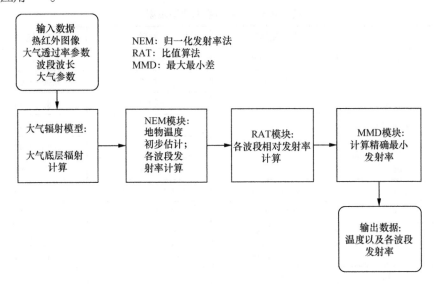

图 10-14　ASTER-TES 算法的流程

ASTER-TES 算法除了大气辐射模型外，主要还包括归一化发射率法（normalized emissivity method，NEM）、比值算法（ratio algorithm，RAT）、最大最小差（maximum and minimum difference，MMD）3 个模块。其中，归一化发射率法模块主要是初始估算地物温度 T_0，再计算发射率 ε_i，并消除大气下行辐射的影响；比值算法模块用于计算各波段相对发射率 β；最大最小差模块用于计算最小发射率值 $\varepsilon_{\min}$，进而获得绝对发射率值 ε_i。

1. 归一化发射率法模块

归一化发射率法模块主要实现对输入图像像素温度的初步估计以及求解，是对传统通道法和包络线法的一种改进算法。首先，归一化发射率法假设对所要反演地物目标的最大发射率为 $\varepsilon_{\max}$，且发射率最大波段对应目标大气底层辐射亮度值最大的波段，由此代入大气底层辐射方程，求解出地物温度的初步估计值 T_0。将 T_0 代入各个波段，从而初步求解其他波段发射率 ε_i。此时，如果假设对应最大发射率 $\varepsilon_{\max}$ 波段的大气底层辐射值为 $R_{\mathrm{BOA}}^{\lambda}$，对应波段波长为 λ_m，普朗克辐射值为 B_m，对应波段的大气下行辐射值为 $R_{\mathrm{atm},\downarrow}^{\lambda_m}$，则所得温度的初步估计值 T_0 ［参见式（1-9）］为

$$T_0 = \frac{C_2}{\lambda_m} \left[\ln \left(\frac{C_1}{B_m \lambda_m} + 1 \right)^{-1} \right] \tag{10-23}$$

式中，根据式（10-20）解得 $B_m = \dfrac{B_{\mathrm{BOA}}^{\lambda_m} - (1 - \varepsilon_{\max}) \cdot R_{\mathrm{atm},\downarrow}^{\lambda}}{\varepsilon_{\max}}$，进而可以求得各个波段的发射率 ε_i 为 ［参见式（10-22）］

$$\varepsilon_i = \frac{R_{\mathrm{BOA}}^{\lambda_i} - R_{\mathrm{atm}}^{\lambda_i}}{B(T_0, \lambda_i) - R_{\mathrm{atm}}^{\lambda_i}} \tag{10-24}$$

2. 比值算法模块

比值算法模块主要对相对发射率 β_i 进行求解，即通过每个模块发射率与总发射率均值进行相除，最终得到各个波段发射率相较于均值发射率的相对值，其表达式为

$$\beta_i = N \frac{\varepsilon_i}{\displaystyle\sum_{m=1}^{N} \varepsilon_m} \tag{10-25}$$

这里 β_i 保留了实际发射率的形状，而没有保持其幅度。为此，为了恢复幅度以及精细的温度估计，需要下一步的最大最小差模块完成。

3. 最大最小差模块

最大最小差模块主要是对最小发射率的进一步精确计算，从而保证求得的发射率曲线与真实曲线相一致。建立相对发射率最大值、最小值之间的绝对差值与最小发射率 $\varepsilon_{\min}$ 之间关系，进一步对最小发射率以及其他各个波段发射率进行约束。在不断迭代的过程中，逐步去除反射环境辐射的影响，从而得到更为精确的估算结果，其表达式为

$$MMD = \max(\beta_i) - \min(\beta_i) \tag{10-26}$$

$$\varepsilon_{\min} = a - b \times MMD^c \tag{10-27}$$

$$\varepsilon_i = \beta_i \left[\frac{\varepsilon_{\min}}{\min(\beta_i)} \right] \tag{10-28}$$

值得注意的是，对于不同传感器而言，式（10-27）中 $\varepsilon_{\min}$ 与 MMD 的关系系数 a、b 以及 c 不同。它们可通过比值算法模块与最大最小差模块的不断迭代，使得发射率反演结果不断优化，其误差不断减小来获得。

在实际应用中，由于传统 ASTER-TES 算法的归一化发射率法模块假设过于简单，不同程度地影响温度反演的鲁棒性。为此，众多学者在传统 ASTER-TES 算法基础上，提出了一系列改进算法。最典型的改进方法就是优化平滑温度发射率分离（optimized smoothing for temperature emissivity separation，OSTES）算法，其核心是将传统归一化发射率法模块用基于光谱特征平滑的新模块来代替。实验结果证明了该算法对样本温度以及大气条件的变化不敏感，能够增强温度反演的鲁棒性，并在一定程度上解决了低发射率目标温度反演不准确的问题。

图 10-15 所示为 ASTER 数据波段 10 发射率反演结果。其中，图 10-15（a）所示为墨西哥圣费利佩以及部分太平洋地区的 ASTER 标准数据，图 10-15（b）所示为对应该地区可见光的谷歌图像数据。ASTER 数据取自美国地质调查局数据库，包含了 ASTER 各种官方产品，且覆盖了水体区域以及低发射率区域等不同区域类型。在众多研究中，AST_09T 数据为大气底层辐射以及大气下行辐射数据，往往作为各种温度发射率分离算法的输入数据，其 5 个热红外波段特性如表 10-5 所示；AST_05 数据作为目标发射率真值图、AST_08 数据作为目标温度真值图。图 10-15（c）所示为基于 OSTES 算法的发射率反演结果。为了比较分析，图 10-15（d）所示为 AST_05 的目标发射率真值图。

（a）ASTER 数据　　　　　　　　　　（b）可见光图像

图 10-15　ASTER 数据波段 10 发射率反演结果

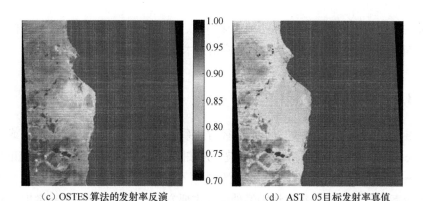

（c）OSTES 算法的发射率反演　　　　　　（d）AST_05目标发射率真值

图 10-15　ASTER 数据波段 10 发射率反演结果（续）

表 10-5　ASTER 热红外波段数据

波段数	光谱范围/μm	空间分辨率/m
1	8.125～8.475	90
2	8.475～8.825	90
3	8.925～9.275	90
4	10.55～10.95	90
5	10.95～11.65	90

10.3　遥感合成孔径雷达图像目标参数反演

　　合成孔径雷达作为各种遥感手段中唯一具有全天时全天候遥感成像能力的雷达，在遥感图像解译方面具有无可替代的作用，目前已在遥感领域获得了广泛应用。随着极化雷达、干涉雷达等新型成像雷达遥感技术的出现及应用的深入，雷达遥感获取的信息越来越多、越来越全面，数据处理方法和手段越来越完善，并极大地拓宽了合成孔径雷达的应用领域。例如，利用不同极化通道获取复图像来区分物体的细致结构、几何特征、目标指向以及物质组成等参数。这些信息在农林、水文地理学、城市基本设施构成、火山、地震学、考古学以及军事侦察等领域具有无法估量的作用。随着新型成像雷达系统的推广，所获得具有各自不同特点的数据也越来越丰富。如何对这些合成孔径雷达图像做出快速而准确的解译，如何有效地对其目标进行分类或识别等，已成为迫切需要解决的一系列难题[57-59]。

本节主要介绍极化合成孔径雷达的极化特性、散射分解及特征参数反演等相关内容，而涉及干涉合成孔径雷达的相关应用技术将在 10.4.2 节中介绍。

10.3.1 目标散射的极化描述

由第 1 章介绍可知，如果合成孔径雷达系统按照水平（horizontal，h）或垂直（vertical，v）两个极化平面发射电磁波，并按照相同平面（hh、vv 模式）或正交平面（hv、vh 模式）测量回波信息，就形成了不同的极化合成孔径雷达图像。极化目标分解是极化合成孔径雷达图像处理的主要方法，其目的是将目标散射过程分解成几种不同散射机理的加权和，其每一项对应一定的物理意义。极化目标分解的突出特点是目标分解参量大都具有明确的物理解释，而且各个散射机理对所有的全极化合成孔径雷达数据均是稳定的，所以极化目标分解方法可用于目标分类或检测等遥感合成孔径雷达图像解译及应用。

目标的散射特性通常用一个 2×2 散射矩阵来描述，矩阵元素完整地描述了目标的散射特性。对于给定的频率和目标姿态特定取向，散射矩阵表征了目标散射特性的全部信息。散射矩阵通常表示为

$$[S] = \begin{bmatrix} S_{hh} & S_{hv} \\ S_{vh} & S_{vv} \end{bmatrix} \tag{10-29}$$

式中，下标 h 和 v 分别代表水平极化和垂直极化。矩阵 $[S]$ 中每个元素 S_{pq}（$p, q =$ h,v）称为散射幅度，表示以 q 极化方式发射，以 p 极化方式接收时的目标后向复散射系数。

极化合成孔径雷达的 4 个记录通道（hh、hv、vh 和 vv）经过定标处理和数据压缩后产生的单视复图像数据就是复散射矩阵的 4 个元素值（$S_{hh}, S_{vh}, S_{hv}, S_{vv}$）。在满足互易定理的后向散射情况下，散射矩阵是对称的，即 $S_{hv} = S_{vh}$。因此，在数据处理及应用中，通常可以忽略绝对相位，而只保留各元素之间的相位差。一般以散射矩阵第一个元素 S_{hh} 的相对相位作基准相位，此时散射矩阵 $[S]$ 的独立参数减少到 5 个：3 个幅度和 2 个相对相位。这也是遥感领域常用的形式，由此可以反演出的特征参数及其应用如表 10-6 所示[9,57]。

散射矩阵将目标散射的能量特性、相位特性和极化特性统一起来，完整地描述雷达目标的电磁散射特性。一般来说，极化散射矩阵具有复数形式，不但与目标本身的形状、尺寸、结构、材料等物理因素有关，同时也与目标和收发天线之间的相对姿态取向、空间几何位置关系，以及雷达工作频率等条件有关。

表 10-6　散射矩阵[S]获得的极化雷达观测量、参数和应用例子

极化雷达观测量	参数	应用例子
散射复幅度	S_{ij}	分类/分割（基于纹理）；变化检测（多时相分析）；冰川速度（特征跟踪）；海洋波和风制图；相干散射
散射功率	$\sigma_{ij}^{o} = 4\pi \left| S_{ij} S_{ij}^{*} \right|$（*表示共轭）	
总功率	$\mathrm{TP} = \left| S_{hh} \right|^2 + 2\left| S_{hv} \right|^2 + \left| S_{vv} \right|^2$	分类/分割；特征跟踪
幅度比	$\left. \sigma_{hh}^{o} \middle/ \sigma_{vv}^{o} \right.$，$\left. \sigma_{hv}^{o} \middle/ \sigma_{vv}^{o} \right.$，$\left. \sigma_{hv}^{o} \middle/ \left(\sigma_{hh}^{o} + \sigma_{vv}^{o} \right) \right.$	干/湿雪分离；土壤湿度和地表粗糙度估计
极化相位差	$\varphi_{hhvv} = \varphi_{hh} - \varphi_{vv}$	薄海冰厚度；植被类型辨识；森林/非森林分类
螺旋度	$\mathrm{Hel} = \left| S_{ll} \right| - \left| S_{rr} \right|$	人造目标辨识

注：$S_{ll} = \dfrac{1}{2}(S_{hh} + 2jS_{hv} - S_{vv})$，$S_{rr} = \dfrac{1}{2}(S_{vv} + 2jS_{hv} - S_{hh})$

在极化合成孔径雷达数据的分析过程中，为了表述方便，常常将目标的极化散射矩阵在正交矩阵基下矢量化，得到散射矢量，即表示为

$$[S] = \begin{bmatrix} S_{hh} & S_{hv} \\ S_{vh} & S_{vv} \end{bmatrix} \Rightarrow \boldsymbol{k} = \frac{1}{2}\mathrm{Trace}\left([S]\boldsymbol{\Psi}\right) = \left[k_0, k_1, k_2, k_3\right]^{\mathrm{T}} \tag{10-30}$$

第一种正交矩阵基为 Borgeaud 基 $\boldsymbol{\Psi}_{\mathrm{B}}$，其形式定义为

$$\boldsymbol{\Psi}_{\mathrm{B}} = \left\{ 2\begin{bmatrix} 1 & 0 \\ 0 & 0 \end{bmatrix}, 2\begin{bmatrix} 0 & 1 \\ 0 & 0 \end{bmatrix}, 2\begin{bmatrix} 0 & 0 \\ 1 & 0 \end{bmatrix}, 2\begin{bmatrix} 0 & 0 \\ 0 & 1 \end{bmatrix} \right\} \tag{10-31}$$

在满足互易定理的后向散射情况下，此时的散射矢量为

$$\boldsymbol{k}_{3\mathrm{B}} = \left[S_{hh}, \sqrt{2}S_{hv}, S_{vv} \right]^{\mathrm{T}} \tag{10-32}$$

在以后的分析中，将 $\boldsymbol{k}_{3\mathrm{B}}$ 称为常规散射矢量。常规散射矢量以一种非常直观的形式包含了极化散射矩阵[S]中的各个元素。

另一种更实用的完全正交矩阵基是 Pauli 基 $\boldsymbol{\Psi}_{\mathrm{P}}$，定义为

$$\boldsymbol{\Psi}_{\mathrm{P}} = \left\{ \sqrt{2}\begin{bmatrix} 1 & 0 \\ 0 & 1 \end{bmatrix}, \sqrt{2}\begin{bmatrix} 1 & 0 \\ 0 & -1 \end{bmatrix}, \sqrt{2}\begin{bmatrix} 0 & 1 \\ 1 & 0 \end{bmatrix}, \sqrt{2}\begin{bmatrix} 0 & -j \\ j & 0 \end{bmatrix} \right\} \tag{10-33}$$

用 Pauli 矩阵基对[S]矢量化，在满足互易定理的后向散射情况下，即可得到下面形式的 Pauli 散射矢量

$$k_{3P} = \frac{1}{\sqrt{2}}[S_{hh} + S_{vv}, S_{hh} - S_{vv}, 2S_{hv}]^T \qquad (10\text{-}34)$$

式中的系数 $1/\sqrt{2}$ 用于保持散射矢量的范数不变，即令目标散射总功率大小与正交矩阵基 Ψ 的选择无关。

当目标是理想点目标时，极化散射矩阵能够完备地表征目标的电磁散射特性。然而，实际中的很多目标都是分布式目标，或者需要对图像进行滤波等预处理以消除相干斑等的影响，这时需要用图像的二阶统计特性，即用极化协方差矩阵和极化相干矩阵来表示更加合理。此时，极化协方差矩阵和极化相干矩阵中包含了雷达测量得到的全部极化信息。在具体应用中，不同的正交矩阵基，可以得到目标不同的二阶统计特性。用 Borgeaud 基 Ψ_B，可以生成极化协方差矩阵；用 Pauli 基 Ψ_P，可以生成极化相干矩阵。在满足互易定理的后向散射情况下，极化协方差矩阵和相干矩阵都是 3×3 矩阵，由散射矢量的矢量积获得。

这样，由常规散射矢量 k_{3B} 得到的极化协方差矩阵 $\langle[C]\rangle$ 定义为

$$\langle[C]\rangle = \langle k_{3B} k_{3B}^{T*}\rangle = \begin{bmatrix} \langle|S_{hh}|^2\rangle & \sqrt{2}\langle S_{hh}S_{hv}^*\rangle & \langle S_{hh}S_{vv}^*\rangle \\ \sqrt{2}\langle S_{hv}S_{hh}^*\rangle & 2\langle|S_{hv}|^2\rangle & \sqrt{2}\langle S_{hv}S_{vv}^*\rangle \\ \langle S_{vv}S_{hh}^*\rangle & \sqrt{2}\langle S_{vv}S_{hv}^*\rangle & \langle|S_{vv}|^2\rangle \end{bmatrix} \qquad (10\text{-}35)$$

式中，上标*表示共轭。同理，由 Pauli 散射矢量 k_{3P} 可得极化散射相干矩阵 $\langle[T]\rangle$ 为

$$\langle[T]\rangle = \langle k_{3P} k_{3P}^{T*}\rangle$$

$$= \begin{bmatrix} \frac{1}{2}\langle|S_{hh}+S_{vv}|^2\rangle & \frac{1}{2}\langle(S_{hh}+S_{vv})(S_{hh}-S_{vv})^*\rangle & \langle(S_{hh}+S_{vv})S_{hv}^*\rangle \\ \frac{1}{2}\langle(S_{hh}-S_{vv})(S_{hh}+S_{vv})^*\rangle & \frac{1}{2}\langle|S_{hh}-S_{vv}|^2\rangle & \langle(S_{hh}-S_{vv})S_{hv}^*\rangle \\ \langle S_{hv}(S_{hh}+S_{vv})^*\rangle & \langle S_{hv}(S_{hh}-S_{vv})^*\rangle & 2\langle|S_{hv}|^2\rangle \end{bmatrix} \qquad (10\text{-}36)$$

极化协方差矩阵 $\langle[C]\rangle$ 和极化散射相干矩阵 $\langle[T]\rangle$ 之间可以互相转换，对于满足互易定理的后向散射情况，二者的转换关系为

$$\langle[C]\rangle = [A]^{-1}\langle[T]\rangle[A] \qquad (10\text{-}37)$$

$$\langle[T]\rangle = [A]\langle[C]\rangle[A]^{-1} \qquad (10\text{-}38)$$

式中，$[A] = \frac{1}{\sqrt{2}}\begin{bmatrix} 1 & 0 & 1 \\ 1 & 0 & -1 \\ 0 & \sqrt{2} & 0 \end{bmatrix}$，$[A]^{-1} = \frac{1}{\sqrt{2}}\begin{bmatrix} 1 & 1 & 0 \\ 0 & 0 & \sqrt{2} \\ 1 & -1 & 0 \end{bmatrix}$。

目标的极化协方差矩阵和极化散射相干矩阵都是半正定 Hermitian 矩阵，具有

相同的非负特征值，但是具有不同的正交特征矢量。值得注意的是，这里的定义完全是在满足互易定理的后向散射情况下，散射矩阵是对称（即 $S_{hv} = S_{vh}$ ）条件下推导的。

10.3.2 目标散射分解

目标散射分解是将散射矩阵分解成有限个代表不同散射机理的基本散射矩阵之和，其各分量往往具有不同散射强度。散射分解作为散射参数反演的预处理，已被广泛应用于遥感图像分类、分割等解译及应用中。一般二阶散射矩阵 $[T]$ 或 $[C]$ 的分解被归纳为两类：基于特征矢量和特征值的分解以及基于散射模型的分解。

1. 基于特征矢量和特征值的分解

由于相干矩阵 $[T]$ 是 Hermitian 半正定的，因此总可以通过单位变换来对角化，即

$$[T] = [U_3][\varLambda][U_3]^{\mathrm{H}} \tag{10-39}$$

式中，上标 ^{H} 表示共轭转置，而

$$[\varLambda] = \begin{bmatrix} \lambda_1 & 0 & 0 \\ 0 & \lambda_2 & 0 \\ 0 & 0 & \lambda_3 \end{bmatrix}, \quad [U] = \begin{bmatrix} e_{11} & e_{12} & e_{13} \\ e_{21} & e_{22} & e_{23} \\ e_{31} & e_{32} & e_{33} \end{bmatrix} \tag{10-40}$$

式中，$[\varLambda]$ 为对角化的特征值矩阵，且 $\lambda_1 \geqslant \lambda_2 \geqslant \lambda_3 \geqslant 0$ ，λ_i （ $i = 1, 2, 3$ ）为相干矩阵 $[T]$ 的非负实特征值；$[U_3] = [e_1, e_2, e_3]$ 为特征矢量矩阵，其列矢量对应于 $[T]$ 的正交特征矢量 e_i （ $i = 1, 2, 3$ ）

$$e_i = \begin{bmatrix} \cos(\alpha_i) \\ \sin(\alpha_i)\cos(\beta_i)\mathrm{e}^{j\delta_i} \\ \sin(\alpha_i)\sin(\beta_i)\mathrm{e}^{j\gamma_i} \end{bmatrix} \tag{10-41}$$

式中，$\alpha_i = \arccos(|e_{1i}|)$ 表示散射体的内部自由度，取值范围为 $0° \leqslant \alpha_i \leqslant 90°$ ，对应一定的散射机理类型，与目标的物理旋转（方向）无关：$0° \leqslant \alpha_i \leqslant 30°$ 一般对应面散射过程，$40° \leqslant \alpha_i \leqslant 50°$ 对应类似双极散射，而 $60° \leqslant \alpha_i \leqslant 90°$ 对应二面角散射；$\beta_i = \arctan\left(\dfrac{|e_{3i}|}{|e_{2i}|}\right)$ 和传感器坐标系的旋转有关，取值范围为 $-180° \leqslant \beta_i \leqslant 180°$ ；δ_i 和 γ_i 为目标的散射相位角。

这样就可以构造出一个简单的统计模型，将[T]扩展为 3 个独立目标之和，而其中每个目标都用一个散射矢量（对应一种散射机理）来表示，并由对应的特征值加权来表示其权重

$$[T] = \sum_{n=1}^{3} \lambda_n [T_n] = \lambda_1 (e_1 \cdot e_1^{\mathrm{H}}) + \lambda_2 (e_2 \cdot e_2^{\mathrm{H}}) + \lambda_3 (e_3 \cdot e_3^{\mathrm{H}}) \qquad （10\text{-}42）$$

即将目标相干矩阵[T]分解成相互正交的 3 个相干矩阵的加权和。这 3 个相干矩阵分别代表了 3 个不同的独立散射过程，包含有表征目标不同成分特性的信息，λ_1、λ_2 和 λ_3 代表 3 种不同散射成分的权重。相干矩阵特征矢量分解方法的好处在于它是基不变的，这主要是由于在单位变换下，特征值是基本不变的。

图 10-16 所示为对丹麦全极化机载设备 EMISAR（Electro Magnetic Institute Synthetic Aperture Radar）获得的奥胡斯大学 Foulum 校区 L 波段全极化协方差数据进行特征值分解的结果，其中图 10-16（a）所示为原始 hh 通道图像，地面分辨率为 5 m×5 m，图 10-16（b）所示为对应该地区的光学图像，图 10-16（c）～（e）所示分别为 3 个特征值 λ_1、λ_2 和 λ_3 的灰度图。从图中可以看出，第一特征值 λ_1 的图像中，建筑物目标呈现很强的能量，这是因为建筑物大多具有二面角结构，反射能量较强，并且大部分能量都集中在第一特征值中，因此相比于森林和农田，在图像中更明显。图 10-16（f）所示为 3 个特征值的合成图，从图中可以看出，各种地物都能够互相区分开，尤其是建筑物和森林。这是因为各个特征值对不同类型地物敏感程度不同而导致不同地物的能量分布在不同特征值上，因此在合成图中各种地物因为颜色不同而被区分开。

（a）hh 通道图像　　　　　　（b）光学图像　　　　　　（c）特征值 λ_1 图像

*图 10-16　奥胡斯大学 Foulum 校区 L 波段全极化协方差数据的特征值分解结果

（d）特征值 λ_2 图像　　　　　（e）特征值 λ_3 图像　　　　　（f）特征值合成图像

*图 10-16　奥胡斯大学 Foulum 校区 L 波段全极化协方差数据的特征值分解结果（续）

2. 基于散射模型的分解

基于散射模型的分解方法是将极化散射相干矩阵或极化协方差矩阵表征的目标散射过程，分解为几个具有不同散射特性的基本矩阵线性叠加和的形式。分解方法的突出特点是物理意义明确，且计算相对简单。

最适合解释合成孔径雷达数据所用基于模型的分解方法就是 3 种成分分解。该方法将用极化协方差矩阵表征的目标散射分解为 3 种散射成分，即由一系列冠层随机偶极子散射组成的体散射成分、由二面角反射器得到的三面角散射成分，以及表面散射成分。该方法首先由 Freeman 提出来，所以通常称其为 Freeman 分解。Freeman 分解的表达式为

$$[C] = f_{\text{surface}}[C_{\text{surface}}] + f_{\text{double}}[C_{\text{double}}] + f_{\text{volume}}[C_{\text{volume}}]$$

$$= f_{\text{surface}} \begin{bmatrix} |\beta|^2 & 0 & \beta \\ 0 & 0 & 0 \\ \beta^* & 0 & 1 \end{bmatrix} + f_{\text{double}} \begin{bmatrix} |\alpha|^2 & 0 & \alpha \\ 0 & 0 & 0 \\ \alpha^* & 0 & 1 \end{bmatrix} + f_{\text{volume}} \begin{bmatrix} 1 & 0 & 1/3 \\ 0 & 2/3 & 0 \\ 1/3 & 0 & 1 \end{bmatrix} \quad (10\text{-}43)$$

式中，f_{surface}、f_{double} 和 f_{volume} 分别表示表面散射、二面角散射和体散射的加权系数。比较协方差矩阵和式（10-43）的各个对应元素，可求得未知参数 f_{surface}、f_{double} 和 f_{volume}，并求得各种散射成分的功率 P_{surface}、P_{double} 和 P_{volume} 以及总功率 P 为

$$P_{\text{surface}} = f_{\text{surface}}(1 + |\beta|^2) \quad (10\text{-}44)$$

$$P_{\text{double}} = f_{\text{double}}(1 + |\alpha|^2) \quad (10\text{-}45)$$

$$P_{\text{volume}} = 8 f_{\text{volume}} / 3 \quad (10\text{-}46)$$

$$P = P_{\text{surface}} + P_{\text{double}} + P_{\text{volume}} \tag{10-47}$$

图 10-17（a）所示为 EMISAR 数据的 Freeman 3 种成分散射模型分解的合成图，其中二面角散射成分用红色表示、体散射成分用绿色表示、表面散射成分用蓝色表示。对比图 10-17（b）所示的光学图像，可以发现左侧和右上部分的森林冠层体散射非常明显，为绿色。大部分农田为蓝色，说明以表面散射为主，中部的几个农田为红色，表明其以二面角散射为主，和前面的结论一致。值得注意的是，图中的建筑物呈现明显的黄色（红和绿），说明有较强的二面角散射和体散射成分。二面角散射主要是建筑物的墙体和地面形成二面角产生的散射，体散射应该是建筑周围树木产生的散射。

（a）Freeman 分解图　　　　　　　　　　　　（b）光学图像

*图 10-17　EMISAR 数据的 Freeman 分解比较分析

10.3.3　基于散射分解的特征参数反演

在极化合成孔径雷达图像解译及应用中，可以从极化散射相干矩阵的特征值 λ_i 直接反演两个重要的统计参数：极化散射熵和极化散射各向异性。

1. 极化散射熵

极化散射熵可表示为

$$H = -\sum_{i=1}^{3} p_i \cdot \log_3(p_i) \tag{10-48}$$

式中,

$$p_i = \frac{\lambda_i}{\sum\limits_{i=1}^{3} \lambda_i} \qquad (10\text{-}49)$$

p_i 为每个特征值出现的概率。极化散射熵 H 值的范围为 0 ~ 1,它描述了散射过程的随机性, H 值越大代表混乱程度越严重,那么目标周围邻域的一致性就越差。当 H =0 时,表明相干矩阵 $[T]$ 只有一个非零特征值,即 $\lambda_2 = \lambda_3 = 0$。此时,系统处于完全极化状态,只有唯一一个散射矩阵,对应于一个确定的散射过程; H 具有较小值,系统接近完全极化,3 个特征值中有一个较大,其余两个很小,可以忽略不计;随着 H 的增加,目标极化状态的随机性也增加; H 具有较大值,系统接近完全非极化,3 个特征值大小相当;当 H =1 时,表明相干矩阵 $[T]$ 3 个特征值相等,即 $\lambda_1 = \lambda_2 = \lambda_3$,表征了目标散射完全退化为随机的噪声,即处于完全非极化状态,无法获得目标的任何极化信息。

2. 极化散射各向异性

极化散射熵 H 能够反映特征值 λ_1 和其他两个特征值 λ_2 和 λ_3 之间的关系,但它并不能反映 λ_2 和 λ_3 之间的关系。为此,定义极化散射各向异性 A 来表征 λ_2 和 λ_3 之间的关系

$$A = \frac{\lambda_2 - \lambda_3}{\lambda_2 + \lambda_3} \qquad (10\text{-}50)$$

A 的范围也是 0 ~ 1,表示二次散射过程间的关系。当 H =0 时, A =0;当 H =1 时, A =0。 A 值较高表明只存在一种较强的二次散射过程。可以说, A 提供了相对于 H 的互补信息,更便于对散射体的解释。

图 10-18(a)、(b)分别给出了基于特征值分解计算极化散射熵 H 和极化散射各向异性 A 的示意。如图 10-18(a)所示,利用极化散射熵 H 能将森林和建筑物同农田区分开,这是因为森林和建筑物的极化散射熵 H 比较高,说明其散射随机性比较强,其散射机理比较复杂。农田的极化散射熵 H 比较低,说明其散射机理比较单一。在图 10-18(b)中,由于森林和建筑物地区的熵值较大,3 个特征值基本相等,因此该地区的极化各向异性 A 较小,然而农田地区的极化各向异性 A 比较高。根据前面的分析,说明以第二个散射机理比较重要,这和由极化散射熵 H 分析的结果是一致的。图 10-18(c)所示为基于极化散射熵 H 并结合平均散射角 $\bar{\alpha} = \sum\limits_{i=1}^{3} p_i \alpha_i$ 的分类结果,该图共有 8 个有效区域,每个区域代表一种特殊的散射类别,各个区域主要散射类型及相应的代表地物如表 10-7 所示。可以看出,

只具有 Z_1、Z_3 和 Z_6 三个区域的类别，即将森林和建筑物区域划分到 Z_1 区域，表示该区域具有高极化散射熵 H 的多重散射，地物分布不均匀；将阔叶作物划分到 Z_3 区域，表示该区域具有中等极化散射熵 H，表示电磁波穿透冠层与茎秆的偶次散射；将细茎作物划分到 Z_6 区域，表示该区域具有较强的偶次散射。

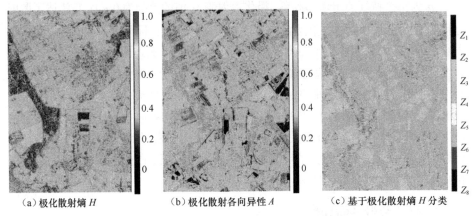

（a）极化散射熵 H （b）极化散射各向异性 A （c）基于极化散射熵 H 分类

图 10-18 基于特征值分解的特征参数反演及分类

表 10-7 分类的主要散射类型及相应的代表地物

区域	主要散射类型	代表地物
Z_1	高熵多重散射	粗壮树木、某些建筑物
Z_2	高熵植被散射	森林树冠以及某些高度各向异性植被表面的散射
Z_3	中熵二面角散射	城市区域和穿透树冠后与树干间的散射
Z_4	中熵偶极子散射	各向异性的散射体构成的植被表面
Z_5	中熵表面散射	树叶、小圆盘样的椭球形散射体
Z_6	低熵多次散射	各向同性的电介质、金属二面角
Z_7	低熵偶极子散射	hh 和 vv 分量幅度差异较大，各向异性很强的植被
Z_8	低熵表面散射	水面、海冰、非常平滑的陆地表面

|10.4 遥感图像立体目标处理|

传统遥感图像目标处理技术大多是基于图像的各类几何特征、纹理特征、光谱特征等。然而，由于图像在成像过程中往往是将三维物理世界投影到二维图像平面上，使得第三维信息丢失。此时，对于目标表面物理属性相近的不同目标，仅从传统的图像目标识别等处理技术难以实现精准的区分。遥感立体信息颠覆了传统遥感信息的观念，它在保留了目标表面材质与环境因素综合反映出的辐射特性基础上，更加强调目标在三维空间的存在感，真实地反映目标的本质属性。客观上，物体自身存在于三维物理世界中，构成物体表面三维结构材质的辐射能量。主观上，人类对客观世界的感知是立体的，但这种立体的感知是建立在主客观综合因素的基础上。人类感知系统在接收了客观信息后，主观上形成了对物体的立体思维。

随着空间遥感对地观测技术的发展，遥感图像处理技术也在逐步模仿人类的立体感知方式，不仅能够获取包括雷达信号、光学图像等传统类型的目标信息，更使得获取蕴含着表面物理属性和三维空间结构的目标立体信息成为可能。利用空天多平台、多传感器及多时相、多角度探测的多源信息，不仅可以以二维空间的方式对目标进行解译，而且也可以有效地恢复地物目标的空间三维结构和表面物理属性。深入挖掘目标立体信息的应用潜力，将大幅提升包括城市规划、地理勘探、防震减灾以及军事应用等领域的执行效力，对于国民经济发展和国防建设有着极为重大的意义。为此，本节主要对遥感图像立体目标相关基础知识及典型解译应用技术进行介绍。

10.4.1　遥感图像立体目标概念

从传统意义上讲，遥感图像立体目标的概念首先应用于测绘领域，主要利用传感器成像模型或卫星通用有理多项式模型来获取相应点的三维坐标解算，进而生成反映立体信息的数据。测绘领域这种仅仅利用成像几何参数优化获得的立体信息，其实质是目标的结构信息，没能体现图像目标本身的辐射信息及目标的物理属性。目标立体信息不仅是由三维坐标的精度来评价，目标的完整性、形状、辐射强度等特征都应是高精度目标立体信息提取和利用的重要组成因素。在卫星图像分辨率不断提高的情况下，图像所提供的丰富纹理特征、清晰的目标结构信息都应该是获取更精细目标立体信息的重要依赖。因此，如何利用越来越多、精度越来越高的多源二维图像信息，尤其是在面对不同时相、不同传感器构成的广义立体像对，在反演出空间结构信息的同时，也能把具有不同辐射特性的多源图像恢复到统一的立体图像中等一系列问题，都是多时相、多传感器、多角度等多源遥感图像处理要解决的。

在多源遥感图像处理领域，目标立体信息提取主要包含两方面含义：目标三维结构信息和目标表面物理属性信息，如图 10-19 所示。

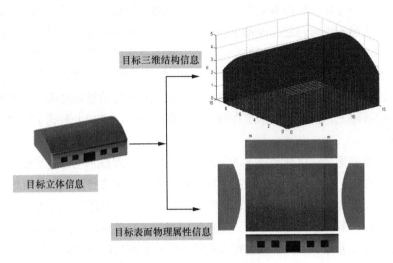

目标三维结构信息

目标立体信息

目标表面物理属性信息

图 10-19　遥感目标立体信息

需要注意的是，要严格区分"立体信息"与"三维信息"的概念差别："三维"是一种客观物理存在，"三维信息"仅为物体自身的三维几何结构属性；"立体"是对客观世界的一种主观感觉，是通过对传感器所采集的数据进行分析处理、进而得到对客观物体的一种恢复。"三维信息"是不可能通过视觉直接看到的，人们能够感知到一个物体是"立体"的，并非由于看到了它在三维空间中的分布情况，而是由于人类接收到构成物体三维结构材质所辐射的能量，进而通过思维建模能力形成了"立体"。因此，目标"立体"信息是目标三维结构信息和目标表面物理属性信息的结合体。

从遥感图像解译及应用的角度，前面介绍的图像 $f(x,y)$ 实质是三维空间 (x,y,z) 目标在二维空间 (x,y) 平面上的投影。随着应用需求的不断扩大，人们不再局限于对二维图像的解译，也更加希望能够通过遥感图像处理手段来反演目标的高度坐标 z 及其三维目标特性。立体目标的二维空间特征可以利用图像处理各种技术，而典型描述目标高度的第三维高度特征主要包括：数字地形模型（digital terrain model，DTM）、数字高程模型（digital elevation model，DEM）和数字表面模型（digital surface model，DSM）。

1. 数字地形模型

数字地形模型就是用数字表达地面起伏形态的一种方式，它可以体现地表目标形态的属性特征信息，如高程值、坡度角、坡的上升下降方向等。数字地形模型广泛应用于各种工程制图、测绘等领域，也是遥感应用的重要研究方向之一。

2. 数字高程模型

数字高程模型是利用一个二维矩阵形式来描述地形高程的实体地面模型，可以看作数字地形模型的一个部分。一般认为数字地形模型是除了数字高程模型高程数据外，还将一些地貌因子进行数字化表达，并将这些特征作为一个向量，通过线性或非线性组合得到的一个空间分布的数学描述。可以说，数字高程模型只是数字地形模型中最简单的可以描述地形地貌的模型。数字高程模型数据也有着广泛的应用，在遥测、工程建设、通信领域都有着它独特的地位。

3. 数字表面模型

数字表面模型通常是指包含有地面各种目标（如建筑物、桥梁和植被等高程值）的地面数字高程模型。数字高程模型数据只描述了地形起伏的高程信息，而数字表面模型是在数字高程模型的基础上，最真实、完整地表达地表目标的起伏信息。因此数字表面模型数据的应用需要十分广泛，在林业方面可以用于计算树木的高度变化，监测其生长情况；在城市建设规划中，可以计算城区建筑物的变化情况；在军事应用中，更是给三维地图绘制提供更好的数据支持等。

随着遥感传感器的发展，获得的遥感图像分辨率也在不断提高，从米级分辨率图像到近年的亚米级高分图像，从只可以获得大尺度地形的数字高程模型数据，到现在重建生成的城市区域有目标信息的数字表面模型数据，再到不断优化逼近航空激光雷达的数字表面模型数据，以及干涉合成孔径雷达解算的高程数据等，形成了更加多样化的遥感图像目标探测方式，进而也为遥感图像目标立体信息解译提供了可能[60-61]。在具体应用中，目标立体信息的优化获取、立体特征提取和立体目标识别是实现立体信息应用价值的关键环节，下面将围绕这些关键技术进行案例式介绍。

10.4.2　典型遥感图像立体目标获取

理论上讲，立体目标的物理属性信息提取取决于探测传感器本身性能及各表面二维图像特征的解译等处理技术，上面介绍的数字高程模型等反映目标三维结构信息的获取或反演技术目前主要基于 3 种技术途径：多角度光学图像反演、激光雷达测量和干涉合成孔径雷达解算。

1. 多角度光学图像反演

在遥感图像立体目标获取应用中，很难利用一幅图像来推导出像素与像素之间的高程差异。利用多角度光学图像立体像对获取立体目标的第三维信息，是一种传统且经典的反演技术，在遥感和测绘领域有着非常重要的应用意义。随着成像传感器的不断发展，人们对传统三维重建技术精度的要求也不断提高，相关的衍生产品也越来越多，更加贴近人们的生活及应用需求。因此，基于多角度光学图像立体像对的三维重建技术是目前遥感图像处理领域的一个关键方向[6]。

多角度光学图像反演主要是在单幅卫星成像的基础上，采用单线阵或三线阵传感器，基于类似双目视觉立体视差的原理，获取不同角度下的两幅图像对进行立体信息反演。单线阵是一台相机通过摆动传感器形成不同角度对目标拍摄，三线阵则是指三台相机成固定角度在沿轨方向分别以前视、正视、后视进行推扫成像。相对而言，单线阵对平台要求更高，需要有更好的卫星控制系统来控制相机摆动。典型的通过卫星获取数字表面模型数据立体参数的反演过程：输入是卫星立体像对及其相关参数文件，一般参数文件主要包括有理多项式系数（rational polynomial coefficient，RPC）文件和元数据星历文件，其中，RPC 文件是提供有理函数模型（rational function model，RFM）的相应系数，元数据星历文件可以提供图像获取的部分卫星参数，包括拍摄时间、地面分辨率，传感器的高程角、方位角，太阳照射的高程角、方位角等相关信息。在具体立体像对反演实现中，可以把立体重建的生成过程划分成 3 步，即核线影像生成、立体匹配、坐标解算/采样，最终可以输出栅格化的立体数字表面模型数据，如图 10-20 所示。

图 10-20　基于立体像对的数字表面模型反演

图 10-21（a）所示为 IKONOS 卫星立体像对数据，成像区域为美国圣迭戈地区。图 10-21（b）所示为通过立体像对反演的该区域数字表面模型立体重建结果。图 10-21（c）所示为航空平台的激光雷达数据，由于航空平台激光雷达数据精度远高于卫星平台的立体信息，因此通常把激光雷达数据作为参考标准图。图 10-21（d）所示为星载图像像对反演的数字表面模型数据与机载激光雷达数据的误差图，即图 10-21（b）和图 10-21（c）所示的误差图像。其中，越趋向于红色表示误差越大，越趋向于蓝色表示误差越小。可见，所有红色区域的较大误差都出现在目

标边缘处，其误差明显高于其他区域。也就是说，对于目标参数反演而言，误差主要出现在目标边缘或边界上，甚至可能完全失去目标直线、边缘相互垂直等典型的结构特征。究其原因主要是目标边缘与背景之间的不连续性、出现跳变，进而在反演过程造成了高频信息的损失。这也是遥感领域立体目标处理与测绘领域立体测量（地形测量通常具有连续性）的不同之处，也是遥感领域立体目标解译及应用需要解决的难题。

（a）IKONOS 卫星的立体像对数据

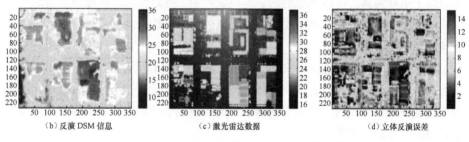

（b）反演 DSM 信息　　　　　　（c）激光雷达数据　　　　　　（d）立体反演误差

*图 10-21　边缘特征对目标立体信息反演影响示意

2. 激光雷达测量

作为新兴的遥感技术，激光雷达与传统光学遥感不同之处在于，它是一种主动对地测量技术。激光雷达是集激光测距仪、惯性导航系统、全球定位系统以及光电成像系统于一体的主动遥感设备。激光雷达系统各模块的基本功能如下。

（1）激光测距仪主要负责测量激光信号发射器到地面目标间的距离。首先，由激光发射器主动发射激光信号，利用扫描装置控制信号发射的方向，激光扫描的方向通常与载荷平台飞行方向垂直，激光束的瞬时视场角（IFOV）通常较小。激光束照射到地面或目标上很小一块区域，光孔再接收该区域的反射激光束，则获得一个"采样点"，如同遥感图像中一个像素。激光测距仪的测量信号传播时间与距离的关系：

$$S = \frac{c \cdot \Delta t}{2} \tag{10-51}$$

式中，S 为激光发射器与反射点之间的距离；c 是光速；Δt 为激光发射信号与返回接收信号的传播时间差。

（2）惯性导航系统（inertial navigation system，INS）负责利用惯性测量单元测量载荷平台及其搭载扫描装置的姿态参数。惯性测量单元是惯性导航系统的核心部件，主要组成器件包括陀螺和加速度计。载荷平台的瞬时姿态参数测量是激光雷达系统获取三维数据的关键步骤，提供参数包括平台俯角、侧滚角和航偏角。根据惯性空间力学定律，陀螺和加速度计感受在运动过程中的旋转角度以及加速度，然后用伺服系统进行跟踪或者将坐标系统旋转变换，并在一定坐标系内做积分计算，最终得到运动物体的速度、相对位置及姿态等参数。姿态测量精度对于最终的数据精度有着很大影响。

（3）全球定位系统用于确定激光雷达发射器的空间位置。在通过惯性导航系统获取激光扫描仪的姿态参数后，可根据坐标计算得到地面反射点的三维坐标。通过以上坐标解算，可以获取地形、地物表面的三维点坐标。实际激光雷达系统生成的数据中，每一个点除了包含各扫描点的三维坐标，通常还包含强度值、回波次数和角度等参数。

（4）光电成像系统通过对被探测目标的地面反射信息进行滤波、插值等处理，从而获得该目标的三维点云数据。激光雷达对三维点云数据进行综合处理，在获得三维地表数据的同时，还可以获得相应的数字地形模型、数字高程模型以及数字表面模型等衍生图像。

3. 干涉合成孔径雷达解算

由第 1 章介绍可知，在干涉合成孔径雷达系统中，由于探测目标与雷达两副天线位置的几何关系，可以得到地面目标信号回波相位差形成的干涉条纹图。因此，利用传感器载荷高度、雷达波长、波束视向及天线基线距之间的几何关系，就可以精确地测量目标每一点的高程信息。

干涉合成孔径雷达测量的基本原理如图 10-22 所示，其中 S_1 和 S_2 分别代表具有一定视角差的两副天线位置，二者之间的距离 B 称为基线，可分解为沿轨迹向 $B_{\parallel}$ 和垂直轨迹向 $B_{\perp}$ 两个向量。由于垂直轨迹向 $B_{\perp}$ 与地形变化有关，因此往往利用垂直轨迹向的干涉合成孔径雷达提取高

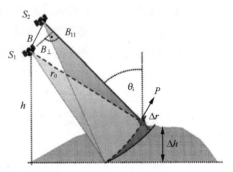

图 10-22　干涉合成孔径雷达测高原理

度信息并进行三维成像。h 表示载荷平台高度，θ_i 为局部入射角，P 为被测量的目标点，r_0 为目标点 P 到位置 S_1 的距离，$r_0 + \Delta r$ 为目标点 P 到位置 S_2 的距离，Δh 表示目标点 P 的高程[57]。

这样，在基于干涉合成孔径雷达的高程反演过程中，主要利用两副天线位置错位引起的距离差 Δr（大距离 r_0、短基线 B），并通过等效相位差 $\Delta \varphi$ 反演目标的高度 Δh。具体描述为：设天线位置 S_1 和 S_2 接收到的回波信号 s_1 和 s_2 分别表示为

$$s_1 = A_1 \exp(\mathrm{j}\varphi_1) \tag{10-52}$$

$$s_2 = A_2 \exp(\mathrm{j}\varphi_2) \tag{10-53}$$

式中，

$$\varphi_1 = \frac{4\pi r_0}{\lambda} \tag{10-54}$$

$$\varphi_2 = \frac{4\pi(r_0 + \Delta r)}{\lambda} \tag{10-55}$$

将 s_1 和 s_2 进行共轭复相乘，可得两幅合成孔径雷达图像的干涉纹图

$$s_1 s_2^* = |A_1 A_2^*| \exp[\mathrm{j}(\varphi_1 - \varphi_2)] = |A_1 A_2^*| \exp\left(-\mathrm{j}\frac{4\pi\Delta r}{\lambda}\right) \tag{10-56}$$

于是可得天线 S_1 和 S_2 观测 P 点的相位差为

$$\Delta \varphi = -\frac{4\pi\Delta r}{\lambda} \tag{10-57}$$

再由图 10-23 的几何关系可得

$$\Delta r = \frac{B_\perp}{r_0 \sin \theta_i} \cdot \Delta h \tag{10-58}$$

将求得的 Δr 代入式（10-57），可得

$$\Delta \varphi = \frac{4\pi}{\lambda} \frac{B_\perp}{r_0 \sin \theta_i} \cdot \Delta h \tag{10-59}$$

这样，只要能获得相位差 $\Delta \varphi$，就可以根据式（10-59）反推目标高度 Δh。

值得注意的是，在实际电子系统中，$\Delta \varphi$ 只能记录 0 到 2π 的相位，而实际相位通常为

$$\Delta \varphi = -\frac{4\pi\Delta r}{\lambda} + 2N\pi, \ N = 0, \pm 1, \pm 2, \cdots \tag{10-60}$$

所以必须进行干涉合成孔径雷达的一项关键技术，即相位解缠来计算其真实

的相位差 $\Delta\varphi$。而为了相位解缠，通常还需要配准生成干涉纹图和去平地效应两个重要环节。具体详细内容可以参考相关文献。

10.4.3 基于3D-Zernike矩特征的遥感图像立体目标识别

遥感图像立体目标的描述与表达形式众多，其中最典型的立体特征就是3D-Zernike矩（3-dimensional zernike moment，3D-ZM），它是在传统2D-Zernike矩（2D-ZM）的基础上，借助球谐（spherical harmonic）分解思想建立的描述方法。3D-ZM应用的突出特点是它能够充分反映出目标的三维空间结构，在保证旋转不变性的同时，具有信息表达的低冗余性、高有效性、强鲁棒性等，可有效地应用于立体目标识别等领域。

1. 2D-Zernike矩的幅度及相位特性

2D-ZM目前已被广泛应用于目标识别和图像分析中，它不用考虑其位置、大小和方向的变化。本质上，2D-ZM是几何矩的扩展，主要是用一组正交 Zernike 多项式替代传统的变换核 $x^m y^n$ 函数。ZM 系数是图像函数展开成复基函数 $\{V_{nm}(\rho,\theta)\}$ 的一组完备正交集的结果，其幅度分量具有旋转不变性，非常适合于目标形状描述[61]。

2D-ZM 基函数在极坐标系下可以表示为

$$V_{nm}(\rho,\theta) = R_{nm}(\rho)\mathrm{e}^{jm\theta} \qquad (10\text{-}61)$$

式中，$\rho \leqslant 1$；n 表示阶数；m 表示重复数。$\{R_{nm}(\rho)\}$ 表示径向基函数，定义为

$$R_{nm}(\rho) = \sum_{s=0}^{(n-|m|)/2} (-1)^s \frac{(n-s)!}{s!\left(\dfrac{n+|m|}{2}-s\right)!\left(\dfrac{n-|m|}{2}-s\right)!}\rho^{n-2s} \qquad (10\text{-}62)$$

满足整数 $n \geqslant 0$，$n-|m|$ 为偶数，并且 $|m| \leqslant n$。基函数 $\{V_{nm}(\rho,\theta)\}$ 的集合是正交的，并且满足

$$\int_0^{2\pi}\int_0^1 \left[V_{nm}^*(\rho,\theta)V_{pq}(\rho,\theta)\rho\right]\mathrm{d}\rho\mathrm{d}\theta = \frac{\pi}{n+1}\delta_{np}\delta_{mq} \qquad (10\text{-}63)$$

式中，

$$\delta_{ij} = \begin{cases} 1, & i=j \\ 0, & i \neq j \end{cases} \qquad (10\text{-}64)$$

这样，对于极坐标下连续二维图像 $f(\rho,\theta)$，其2D-ZM定义为

$$Z_{nm} = \int_0^{2\pi} \int_0^1 \left[f(\rho,\theta)V_{nm}^*(\rho,\theta)\rho \right] \mathrm{d}\rho \mathrm{d}\theta$$

$$= \frac{n+1}{\pi} \int_0^{2\pi} \mathrm{e}^{-\mathrm{j}m\theta} \left\{ \int_0^1 \left[f(\rho,\theta)R_{nm}(\rho)\rho \right] \mathrm{d}\rho \right\} \mathrm{d}\theta \qquad （10-65）$$

而对于给定的数字图像 $f(\rho,\theta)$，其 2D-ZM 则表示为离散形式

$$Z_{nm} = \frac{n+1}{\pi} \sum_{(\rho,\theta)\in\text{unit disk}} f(\rho,\theta)V_{nm}^*(\rho,\theta) \qquad （10-66）$$

Z_{nm} 具有复数形式，其幅度特征向量为

$$\vec{P} = [\,|Z_{11}|\,\mathrm{e}^{\mathrm{j}\varphi_{11}}, |Z_{31}|\,\mathrm{e}^{\mathrm{j}\varphi_{31}}, \cdots, |Z_{NM}|\,\mathrm{e}^{\mathrm{j}\varphi_{NM}}]^{\mathrm{T}} \qquad （10-67）$$

而相位特性为

$$\theta_{nm} \equiv \arg\left(\frac{Z_{nm}^r}{Z_{nm}}\right) = m\theta, \ 0 \leqslant \theta_{nm} \leqslant 2m\pi \qquad （10-68）$$

可见，2D-ZM 可以被认为是图像 $f(\rho,\theta)$ 对一组正交滤波器 $\{V_{nm}(\rho,\theta)\}$ 的响应。值得注意的是，每个基函数 $V_{nm}(\rho,\theta)$ 的实部和虚部函数都是对称的，即它们形成正交滤波器对。此外，重复数 m 表明沿着方位角 θ 函数值的 m 个扇形周期，同时 n 和 m 一起构成了函数的不同环状模式，如图 10-23 所示：对于固定的 $n = 5$，图 10-23（a）、（b）、（c）分别给出了 $V_{5,1}$、$V_{5,3}$、$V_{5,5}$ 的模式示意；对于固定的 $m = 5$，图 10-23（d）、（e）、（f）分别给出了 $V_{7,5}$、$V_{9,5}$、$V_{11,5}$ 的模式示意[61]。

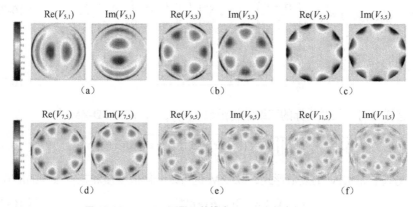

图 10-23　2D-ZM 不同环状模式 $V_{nm}(\rho,\theta)$ 的实部和虚部

2. 3D–Zernike 矩

3D-Zernike 矩（3D-ZM）基于 3D-Zernike 函数（3D-ZF），其球坐标系下可表示为

$$Z_{nl}^m(\rho,\theta,\varphi) = R_{nl}(\rho) \cdot Y_l^m(\theta,\varphi)$$
$$= \left(\rho^l \sum_{v=0}^{k} q_{kl}^v \rho^{2v} \right) \cdot \left(N_l^m P_l^m(\cos\theta) e^{jm\varphi} \right) \tag{10-69}$$

式中，n、l、m 都是整数；$Y_l^m(\theta,\varphi)$ 为球面上的球谐函数；$R_{nl}(\rho)$ 表示径向基函数。限定 $m \in [-l,+l]$、$l \in [0,n]$，且 $n-l$ 为偶数。n 为函数 $Z_{nl}^m(\rho,\theta,\varphi)$ 的阶数、l 和 m 为勒让德多项式 $P_l^m(\cos\theta)$ 的阶数、N_l^m 为归一化参数。

在直角坐标系下，式（10-69）可以表示为

$$Z_{nl}^m(x,y,z) = \left(\sum_{v=0}^{k} q_{kl}^v \rho^{2v} \right) \cdot e_l^m(x,y,z) \tag{10-70}$$

式中，$k = \dfrac{n-l}{2}$ 且 $k \in [0,Z^+]$；$\rho = \sqrt{x^2+y^2+z^2}$；$q_{kl}^v$ 为保证单位球内函数的归一化系数，定义为

$$q_{kl}^v = \frac{(-1)^k}{2^{2k}} \sqrt{\frac{2l+4k+3}{3}} \binom{2k}{k} (-1)^v \cdot \frac{\dbinom{k}{v}\dbinom{2(k+l+v)+1}{2k}}{\dbinom{k+l+v}{k}} \tag{10-71}$$

$e_l^m(x,y,z)$ 为谐函数多项式，表示为

$$e_l^m(x,y,z) = c_l^m \rho^l \left(\frac{jx-y}{2} \right)^m z^{l-m} \cdot \sum_{\mu=0}^{\frac{l-m}{2}} \binom{l}{\mu}\binom{l-\mu}{m-\mu}\left(-\frac{x^2+y^2}{4z^2} \right)^\mu \tag{10-72}$$

式中，

$$c_l^m = \frac{\sqrt{(2l+1)(l+m)!(l-m)!}}{l!} \tag{10-73}$$

这样，对于任意目标的三维结构函数 $f(x,y,z)$，定义 3D-ZM 为

$$\Omega_{nl}^m = \frac{3}{4\pi} \iiint\limits_{x^2+y^2+z^2 \leqslant 1} f(x,y,z) \cdot \overline{Z_{nl}^m(x,y,z)}\,\mathrm{d}x\mathrm{d}y\mathrm{d}z \tag{10-74}$$

类似于 2D-ZM 的复数形式，3D-ZM 也可以分解成幅度和相位乘积的形式

$$\Omega_{nl}^m = A_{nl}^m(\rho,\theta) \cdot e^{jm\varphi} \tag{10-75}$$

进而任意目标的三维结构信息可以由不同阶次的一组 3D-ZM 特征来描述，此时

$$F_{3D} = \{\Omega_{nl}^m\} \tag{10-76}$$

式中，$n \in [0,N]$；$l \in [0,n]$；$m \in [-l,+l]$。在具体应用中，可以基于幅度及相位两组特征实现立体目标的辨识与区分。

3. 基于 3D-ZM 的立体目标识别

基于以上讨论，在遥感图像目标立体解译及应用中，可以通过比较两个目标（假设目标 A 和目标 B）之间的 3D-ZM 特征差异，即

$$\frac{F_{3D\_A}}{F_{3D\_B}} = \left\{ \frac{\Omega_{nl\_A}^{m}}{\Omega_{nl\_B}^{m}} \right\} = \left\{ \frac{A_{nl\_A}^{m}(\rho,\theta)}{A_{nl\_B}^{m}(\rho,\theta)} \cdot e^{im(\varphi_A - \varphi_B)} \right\} \qquad (10\text{-}77)$$

实现基于 3D-ZM 幅相特性的目标立体识别：① 幅度具有旋转不变性，可以用于区分"同质异高"的立体目标；② 相位特性可以用于区分具有不同方向的同类目标，并准确估计目标间相对方向差异。

图 10-24 所示为具有相同屋顶、形状类似，但高度不同的目标（红圈建筑物 A、黄圈建筑物 B）的仿真结果。其中，A 类为感兴趣要识别的目标。基于 2D-ZM 和 3D-ZM 的目标识别结果如表 10-8 所示。可见由于外形类似，基于 2D-ZM 特征与特征库中第 2 类、第 5 类和第 8 类目标特征值都很接近，难以判定目标类型；而基于 3D-ZM 特征时感兴趣目标 A 与第 8 类目标差异值明显最小，因而判定该识别目标为第 8 类目标。

*图 10-24　具有相同投影形状、不同高度的目标

表 10-8　基于 2D-ZM 和 3D-ZM 的建筑物目标识别结果

感兴趣目标 A	库中目标 1	库中目标 2	库中目标 3	库中目标 4	库中目标 5	库中目标 6	库中目标 7	库中目标 8
2D 特征表现	2.0636×10^{-3}	0.0756×10^{-3}	6.3939×10^{-3}	8.4884×10^{-3}	0.2197×10^{-3}	41.3047×10^{-3}	31.3696×10^{-3}	0.3880×10^{-3}
3D 特征表现	98.0162×10^{-3}	295.1258×10^{-3}	47.6501×10^{-3}	193.3754×10^{-3}	434.5451×10^{-3}	211.6725×10^{-3}	276.3748×10^{-3}	4.0431×10^{-3}

图 10-25 所示为德国摄影测量与遥感协会（DGPF）所提供的德国 Vaihingen 地区光学图像和 DSM 合成图像，它们分别反映了遥感场景中地物表面的二维光学信息和目标第三维高度信息。值得注意的是，在 DSM 合成图像中，量化值 0～255

代表了该点的目标高度，而非目标的辐射值。图 10-25（b）中同时标注了 11 个不同的建筑物目标，其中以目标 1 作为参考方向（已知其朝向为与水平方向呈 −46.7°）。基于 3D-ZM 的相对方向性估计结果如表 10-9 所示。

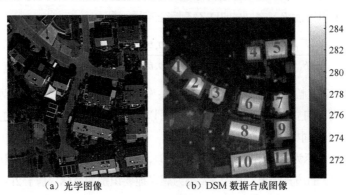

（a）光学图像　　　　　　　（b）DSM 数据合成图像

图 10-25　德国 Vaihingen 地区数据

表 10-9　德国数据建筑物目标方向性估计结果

目标序号	实际测量方向		3D-ZM		2D-ZM	
*目标 1	参考方向 = −46.7°	相对方向差	估计方向	估计误差	估计方向	估计误差
目标 2	−60.7°	12.1°	−58.8°	1.9°	−57.9°	2.8°
目标 3	−71.0°	23.8°	−70.5°	0.5°	−70.3°	0.7°
目标 4	85.5°	−48.3°	85.0°	0.5°	84.6°	0.9°
目标 5	82.0°	−51.1°	82.2°	0.2°	83.2°	1.2°
目标 6	−78.1°	32.4°	−79.1°	1.0°	−79.4°	1.3°
目标 7	−2.2°	43.9°	−2.8°	0.6°	−2.7°	0.5°
目标 8	−77.5°	29.8°	76.5°	1.0°	76.2°	1.3°
目标 9	−2.7°	44.0°	−2.7°	0.0°	−2.9°	0.2°
目标 10	76.3°	−58.6°	74.7°	1.6°	75.1°	1.2°
目标 11	80.5°	−56.2°	77.1°	3.4°	76.7°	3.8°

| 10.5　多源遥感图像融合 |

多源遥感图像融合是数据融合技术的一个重要分支，即图像信息融合。简单来讲，遥感图像融合就是将多个传感器获得的同一场景的图像数据，或同一传感器在不同时间或不同平台不同传感器等获得的同一场景图像数据进行空间和时间配准，然后采用一定的算法将各源图像数据中所包含的信息优势互补性地有机结合起来，产生新图像数据或场景解释的技术。在实际应用中，多源遥感图像融合处理并不是简单的叠加，而是通过协同处理实现信息的最优化，相互关联、取长补短，融合结果蕴含更多有价值信息，即达到"1+1>2"，甚至是远大于 2 的效果，进而提高所获多源遥感图像的解译能力和应用潜能[62-63]。

10.5.1 多源遥感图像融合概述

多源遥感图像融合的主要目的是充分利用多个信源资源，通过对各种信源及其观测信息的合理支配与使用，将各种信源在空间和时间上的互补与冗余信息依据某种优化准则组合起来，获得单源图像中无法获得的更为全面的信息描述，产生对被观测目标对象的一致性描述和解译。

1. 遥感图像融合基本概念

尽管多源遥感图像可以提供更多信息。但与单源遥感图像数据相比，多源遥感图像数据所提供的信息具有冗余性、互补性和合作性。① 多源遥感图像数据的冗余性表现在它们对环境或目标的表示、描述或解译结果的一致性、重复性。冗余信息是一组由系统中相同或不同类型信源所提供的对环境中同一目标的感知数据，尽管这些数据的表达形式可能存在着差异，但总可以通过变换等某种处理手段将它们映射到一个共同的数据空间，使其结果反映目标某一个方面的特征是一致的。合理地利用这些冗余信息，可以降低系统误差和减少整体决策的不确定性，提高系统的性能指标和精确度。② 互补性是指信息来自不同的自由度且相互独立，它们也是一组由多个信源提供的对同一目标的感知数据。一般来讲，这些数据无论是表现形式，还是所表达的含义都存在较大差异，它们从不同的角度反映了目标的不同特性。对这些互补信息的利用，可以提高系统的准确性或/和提高系统的可信度。③ 多源合作信息的融合利用，可以减少或抑制单源信息对被感知目标或环境解译中可能存在的多义性、不完整性、不确定性等，最大限度地利用各种信息源提供的信息，从而大大提高在特征提取、分类、目标识别等解译及应用中的正确性、有效性和鲁棒性。

图 10-26 所示为两个传感器（A 和 B 两个信源）融合的信息分布，由图可以直观地看出两个信源图像的冗余信息、互补信息，以及与融合处理之间的关系。从

数学角度，冗余信息描述了两个信源的"交"，通过融合处理可以提高系统的精确性；互补信息描述了两个信源的"并"，通过融合处理可以扩大系统的探测能力。

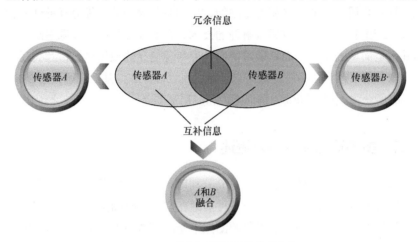

图 10-26   两个传感器融合的信息分布

从应用的角度，多源遥感图像融合在充分利用优势互补数据来提高图像信息可用度的同时，也可增加研究对象解译及应用的可靠性。一般而言，多源信息融合技术具有以下应用优越性：① 可提高系统的可靠性和鲁棒性；② 可扩展空间和时间上的观测范围；③ 可提高信息的精确程度和可信度；④ 可提高对目标的监测和识别性能；⑤可降低对系统的冗余投资等。

2. 遥感图像多源融合方法层次划分

多源遥感图像融合方法有很多种分类方式，最通用的分类方式就是根据信息表征层次的不同分为图像像素层融合、图像特征层融合和图像决策层融合。

（1）图像像素层融合：图像像素层融合是将经过空间配准的多源遥感图像，根据某种算法生成融合图像，然后对融合后的图像进行特征提取、解译及应用。该类方法直接对原始图像的像素点进行处理，是一种最低层次的融合方法。图像像素层融合的优点在于它尽可能多地保留了图像的原始信息，能够提供其他两种融合方法所不具有的细微信息。图像像素层融合也存在一定局限性，如处理数据量大、要求图像完全配准等。图像像素层融合一般用于图像预处理阶段，可用来增加图像中每个像素的信息内容，为进一步图像处理提供更多的相互补偿信息，进而可以更容易地识别潜在目标等应用。

（2）图像特征层融合：图像特征层融合是在对多源图像进行特征提取后，将不同种类的特征信息（如形状特征、纹理特征、边缘特征等）进行融合处理，得到的融合特征可以更为简洁有效地描述多源图像信息。由于图像特征层融合方法与图像的特征提取技术密切相关，因此提取特征的原理、数量多少和有效性往往决定了融合的效果。图像特征层融合获得的结果是融合特征，而不是以图像的形式描述，一般适合于在面向特定应用场合，如图像分类、目标检测、目标识别等应用。由于不同应用需要提取的特征往往不同，因此图像特征层融合技术往往与图像解译及应用算法相关联。图像特征层融合的优点是实现了可观的数据凝缩表征，有利于实时处理，并且提供的融合特征直接与决策分析有关，最大限度地提供了决策分析所需要的完备信息。

（3）图像决策层融合：图像决策层融合是对来自多源图像的信息进行逻辑推理或统计推理的过程，是在信息表达的最高层次上进行的融合处理。如果多源图像表示内容差异很大或者涉及图像的不同区域，那么图像决策层融合是融合多幅图像信息的最佳方法。不同类型的传感器观测同一个目标获得的图像在本地完成预处理、特征提取、识别或判断等工作，并建立对所观察目标的初步结论后，再通过相关处理、决策融合判决，可获得综合推断结果，从而直接为决策提供依据。图像决策层融合除了实时性最好之外，还在于一个或几个传感器失效时仍能给出最终决策，因此具有良好的容错性。

3. 基于多源遥感图像融合的应用

多源遥感图像融合的目的是最大限度地利用获得的多源图像数据，更加精确地解译出有价值信息、服务于人类的不同应用需求。融合方法的好坏除了与输入图像特性有关外，还直接与应用需求有关[64-65]。反过来说，不同的应用需求，需要设计不同的融合方法。图 10-27 所示为面向目标识别的多源图像决策层融合系统范例，主要包含多源传感器成像、图像预处理、图像配准、目标特征提取与选择、目标识别、多源推理决策目标识别等。

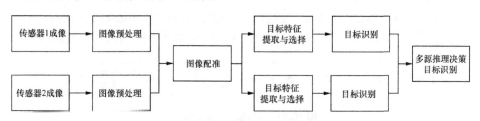

图 10-27　面向目标识别的多源图像决策层融合系统范例

10.5.2　多源遥感图像配准

作为多源遥感图像融合的预处理技术，多源遥感图像配准就是将不同时间、不同传感器或其他不同条件下获取的两幅或多幅图像进行对齐，使各个图像能够在几何上对应起来的过程。多源遥感图像配准是遥感图像解译等进一步处理的前提和基础，配准精度的高低直接影响目标识别、变化检测等应用效果，高精度的图像配准更是遥感图像定量化分析的必要条件。从实现过程来看，图像配准与图像几何校正完全类似，其最大差别是所选择空间对齐的参考系不同：图像配准是两幅或多幅图像空间几何对齐的过程，而几何校正是将空间几何失真图像校对到地理坐标系的过程。此外，类似的概念还有图像匹配，它是对两幅或多幅图像间特征或同名点配对的过程。

从应用的角度，图像配准方式包括绝对配准和相对配准两类：① 绝对配准即是两幅或多幅图像可以通过以地图坐标系为参考基准，实现图像间的相互配准，这种配准方式称为绝对配准；② 相对配准即是选择一幅图像作为"主图"或参考图像，来对另一幅称为"从图"的目标图像进行配准，这种配准方式称为相对配准。类似于图像几何校正过程，尽管多源遥感图像配准的种类千差万别，但其实现过程基本是一致的，整个过程如图 10-28 所示，其步骤如下。① 特征点提取：手动或自动地提取两幅或多幅图像的显著性不变特征点（边界、交叉点、角点、封闭区域等）。在后续的进一步处理过程中，选择通常称为控制点的特征点，作为两幅或多幅图像中对应不变特征点。② 特征点匹配：为了建立参考图像（主图像）和目标图像（从图像）之间的对应关系，需要对两幅或多幅图像中的所谓"同名点"进行匹配对应。或者反过来说，两幅或多幅图像间的对应关系是通过匹配的"同名点"相互关联起来的。③ 变换模型及参数估计：建立能够将参考图像和目标图像空间对齐的相互映射的变换模型，并利用匹配的"同名点"对变换模型中的未知参数进行估计。④ 目标图像空间变换及灰度再采样：目标图像利用建立好的变换模型进行空间坐标变换，对其中非整数的坐标值利用合适的方法整型化，形成与参考图像坐标系相同的配准图像空间坐标系，并对坐标系中的像素，利用其邻域像素采用某种处理方法进行灰度值的采样，形成配准图像。最后需要指出，多源遥感图像配准涉及的技术大多与遥感图像几何校正中的技术相类似，可以借鉴在 5.3 节介绍的几何校正技术。

图 10-28　多源遥感图像配准过程

10.5.3　基于主成分分析的多源遥感图像融合

在多源遥感图像应用中，全色图像的最大特点是具有较高的空间分辨率，而多光谱或高光谱图像相对而言空间分辨率较低，二者的融合处理可以在保持图像光谱信息不变的同时，提高多光谱或高光谱图像的空间分辨率，其典型融合算法就是基于主成分分析的多源遥感图像融合。在具体实现与应用中，基于主成分分析的融合方法通常从数据协方差矩阵的特征向量出发，使用较少的特征向量构造低维空间，并通过融合技术将高维度的多光谱或高光谱图像映射到低维空间中再进行处理。

设 $X = (x_1, x_2, \cdots, x_L)^T$ 是 L 维随机变量向量，主成分分析的中心思想就是使向量 X 张成一个低维空间，并且将多光谱或高光谱图像映射到其中，使用这些向量对图像中的每一条光谱向量进行表示的过程，其计算步骤：① 统计变量 X 的协方差矩阵；② 计算对应协方差矩阵的特征值，并构成相应的特征向量；③ 选择需要的主成分进行数据融合。

这样，对于一个 L 维向量 X，其对应的特征值为 $\lambda_1 \geqslant \lambda_2 \geqslant \cdots \geqslant \lambda_L$，则第 i 个主成分表示的部分所占的权重比例为

$$r_i = \frac{\lambda_i}{\sum_{i=1}^{L} \lambda_i} \qquad (10\text{-}78)$$

将其定义为主成分 P_i（$i = 1, 2, \cdots, L$）的贡献率。当取前 p 个主成分时，其总贡献率为

$$r = \frac{\sum_{i=1}^{p} \lambda_i}{\sum_{i=1}^{L} \lambda_i} \qquad (10\text{-}79)$$

称为主成分 $P_1, P_2, \cdots, P_p$ 的累计贡献率，它表明了 $P_1, P_2, \cdots, P_p$ 解释 $x_1, x_2, \cdots, x_L$ 的能力。

图 10-29 所示为来自快鸟（QuickBird）遥感卫星的多源遥感图像数据集。其中，图 10-29（a）所示为高分辨率全色图像，空间分辨率为 0.7 m、图像尺寸为 2048 像素×2048 像素；图 10-29（b）所示为多光谱图像，空间分辨率为 2.8 m、图像尺寸为 512 像素×512 像素，波段数为 4（显示图像为三个波段合成的假彩色图像）。多光谱图像经过主成分分析变换后，4 个波段的灰度图像如图 10-30 所示。可见，从主成分分析变换后的第 1 波段到第 4 波段，图像对比度依次降低，第 1 波段最为清晰，空间信息最为明确，包含的能量最大。第 4 波段已经包含有较多噪声，几乎不能显示出图像中的内容，包含的能量也相对较小。

基于主成分分析的图像融合方法步骤如下：① 对于原始的多光谱图像进行主成分分析变换；② 用高分辨率全色图像替换变换后的第 1 主成分 P_1；③ 再经过主成分分析反变换得到融合后的融合图像。融合后 3 个波段合成的假彩色图像如图

10-29（c）所示。可见，通过融合能够有效地提高多光谱图像的空间分辨率，增强其结构信息。需要注意的是，在进行替换之前对于第 1 主成分 P_1 和全色图像需要进行灰度直方图的统一，以避免不同的灰度值对融合结果产生过大的影响。

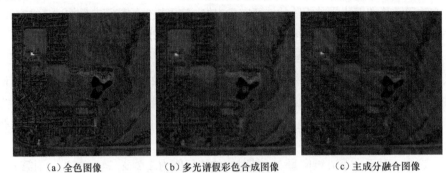

（a）全色图像　　　　　　（b）多光谱假彩色合成图像　　　　　（c）主成分融合图像

*图 10-29　Quickbird 图像数据集

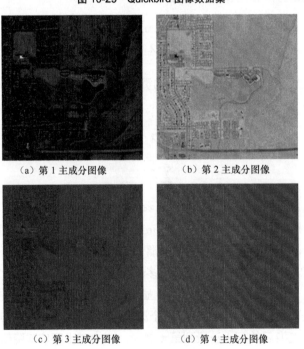

（a）第 1 主成分图像　　　　　　（b）第 2 主成分图像

（c）第 3 主成分图像　　　　　　（d）第 4 主成分图像

图 10-30　主成分分析变换后的各个波段

10.5.4　基于小波变换的高光谱图像波段融合

基于小波变换的高光谱图像波段融合主要涉及两个关键环节：① 根据遥感图

像解译的应用需求，把高光谱图像光谱维整个空间分解成对应不同类别的子空间，这样每个子空间的光谱特性与解译需求会有更好的对应性；② 对于分解后的每个子空间中的不同谱带图像，可以认为它们是一些相对独立的信源，这样在每个子空间上进行数据融合就相当于在不同的信源上进行融合，进而为进一步解译及应用实现有效的特征提取。

1. 自适应子空间分解

高光谱图像光谱维子空间分解是针对整个光谱空间的统计特性不同于局部统计特性而定义的。如果在整个光谱空间上提取特征，可能会造成某些细节信息的丢失，这必将产生不合理的统计估计，从而导致解译及应用等性能的降低。自适应子空间分解是把具有维数 L 的数据空间 S 自适应地分解成具有维数为 L_i 的子空间 S_i，其目的是为进一步特征提取及解译生成彼此相对独立的信源。这样做的主要原因有两个：① 对于高光谱图像，不同谱带间的相关性是不同的。一般而言，谱带间相关性随着带间距离的增加而减弱，整个数据空间的统计特性完全不同于局部统计特性，这样在子空间内进行数据融合后的特征图像更能反映出局部特性；② 不同谱带对不同种类目标具有不同的反射特性，这种特性在高光谱图像中往往集中在一个较窄的波长范围内（几个谱带）。经过子空间分解，在每个子空间中能量将更集中，提取的特征更具有代表性，整个数据维可以被合理降低。

在具体实现中，由于不同的谱带具有不同的相关性，没有理由使所有的子空间都具有相同的维数。每个子空间的维数 L_i 必须根据高光谱图像特性自适应地决定，其目标是使每个子空间的特征与一种或几种目标类别相匹配。典型的分解准则就是依赖于不同谱带间的相关性，这样对于谱带 λ_m 和谱带 λ_n，图像 $f_m(x, y)$ 和图像 $f_n(x, y)$ 的相关系数定义为

$$r_{mn} = \frac{\sum f_m(x, y) f_n(x, y)}{\sqrt{\sum f_m^2(x, y) \sum f_n^2(x, y)}} \tag{10-80}$$

式中，r_{mn} 为 $0 \sim 1$，而且越接近 1，两个谱带之间的相关性越强。反之，相关性越弱。在子空间分解中，当两个谱带间的相关性满足预先给定的阈值时，这两个谱带之间的谱带便构成一个子空间，此时在每个子空间中的所有谱带都具有相近的相关性。此时，不同的子空间保存了高光谱图像不同谱带的细节信息，它们的特性更适合不同类别目标的解译及应用，整个光谱空间和子空间分解的关系如图 10-31 所示。

图 10-31 整个光谱空间和子空间

2. 基于小波变换的特征图像融合

由第 3 章可知，小波变换的实质是一种信号的多分辨率分解。对于二维图像 $S_0 = f(x, y)$，小波变换可以认为是二维函数分别沿着行 x 和列 y 进行的一维函数分解的组合。经过 J 层分解，图像 S_0 被分解成一幅逼近图像 S_J 和 $3J$ 幅细节图像 $[(D_{k,j})_{1 \leqslant k \leqslant 3, 1 \leqslant j \leqslant J}]$，这里的 k 表示方向特性。

对于具有 L 幅的多源图像，第 $l(l = 1, 2, \cdots, L)$ 幅图像可以表示为

$$[S_J^l, (D_{k,j}^l)_{1 \leqslant k \leqslant 3, 1 \leqslant j \leqslant J}]_{1 \leqslant l \leqslant L} \tag{10-81}$$

基于小波变换的多源遥感图像特征融合过程如图 10-32 所示，其融合过程主要是在式（10-81）的细节图像 $D_{k,j}$ 和逼近图像 S_J 上进行，具体包括特征提取、权值计算、数据融合和特征图像重建 4 个过程。

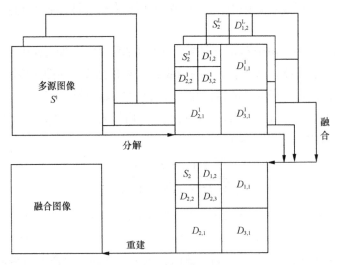

图 10-32 基于小波变换的多源遥感图像特征融合过程

（1）特征提取：特征提取的目的是为接下来的数据融合计算权值。典型的特征是在分解的 j 层和 k 方向上计算 $p \times q$ 窗口内信号的能量特征，即

$$F_{k,j}^{l} = \sum_{(p,q) \in W} \mathrm{DEC}_M(l,j,k,p,q) \qquad （10-82）$$

式中，DEC_M 是子空间内第 l 幅图像 j 层 k 方向上的逼近或细节图像的标准化能量。值得注意的是，在具体实现中，窗口尺寸 $p \times q$ 及窗口移动的步长是随图像分辨率的不同而变化的。

（2）权值计算：在每幅图像中，当同一窗口内的逼近或细节子图像的能量特征 $F_{k,j}^{l}$ 得到后，就可以根据能量特征的大小计算每幅分解子图像的权值。权值的定义为

$$W_{k,j}^{l} = \frac{F_{k,j}^{l}}{\sum_{l=1}^{L} F_{k,j}^{l}} \qquad （10-83）$$

这样做的结果是，在一个窗口内，如果能量值 $F_{k,j}^{l}$ 越大，说明该区域越活跃，包含信息越丰富，在融合过程中，加权值就应该越大。

（3）数据融合：数据融合是在近似或细节子图像上进行的，融合的子图像定义为多源 L 幅近似或细节图像的加权和

$$S_J = \sum_{l=1}^{L} W_J^{l} \times S_J^{l} \qquad （10-84）$$

$$D_{k,j} = \sum_{l=1}^{L} W_{k,j}^{l} \times D_{k,j}^{l} \qquad （10-85）$$

这样如果第 l 幅图像包含的信息越多、权值越大，最后对融合图像的贡献就越大。

（4）特征图像重建：一旦多源 L 幅逼近图像 S_J^{l} 和细节图像 $D_{k,j}^{l}$ 被融合成为一幅逼近图像 S_J 和细节图像 $D_{k,j}$，就可以通过小波反变换获得重建的融合图像。

3. 基于融合特征的图像解译应用

一旦高光谱图像通过自适应子空间分解方法分解成 N 个子空间，并利用基于小波变换的特征图像融合方法构成维数降低的特征图像，就可以根据实际应用需求对融合图像进行进一步解译处理。图 10-33 以最大似然分类为例给出了基于子空间融合的解译应用示意。其中，图 10-33（a）所示为美国肯尼迪空间中心（Kennedy Space Center, KSC）的遥感高光谱图像（由波段 31、21、11 合成的假彩色图像），图 10-33（b）所示为其对应的地面真值图。从 224 个谱带中选择了 100 个谱带（6～105），每个谱带的尺寸为 512 像素×614 像素，每个像素为 12 bit。基于计算的相关矩阵，在预先给定的 0.05 阈值下，谱带数据空间被分解成 5 个子空间（谱带分别

为 6～16、17～35、36～37、38～40 及 41～105），子空间的维数不同（分别是 11、19、2、3 和 65）。基于子空间融合的分类图像如图 10-33（c）所示。为了比较分析，在整个数据空间上进行主成分分析分解，并采用前 5 个分量进行分类的图像如 10-33（d）所示。可见，基于子空间融合的高光谱图像分类结果在细节保护上明显优于基于主成分分析分解的分类结果。

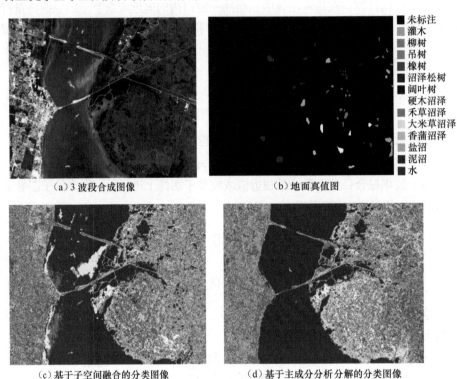

（a）3 波段合成图像 　　　　　　　　　　（b）地面真值图

■ 未标注
■ 灌木
■ 柳树
■ 吊树
■ 橡树
■ 沼泽松树
■ 阔叶树
　 硬木沼泽
■ 禾草沼泽
■ 大米草沼泽
■ 香蒲沼泽
■ 盐沼
■ 泥沼
■ 水

（c）基于子空间融合的分类图像 　　　　（d）基于主成分分析分解的分类图像

*图 10-33　基于子空间融合的解译应用示意

参考文献

[1] RICHARDS J A, JIA X P. 遥感数字图像分析[M]. 张晔, 张钧萍, 谷延锋, 等, 译. 4 版. 北京: 电子工业出版社, 2009.

[2] 李小文. 遥感原理与应用[M]. 北京: 科学出版社, 2008.

[3] GONZALEZ R C, WOODS R E, EDDINS S L. 数字图像处理[M]. 阮秋琦, 译. MATLAB 版. 北京: 电子工业出版社, 2009.

[4] 章毓晋. 图像工程[M]. 北京: 清华大学出版社, 2006.

[5] 周志鑫. 卫星遥感图像解译[M]. 北京: 国防工业出版社, 2022.

[6] SCHOWENGERDT R A. 遥感图像处理模型与方法[M]. 龙红建, 龙辉, 王思远, 译. 3 版. 北京: 电子工业出版社, 2018.

[7] MANOLAKIS D, MARDEN D, SHAW G A. Hyperspectral image processing for automatic target detection application[J]. Lincoln Laboratory Journal, 2003, 14(1): 79-116.

[8] MANOLAKIS D, PIEPER M, TRUSLOW E, et al. Longwave infrared hyperspectral imaging-principles, progress and challenges[J]. IEEE Geoscience and Remote Sensing Magazine, 2019, 7(6): 72-100.

[9] MOREIRA A, PRATS-IRAOLA P, YOUNIS M, et al. A tutorial on synthetic aperture radar[J]. IEEE Geoscience and Remote Sensing Magazine, 2013, 1(1): 6-43.

[10] 赵英时等. 遥感应用分析原理与方法[M]. 北京: 科学出版社, 2003.

[11] STEFANOU M S, KEREKES J P. A method for assessing spectral image utility[J]. IEEE Transactions on Geoscience and Remote Sensing, 2009, 47(6): 1698-1706.

[12] 张安定. 遥感技术基础与应用[M]. 2 版. 北京: 科学出版社, 2020.

[13] LILLESAND T M, KIEFE R W, CHIPMAN J W. 遥感与图像解译[M]. 彭望琭, 余先川, 周涛, 等, 译. 4 版. 北京: 电子工业出版社, 2019.

[14] LOPEZ S, VLADIMIROVA T, GONZALEZ C, et al. The promise of reconfigurable computing for hyperspectral imaging onboard systems: a review and trends[J]. Proceedings of the IEEE, 2013, 101(3): 698-722.

[15] RIBES A, SCHMITT F. Linear inverse problems in imaging[J]. IEEE Signal Processing Magazine, 2008, 25(4): 84-99.

[16] BARALDI A, BOSCHETTI L, HUMBER M L. Probability sampling protocol for thematic and spatial quality assessment of classification maps generated from spaceborne/airborne very high resolution images[J]. IEEE Transactions on Geoscience and Remote Sensing, 2014, 52(1): 701-760.

[17] 邱锡鹏. 神经网络与深度学习[M]. 北京: 机械工业出版社, 2020.

[18] IENTILUCCI E J, ADLER-GOLDEN S. Atmospheric compensation of hyperspectral data[J]. IEEE Geoscience and Remote Sensing Magazine, 2019, 7(6): 31-50.

[19] 梅安新, 彭望琭, 秦其明, 等. 遥感导论[M]. 北京: 高等教育出版社, 2001.

[20] 刘文耀, 等. 光电图像处理[M]. 北京: 电子工业出版社, 2002.

[21] 张晔. 信号与系统[M]. 哈尔滨: 哈尔滨工业大学出版社, 2011.

[22] JACOBSON N P, GUPTA M R, COLE J B. Linear fusion of image sets for display[J]. IEEE Transactions on Geoscience and Remote Sensing, 2007, 45(10): 3277-3288.

[23] JACOBSON N P, GUPTA M R. Design goals and solutions for display of hyperspectral images[J]. IEEE Transactions on Geoscience and Remote Sensing, 2005, 43(11): 2684-2692.

[24] CASTLEMAN K R. Digital image processing[M]. 北京: 清华大学出版社, 2002.

[25] 边肇祺, 张学工. 模式识别[M]. 北京: 清华大学出版社, 2000.

[26] 孙即祥, 等. 现代模式识别[M]. 长沙: 国防科技大学出版社, 2002.

[27] 张晔. 信号时频分析及应用[M]. 哈尔滨: 哈尔滨工业大学出版社, 2006.

[28] LANDGREBE D. Hyperspectral image data analysis[J]. IEEE Signal Processing Magazine, 2002, 19(1): 17-28.

[29] PLAZA A, BENEDIKTSSON J A, BOARDMAN J W, et al. Recent advances in techniques for hyperspectral image processing[J]. Remote Sensing of Environment, 2009, 113(1): 110-122.

[30] CAMPS-VALLS G, GOMEZ-CHOVA L, CALPE-MARAVILLA J, et al. Robust support vector method for hyperspectral data classification and knowledge discovery[J]. IEEE Transactions on Geoscience and Remote Sensing, 2004, 42(7): 1530-1542.

[31] AUDEBERT N, SAUX B L, LEFEVRE S. Deep learning for classification of hyperspectral data: a comparative review[J]. IEEE Geoscience and Remote Sensing Magazine, 2019, 7(2): 159-173.

[32] LI S T, SONG W W, FANG L Y, et al. Deep learning for hyperspectral image classification: an overview[J]. IEEE Transactions on Geoscience and Remote Sensing, 2019, 57(9): 6690-6709.

[33] ZHU X X, TUIA D, MOU L C, et al. Deep learning in remote sensing: a comprehensive review and list of resources[J]. IEEE Geoscience and Remote Sensing Magazine, 2017, 5(4): 8-36.

[34] REN H, DU Q, WANG J, et al. Automatic target recognition for hyperspectral imagery using high-order statistics[J]. IEEE Transactions on Aerospace and Electronic System, 2006, 42(4): 1372-1385.

[35] SHIMONI M, HAELTERMAN R, PERNEEL C. Hyperspectral imaging for military and security applications[J]. IEEE Geoscience and Remote Sensing Magazine, 2019, 7(2): 101-117.

[36] MANOLAKIS D, TRUSLOW E, PIEPER M, et al. Detection algorithms in hyperspectral imaging systems[J]. IEEE Signal Processing Magazine, 2014, 31(1): 24-33.

[37] NASSER M. Nasrabadi. Hyperspectral target detection: an overview of current and future challenges [J]. IEEE Signal Processing Magazine, 2014, 31(1): 34-44.

[38] LOUGHLIN C, TRUSLOW E, MANOLAKIS D, et al. Performance prediction of

hyperspectral target detection algorithms via importance sampling[J]. IEEE Journal of Selected Topics in Applied Earth Observations and Remote Sensing, 2019 12(8): 3078-3091.

[39] STEIN D W J, BEAVEN S G, HOFF L E, et al. Anomaly detection from hyperspectral imagery[J]. IEEE Signal Processing Magazine, 2002, 19(1): 58-69.

[40] BIOUCAS-DIAS J M, PLAZA A, CAMPS-VALLS G, et al. Hyperspectral remote sensing data analysis and future challenges[J]. IEEE Geoscience and Remote Sensing Magazine, 2013, 1(2): 6-36.

[41] EISMANN M T, STOCKER A D, NASRABADI N M, et al. Automated hyperspectral cueing for civilian search and rescue[J]. Proceedings of the IEEE, 2009, 97(6): 1031-1055.

[42] ALARCON-RAMIREZ A, RWEBANGGIRA M R, CHOUIKHA M F, et al. A new methodology based on level sets for target detection in hyperspectral images[J]. IEEE Transactions on Geoscience and Remote Sensing, 2016, 54(9): 5385-5396.

[43] BIOUCAS-DIAS J M, PLAZA A, DOBIGEON N, et al. Hyperspectral unmixing overview: geometrical, statistical, and sparse regression-based approaches[J]. IEEE Journal of Selected Topics in Applied Earth Observations and Remote Sensing, 2012, 5(2): 354-379.

[44] DOBIGEON N, TOURNERET Y, RICHARD C, et al. Nonlinear unmixing of hyperspectral images: models and algorithms[J]. IEEE Signal Processing Magazine, 2014, 31(1): 82-94.

[45] WINTER M E. N-FINDR: an algorithm for fast autonomous spectral end-member determination in hyperspectral data[C]// Part of the SPIE Conference on Imaging Spectrometry V. Bellingham, WA USA: SPIE, 1999: 266-275.

[46] KWAN C, AYHAN B, CHEN G, et al. A novel approach for spectral unmixing, classification, and concentration estimation of chemical and biological agents[J]. IEEE Transactions on Geoscience and Remote Sensing, 2006, 44(2): 409-419.

[47] DRUMETZ L, VEGANZONES M A, HENROT S, et al. Blind hyperspectral unmixing using an extended linear mixing model to address spectral variability[J]. IEEE Transactions on Image Processing, 2016, 25(8): 3890-3905.

[48] THEILER J, ZIEMANN A, MATTEOLI S, et al. Spectral variability of remotely sensed target materials[J]. IEEE Geoscience and Remote Sensing Magazine, 2019, 7(2): 8-30.

[49] JIN K H, MCCANN M T, FROUSTEY E, et al. Deep convolutional neural network for inverse problems in imaging[J]. IEEE Transactions on Image Processing, 2017, 26(9): 4509-4522.

[50] DUTTA D, DAS P K, ALAM K A, et al. Delta area at near infrared region(da_{nir})-a novel approach for green vegetation fraction estimation using field hyperspectral data[J]. IEEE Journal of Selected Topics in Applied Earth Observations and Remote Sensing, 2016, 9(9): 3970-3981.

[51] LIU S C, MARINELLI D, BRUZZONE L, et al. A review of change detection in multitemporal hyperspectral images[J]. IEEE Geoscience and Remote Sensing Magazine, 2019, 7(2): 140-158.

[52] FU Z Y, ROBLES-KELLY A, CAELLI T, et al. On automatic absorption detection for

imaging spectroscopy: a comparative study[J]. IEEE Transactions on Geoscience and Remote Sensing, 2007, 45(11): 3827-3844.

[53] CUBERO-CASTAN M, CHANUSSOT J, ACHARD V, et al. A physics unmixing method to estimate subpixel temperature on mixed pixels[J]. IEEE Transactions on Geoscience and Remote Sensing, 2015, 53(4): 1894-1906.

[54] MANOLAKIS D, GOLOWICH S, DIPIETRO R S. Long-wave infrared hyperspectral remote sensing of chemical clouds[J]. IEEE Signal Processing Magazine, 2014, 31(4): 120-141.

[55] GILLESPIE A, ROKUGAWA S C, MATSUNAGA T, et al. A temperature and emissivity separation algorithm for advanced spaceborne thermal emission and reflection radiometer (ASTER) images[J]. IEEE Transactions on Geoscience and Remote Sensing, 1998, 36(4): 1113-1126.

[56] MAO K, SHI J C, TANG H J, et al. A neural network technique for separating land surface emissivity and temperature from ASTER imagery[J]. IEEE Transactions on Geoscience and Remote Sensing, 2008, 46(1): 200-208.

[57] KRIEGER G, HAJNSEK I, PAPATHANASSIOU K P, et al. Interferometric synthetic aperture radar(SAR) missions employing formation flying[J]. Proceedings of the IEEE, 2010, 98(5): 816-843.

[58] HAJNSEK I, JAGDHUBER T, SCHON H, et al. Potential of estimating soil moisture under vegetation cover by means of PolSAR[J]. IEEE Transactions on Geoscience and Remote Sensing, 2009, 47(2): 442-454.

[59] SCHNAIDER C T. Physical meaning of bistatic polarimetric parameters[J]. IEEE Transactions on Geoscience and Remote Sensing, 2010, 48(5): 2349-2356.

[60] LAFARGE F, DESCOMBES X, ZERUBIA J, et al. Structural approach for building reconstruction from a single DSM[J]. IEEE Transactions on Pattern Analysis and Machine Intelligence, 2010, 32(1): 135-147.

[61] CHEN Z, SUN S K. A Zernike moment phase-based descriptor for local image representation and matching[J]. IEEE Transactions on Image Processing, 2010, 19(1): 205-219.

[62] MURA D M, PRASAD S, PACIFICI F, et al. Challenges and opportunities of multimodality and data fusion in remote sensing[J]. Proceedings of the IEEE, 2015, 103(9): 1585-1601.

[63] BOVOLO F, BRUZZONE L, BRUZZONE L. The time variable in data fusion: a change detection perspective[J]. IEEE Geoscience and Remote Sensing Magazine, 2015, 3(3): 8-26.

[64] DEBES C, MERENTITIS A, HEREMANS R, et al. Hyperspectral and LiDAR data fusion: outcome of the 2013 GRSS data fusion contest[J]. IEEE Journal of Selected Topics in Applied Earth Observations and Remote Sensing, 2014, 7(6): 2405-2418.

[65] POULAIN V, INGLADA J, SPIGAI M, et al. High-resolution optical and SAR image fusion for building database updating[J]. IEEE Transactions on Geoscience and Remote Sensing, 2011, 49(8): 2900-2910.

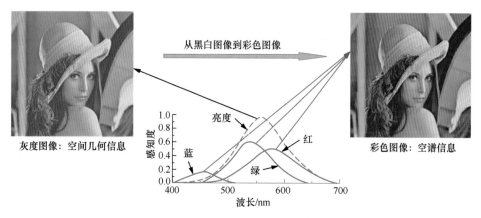

灰度图像：空间几何信息　　从黑白图像到彩色图像　　彩色图像：空谱信息

*图1-4　灰度图像与彩色图像

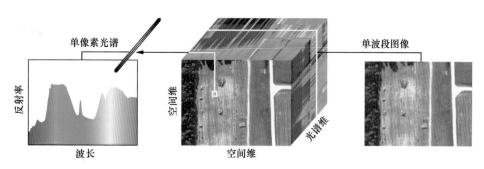

*图1-9　高光谱图像立方体

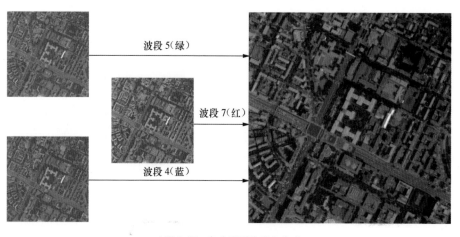

*图2-17　多光谱图像彩色合成

（a）真彩色图像　　　　　　　　（b）真彩色图像增强

*图 4-19　彩色图像增强

（a）三波段合成图像

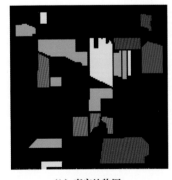 

玉米

大豆

草

林地

干草

小麦

（b）真实地物图　　　　　　　（c）分类制图

*图 8-7　基于最大似然分类器的高光谱图像分类

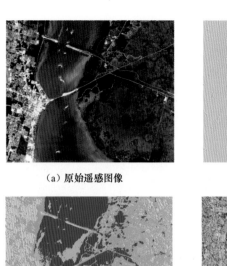

（a）原始遥感图像　　　　　　　（b）2类聚类

（c）4类聚类　　　　　　　　（d）7类聚类

*图 8-12　基于 ISODATA 的聚类分类结果

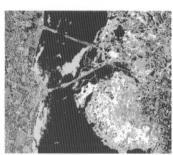

1. Asphalt（柏油马路）
2. Meadows（草地）
3. Gravel（砂砾）
4. Trees（树木）
5. Painted Metal Sheets（金属板）
6. Bare soil（裸土）
7. Bitumen（沥青屋顶）
8. Self-Blocking Bricks（地砖）
9. Shadows（阴影）
10. BKG（未标注背景）

（a）假彩色图　　　　（b）真值图　　　　（c）类别标签

*图 8-22　帕维亚大学高光谱图像数据集

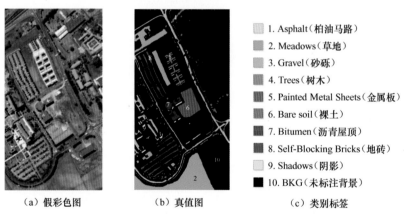

（a）理论模型　　　　　（b）两类分类　　　　　（c）目标检测

*图 9-1　遥感图像目标检测与分类的模型差异

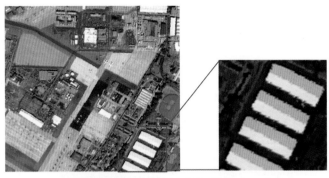

（a）包含屋顶区域的原始高光谱图像

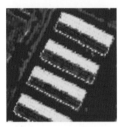 

（b）线性光谱混合模型解混 （c）广义线性光谱混合模型解混

*图 9-24 非线性解混结果示意

飞机目标
异常目标
虚假目标
背景

（a）仿真全色图像 （b）目标地面分布真实图 （c）空谱联合识别 （d）传统识别

*图 9-39 仿真全色图像和目标地面分布真实图

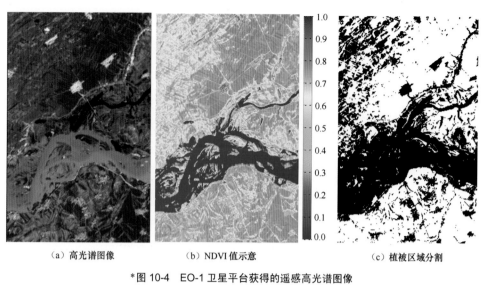

（a）高光谱图像　　　　　　　（b）NDVI 值示意　　　　　　（c）植被区域分割

*图 10-4　EO-1 卫星平台获得的遥感高光谱图像

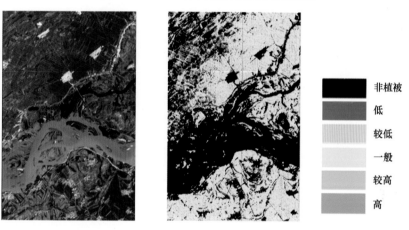

非植被

低

较低

一般

较高

高

（a）高光谱图像　　　　　　　　（b）含水量反演

*图 10-8　相对含水量反演制图

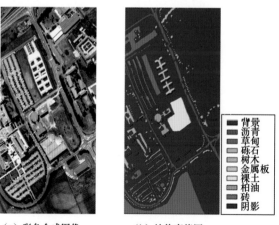

背景
沥青
青草
草甸
砾石
树木
金属板
裸土
柏油
砖
阴影

（a）彩色合成图像　　　　　　　（b）地物真值图

*图 10-11　帕维亚大学高光谱图像精细分类

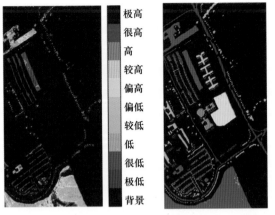

極高
很高
高
較高
偏高
偏低
較低
低
很低
極低
背景

（c）RES 反演图 （d）基于共生神经网络精细分类

＊图 10-11　帕维亚大学高光谱图像精细分类（续）

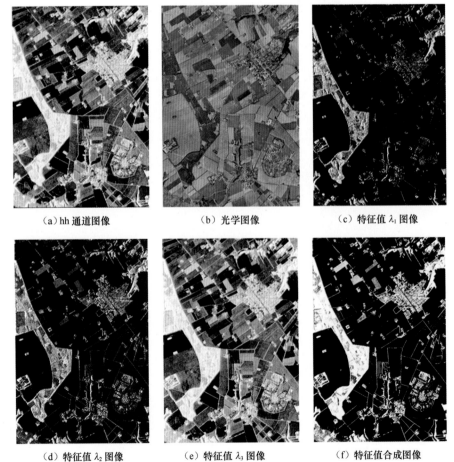

（a）hh 通道图像 （b）光学图像 （c）特征值 λ_1 图像

（d）特征值 λ_2 图像 （e）特征值 λ_3 图像 （f）特征值合成图像

＊图 10-16　奥胡斯大学 Foulum 校区 L 波段全极化协方差数据的特征值分解结果

（a）Freeman 分解图 （b）光学图像

*图 10-17　EMISAR 数据的 Freeman 分解比较分析

（a）　IKONOS 卫星的立体像对数据

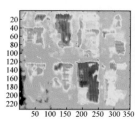 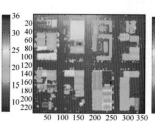 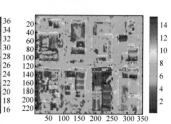

（b）反演 DSM 信息 （c）激光雷达数据 （d）立体反演误差

*图 10-21　边缘特征对目标立体信息反演影响示意

*图 10-24　具有相同投影形状、不同高度的目标

（a）全色图像

（b）多光谱假彩色合成图像

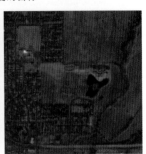

（c）主成分融合图像

*图 10-29　Quickbird 图像数据集

（a）3 波段合成图像

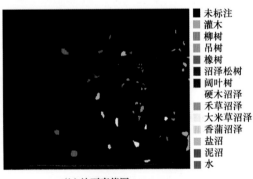

■ 未标注
▨ 灌木
▦ 柳树
▥ 吊树
▨ 橡树
■ 沼泽松树
▨ 阔叶树
　　硬木沼泽
▨ 禾草沼泽
▨ 大米草沼泽
▤ 香蒲沼泽
▨ 盐沼
▨ 泥沼
▨ 水

（b）地面真值图

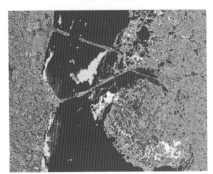

（c）基于子空间融合的分类图像

（d）基于主成分分析分解的分类图像

*图 10-33　基于子空间融合的解译应用示意